高等院校电子信息应用型规划教材

单片机原理与应用

——基于可在线仿真的STC15F2K60S2单片机

丁向荣 主　编
陈崇辉 副主编

清华大学出版社
北 京

内容简介

STC15F2K60S2 系列单片机是 STC 高性能单片机，传承于经典的 8051 单片机，新增上电复位电路与高精准 R/C 振荡器，给单片机芯片加上电源就可运行程序，一块芯片就是一个单片机最小系统；IAP15F2K61S2 单片机内置独特的在线仿真技术，一块单片机既是目标芯片，又是仿真芯片；集成了大容量的程序存储器、数据存储器以及 EEPROM，集成了 A/D、PWM、SPI 等高功能接口部件，大大简化了单片机应用系统的外围电路，促使单片机应用系统的设计更加简捷，系统性能更加高效、可靠。

本教材以 STC15F2K60S2 单片机为主线，系统地介绍了 STC15F2K60S2 单片机的硬件结构、指令系统与应用编程，单片机应用系统的开发流程与接口设计；还介绍了单片机应用系统的开发工具，提出诸如 Keil C 集成开发环境（含软件模拟仿真与在线硬件仿真）、Proteus 仿真软件的系统仿真，以及系统调试等多种实践模式，使单片机的学习与应用变得更简单、高效。

本书可作为普通高校计算机类、电子信息类、电气自动化与机电一体化等专业的教学用书，基础较好的高职高专也可选用本书。此外，可作为电子设计竞赛、电子设计工程师考证的培训教材，也是传统 8051 单片机应用工程师升级转型的重要参考书籍。

图书在版编目（CIP）数据

单片机原理与应用：基于可在线仿真的 STC15F2K60S2 单片机/丁向荣主编. --北京：清华大学出版社，2015（2020.9 重印）

高等院校电子信息应用型规划教材

ISBN 978-7-302-38086-3

Ⅰ. ①单…　Ⅱ. ①丁…　Ⅲ. ①单片微型计算机—高等学校—教材　Ⅳ. ①TP368.1

中国版本图书馆 CIP 数据核字（2014）第 221094 号

责任编辑：王剑乔
封面设计：傅瑞学
责任校对：袁　芳
责任印制：沈　露

出版发行：清华大学出版社

网　　址：http://www.tup.com.cn，http://www.wqbook.com
地　　址：北京清华大学学研大厦 A 座　　**邮　　编**：100084
社 总 机：010-62770175　　**邮　　购**：010-62786544
投稿与读者服务：010-62776969，c-service@tup.tsinghua.edu.cn
质量反馈：010-62772015，zhiliang@tup.tsinghua.edu.cn
课件下载：http://www.tup.com.cn，010-62795764

印 装 者：三河市龙大印装有限公司
经　　销：全国新华书店
开　　本：185mm×260mm　　**印　　张**：24　　**字　　数**：553 千字
版　　次：2015 年 1 月第 1 版　　**印　　次**：2020 年 9 月第 5 次印刷
定　　价：69.00 元

产品编号：059174-02

PREFACE

序

21世纪全球全面进入计算机智能控制、计算时代，其中的一个重要方向就是以单片机为代表的嵌入式计算机控制、计算。由于最适合中国工程师、学生入门的8051单片机有30多年的应用历史，绝大部分工科院校均有此必修课，几十万名对该单片机十分熟悉的工程师可以相互交流开发和学习心得，有大量的经典程序和电路可以直接套用，从而大幅降低了开发风险，极大地提高了开发效率，这也是STC宏晶科技基于8051系列单片机产品的巨大优势。

Intel 8051技术诞生于20世纪70年代，不可避免地面临落伍的危险，如果不对其进行大规模创新，我国的单片机教学与应用就会出现被动局面。为此，STC宏晶科技(www.stcmcu.com)对8051单片机进行了全面的技术升级与创新：全部采用Flash技术(可反复编程10万次以上)和ISP/IAP(在系统可编程/在应用可编程)技术；针对抗干扰进行了专门设计，超强抗干扰；进行了特别加密设计，如宏晶STC15系列现无法解密；对传统8051进行了全面提速，指令速度最快提高了24倍；大幅提高集成度，如集成了A/D、CCP/PCA/PWM（PWM还可当D/A使用)、高速同步串行通信端口SPI、高速异步串行通信端口UART(如宏晶STC15F2K60S2系列集成了两个串行口，分时复用可当5组串口使用)、定时器(STC15F2K60S2系列最多可实现6个定时器)、“看门狗”、内部高精准时钟(±1%温漂，－40～＋85℃，可彻底省掉昂贵的外部晶振)、内部高可靠复位电路(可彻底省掉外部复位电路)、大容量SRAM(如STC15F2K60S2系列集成了2KB的SRAM)、大容量EEPROM、大容量Flash程序存储器等。

在中国民间企业掌握了Intel 8051单片机技术，以“初生牛犊不怕虎”的精神，击溃欧美竞争对手之后，正在向32位前进的途中。此时欣闻官方国家队也已掌握Intel 80386通用CPU技术，相信经过数代人的艰苦奋斗，我们一定会赶上和超过世界先进水平！

明知山有虎，偏向虎山行。

感谢 Intel 公司发明了经久不衰的 8051 体系结构。感谢丁向荣老师的新书，保证了中国 30 年来的单片机教学与世界同步。

STC 宏晶科技　姚永平

2014 年 7 月 15 日

前言

FOREWORD

STC15F2K60S2 系列单片机是 STC 高性能单片机，传承于经典的 8051 单片机，新增上电复位电路与高精准 R/C 振荡器，给单片机芯片加上电源就可运行程序，一块芯片就是一个单片机最小系统；IAP15F2K61S2 单片机内置独特的在线仿真技术，一块单片机既是目标芯片，又是仿真芯片；集成了大容量的程序存储器、数据存储器以及 EEPROM，集成了 A/D、PWM、SPI 等高功能接口部件，大大简化了单片机应用系统的外围电路，促使单片机应用系统的设计更加简捷，系统性能更加高效、可靠。

STC15F2K60S2 单片机是教育部教育管理信息中心主办的全国信息技术应用水平大赛“STC”杯单片机系统设计大赛的指定硬件平台，也是工业和信息化部人才交流中心主办的全国软件和信息技术专业人才大赛单片机设计与开发项目的指定硬件平台。

本教材以 STC15F2K60S2 单片机作为主讲机型，系统地介绍了 STC15F2K60S2 单片机的硬件结构、指令系统与应用编程。

STC15F2K60S2 单片机的指令系统和标准的 8051 内核完全兼容，因此，原来讲解 8051 单片机的师资力量可以充分发挥以前讲解单片机原理及应用课程的经验；对于具有 8051 单片机知识的读者，也不存在转型困难的问题。

教材力求实用性、应用性与易学性，以提高读者的工程设计能力与实践动手能力为目标。本书具有以下几方面的特点。

（1）单片机机型贴近生产实际。STC 单片机是我国 8 位单片机应用中市场占有率最高的，更难能可贵的是，STC 单片机是我国本土的 MCU。

（2）采用“双”语言编程。绝大多数应用程序采用汇编语言和 C 语言(C51)对照编程。采用汇编语言程序设计的学习有利于加强对单片机的理解，而 C51 在功能、结构上，以及可读性、可移植性、可维护性，都有更加明显的优势。

（3）理论联系实际。在学习单片机指令系统前的第 3 章就专门介绍了单片机应用的开发工具，贯穿程序的编辑、编译、下载与调试。强化单片机知识的应用性与实践性，不论是一条指令，或若干条指令，或一个程序段，都可以用开发工具进行仿真调试或在系统调试。

（4）强化单片机应用系统的概念，学习单片机是为了能开发与制作有具体意义的单片机应用系统，第13章介绍单片机基本的外围接口技术与典型单片机应用系统的设计与开发。

（5）在教材的编写中，直接与STC单片机的创始人姚永平先生进行了密切沟通与交流。姚永平先生亲自担任本教材的主审，确保了教材内容的系统性与正确性。

（6）开发与教材配套的STC—15型单片机通用开发板，并申请了专利，授权专利号为：ZL2013 2 0438991.2。同时，该开发板为全国信息技术应用水平大赛“STC”杯单片机系统设计大赛现场赛的指定开发平台。

全书由丁向荣任主编，陈崇辉任副主编，缪文南参编。具体分工如下：丁向荣编写了第1～9章、第11章、第12章、第14章，陈崇辉编写了第10章、第13章，缪文南参与了第11章、第12章的编写工作。深圳宏晶科技有限公司总经理姚永平先生担任主审。姚永平先生亲力亲为，对图书的筹划、编写、校核等各方面提出了宝贵意见。参与资料收集及部分编写的还有郑培彬、陈龙远、吕泽权、胡美兰，在此，对以上人员致以诚挚的谢意。

由于编者水平有限，书中定有疏漏和不妥之处，敬请读者不吝指正！请将宝贵意见发至电子邮箱dingxiangrong65@163.com，与作者进一步沟通与交流。有关图书的勘误信息会动态地公布在STC的官方网站(www.stcmcu.com)上。

编　者

2014年7月于广州

CONTENTS

目录

CHAPTER 1 第1章

微型计算机基础

1.1　数制与编码

数制与编码是微型计算机的基本数字逻辑基础，是学习微型计算机的必备知识。数制与编码的知识一般会在数字逻辑或计算机文化基础中学习，但数制与编码的知识与当前课程的关系并非“不可或缺”，又比较枯燥。在微型计算机原理或单片机的教学中，教师普遍感觉到，学生这方面的知识不扎实。在此，以提纲挈领的形式再理一理。

1.1.1　数制及转换方法

数制是计数的方法，通常采用**进位计数制**。在微型计算机的学习与应用中，主要有十进制、二进制和十六进制3种计数方法。日常生活采用的是十进制，微型计算机硬件电路采用的是二进制，但为了更好地记忆与描述微型计算机的地址、程序代码以及运算数字，一般采用十六进制。

1. 各种进位计数制及其表示方法

各种进位计数制及其表示方法如表1.1所示。

表1.1　二进制、十进制与十六进制的计数规则与表示方法

进位制	计数规则	基数	各位的权	数　码	权值展开式	表示法	
						后缀字符	下标
二进制	逢二进一	2	2^i	0,1	$(b_{n-1}\cdots b_1 b_0 b_{-1}\cdots b_{-m})_2 = \sum_{i=-m}^{n-1} b_i \cdot 2^i$	B	$()_2$
十进制	逢十进一	10	10^i	0,1,2,3,4,5,6,7,8,9	$(d_{n-1}\cdots d_1 d_0 d_{-1}\cdots d_{-m})_{10} = \sum_{i=-m}^{n-1} d_i \cdot 10^i$	D 通常缺省表示	$()_{10}$ 通常缺省表示
十六进制	逢十六进一	16	16^i	0,1,2,3,4,5,6,7,8,9,A,B,C,D,E,F	$(h_{n-1}\cdots h_1 h_0 h_{-1}\cdots h_{-m})_{16} = \sum_{i=-m}^{n-1} h_i \cdot 16^i$	H	$()_{16}$

注：i是各进制数码在数字中的位置，i值是以小数点为界，往左依次为0、1、2、3、…，往右依次为−1、−1、−3、…。

2. 数制之间的转换

任意进制之间相互转换，整数部分和小数部分必须分别进行。各进制的相互转换关系如图 1.1 所示。

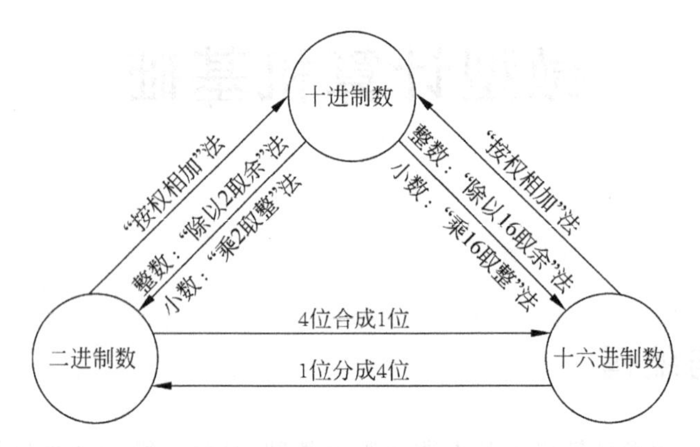

图 1.1 各进制的相互转换关系图

(1) 二进制、十六进制转十进制

将二进制、十六进制数按权值展开式展开相加所得数，即为十进制数。

(2) 十进制转二进制

十进制转二进制要分成整数部分与小数部分，而且其转换方法是完全不同的。

① 十进制整数部分转换成二进制——除 2 取余法，并倒序排列，如下所示。

除数	被除数/商	余数	二进制数码
2	84		
2	42	0	b_0
2	21	0	b_1
2	10	1	b_2
2	5	0	b_3
2	2	1	b_4
2	1	0	b_5
	0	1	b_6

$$(84)_{10}=(1010100)_2$$

② 十进制小数转换成二进制小数——乘 2 取整法，如下所示。

二进制数码	整数	运算
		0.6875 × 2
b_{-1}	1	1.3750 × 2
b_{-2}	0	0.7500 × 2
b_{-3}	1	1.5000 × 2
b_{-4}	1	1.0000

$$(0.6875)_{10}=(0.1011)_2$$

将上述两部分合起来，则有

$$(84.6875)_{10}=(1010100.1011)_2$$

(3) 二进制与十六进制互转

① 二进制转十六进制。

以小数点为界，往左、往右每4位二进制数为一组，每4位二进制数用1位十六进制数表示，往左高位不够用0补齐，往右低位不够用0补齐。例如：

$$(111101.011101)_2=(\underline{0011}\ \underline{1101}.\underline{0111}\ \underline{0100})_2=(3D.74)_{16}$$

② 十六进制转二进制。

每位十六进制数用4位二进制数表示，再将整数部分最高位的0去掉，小数部分最低位的0去掉。例如：

$$(3C20.84)_{16}=(\underline{0011}\ \underline{1100}\ \underline{0010}\ \underline{0000}.\underline{1000}\ \underline{0100})_2=(11110000100000.100001)_2$$

小贴士 **数制转换工具**

利用PC附件中的计算器(科学型)可实现各数制间的相互转换。单击任务栏中的“开始”按钮，选择“所有程序”→“附件”→“计算器”，即可打开计算器工具，在计算器工具界面“查看”菜单栏中选择“科学型”，计算器界面即为科学型计算器工具界面，如图1.2所示。

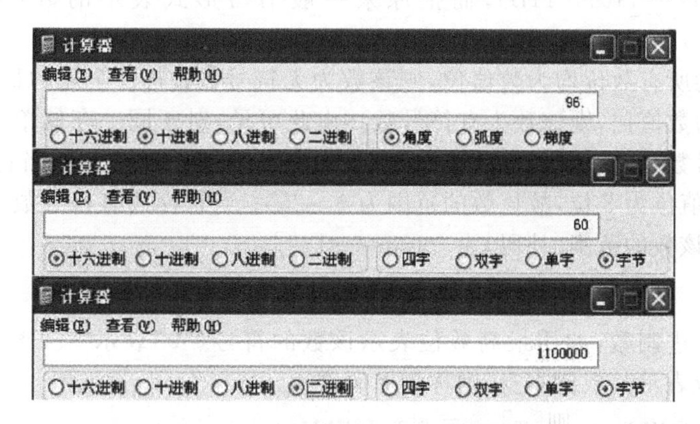

图1.2 科学型计算器与各进制转换

转换方法：先选择被转换数制的类型，输入转换数字，再选择目标转换数制类型，此时，看到的就是转换后的数字。如96转换为十六进制、二进制，先选择数制类型为十进制，如图1.2上部所示，在输入框中输入数字96，然后选择数制类型为十六进制，此时，显示框中看到的数字即为转换后的十六进制数字60，如图1.2中部所示；再选择数制类型为二进制，此时，显示框中看到的数字即为转换后的二进制数字1100000，如图1.2底部所示。

3. 二进制数的运算规则

(1) 加法运算规则

$$0+0=0,\quad 0+1=1,\quad 1+1=0(有进位)$$

(2) 减法运算规则

$$0-0=0,\quad 1-0=1,\quad 1-1=0,\quad 0-1=1(有借位)$$

(3) 乘法运算规则

$$0\times0=0,\quad 1\times0=1,\quad 1\times1=1$$

1.1.2 微型计算机中数的表示方法

1. 机器数与真值

数学中的正、负用符号“+”和“−”表示，计算机中是如何表示数的正、负呢？在计算机中数据是存放在存储单元内，而每个存储单元则由若干二进制位组成，其中每一数位或是0，或是1。刚好数的符号或为“+”号，或为“−”号，这样就可用一个数位表示数的符号。在计算机中规定用“0”表示“+”，用“1”表示“−”。用来表示数的符号的数位称为“符号位”(通常为最高数位)，于是数的符号在计算机中已数码化了，但从表示形式上看符号位与数值位毫无区别。

设有两个数 x_1，x_2：

$$x_1=+1011011\text{B};\quad x_2=-1011011\text{B}$$

它们在计算机中分别表示为(带下划线部分为符号位，字长为8位)：

$$x_1=\underline{0}1011011\text{B};\quad x_2=\underline{1}1011011\text{B}$$

为了区分这两种形式的数，把机器中以编码形式表示的数称为机器数(上例中 $x_1=\underline{0}1011011\text{B}$ 及 $x_2=\underline{1}1011011\text{B}$)，而把原来一般书写形式表示的数称为真值($x_1=+1011011\text{B}$ 及 $x_2=-1011011\text{B}$)。

若一个数的所有数位均为数值位，则该数为无符号数；若一个数的最高数位为符号位而其他数位为数值位，则该数为有符号数。由此可见，对于同一存储单元，它存放的无符号数和有符号数所能表示的数值范围是不同的[如存储单元为8位，当它存放无符号数时，因有效的数值位为8位，故该数的范围为0～255；当它存放有符号数时，因有效的数值位为7位，故该数的范围(补码)为−128～+127]。

2. 原码

对于一个二进制数，如用最高数位表示该数的符号(“0”表示“+”号，“1”表示“−”号)，其余各数位表示其数值本身，则称为原码表示法：

若 $x=\pm x_1x_2\cdots x_{n-1}$，则$[x]_{原码}=x_0x_1x_2\cdots x_{n-1}$。

其中，x_0 为原机器数的符号位，它满足：

$$x_0=\begin{cases}0, & x\geqslant0\\1, & x<0\end{cases}$$

3. 反码

$[x]_原=0x_1x_2\cdots x_{n-1}$，则$[x]_反=[x]_原$。

$[x]_原=1x_1x_2\cdots x_{n-1}$，则$[x]_反=1\,\overline{x_1}\,\overline{x_2}\cdots\overline{x_{n-1}}$。

也就是说，正数的反码与其原码相同(反码=原码)，而负数的反码为保持原码的符号位不变，数值位按位取反。

4. 补码

(1) 补码的引进

首先以日常生活中经常遇到的钟表“对时”为例说明补码的概念。假定现在是北京标准时间8时整，而一只表却指向10时整。为了校正此表，可以采用倒拨和顺拨2种方法。倒拨是逆时针拨2小时，时针指向8，把倒拨视为减法，相当于 $10-2=8$；顺拨是将时针顺时针拨10小时，时针同样也指向8，把顺拨视为加法，相当于 $10+10=12$（自动丢失）$+8=8$。这自动丢失的数(12)就叫做模(mod)，上述的加法称为“按模12的加法”，用数学式可表示为：

$$10+10=12+8=8 \pmod{12}$$

因时针转一圈会自动丢失一个数12，故 $10-2$ 与 $10+10$ 是等价的，称10和 -2 对模12互补，10是 -2 对模12的补码。引进补码概念后，就可将原来的减法 $10-2=8$ 转化为加法 $10+10=12$（自动丢失）$+8=8 \pmod{12}$。

(2) 补码的定义

通过上面的例子不难理解计算机中负数的补码表示法。设寄存器(或存储单元)的位数为 n 位，它能表示的无符号数最大值为 2^n-1，逢 2^n 进1(即 2^n 自动丢失)。换句话说，在字长为 n 的计算机中，数 2^n 和0的表示形式一样。若机器中的数以补码表示，则数的补码以 2^n 为模，即：

$$[x]_{补}=2^n+x \pmod{2^n}$$

若 x 为正数，$[x]_{补}=x$；若 x 为负数，$[x]_{补}=2^n+x=2^n-|x|$，即负数 x 的补码等于模 2^n 加上其真值或减去其真值的绝对值。

在补码表示法中，零只有唯一的表示形式：0000…0。

(3) 求补码的方法

根据上述介绍可知，正数的补码等于原码。下面介绍负数求补码的3种方法。

① 根据真值求补码。

根据真值求补码就是根据定义求补码，即有：

$$[x]_{补}=2^n+x=2^n-|x|$$

即负数的补码等于 2^n(模)加上其真值，或者等于 2^n(模)减去其真值的绝对值。

② 根据反码求补码(推荐使用方法)。

$$[x]_{补}=[x]_{反}+1$$

③ 根据原码求补码。

负数的补码等于其反码加1，这也可理解为负数的补码等于其原码各位(除符号位外)取反并在最低位加1。如果反码的最低位是1，它加1后就变成0，并产生向次最低位的进位。如次最低位也为1，它同样变成0，并产生向其高位的进位(这相当于在传递进位)，这进位一直传递到第一个为0的位为止，于是可得到这样的转换规律：从反码的最低位起直到第一个为0的位以前(包括第一个为0的位)，一定是1变0，第一个为0的位以后的位都保持不变，由于反码是由原码求得，因此可得从原码求补码的规律为：从原码的最低位开始到第一个为1的位之间(包括此位)的各位均不变，此后各位取反，但符号位保持不变。

特别指出，在计算机中凡是带符号的数一律用补码表示且符号位参加运算，其运算结果也是用补码表示，若结果的符号位为“0”，表示结果为正数，此时可以认为它是以原码形式表示的(正数的补码即为原码)；若结果的符号位为“1”，表示结果为负数，它是以补码形式表示的，若是求解该运算结果，必须还原为原码，即对该结果求补，即：

$$[[x]_{补}]_{补}=[x]_{原}$$

1.1.3 微型计算机中常用编码

由于微型计算机不但要处理数值计算问题，还要处理大量非数值计算问题。因此，除了直接给出二进制数外，不论是十进制数还是英文字母、汉字以及某些专用符号都必须编成二进制代码，这样它们才能被计算机识别、接收、存储、传送及处理。

1. 十进制数的编码

在微型计算机中，十进制数除了转换成二进制数外，还可用二进制数对其进行编码：用 4 位二进制数表示 1 位十进制数，使它既具有二进制数的形式又具有十进制数的特点。二-十进制码又称为 BCD 码(Binary-Coded Decimal)，有 8421 码、5421 码、2421 码以及余 3 码等几种，其中最常用的是 8421 码。8421 码与十进制数的对应关系如表 1.2 所示，每位二进制数位都有固定的“权”，各数位的权从左到右分别为 2^3、2^2、2^1、2^0，即 8、4、2、1，这与自然二进制数的权完全相同，故 8421BCD 码又称为自然权 BCD 码。其中 1010～1111 这 6 个代码是不允许出现的，属非法 8421BCD 码。

表 1.2 8421BCD 码编码

十进制数	8421BCD 码	十进制数	8421BCD 码
0	0000	5	0101
1	0001	6	0110
2	0010	7	0111
3	0011	8	1000
4	0100	9	1001

由于 BCD 码低位与高位之间是“逢十进一”，而 4 位二进制数(即十六进制数)是“逢十六进一”，因此用二进制加法器进行 BCD 码运算时，如果 BCD 码运算的低、高位的和都在 0～9，其加法运算规则与二进制加法完全一样；如果相加后某位(BCD 码位，低 4 位或高 4 位)的和大于 9 或产生了进位，此位应进行“加 6 调整”。通常在微型计算机中都设置 BCD 码的调整电路，机器执行一条十进制调整指令，机器就会自动根据刚才的二进制加法结果进行修正。由于 BCD 码向高位借位是“借一当十”，而 4 位二进制数(1 位十六进制数)是“借 1 当 16”，因此在进行 BCD 码减法运算时，如果某位(BCD 码位)有借位时，必须在该位进行“减 6 调整”。

2. 字符编码

由于微型计算机需要进行非数值处理(如指令、数据的输入、文字的输入及处理)，必须对字母、文字以及某些专用符号进行编码。微型计算机系统的字符编码多采用美国信息交换标准代码——ASCII 码(American Standand Code for Information Interchange)，ASCII 码是 7 位代码，共有 128 个字符，详见附录 A 所示。其中 94 个是图形字符，可在字符印刷或显示设备上打印出来，包括数字符号 10 个、英文大小写共 52 个以及其他字符 32 个，另外 34 个是控制字符，包括传输字符、格式控制字符、设备控制字符、信息分隔符和其他控制字符，这类字符不打印、不显示，但其编码可进行存储，在信息交换中起控制作用。其中，数字 0～9 对应的 ASCII 码为 30H～39H，英文大写字母 A～Z 对应的 ASCII 码为 41H～5AH，小写字母 a～z 对应的 ASCII 码为 61H～7AH，这些规律性对今后的码制转换的编程非常有用。

我国于 1980 年制定了国家标准 GB 1988—80，即《信息处理交换用的 7 位编码字符集》，其中除用人民币符号"￥"代替美元符号"＄"外，其余与 ASCII 码相同。

1.2 微型计算机原理

1946 年 2 月 15 日，第一台电子数字计算机（Electronic Numerical Integrator and Computer，ENIAC）问世，标志着计算机时代的到来。

ENIAC 是电子管计算机，体积庞大，时钟频率仅有 100kHz。与现代计算机相比，ENIAC 的各方面性能都显得微不足道，但它的问世开创了计算机科学的新纪元，对人类的生产和生活方式产生了巨大影响。

1946 年 6 月，匈牙利籍数学家冯·诺依曼提出"程序存储"和"二进制运算"的思想，进一步构建了由运算器、控制器、存储器、输入设备和输出设备组成的这一经典的计算机结构，如图 1.3 所示。电子计算机技术的发展，相继经历了电子管计算机、晶体管计算机、集成电路计算机、大规模集成电路计算机和超大规模计算机 5 个时代，但是，计算机的结构始终没有突破冯·诺依曼提出的计算机的经典结构框架。

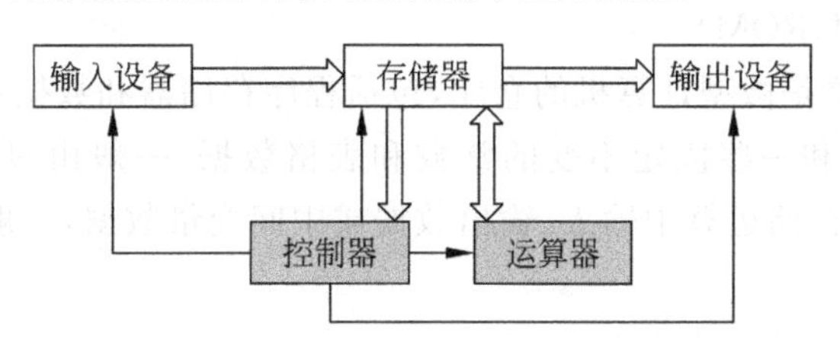

图 1.3 电子计算机的冯·诺依曼经典结构

1.2.1 微型计算机的基本组成

随着集成电路技术的飞速发展，1971 年 1 月，Intel 公司的德·霍夫将运算器、控制器以及一些寄存器集成在一块芯片上，此即为微处理器或中央处理单元，简称 CPU，形成了以微处理器为核心的总线结构框架。

如图 1.4 所示为微型计算机的组成框图，由微处理器、存储器（ROM、RAM）和输入/输出接口（I/O 接口）和连接它们的总线组成。微型计算机配上相应的输入/输出设备（如键盘、显示器）就构成了微型计算机系统。

1）微处理器（中央处理单元，CPU）

微处理器由运算器和控制器两部分组成，是计算机的控制核心。

（1）运算器

运算器由算术逻辑单元（ALU）、累加器和寄存器等几部分组成，主要负责数据的算

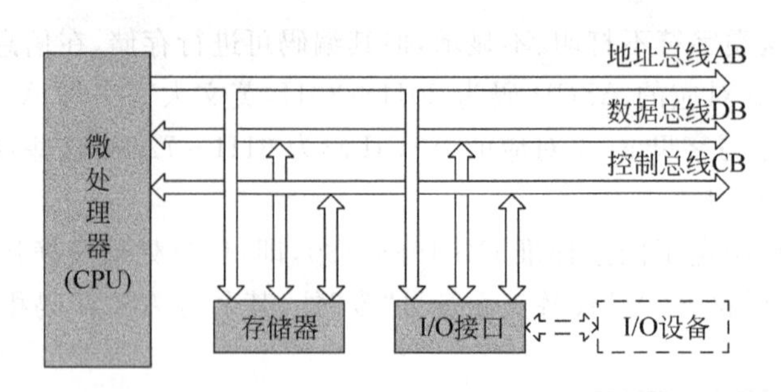

图 1.4 微型计算机组成框图

术运算和逻辑运算。

(2) 控制器

控制器是发布命令的"决策机构",即协调和指挥整个计算机系统操作。控制器由指令部件、时序部件和微操作控制部件3部分组成。

指令部件是一种能对指令进行分析、处理和产生控制信号的逻辑部件,是控制器的核心。通常,指令部件由程序计数器(Program Counter,PC)、指令寄存器(Instruction Register,IR)和指令译码器(Instruction Decode,ID)3部分组成。

时序部件由时钟系统和脉冲发生器组成,用于产生微操作控制部件所需的定时脉冲信号。

微操作控制部件是根据指令译码器判断出的指令功能后,形成相应的伪操作控制信号,用以完成该指令所规定的功能。

2) 存储器(RAM、ROM)

通俗来讲,存储器是微型计算机的仓库,包括程序存储器和数据存储器两部分。程序存储器用于存储程序和一些固定不变的常数和表格数据,一般由只读存储器(ROM)组成;数据存储器用于存储运算中输入、输出数据或中间变量数据,一般由随机存取存储器(RAM)组成。

3) 输入/输出接口(I/O接口)

微型计算机的输入/输出设备(简称外设,如键盘、显示器等),有高速的,也有低速的,有机电结构的,也有全电子式的,由于种类繁多且速度各异,因而它们不能直接同高速工作的CPU相连。输入/输出接口(I/O接口)是CPU与输入/输出设备(简称外设,如键盘、显示器等)的连接桥梁,I/O接口的作用相当于一个转换器,保证CPU与外设间协调工作。不同的外设需要不同的I/O接口。

4) 总线

CPU与存储器、I/O接口是通过总线相连的,包括地址总线、数据总线与控制总线。

(1) 地址总线(AB)

地址总线用作CPU寻址,地址总线的多少标志着CPU的最大寻址能力。若地址总线的根数为16,即CPU的最大寻址能力为$2^{16}=64K$。

(2) 数据总线(DB)

数据总线用于CPU与外围器件(存储器、I/O接口)交换数据,数据总线的多少标志CPU一次交换数据的能力,决定CPU的运算速度。CPU的位数就是指数据总线的宽度，如16位机，就是指计算机的数据总线为16位。

(3) 控制总线(CB)

控制总线用于确定CPU与外围器件交换数据的类型，主要为读和写两种类型。

1.2.2 指令、程序与编程语言

一个完整的计算机是由硬件和软件两部分组成的，缺一不可。上面所述为计算机的硬件部分，是看得到、摸得着的实体部分，但计算机硬件只有在软件的指挥下，才能发挥其效能。计算机采取“存储程序”的工作方式，即事先把程序加载到计算机的存储器中，当启动运行后，计算机便自动地按照程序进行工作。

指令是规定计算机完成特定任务的命令，微处理器就是根据指令，指挥与控制计算机各部分协调地工作。

程序是指令的集合，是解决某个具体任务的一组指令。在用计算机完成某个工作任务之前，人们必须事先将计算方法和步骤编制成由逐条指令组成的程序，并预先将它以二进制代码(机器代码)的形式存放在程序存储器中。

编程语言分为机器语言、汇编语言和高级语言。

(1) 机器语言是用二进制代码表示的，是机器能直接识别和执行的语言。因此，用机器语言编写的程序称为目标程序。机器语言具有灵活、直接执行和速度快的优点，但可读性、移植性以及重用性较差，编程难度较大。

(2) 汇编语言用英文助记符描述指令，是面向机器的程序设计语言。采用汇编语言编写程序，既保持了机器语言的一致性，又增强了程序的可读性并且降低了编写难度，但使用汇编语言编写的程序，机器不能直接识别，还要由汇编程序或者叫汇编语言编译器转换成机器指令。

(3) 高级语言是采用自然语言描述指令功能的，与计算机的硬件结构及指令系统无关，它有更强的表达能力，可方便地表示数据的运算和程序的控制结构，能更好地描述各种算法，而且容易学习掌握。但高级语言编译生成的程序代码一般比用汇编程序语言设计的程序代码要长，执行的速度也慢。高级语言并不是特指的某一种具体的语言，而是包括很多编程语言，如目前流行的Java、C、C++、C#、Pascal、Python、Lisp、Prolog、FoxPro、VC，这些语言的语法、命令格式都不相同。目前，在单片机、嵌入式系统应用编程中，主要采用C语言编程，具体应用中还增加了面向单片机、嵌入式系统硬件操作的语句，如Keil C(或称为C51)。

1.2.3 微型计算机的工作过程

微型计算机的工作过程就是执行程序的过程，计算机执行程序是一条指令一条指令执行的。执行一条指令的过程分为3个阶段：取指、指令译码与执行指令。每执行完一条指令，自动转向下一条指令的执行。

1. 取指

根据程序计数器PC中的地址，到程序存储器中取出指令代码，并送到指令寄存器IR中。然后，PC自动加1，指向下一指令(或指令字节)地址。

2. 指令译码

指令译码器对指令寄存器中的指令代码进行译码，判断当前指令代码的工作任务。

3. 执行指令

判断出当前指令代码任务后，控制器自动发出一系列微指令，指挥计算机协调动作，完成当前指令指定的工作任务。

图 1.5 为微型计算机工作过程的示意图，程序存储器从 0000H 起存放了如下所示的指令代码。

汇编源程序	对应的机器代码
ORG 0000H	;伪指令，指定下列程序代码从 0000H 地址开始存放
MOV A, #0FH	740FH
ADD A, 20H	2520H
MOV P1, A	F590H
SJMP $	80FEH

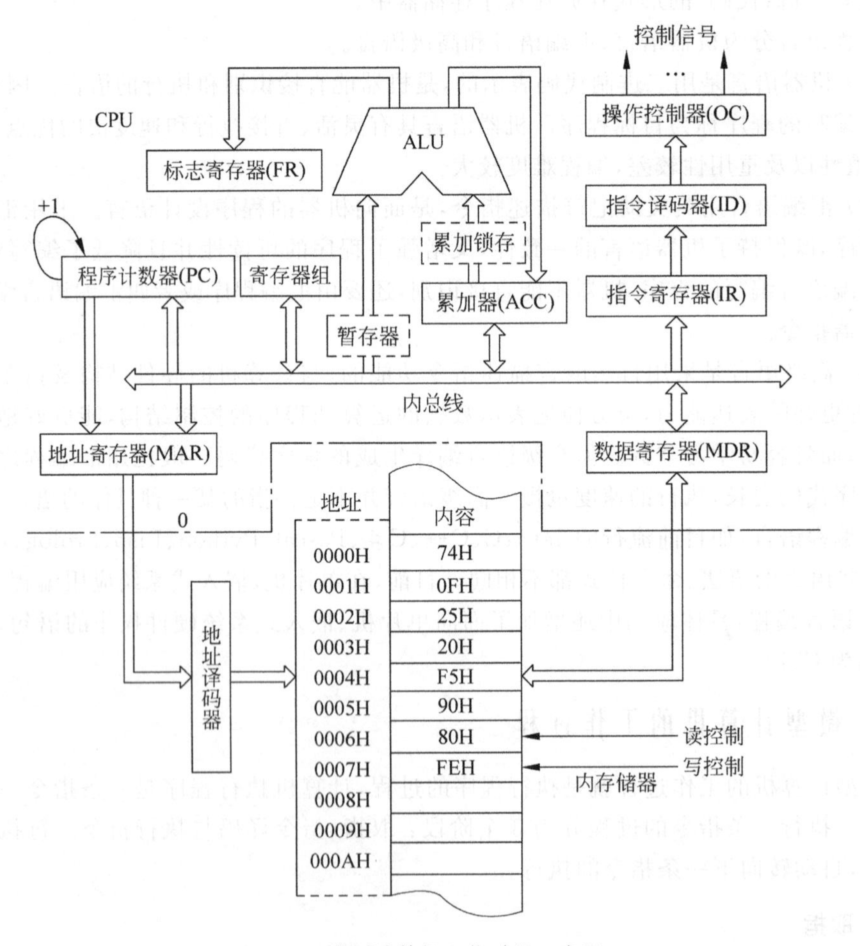

图 1.5 微型计算机工作过程示意图

下面分析微型计算机的工作过程。

(1) 将 PC 内容 0000H 送地址寄存器 MAR。

(2) PC 值自动加 1,为取下一个指令字节做准备。

(3) MAR 中的地址经地址译码器找到程序存储器 0000H 单元。

(4) CPU 发读命令。

(5) 将 0000H 单元内容 74H 读出,送至数据寄存器 MDR 中。

(6) 将 74H 送指令寄存器 IR 中。

(7) 经指令译码器 ID 译码,判断指令代码代表的功能,由操作控制器 OC 发出相应的微操作控制信号,完成指令操作。

(8) 根据指令功能要求,PC 内容 0001H 送地址寄存器 MAR。

(9) PC 值自动加 1,为取下一个指令字节做准备。

(10) MAR 中的地址经地址译码器找到程序存储器 0001H 单元。

(11) CPU 发读命令。

(12) 将 0001H 单元内容 0FH 读出,送至数据寄存器 MDR 中。

(13) 此次读取的数据,读出后根据指令功能直接送累加器 A,至此,完成该指令操作。

(14) 重复刚才的过程,逐条读取指令、指令译码、执行指令。

1.2.4　微型计算机的应用形态

根据应用形态,微型计算机主要分为 2 种:系统机与单片机。

1. 系统机

系统机是将微处理器、存储器、I/O 接口电路和总线接口组装在一块主机板(即微机主板)上,再通过系统总线和其他多块外设适配卡连接键盘、显示器、打印机、硬盘驱动器及光驱等输入/输出设备。

目前人们广泛使用的个人电脑(PC)就是典型的系统微型计算机。系统机的人机界面好,功能强,软件资源丰富,通常作为办公或家庭的事务处理及科学计算,属于通用计算机,现在已成为社会各领域中最为通用的工具。

系统机追求的是高速度、高性能。

2. 单片机

将微处理器、存储器、I/O 接口电路和总线接口集成在一块芯片上,即构成单片微型计算机,简称单片机。

单片机的应用是嵌入到控制系统(或设备)中,因此属于专用计算机,也称为嵌入式计算机。单片机应用讲究的是高性能价格比,针对控制系统任务的规模、复杂性选择合适的单片机,因此,高、中、低档单片机是并行发展的。

本章小结

数制与编码是微型计算机的基本数字逻辑基础,是学习微型计算机的必备知识。在计算机的学习与应用中,主要涉及二进制、十进制与十六进制。在计算机中,同样存在数据的正负问题。计算机中,用数据位的最高位表示数据的正负,“0”表示正,“1”表示负,并且是用补码形式表示有符号数。

在计算机中,编码与译码是常见的数据处理工作。最常见的计算机编码有 2 种:一是 BCD 编码;二是 ASCII 码。

冯·诺依曼提出“程序存储”和“二进制运算”的思想,并构建了计算机的经典结构,即计算机由运算器、控制器、存储器、输入设备和输出设备组成。

将运算器、控制器以及各种寄存器集成在一片集成电路芯片上,组成中央处理器(CPU)或微处理器。微处理器配上存储器、输入/输出接口,便构成微型计算机;再配以输入/输出设备,即构成微型计算机系统。

一个完整的计算机包括硬件与软件两部分:硬件指“看得见、摸得着”的实体部分,软件是指挥计算机的指令代码的集合。简单来说,计算机的工作过程很简单,就是机械地按照“取指令、指令译码、执行指令”逐条执行指令。

单片机与系统机分属微型计算机的两个发展方向,从诞生至今,仅仅几十年,发展迅速,分别在嵌入式系统、科学计算与数据处理等领域起至关重要的作用。

习题与思考题

1. 将下列十进制数转换成二进制数。

(1) 67　(2) 35　(3) 41.75　(4) 100　(5) 255

2. 将下列二进制数转换成十进制数和十六进制数。

(1) 10101010B　(2) 11100110B　(3) 0.0101B

(4) 01111111B　(5) 10110101B

3. 已知原码如下,写出各数的反码和补码。

(1) 10100110　(2) 11111111　(3) 10000000

(4) 01111111　(5) 10000000

4. 将下列十进制数转换为 8421BCD 码。

(1) 25　(2) 1024　(3) 688　(4) 100　(5) 127

5. 将下列字符转换为 ASCII 码。

(1) STC　(2) Computer　(3) MCU

(4) STC15F2K60S2　(5) IAP15F2K61S2

6. 微型计算机的基本组成部分是什么?从微型计算机地址总线、数据总线看,能确认微型计算机哪几方面的性能?

7. 相比计算机经典结构,微型计算机的结构有哪些改进?

8. 简述微型计算机的工作过程。

CHAPTER 2 第2章

STC15F2K60S2 单片机增强型 8051 内核

2.1 单片机概述

2.1.1 单片机的概念

将微型计算机的基本组成部分(CPU、存储器、I/O 接口以及连接它们的总线)集成在一块芯片中而构成的计算机,称为单片微型计算机,简称单片机。考虑它的实质是用作控制,现已普遍改称微控制器(Micro Controller Unit,MCU)。

由于单片机是完全作嵌入式应用,故又称为嵌入式微控制器。根据单片机数据总线的宽度不同,单片机主要可分为 4 位机、8 位机、16 位机和 32 位机。在高端应用(图形图像处理与通信等)中,32 位机应用已越来越普及;但在中、低端控制应用中,并且在将来较长一段时间内,8 位单片机仍是单片机的主流机种,近期推出的增强型单片机产品内部普遍集成有丰富 I/O 接口,而且集成有 ADC、DAC、PWM、WDT(看门狗)等接口或功能部件,并在低电压、低功耗、串行扩展总线、程序存储器类型、存储器容量和开发方式(在线系统编程 ISP)等方面都有较大的发展。

由于单片机具有较高的性能价格比、良好的控制性能和灵活的嵌入特性,单片机在各个领域里都获得了极为广泛的应用。

2.1.2 常见单片机

1. 8051 内核单片机

8051 内核单片机应用比较广泛,常见的 8051 内核单片机有以下几种。

(1) Intel 公司的 MCS-51 系列单片机。MCS-51 系列单片机是美国 Intel 公司研发的,该系列有 8031、8032、8051、8052、8751、8752 等多种产品。MCS-51 系列单片机的典型产品是 8051,其构成了 8051 单片机的标准。MCS-51 系列单片机的资源配置见表 2.1。

目前,由于 Intel 公司发展战略的重点并不在单片机方向,Intel 公司现在已不生产 MCS-51 系列单片机,现在应用的 8051 单片机已不再是传统的 MCS-51 系列单片机。获得 8051 内核的厂商,在该内核基础上进行了功能扩展与性能改进。下面(2)～(4)所列是比较典型 8051 内核单片机。

表 2.1 MCS-51 系列单片机的内部资源

型号	程序存储器	数据存储器	定时器/计数器	并行 I/O 端口	串行口	中断源
8031	无	128B	2	32	1	5
8032	无	256B	3	32	1	6
8051	4KB ROM	128B	2	32	1	5
8052	8KB ROM	256B	3	32	1	6
8751	4KB EPROM	128B	2	32	1	5
8752	8KB EPROM	256B	3	32	1	6

(2) 深圳市宏晶科技公司的 STC 系列单片机。公司网址：http://www.stcmcu.com。

(3) 荷兰 PHILIPS 公司的 8051 内核单片机。公司网址：http://www.philips.com。

(4) 美国 Atmel 公司的 89 系列单片机。公司网址：http://www.atmel.com。

2. 其他单片机

除 8051 内核单片机以外，比较有代表性的单片机还有以下几种。

(1) Freescale 公司的 MC68 系列单片机、MC9S08 系列单片机(8 位)、MC9S12 系列单片机(16 位)以及 32 位单片机。公司网址：http://www.freescale.com.cn。

(2) 美国 Microchip 公司的 PIC 系列单片机。公司网址：http://www.microchip.com。

(3) 美国 TI 公司的 MSP430 系列 16 位单片机。公司网址：http://www.ti.com.cn。

(4) 日本 National 公司的 COP8 系列单片机。公司网址：http://www.national.com.cn。

(5) 美国 Atmel 公司的 AVR 系列单片机。公司网址：http://www.atmel.com。

随着单片机技术发展，产品多样化和系列化，用户可以根据自己的实际需求进行选择。

单片机技术虽然缺乏统一标准，但单片机的基本工作原理都是一样的，主要区别在于包含的资源不同、编程语言的格式不同。当用 C 语言编程时，编程语言的差别就更小了。因此，只要学好了一种单片机，使用其他单片机时，只需仔细阅读相应的技术文档，就可以进行项目或产品的开发。

2.1.3 STC 系列单片机

STC 系列单片机是深圳宏晶科技公司研发的增强型 8051 内核单片机，相对于传统的 8051 内核单片机，在片内资源、性能以及工作速度上都有很大的改进，尤其采用了基于 Flash 的在线系统编程(ISP)技术，使单片机应用系统的开发变得简单了，无需仿真器或专用编程器就可进行单片机应用系统的开发，同时也方便了单片机的学习。

STC 单片机产品系列化、种类多，现有超过百种的单片机产品，能满足不同单片机应用系统的控制需求。按照工作速度与片内资源配置的不同，STC 系列单片机有若干个系列产品。按照工作速度可分为 12T/6T 和 1T 系列产品：12T/6T 产品是指一个机器周期可设置为 12 个时钟或 6 个时钟，包括 STC89 和 STC90 两个系列；1T 产品是指一个机器周期仅为 1 个时钟，包括 STC11/10 和 STC12/15 等系列。STC89、STC90 和 STC11/10

系列属基本配置，而 STC12/15 系列产品则相应地增加了 PWM、A/D 和 SPI 等接口模块。在每个系列中包含若干个产品，其差异主要是片内资源数量上的差异。在应用选型时，应根据控制系统的实际需求，选择合适的单片机，即单片机内部资源要尽可能地满足控制系统要求，而减少外部接口电路，同时，选择片内资源时遵循“够用”原则，极大地保证单片机应用系统的高性能价格比和高可靠性。

STC15 系列单片机采用 STC-Y5 超高速 CPU 内核，在相同频率下，速度比早期 1T 系列单片机(如 STC12、STC11、STC10 系列)的速度快 20%。本书以 STC15 系列中的 STC15F2K60S2 单片机为教学机型，全面学习 STC 单片机技术以及培养 STC 单片机的应用设计能力。

2.2 STC15F2K60S2 单片机资源概述与引脚功能

2.2.1 STC15F2K60S2 单片机资源与功能概述

STC15F2K60S2 单片机是 STC15 系列单片机的典型产品，集成以下资源。

(1) 增强型 8051 CPU，1T 型，即每个机器周期只有 1 个系统时钟。

(2) ISP/IAP 功能，即在系统可编程/在应用可编程。

(3) 内部高可靠复位，8 级可选复位门槛电压，可彻底省掉外围复位电路。

(4) 内部高精度 R/C 时钟，±1%温漂(−40～85℃)，常温下温漂可达 0.5%，内部时钟 5～35MHz 可选。

(5) 低功耗设计：低速模式、空闲模式、掉电模式(停机模式)。

(6) 具有支持掉电唤醒的引脚。

(7) 60KB Flash 程序存储器。

(8) 2048 字节 SRAM。

(9) 1KB 数据 Flash(EEPROM)，擦写次数 10 万次以上。

(10) 6 个定时器：两个 16 位可重装载初始值(兼容传统 8051)的定时器 T0/T1，T2 定时器，3 路 CCP 可再实现 3 个定时器。

(11) 2 个全双工异步串行口(UART)。

(12) 8 通道高速 10 位 ADC，速度可达 30 万次/秒。

(13) 3 通道捕获/比较单元(PWM/PCA/CCP)。

(14) 高速 SPI 串行通信接口。

(15) 多路可编程时钟输出。

(16) 最多 42 个 I/O 端口线。

(17) 硬件看门狗。

2.2.2 STC15F2K60S2 单片机引脚功能

STC15F2K60S2 单片机有 LQFP-44、LQFP-32、PDIP-40、SOP-28、SOP-32、SKDIP-28 等封装形式，其中图 2.1、图 2.2 为 LQFP-44、PDIP-40 封装引脚图。

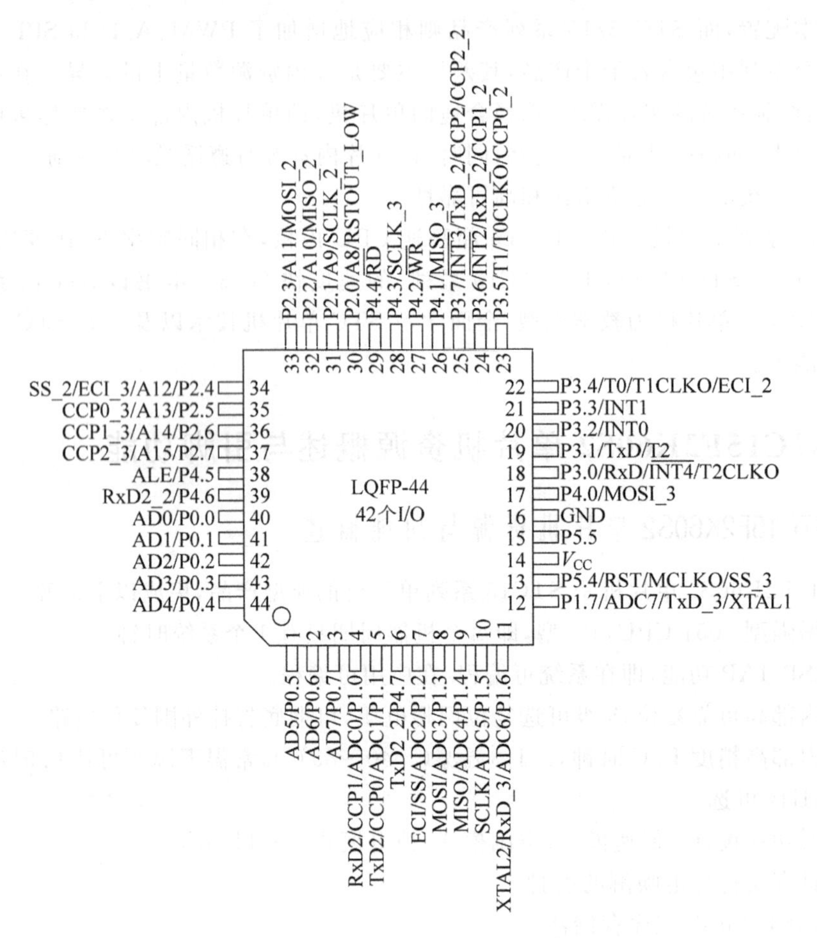

图 2.1 STC15F2K60S2 单片机 LQFP-44 封装的引脚图

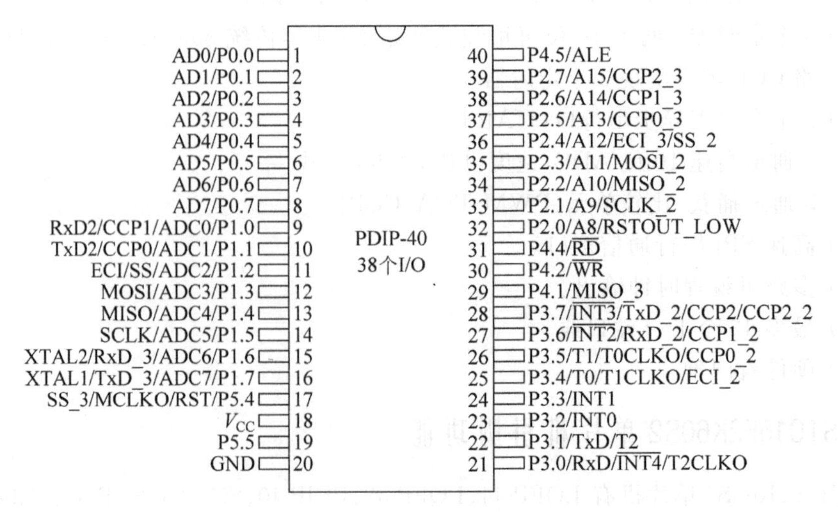

图 2.2 STC15F2K60S2 单片机 PDIP-40 封装的引脚图

下面以 STC15F2K60S2 单片机的 DIP-40 封装为例介绍 STC15F2K60S2 单片机的引脚功能。从引脚图可以看出，除 18、20 为电源和地以外，其他引脚都可用作 I/O 端口。也就是说 STC15F2K60S2 单片机不需外围电路，只需接上电源就是一个单片机最小系统了。因此，这里以 STC15F2K60S2 单片机的 I/O 端口引脚为主线，描述 STC15F2K60S2 单片机的各引脚功能。

注：建议教学时，强调各引脚 I/O 端口的输入、输出功能，各自的第二、第三等功能留待相应功能部件用到时再讲。

1. P0口

P0 口引脚排列与功能说明见表 2.2。

表 2.2　P0 口引脚排列与功能说明

引脚号	1	2	3	4	5	6	7	8
I/O 名称	P0.0	P0.1	P0.2	P0.3	P0.4	P0.5	P0.6	P0.7
第二功能	AD0～AD7：访问外部存储器时，分时复用用做低 8 位地址总线和 8 位数据总线							

2. P1口

P1 口引脚排列与功能说明见表 2.3。

表 2.3　P1 口引脚排列与功能说明

引脚号	I/O 名称	第二功能名称	第三功能名称	第四功能名称
9	P1.0	ADC0	CCP1	RxD2
		ADC 模拟输入通道 0	CCP 输出通道 1	串行口 2 串行数据接收端
10	P1.1	ADC1	CCP0	TxD2
		ADC 模拟输入通道 1	CCP 输出通道 0	串行口 2 串行数据发送端
11	P1.2	ADC2	SS	ECI
		ADC 模拟输入通道 2	SPI 接口的从机选择信号	PCA 模块计数器外部计数脉冲输入端
12	P1.3	ADC3	MOSI	
		ADC 模拟输入通道 3	SPI 接口主出从入数据端	
13	P1.4	ADC4	MISO	
		ADC 模拟输入通道 4	SPI 接口主入从出数据端	
14	P1.5	ADC5	SCLK	
		ADC 模拟输入通道 5	SPI 接口同步时钟端	
15	P1.6	ADC6	RxD_3	XTAL2
		ADC 模拟输入通道 6	串行口 1 串行数据接收端(切换 2)	内部时钟放大器反相放大器的输出端
16	P1.7	ADC7	TxD_3	XTAL1
		ADC 模拟输入通道 7	串行口 1 串行数据发送端(切换 2)	内部时钟放大器反相放大器的输入端

3. P2口

P2 口引脚排列与功能说明见表 2.4。

表 2.4 P2 口引脚排列与功能说明

<table>
<tr><th>引脚号</th><th>I/O 名称</th><th colspan="2">第二功能名称</th><th>第三功能名称</th><th>第四功能名称</th></tr>
<tr><td>32</td><td>P2.0</td><td>A8</td><td rowspan="8">访问外部存储器时,用做高 8 位地址总线</td><td>RSTOUT_LOW
上电后输出低电平</td><td></td></tr>
<tr><td>33</td><td>P2.1</td><td>A9</td><td>SCLK_2
SPI 接口同步时钟端(切换 1)</td><td></td></tr>
<tr><td>34</td><td>P2.2</td><td>A10</td><td>MISO_2
SPI 接口主入从出数据端(切换 1)</td><td></td></tr>
<tr><td>35</td><td>P2.3</td><td>A11</td><td>MOSI_2
SPI 接口主出从入数据端(切换 1)</td><td></td></tr>
<tr><td>36</td><td>P2.4</td><td>A12</td><td>ECI_3
PCA 模块计数器外部计数脉冲输入端(切换 2)</td><td>SS_2
SPI 接口的从机选择信号(切换 1)</td></tr>
<tr><td>37</td><td>P2.5</td><td>A13</td><td>CCP0_3
CCP 输出通道 0(切换 2)</td><td></td></tr>
<tr><td>38</td><td>P2.6</td><td>A14</td><td>CCP1_3
CCP 输出通道 1(切换 2)</td><td></td></tr>
<tr><td>39</td><td>P2.7</td><td>A15</td><td>CCP2_3
CCP 输出通道 2(切换 2)</td><td></td></tr>
</table>

4. P3 口

P3 口引脚排列与功能说明见表 2.5。

表 2.5 P3 口引脚排列与功能说明

引脚号	I/O 名称	第二功能名称	第三功能名称	第四功能名称
21	P3.0	RxD 串行口 1 串行数据接收端	$\overline{\text{INT4}}$ 外部中断 4 中断请求输入端	T2CLKO T2 定时器的时钟输出端
22	P3.1	TxD 串行口 1 串行数据发送端	T2 T2 定时器的外部计数脉冲输入端	
23	P3.2	INT0 外部中断 0 中断请求输入端		
24	P3.3	INT1 外部中断 1 中断请求输入端		
25	P3.4	T0 T0 定时器的外部计数脉冲输入端	T1CLKO T1 定时器的时钟输出端	ECI_2 PCA 模块计数器外部计数脉冲输入端(切换 1)

续表

引脚号	I/O 名称	第二功能名称	第三功能名称	第四功能名称
26	P3.5	T1	T0CLKO	CCP0_2
		T1 定时器的外部计数脉冲输入端	T0 定时器的时钟输出端	CCP 输出通道 0(切换 1)
27	P3.6	$\overline{\text{INT2}}$	RxD_2	CCP1_2
		外部中断 2 中断请求输入端	串行口 1 串行接收数据端(切换 1)	CCP 输出通道 1(切换 1)
28	P3.7	$\overline{\text{INT3}}$	TxD_2	CCP2/CCP2_2
		外部中断 3 中断请求输入端	串行口 1 串行发送数据端(切换 1)	CCP 输出通道 2(含切换 1)

5. P4 口

P4 口引脚排列与功能说明见表 2.6。

表 2.6 P4 口引脚排列与功能说明

引脚号	29		30		31		40	
I/O 名称	P4.1		P4.2		P4.4		P4.5	
第二功能	MOSI_3	SPI 接口主出从入数据端(切换 2)	$\overline{\text{WR}}$	扩展外部数据存储器写控制端	$\overline{\text{RD}}$	扩展外部数据存储器读控制端	ALE	扩展外部存储器地址锁存信号输出端

6. P5 口

P5 口引脚排列与功能说明见表 2.7。

表 2.7 P5 口引脚排列与功能说明

引脚号	I/O 名称	第二功能名称	第三功能名称	第四功能名称
17	P5.4	RST	MCLKO	SS_3
		复位脉冲输入端	主时钟输出,可输出不分频、二分频或四分频信号	SPI 接口的从机选择信号(切换 2)
19	P5.5	无第二功能		

注:STC15F2K60S2 单片机内部接口的外部输入、输出引脚可通过编程进行切换,上电或复位后,默认功能引脚的名称以原功能状态名称表示,切换后引脚状态的名称在原功能名称基础上加一下划线和序号组成,如 RxD 和 RxD_2,RxD 为串行口 1 默认的数据接收端,RxD_2 为串行口 1 切换后(第 1 组切换)的数据接收端名称,其功能同样串行口 1 的串行数据接收端。

2.3 STC15F2K60S2 单片机的内部结构

2.3.1 STC15F2K60S2 单片机的内部结构框图

STC15F2K60S2 单片机的内部结构框图如图 2.3 所示。

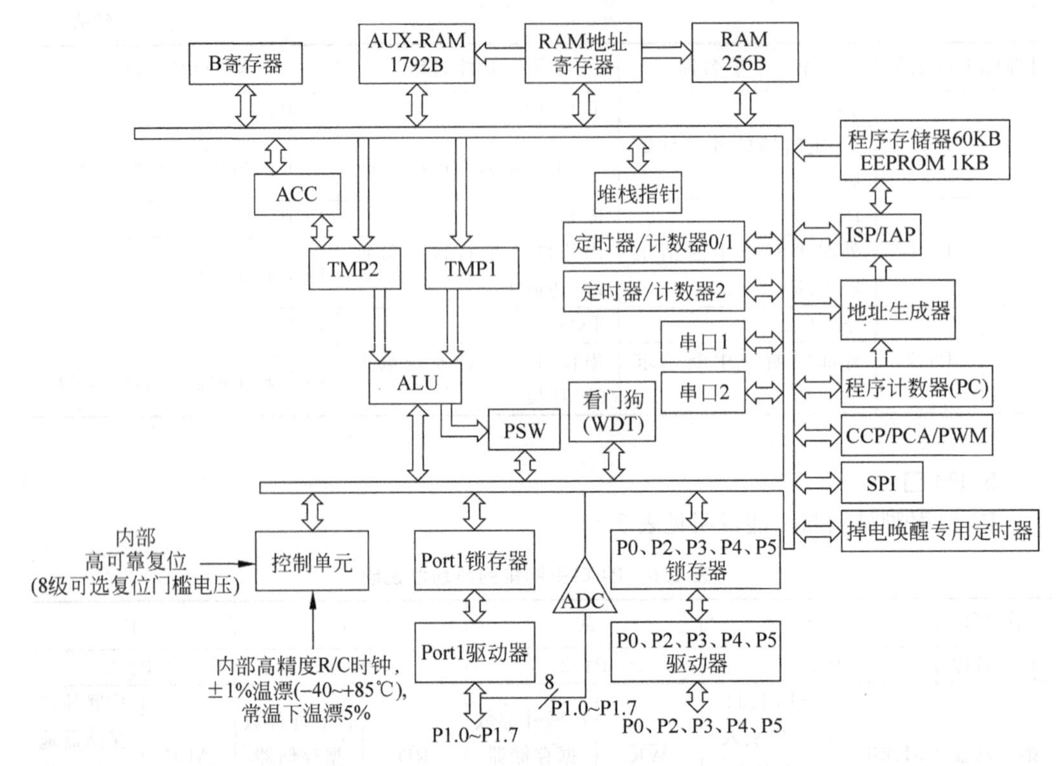

图 2.3 STC15F2K60S2 单片机的内部结构框图

STC15F2K60S2 单片机包含 CPU、程序存储器（程序 Flash）、数据存储器（基本 RAM、扩展 RAM、特殊功能寄存器）、EEPROM（数据 Flash）、定时器/计数器、串行口、中断系统、ADC 模块、PCA/PWM 模块（可当 DAC 使用）、SPI 接口以及硬件“看门狗”、电源监控、专用复位电路、内部 RC 振荡器等模块。

2.3.2 CPU 结构

单片机的中央处理器 CPU 由运算器和控制器组成。它的作用是读入并分析每条指令，根据各指令功能控制单片机的各功能部件执行指定的运算或操作。

1. 运算器

运算器由算术/逻辑运算部件 ALU、累加器 ACC、寄存器 B、暂存器（TMP1、TMP2）和程序状态标志寄存器 PSW 组成。它所完成的任务是实现算术与逻辑运算、位变量处理与传送等操作。

ALU 功能极强，既可实现 8 位二进制数据的加、减、乘、除算术运算和与、或、非、异或、循环等逻辑运算，同时还具有一般微处理器所不具备的位处理功能。

累加器 ACC，又记作 A，用于向 ALU 提供操作数和存放运算结果，是 CPU 中工作最繁忙的寄存器，大多数指令的执行都要通过累加器 ACC 进行。

寄存器 B 是专门为乘法和除法运算设置的寄存器，用于存放乘法和除法运算的操作数和运算结果。对于其他指令，可作普通寄存器使用。

程序状态标志寄存器 PSW,简称程序状态字。它用来保存 ALU 运算结果的特征和处理状态。这些特征和状态可以作为控制程序转移的条件,供程序判别和查询。PSW 的各位定义如下所示。

	地址	B7	B6	B5	B4	B3	B2	B1	B0	复位值
PSW	D0H	CY	AC	F0	RS1	RS0	OV	F1	P	00000000

CY:进位标志位。执行加/减法指令时,如果操作结果的最高位 B7 出现进/借位,则 CY 置"1";否则清零。也可以说是无符号数运算的溢出标志位。

AC:辅助进位标志位。当执行加/减法指令时,如果低 4 位数向高 4 位数(或者说 B3 位向 B4 位)产生进/借位,则 AC 置"1";否则清零。

F0:用户标志 0。该位是由用户定义的一个状态标志。

RS1、RS0:工作寄存器组选择控制位,详见表 2.8。

OV:溢出标志位。指示有符号运算过程中是否发生了溢出。有溢出时,(OV)=1;无溢出时,(OV)=0。

F1:用户标志 1。该位也是由用户定义的一个状态标志。

P:奇偶标志位。如果累加器 ACC 中 1 的个数为偶数,则(P)=0;否则(P)=1。在具有奇偶校验的串行数据通信中,可以根据 P 值设置奇偶校验位。

2. 控制器

控制器是 CPU 的指挥中心,由指令寄存器 IR、指令译码器 ID、定时及控制逻辑电路以及程序计数器 PC 等组成。

程序计数器 PC 是一个 16 位的计数器(注意:PC 不属于特殊功能寄存器)。它总是存放下一个要取指令字节的 16 位程序存储器存储单元的地址;并且,每取完一个指令字节后,PC 的内容自动加 1,为取下一个指令字节做准备。因此,一般情况下,CPU 是按指令存放顺序执行程序的。只有在执行转移、子程序调用指令和中断响应时例外,是由指令或中断响应过程自动给 PC 置入新的地址。PC 指到哪里,CPU 就从哪里开始执行程序。

指令寄存器 IR 保存当前正在执行的指令。执行一条指令,先要把它从程序存储器取到指令寄存器 IR 中。指令内容包含操作码和地址码两部分,操作码送指令译码器 ID,并形成相应指令的微操作信号;地址码送操作数形成电路以便形成实际的操作数地址。

定时与控制是微处理器的核心部件,它的任务是控制"取指令、执行指令、存取操作数或运算结果"等操作,向其他部件发出各种微操作信号,协调各部件工作,完成指令指定的工作任务。

2.4 STC15F2K60S2 单片机的存储结构

STC15F2K60S2 单片机存储器结构的主要特点是程序存储器与数据存储器是分开编址的,STC15F2K60S2 单片机内部在物理上有 4 个相互独立的存储器空间:程序存储器(程序 Flash)、片内基本 RAM、片内扩展 RAM 与 EEPROM(数据 Flash),如图 2.4 所示。

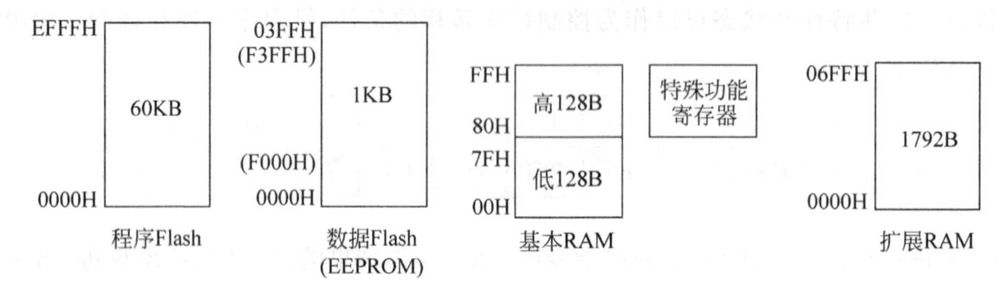

图 2.4 STC15F2K60S2 单片机的存储器结构

1. 程序存储器(程序 Flash)

程序存储器用于存放用户程序、数据和表格等信息。STC15F2K60S2 单片机片内集成了 60KB 的程序 Flash 存储器,其地址为 0000H～EFFFH。

在程序存储器中有些特殊的单元,在应用中应加以注意。

(1) 0000H 单元。系统复位后,PC 值为 0000H,单片机从 0000H 单元开始执行程序。一般在 0000H 开始的 3 个单元中存放一条无条件转移指令,让 CPU 执行用户指定位置的主程序。

(2) 0003H～00A3H,这些单元用作 21 个中断响应的入口地址(或称为中断向量地址)。

0003H:外部中断 0 中断响应的入口地址。

000BH:定时/计数器 0(T0)中断响应的入口地址。

0013H:外部中断 1 中断响应的入口地址。

001BH:定时/计数器 1(T1)中断响应的入口地址。

0023H:串行口 1 中断响应的入口地址。

以上为 5 个基本中断的中断向量地址,其他中断对应的中断向量地址详见中断系统章节内容。

每个中断向量间相隔 8 个存储单元。编程时,通常在这些入口地址开始处放入一条转移指令,指向真正存放中断服务程序的入口地址。只有在中断服务程序较短时,才可以将中断服务程序直接存放在相应入口地址开始的几个单元中。

2. 基本 RAM

片内基本 RAM 分为低 128 字节、高 128 字节和特殊功能寄存器(SFR)。

1) 低 128 字节

低 128 字节根据 RAM 作用的差异性,又分为工作寄存器区、位寻址区和通用 RAM 区,如图 2.5 所示。

(1) 工作寄存器区(00H～1FH)

STC15F2K60S2 单片机片内基本 RAM 低端的 32 个字节分成 4 个工作寄存器组,每组占用 8 个单元。但程序运行时,只能有一个工作寄存器组为当前工作寄存器组,当前工作寄存器组的存储单元可用作寄存器,即用寄存器符号(R0、R1、…、R7)表示。当前工作

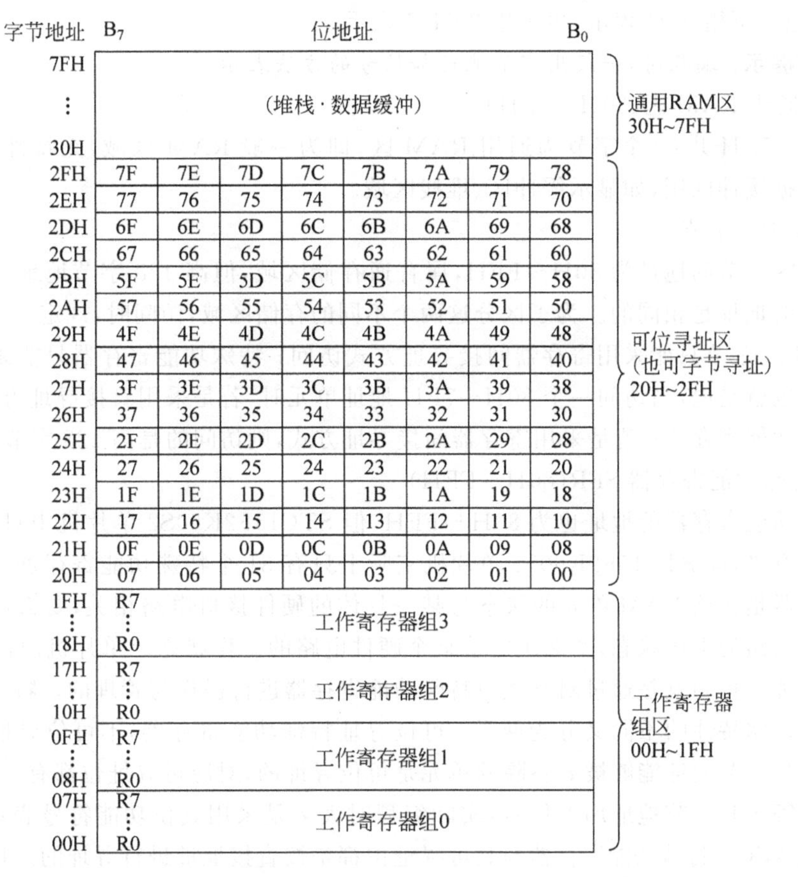

图 2.5 低 128 字节的功能分布图

寄存器组的选择是通过程序状态字 PSW 中的 RS1、RS0 实现的。RS1、RS0 的状态与当前工作寄存器组的关系见表 2.8 所示。

表 2.8 STC15F2K60S2 单片机工作寄存器地址

组号	RS1	RS0	R0	R1	R2	R3	R4	R5	R6	R7
0	0	0	00H	01H	02H	03H	04H	05H	06H	07H
1	0	1	08H	09H	0AH	0BH	0CH	0DH	0EH	0FH
2	1	0	10H	11H	12H	13H	14H	15H	16H	17H
3	1	1	18H	19H	1AH	1BH	1CH	1DH	1EH	1FH

当前工作寄存器组从某一工作寄存器组切换到另一个工作寄存器组，原来工作寄存器组的各寄存器的内容将被屏蔽保护起来。利用这一特性可以方便地完成快速现场保护任务。

(2) 位寻址区(20H～2FH)

片内基本 RAM 的 20H～2FH 共 16 个字节是位寻址区，每个字节 8 个位，共 128 个位。该区域不仅可按字节寻址，也可位进行寻址。从 20H 的 B0 位到 2FH 的 B7 位，其对应的位地址依次为 00H～7FH，位地址还可用字节地址加位号表示，如 20H 单元的 B5

位，其位地址可用 05H 表示，也可用 20H.5 表示。

特别提示：编程时，一般用字节地址加位号的方法表示。

(3) 通用 RAM 区(30H～7FH)

30H～7FH 共 80 个字节为通用 RAM 区，即为一般 RAM 区域，无特殊功能特性。一般作数据缓冲区用，如显示缓冲区、堆栈区域。

2) 高 128 字节

高 128 字节的地址为 80H～FFH，属普通存储区域，但高 128 字节地址与特殊功能寄存器区的地址是相同的。为了区分这两个不同的存储区域，访问时，规定了不同的寻址方式，高 128 字节只能采用寄存器间接寻址方式访问；特殊功能寄存器只能采用直接寻址方式。也就是说，当访问一个 80H～7FH 地址单元时，若是采用直接寻址方式，则访问的是特殊功能寄存器；若是采用寄存器间接寻址方式，则访问的是高 128 字节 RAM。

3) 特殊功能寄存器 SFR(80H～FFH)

特殊功能寄存器的地址也为 80H～FFH，但 STC15F2K60S2 单片机中只有 81 个地址有实际意义，即 STC15F2K60S2 单片机实际上只有 81 个特殊功能寄存器。所谓特殊功能寄存器是指该 RAM 单元的状态与某一具体的硬件接口电路相关，要么反映了某个硬件接口电路的工作状态，要么决定着某个硬件电路的工作状态。单片机内部 I/O 接口电路的管理与控制就是通过对其相应特殊功能寄存器进行操作与管理的。特殊功能寄存器根据其存储特性的不同又分为两类：可位寻址特殊功能寄存器，不可位寻址特殊功能寄存器。凡字节地址能够被 8 整除的单元是可位寻址的，对应可寻址位都有一个位地址，其位地址等于其字节地址加上位号，实际编程时大多是采用其位功能符号表示，如 PSW 中的 CY、ACC。特殊功能寄存器与其可寻址位都是按直接地址进行寻址的。特殊功能寄存器的映象如表 2.9 所示，表 2.9 中给出了各特殊功能寄存器的符号、地址与复位状态值。

特别提示：实际汇编语言或 C 语言编程时，用特殊功能寄存器的符号或位地址的符号表示特殊功能寄存器的地址或位地址。

表 2.9 STC15F2K60S2 单片机特殊功能寄存器字节地址与位地址

地址	可位寻址	不可位寻址						
	+0	+1	+2	+3	+4	+5	+6	+7
80H	P0 11111111	SP 00000111	DPL 00000000	DPH 00000000				PCON 00110000
88H	TCON 00000000	TMOD 00000000	TL0 (RL_TL0) 00000000	TL1 (RL_TL1) 00000000	TH0 (RL_TH0) 00000000	TH1 (RL_TH1) 00000000	AUXR 00000001	INT_CLKO 00000000
90H	P1 11111111	P1M1 00000000	P1M0 00000000	P0M1 00000000	P0M0 00000000	P2M1 00000000	P2M0 00000000	CLK_DIV 0000x000
98H	SCON 00000000	SBUF xxxxxxxx	S2CON 00000000	S2BUF xxxxxxxx		P1ASF 00000000		
A0H	P2 11111110	BUS_SPEED xxxxxx10	P_SW1 01000000					

续表

地址	可位寻址	不可位寻址						
	+0	+1	+2	+3	+4	+5	+6	+7
A8H	IE 00000000	SADDR 00000000	WKTCL (WKTCL_CNT) 11111111	WKTCH (WKTCH_CNT) 01111111				IE2 x0000000
B0H	P3 11111111	P3M1 00000000	P3M0 00000000	P4M1 00000000	P4M0 00000000	IP2 xxxxxx00		
B8H	IP x0x00000	SADEN 00000000	P_SW2 xxxxxxx0		ADC_CONTR 00000000	ADC_RES 00000000	ADC_RESL 00000000	
C0H	P4 11111111	WDT_CONTR 0x000000	IAP_DATA 11111111	IAP_ADDRH 00000000	IAP_ADDRL 00000000	IAP_CMD xxxxxx00	IAP_TRIG xxxxxxxx	IAP_CONTR 00000000
C8H	P5 xx11xxxx	P5M1 xxxx0000	P5M0 xxxx0000			SPSTAT 00xxxxxx	SPCTL 00000100	SPDAT 00000000
D0H	PSW 000000x0						T2H (RL_TH2) 00000000	T2L (RL_TL2) 00000000
D8H	CCON 00xx0000	CMOD 0xxxx000	CCAPM0 x0000000	CCAPM1 x0000000	CCAPM2 x0000000			
E0H	ACC 00000000							
E8H		CL 00000000	CCAP0L 00000000	CCAP1L 00000000	CCAP2L 00000000			
F0H	B 00000000		PCA_PWM0 00xxxx00	PCA_PWM1 00xxxx00	PCA_PWM2 00xxxx00			
F8H		CH 00000000	CCAP0H 00000000	CCAP1H 00000000	CCAP2H 00000000			

注：1. 各特殊功能寄存器地址等于行地址加列偏移量。

2. 带阴影的特殊功能寄存器为在传统 8051 单片机基础上新增的，在使用时需对各特殊寄存器的地址进行声明，例如，AUXR 是新增的特殊功能寄存器，如

汇编语言：AUXR EQU 8EH 或 AUXR DATA 8EH；

C51：sfr AUXR = 0x8e。

(1) 与运算器相关的寄存器(3 个)

ACC：累加器，它是 STC15F2K60S2 单片机中最繁忙的寄存器，用于向算逻部件 ALU 提供操作数，同时许多运算结果也存放在累加器中。实际编程时，ACC 通常用 A 表示，表示寄存器寻址；若用 ACC 表示，则表示直接寻址(仅在 PUSH、POP 指令中使用)。

B：寄存器 B，主要用于乘、除法运算，也可作为一般 RAM 单元使用。

PSW：程序状态字。

(2) 指针类寄存器(3个)

SP：堆栈指针,它是始终指向栈顶。堆栈是一种遵循“先进后出,后进先出”原则存储的存储区域。入栈时,SP先加1,数据再压入(存入)SP指向的存储单元；出栈操作时,先将SP指向单元的数据弹出到指定的存储单元中,SP再减1。STC15F2K60S2单片机复位时,SP为07H,即默认栈底是08H单元,实际应用中,为了避免堆栈区域与工作寄存器组、位寻址区域发生冲突,堆栈区域设置在通用RAM区域或高128字节区域。堆栈区域主要用于存放中断或调用子程序时的断点地址和现场参数数据。

DPTR(16位)：数据指针,由DPL和DPH组成,用于存放16位地址,用于对16位地址的程序存储器和扩展RAM进行访问。

其余特殊功能寄存器将在相关I/O接口章节中讲述。

3. 扩展RAM(XRAM)

STC15F2K60S2单片机的扩展RAM空间为1792B,地址范围为0000H～06FFH。扩展RAM类似于传统的片外数据存储器,采用访问片外数据存储器的访问指令(助记符为MOVX)访问扩展RAM区域。STC15F2K60S2单片机保留了传统8051单片机片外数据存储器的扩展功能,但使用时,扩展RAM与片外数据存储器不能并存,可通过AUXR的EXTRAM进行选择,默认时选择片内扩展RAM。扩展片外数据存储器时,要占用P0口、P2口以及ALE、$\overline{RD}$与$\overline{WR}$引脚,而使用片内扩展RAM时与它们无关。实际应用时,尽量使用片内扩展RAM,不推荐扩展片外数据存储器。

4. 数据Flash存储器(EEPROM)

STC15F2K60S2单片机的数据Flash存储器空间为1KB,地址范围为0000H～03FFH。数据Flash存储器被用作EEPROM,用来存放一些应用时需要经常修改,掉电后又能保持不变的参数。

STC15F2K60S2单片机的数据Flash存储器空间分为2个扇区,每个扇区512字节。数据Flash存储器的擦除操作是按扇区进行,在使用时建议同一次修改的数据放在同一个扇区,不是同一次修改的数据放在不同的扇区。在程序中,用户可以对数据Flash存储器实现字节读、字节写与扇区擦除等操作,具体操作方法见6.4节。

STC15F2K60S2单片机的数据EEPROM还可以采用MOVC指令访问,当采用MOVC指令访问时,EEPROM的起始扇区地址为F000H(程序存储器尾地址的下一个地址),结束扇区尾地址为F3FFH。

2.5 STC15F2K60S2单片机的并行I/O端口

2.5.1 STC15F2K60S2单片机的并行I/O端口与工作模式

1. I/O端口功能

STC15F2K60S2单片机最多有42个I/O端口(P0.0～P0.7、P1.0～P1.7、P2.0～P2.7、P3.0～P3.7、P4.0～P4.7、P5.4、P5.5)，STC15F2K60S2(PDIP-40封装)单片机共有38个I/O端口线,分别为P0.0～P0.7、P1.0～P1.7、P2.0～P2.7、P3.0～P3.7、P4.1、

P4.2、P4.4、P4.5、P5.4、P5.5，可用作准双向I/O端口；其中大多数I/O端口线具有2个以上功能，各I/O端口线的引脚功能名称前已介绍，详见表2.2～表2.7。

2. I/O端口的工作模式

STC15F2K60S2单片机的所有I/O端口均有4种工作模式：准双向口（传统8051单片机I/O模式）、推挽输出、仅为输入（高阻状态）、开漏模式。每个I/O端口的驱动能力均可达到20mA，但40引脚及以上单片机整个芯片最大工作电流不要超过120mA；20引脚以上、32引脚以下单片机整个芯片最大工作电流不要超过90mA。每个口的工作模式由PnM1和PnM0(n=0,1,2,3,4,5)两个寄存器的相应位来控制。例如，P0M1和P0M0用于设定P0口的工作模式，其中P0M1.0和P0M0.0用于设置P0.0的工作模式，P0M1.7和P0M0.7用于设置P0.7的工作模式，以此类推。设置关系如表2.10所示，STC15F2K60S2单片机上电复位后所有的I/O端口均为准双向口模式。

表2.10 I/O端口工作模式的设置

控制信号		I/O端口工作模式
PnM1[7:0]	PnM0[7:0]	
0	0	准双向口（传统8051单片机I/O模式）：灌电流可达20mA，拉电流为150～230μA
0	1	推挽输出：强上拉输出，可达20mA，要外接限流电阻
1	0	仅为输入（高阻）
1	1	开漏：内部上拉电阻断开，要外接上拉电阻才可以拉高。此模式可用于5V器件与3V器件电平切换

2.5.2 STC15F2K60S2单片机的并行I/O端口的结构

如上所述，STC15F2K60S2单片机的所有I/O端口均有4种工作模式：准双向口（传统8051单片机I/O模式）、推挽输出、仅为输入（高阻状态）与开漏模式，由PnM1和PnM0(n=0,1,2,3,4,5)两个寄存器的相应位来控制P0～P5端口的工作模式，下面介绍STC15F2K60S2单片机并行I/O端口不同模式的结构与工作原理。

1. 准双向口工作模式

准双向口工作模式下，I/O端口的电路结构如图2.6所示。

准双向口工作模式下，I/O端口可用直接输出而不需重新配置口线输出状态。这是因为当口线输出为“1”时驱动能力很弱，允许外部装置将其拉低电平。当引脚输出为低电平时，它的驱动能力很强，可吸收相当大的电流。

每个端口都包含一个8位锁存器，即特殊功能寄存器P0～P5。这种结构在数据输出时，具有锁存功能，即在重新输出新的数据之前，口线上的数据一直保持不变。但对输入信号是不锁存的，所以外设输入的数据必须保持到取数指令执行为止。

准双向口有3个上拉场效应管T_1、T_2、T_3，以适应不同的需要。其中，T_1称为“强上拉”，上拉电流可达20mA；T_2称为“极弱上拉”，上拉电流一般为30μA；T_3称为“弱上拉”，一般上拉电流为150～270μA，典型值为200μA。输出低电平时，灌电流最大可达20mA。

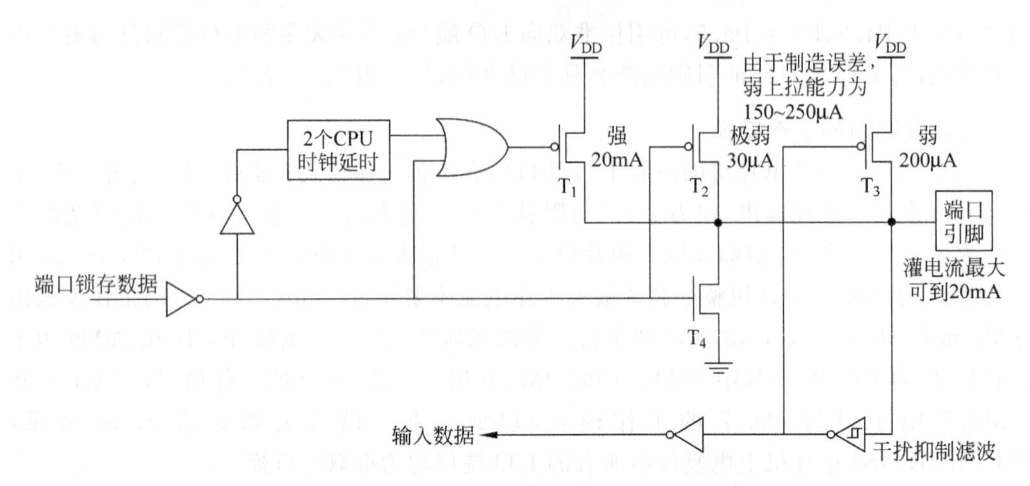

图 2.6 准双向口工作模式 I/O 端口的电路结构

当口线寄存器为“1”且引脚本身也为“1”时，T_3 导通。T_3 提供基本驱动电流使准双向口输出为“1”。如果一个引脚输出为“1”而由外部装置下拉到低电平时，T_3 断开，而 T_2 维持导通状态，为了把这个引脚强拉为低电平，外部装置必须有足够的灌电流使引脚上的电压降到门槛电压以下。

当口线锁存为“1”时，T_2 导通。当引脚悬空时，这个极弱的上拉源产生很弱的上拉电流将引脚上拉为高电平。

当口线锁存器由“0”到“1”跳变时，T_1 用来加快准双向口由逻辑“0”到逻辑“1”的转换。当发生这种情况时，T_1 导通约两个时钟以使引脚能够迅速地上拉到高电平。

准双向口带有一个施密特触发输入以及一个干扰抑制电路。

当从端口引脚上输入数据时，T_4 应一直处于截止状态。假定在输入之前曾输出锁存过数据“0”，则 T_4 是导通的，这样引脚上的电位就始终被钳位在低电平，使输入高电平无法读入。因此，若要从端口引脚读入数据，必须先向端口锁存器置“1”，使 T_4 截止。

2. 推挽输出工作模式

推挽输出工作模式下，I/O 端口的电路结构如图 2.7 所示。

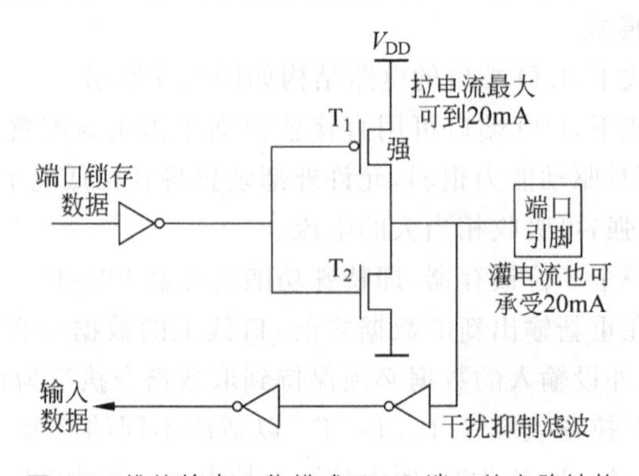

图 2.7 推挽输出工作模式下 I/O 端口的电路结构

推挽输出工作模式下，I/O端口输出的下拉结构、输入电路结构与准双向口模式是一致的，不同的是推挽输出工作模式下I/O端口的上拉是持续的“强上拉”，若输出高电平，输出拉电流最大可达20mA；若输出低电平时，输出灌电流最大可达20mA。

当从端口引脚上输入数据时，必须先向端口锁存器置“1”，使 T_2 截止。

3. 仅为输入(高阻)工作模式

仅为输入(高阻)工作模式下，I/O端口的电路结构如图2.8所示。

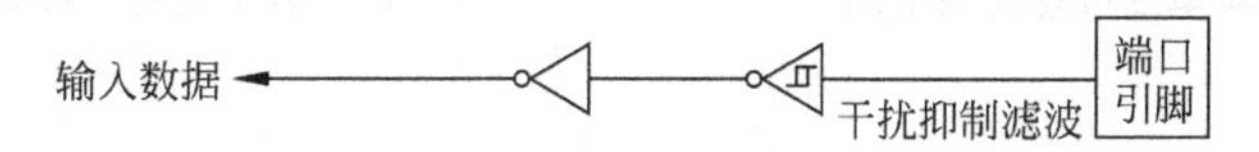

图2.8 仅为输入(高阻)工作模式下I/O端口的电路结构

仅为输入(高阻)工作模式下，可直接从端口引脚读入数据，而不需要先对端口锁存器置“1”。

4. 开漏输出工作模式

开漏输出工作模式下，I/O端口的电路结构如图2.9所示。

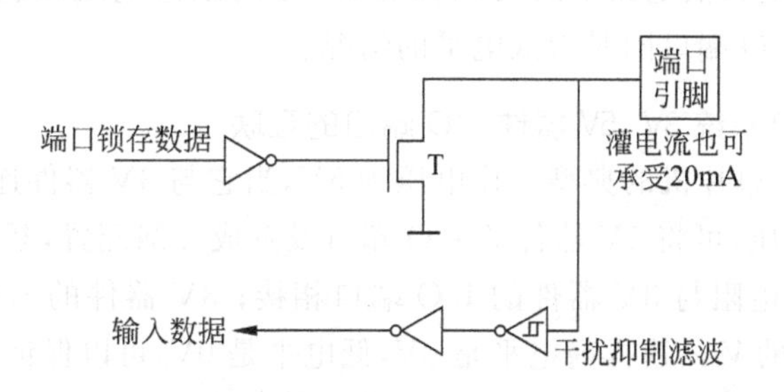

图2.9 开漏输出工作模式下I/O端口的电路结构

开漏输出工作模式下，I/O端口输出的下拉结构与推挽输出/准双向口一致，输入电路与准双向口一致，但输出驱动无任何负载，即开漏状态，输出应用时，必须外接上拉电阻。

2.5.3 STC15F2K60S2单片机并行I/O端口的使用注意事项

1. 典型三极管控制电路

单片机I/O引脚本身的驱动能力有限，如果需要驱动较大功率的器件，可以采用单片机I/O引脚控制晶体管进行输出的方法。如图2.10所示，如果用弱上拉控制，建议加上拉电阻 R_1，阻值为3.3～10kΩ；如果不加上拉电阻 R_1，建议 R_2 的取值在15kΩ以上，或用强推挽输出。

2. 典型发光二极管驱动电路

采用弱上拉驱动时，采用灌电流方式驱动发光二极管，如图2.11(a)所示；采用推挽输出(强上拉)驱动时，采用拉电流方式驱动发光二极管，如图2.11(b)所示。

在实际使用时，应尽量采用灌电流驱动方式，而不要采用拉电流驱动，这样可以提高系统的负载能力和可靠性。有特别需要时，可以采取拉电流方式，如供电线路要求比较简

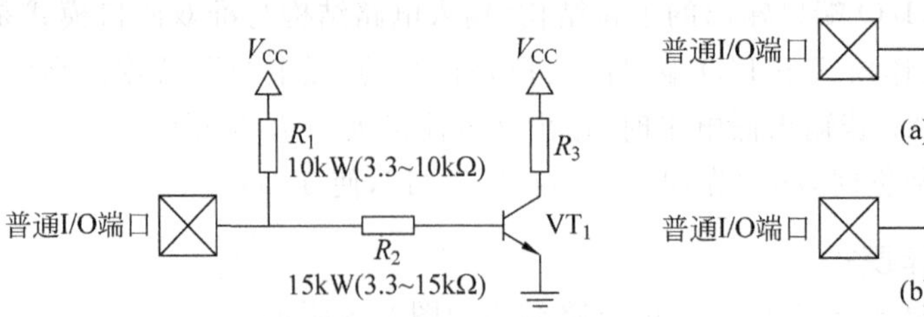

图 2.10 典型三极管控制电路

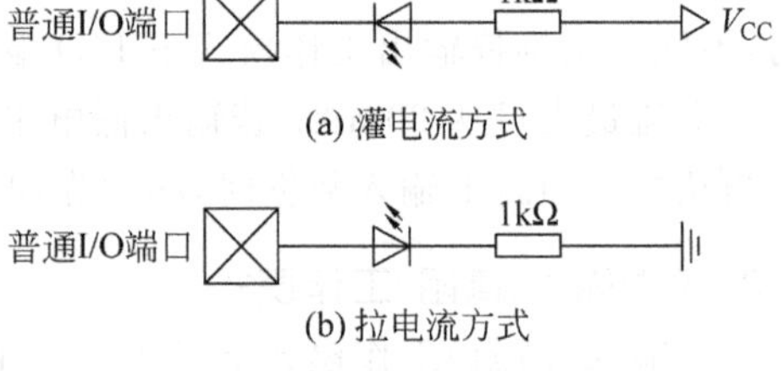

图 2.11 典型发光二极管驱动电路

单时。

做行列矩阵按键扫描电路时，也需要加限流电阻。因为实际工作时可能出现两个I/O端口均输出低电平的情况，并且在按键按下时短接在一起，而CMOS电路的两个输出脚不能直接短接在一起，在按键扫描电路中，一个口为了读另外一个口的状态，必须先置高才能读另外一个口的状态，而单片机的弱上拉口在由0变为1时，会有两个时钟的强推挽输出电流，输出到另外一个输出低电平的I/O端口，这样就有可能造成I/O端口损坏。因此，建议在按键扫描电路中的两侧各加300Ω的限流电阻，或者在软件处理上，不要出现按键两端的I/O端口同时为低电平的情况。

3. 混合电压供电系统3V/5V器件I/O端口的互联

STC15F2K60S2单片机的典型工作电压为5V，当它与3V器件连接时，为了防止3V器件承受不了5V电压，可将5V器件的I/O端口设置成开漏配置，断开内部上拉电阻，并串一个330Ω的限流电阻与3V器件的I/O端口相接；3V器件的I/O端口外部加10kΩ上拉电阻到3V器件的V_{CC}，这样高电平是3V，低电平是0V，可以保证正常的输入输出，如图2.12所示。

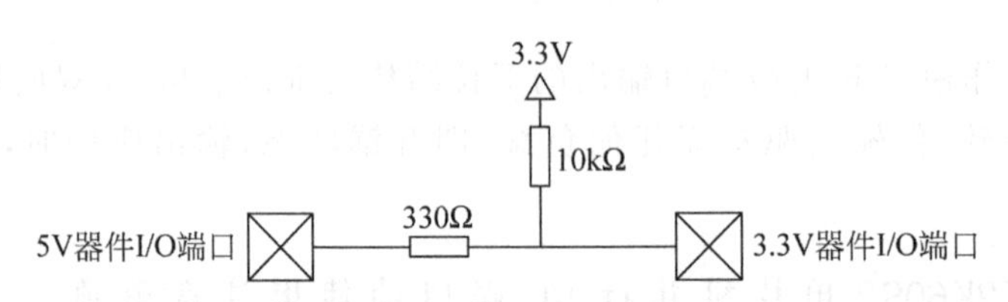

图 2.12 5V器件I/O端口与3V器件I/O端口互联电路

4. 如何让I/O端口上电复位时控制输出为低电平

STC15F2K60S2单片机上电复位时，普通I/O端口为弱上拉高电平输出，而很多实际应用要求上电时某些I/O端口控制输出为低电平，否则所控制的系统（如电动机）就会误动作。解决这个问题有两种方法。

（1）通过硬件实现高、低电平的逻辑取反功能。例如，在图2.10中，单片机上电复位后晶体管VT_1的集电极输出就是低电平。

（2）由于STC15F2K60S2单片机既有弱上拉输出模式又有强推挽输出模式，可在单片机I/O端口上加一个下拉电阻（1kΩ、2kΩ或3kΩ），这样上电复位时，虽然单片机内部I/O端口是弱上拉/高电平输出，但由于内部上拉能力有限，而外部下拉电阻又较小，无法将其拉为高电平，所以该I/O端口上电复位时外部输出为低电平。如果要将此I/O端口驱动为高电平，可将此I/O端口设置为强推挽输出，此时，I/O端口驱动电流可达20mA，故可以将该口驱动为高电平输出。实际应用时，先串一个大于470Ω的限流电阻，再接下拉电阻到地，如图2.13所示。

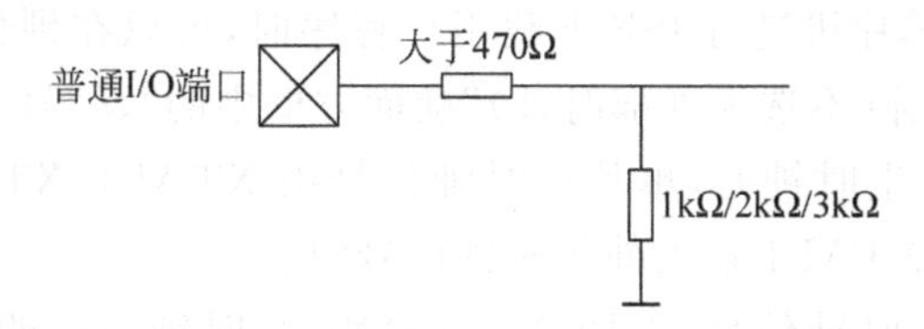

图2.13　让I/O端口上电复位时控制输出为低电平的驱动电路

提示：STC15F2K60S2单片机的P2.0(RSTOUT_LOW)引脚上电复位后为低电平输出，其他引脚为高电平输出。

5. PWM输出时I/O端口的状态

当某个I/O端口用作PWM输出时，该I/O端口的状态变化如表2.11所示。

表2.11　PWM应用时I/O端口状态的变化

PWM之前I/O端口的状态	PWM时I/O端口的状态
弱上拉/准双向口	强推挽/强上拉输出，要加输出限流电阻1～10kΩ
强推挽输出	强推挽/强上拉输出，要加输出限流电阻1～10kΩ
仅为输入/高阻	PWM无效
开漏	开漏

2.6　STC15F2K60S2单片机的时钟与复位

2.6.1　STC15F2K60S2单片机的时钟

1. 时钟源的选择

STC15F2K60S2单片机的主时钟有2种时钟源：内部RC振荡器时钟和外部时钟(由XTAL1、XTAL2外接晶振产生时钟，或直接输入时钟)。

(1) 内部RC振荡器时钟

如果使用STC15F2K60S2单片机的内部RC振荡器，可让XTAL1和XTAL2引用作I/O端口。STC15F2K60S2单片机常温下时钟频率为5～35MHz，在－40～＋85℃环境下，温漂为±1%，在常温下，温漂为±0.5%。

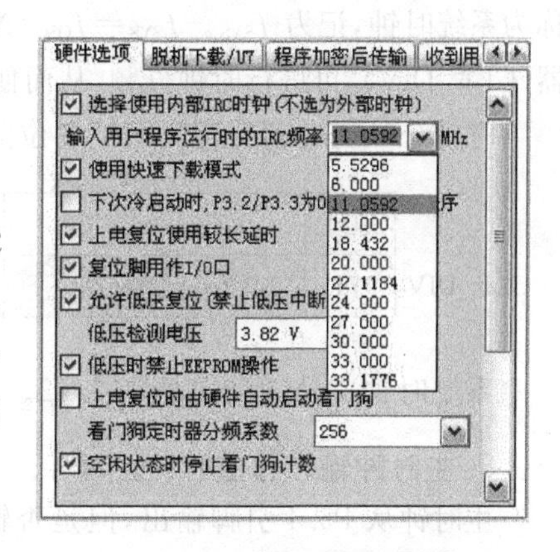

图2.14　内部RC时钟频率选择

在对STC15F2K60S2单片机进行ISP下载用户程序时，可以在用户程序内部RC时钟频率选项中选择内部 RC 振荡器时钟的频率，如图 2.14 所示。

(2) 外部时钟

XTAL1 和 XTAL2 是芯片内部一个反相放大器的输入端和输出端。

STC15F2K60S2 单片机的出厂标准配置是使用内部 RC 振荡时钟，如选用外部时钟，在对 STC15F2K60S2 单片机进行 ISP 下载用户程序时，可以在硬件选项中选择，即去掉“选择使用内部 IRC 时钟(不选为外部时钟)”前面方框中的“√”号。

使用外部振荡器产生时钟时，单片机时钟信号由 XTAL1、XTAL2 引脚外接晶振产生时钟信号，或直接从 XTAL1 输入外部时钟信号源。

采用外接晶振产生时钟信号，如图 2.15(a)所示，时钟信号的频率取决于晶振的频率，电容器 C_1 和 C_2 的作用是稳定频率和快速起振，一般取值为 5～47pF，典型值为 47pF 或 30pF。STC15F2K60S2 单片机的时钟频率最大可达 35MHz。

当从 XTAL1 端直接输入外部时钟信号源时，XTAL2 端悬空，如图 2.15(b)所示。

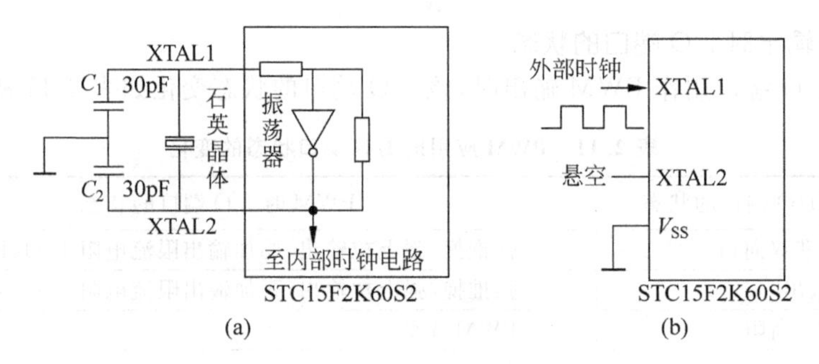

图 2.15 STC15F2K60S2 单片机的外部时钟电路

主时钟时钟源(内部 R/C 振荡时钟或外部时钟)信号的频率记为 f_{OSC}。

2. 系统时钟与时钟分频寄存器

时钟源输出信号不是直接与单片机 CPU、内部接口的时钟信号相连，而是经过一个可编程时钟分频器再提供给单片机 CPU 和内部接口。为了区分时钟源时钟信号与 CPU、内部接口的时钟，时钟源(振荡器时钟)信号的频率记为 f_{OSC}，CPU、内部接口的时钟称为系统时钟，记为 f_{SYS}。$f_{SYS}=f_{OSC}/N$，其中，N 为时钟分频器的分频系数，利用时钟分频器(CLK_DIV)，可进行时钟分频，从而使 STC15F2K60S2 单片机在较低频率方式下工作。

时钟分频寄存器 CLK_DIV 各位的定义如下：

	地址	B7	B6	B5	B4	B3	B2	B1	B0	复位值
CLK_DIV	97H	MCKO_S1	MCKO_S0	ADRJ	Tx_Rx	—	CLKS2	CLKS1	CLKS0	0000x000

系统时钟的分频情况见表 2.12。

3. 主时钟输出与主时钟控制

主时钟从 P5.4 引脚输出，但是否输出，输出分频为多少是由 CLK_DIV 中的 MCKO_S1、MCKO_S0 控制的，详见表 2.13。

表 2.12 CPU系统时钟与分频系数

CLKS2	CLKS1	CLKS0	分频系数(N)	CPU 的系统时钟
0	0	0	1	f_{OSC}
0	0	1	2	$f_{OSC}/2$
0	1	0	4	$f_{OSC}/4$
0	1	1	8	$f_{OSC}/8$
1	0	0	16	$f_{OSC}/16$
1	0	1	32	$f_{OSC}/32$
1	1	0	64	$f_{OSC}/64$
1	1	1	128	$f_{OSC}/128$

表 2.13 主时钟输出功能

MCKO_S1	MCKO_S0	主时钟输出功能
0	0	禁止输出
0	1	输出时钟频率＝主时钟频率
1	0	输出时钟频率＝主时钟频率/2
1	1	输出时钟频率＝主时钟频率/4

2.6.2 STC15F2K60S2 单片机的复位

复位是单片机的初始化工作，复位后中央处理器 CPU 及单片机内的其他功能部件都处在一确定的初始状态，并从这个状态开始工作。复位分为热启动复位和冷启动复位两大类，它们的区别如表 2.14 所示。

表 2.14 热启动复位和冷启动复位对照

复位种类	复 位 源	上电复位标志(POF)	复位后程序启动区域
冷启动复位	系统停电后再上电引起的硬复位	1	从系统 ISP 监控程序区开始执行程序，如果检测到 ISP 下载命令流，进入程序下载状态；如果检测不到合法的 ISP 下载命令流，将软复位到用户程序区执行用户程序
热启动复位	通过控制 RST 引脚产生的硬复位	不变	从系统 ISP 监控程序区开始执行程序，如果检测到 ISP 下载命令流，进入程序下载状态；如果检测不到合法的 ISP 下载命令流，将软复位到用户程序区执行用户程序
	内部“看门狗”复位	不变	若(SWBS)＝1，复位到系统 ISP 监控程序区；若(SWBS)＝0，复位到用户程序区 0000H 处
	通过对 IAP_CONTR 寄存器操作软复位	不变	若(SWBS)＝1，软复位到系统 ISP 监控程序区；若(SWBS)＝0，软复位到用户程序区 0000H 处

PCON 寄存器的 B4 位是单片机的上电复位标志位 POF，冷启动后复位标志 POF 为 1，热启动复位后 POF 不变。在实际应用中，该位用来判断单片机复位是上电复位(冷启动复位)，还是 RST 外部复位，或看门狗复位，或软复位，但应在判断出上电复位后及时将

POF 清零。用户可以在初始化程序中判断 POF 是否为 1，并对不同情况作出不同的处理，如图 2.16 所示。

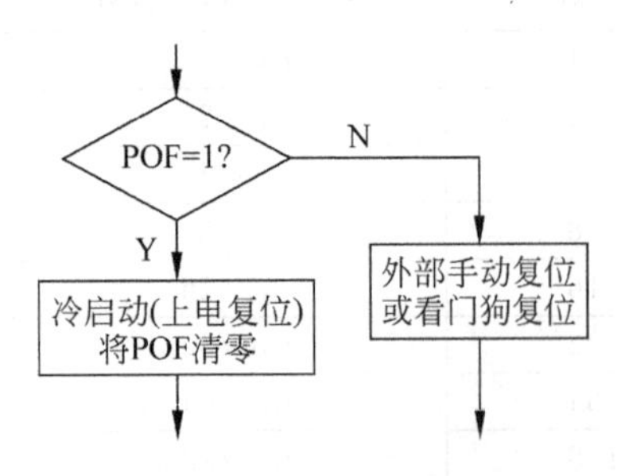

图 2.16 用户软件判断复位种类判断流程图

1. 复位的实现

STC15F2K60S2 单片机有多种复位模式：内部上电复位（掉电复位与上电复位）、外部 RST 引脚复位、MAX810 专用电路复位、内部低压检测复位、“看门狗”复位与软件复位。

(1) 内部上电复位与 MAX810 专用复位

当电源电压低于掉电/上电复位检测门槛电压时，所有的逻辑电路都会复位。当内部 V_{CC} 上升到复位门槛电压以上后，延迟 8192 个时钟，掉电复位/上电复位结束。

若 MAX810 专用复位电路在 ISP 编程时被允许，则以后掉电复位/上电复位结束后产生约 180ms 复位延迟，复位才能被解除。

(2) 外部 RST 引脚复位

外部 RST 引脚复位是从外部向 RST 引脚施加一定宽度的高电平复位脉冲，从而实现单片机的复位。P5.4(RST)引脚出厂时被设置为 I/O 端口，要将其配置为复位引脚，要在 ISP 编程时设置。将 RST 引脚拉高并维持至少 24 个时钟加 20μs 后，单片机进入复位状态，将 RST 引脚拉回低电平，单片机结束复位状态并从系统 ISP 监控程序区开始执行程序，如果检测不到合法的 ISP 下载命令流，将软复位到用户程序区执行用户程序。

复位原理以及复位电路与传统的 8051 单片机的复位是一样的，如图 2.17 所示。

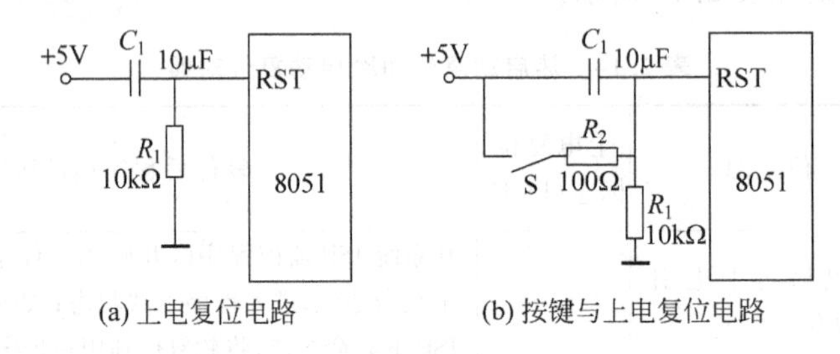

图 2.17 单片机复位电路

(3) 内部低压检测复位

除了上电复位检测门槛电压外，STC15F2K60S2 单片机还有一组更可靠的内部低压检测门槛电压。当电源电压 V_{CC} 低于内部低压检测(LVD)门槛电压时，若在 ISP 编程时允许低压检测复位，可产生复位。相当于将低压检测门槛电压设置为复位门槛电压。

STC15F2K60S2 单片机内置了 8 级低压检测门槛电压。

(4) “看门狗”复位

“看门狗”的基本作用就是监视 CPU 的工作。如果 CPU 在规定的时间内没有按要求访问“看门狗”，就认为 CPU 处于异常状态，“看门狗”就会强迫 CPU 复位，使系统重新从用户程序区 0000H 处开始执行用户程序，是一种提高系统可靠性的措施。详细内容见

13.4 节。

(5) 软件复位

在系统运行过程中，有时会根据特殊需求，需要实现单片机系统软复位(热启动之一)，传统的 8051 单片机由于硬件上未支持此功能，用户必须用软件模拟实现，实现起来较麻烦。STC15F2K60S2 单片机利用 ISP/IAP 控制寄存器 IAP_CONTR 实现了此功能。用户只需简单控制 ISP_CONTR 的其中两位 SWBS/SWRST 就可以系统复位了。IAP_CONTR 的格式及其定义如下。

	地址	B7	B6	B5	B4	B3	B2	B1	B0	复位值
IAP_CONTR	C7H	IAPEN	SWBS	SWRST	CMD_FAIL	—	WT2	WT1	WT0	0000x000

SWBS：软件复位程序启动区的选择控制位。(SWBS)＝0，从用户程序区启动；(SWBS)＝1，从 ISP 监控程序区启动。

SWRST：软件复位控制位。(SWRST)＝0，不操作；(SWRST)＝1，产生软件复位。

若要切换到用户程序区起始处开始执行程序，执行“MOV IAP_CONTR，#20H”指令。

若要切换到 ISP 监控程序区起始处开始执行程序，执行“MOV IAP_CONTR，#60H”指令。

2. 复位状态

冷启动复位和热启动复位时，除程序的启动区域以及上电标志的变化不同外，复位后 PC 值与各特殊功能寄存器的初始状态是一样的，具体见表 2.9。其中，(PC)＝0000H，(SP)＝07H，(P0)＝(P1)＝(P2)＝(P3)＝(P4)＝(P5)＝FFH(其中，P2.0 输出低电平)。复位不影响片内 RAM 的状态。

本章小结

以典型 STC 单片机——STC15F2K60S2 单片机为例，介绍 STC 增强型 8051 单片机的内部资源：增强型 8051 CPU、存储器和 I/O 接口。重点介绍了 STC15F2K60S2 单片机的片内存储结构和并行 I/O 端口，STC15F2K60S2 单片机存储器包括程序 Flash、数据 Flash、基本 RAM 以及扩展 RAM 4 个部分，程序 Flash ROM 用作程序存储器，用于存放程序代码和常数；数据 Flash 用作 EEPROM，用于存放一些既能编程改变、停机时又不会被破坏的工作参数；基本 RAM 包括低 128 字节、高 128 字节和特殊功能寄存器 3 个部分，其中低 128 字节又分为工作寄存器组、位寻址区与一般数据存储器 3 个部分，高 128 字节也是一般数据存储器，而特殊功能寄存器具有特殊的含义，总是与单片机的内部接口电路有关；扩展 RAM 是数据存储器的延伸，用于存储一般的数据，类似于传统 8051 单片机的片外扩展数据存储器。STC15F2K60S2 单片机保留了片外扩展数据总线，但片内扩展 RAM 与片外扩展 RAM 在使用时，只能选中其中之一。

STC15F2K60S2 系列单片机有 P0、P1、P2、P3、P4、P5 等 I/O 端口，但封装不同，引出

的I/O端口的引脚数也不同。通过设置,P0、P1、P2、P3、P4、P5口可工作在准双向口工作模式,或推挽输出工作模式,或仅为输入(高阻)工作模式,或开漏工作模式。I/O端口的最大驱动能力为20mA,但单片机的总驱动能力不能超过120mA。

STC15F2K60S2单片机的主时钟有内部高精准R/C时钟和外部时钟两种时钟模式,通过设置时钟分频寄存器,可动态调整单片机的系统时钟速度。STC15F2K60S2单片机的主时钟可以通过P5.4输出,其输出功能是由CLK_DIV中的MCKO_S1、MCKO_S0控制。

STC15F2K60S2单片机集成有内部专用复位电路,无需外部复位电路就能正常工作。STC15F2K60S2单片机主要有5种复位模式:内部上电复位(掉电复位/上电复位)、外部引脚复位、LVD复位、"看门狗"复位与软件复位。

习题与思考题

1. 何谓单片机?常见单片机有哪些?STC单片机有哪几大系列?

2. 简述STC15F2K60S2单片机的存储结构。说明程序Flash与数据Flash的工作特性。数据Flash与真正的EEPROM的存储器有什么区别?

3. 简述特殊功能寄存器与一般数据存储器之间的区别。

4. 简述低128字节中的工作寄存器组的工作特性。当前工作寄存器组的组别是如何选择的?

5. 在低128字节中,哪个区域的寄存器具有位寻址功能?在编程应用中,如何表示位地址?

6. 在特殊功能寄存器中,只有部分特殊寄存器具有位寻址功能,如何判断具有位寻址功能的特殊功能寄存器?可位寻址位的位地址与其对应的字节地址之间有什么关系?在编程应用中,如何表示特殊功能寄存器的位地址?

7. 特殊功能寄存器的地址与高128字节的地址是重叠(冲突)的,在寻址时应如何区分?

8. 简述程序状态字PSW特殊功能寄存器各位的含义。

9. 如果CPU的当前工作寄存器组为2组,问此时R2对应的RAM地址是多少?

10. STC15F2K60S2单片机有哪几种复位模式?复位模式与复位标志的关系是什么?如何根据复位标志判断复位的类型?

11. 简述STC15F2K60S2单片机复位后,程序计数器PC、主要特殊功能寄存器以及片内RAM的工作状态。

12. 简述STC15F2K60S2单片机振荡时钟的选择与实现方法,系统时钟与振荡时钟之间的关系。

13. 简述STC15F2K60S2单片机从系统ISP监控区开始执行程序和从用户程序区开始处执行程序有哪些不同?

14. STC15F2K60S2单片机的主时钟是从哪个引脚输出的?是如何控制的?

CHAPTER 3

第3章

STC15F2K60S2 单片机的在线编程与在线仿真

3.1 Keil μVision4 集成开发环境

3.1.1 概述

1. Keil μVision 4 集成开发环境的工作界面

Keil C 集成开发环境是专为 8051 单片机设计的 C 语言程序开发工具。Keil C 集成开发环境就是一个融汇编语言和 C 语言编辑、编译与调试于一体的开发工具,目前流行的 Keil C 集成开发环境版本主要有:Keil μVision2、Keil μVision3 和 Keil μVision4。在本节中以 Keil μVision4 版本为例学习,一是学会应用 Keil C 集成开发环境编辑、编译 C 语言程序,并生成机器代码;二是应用 Keil C 集成开发环境调试 C 语言程序或汇编语言源程序。

Keil μVision4 集成开发环境可分为 2 个工作界面,即编辑、编译界面与调试界面。Keil C 集成开发环境的启动界面,即为编辑、编译界面,如图 3.1 所示,在此用户环境下可完成汇编程序或 C51 程序的输入、编辑与编译工作。

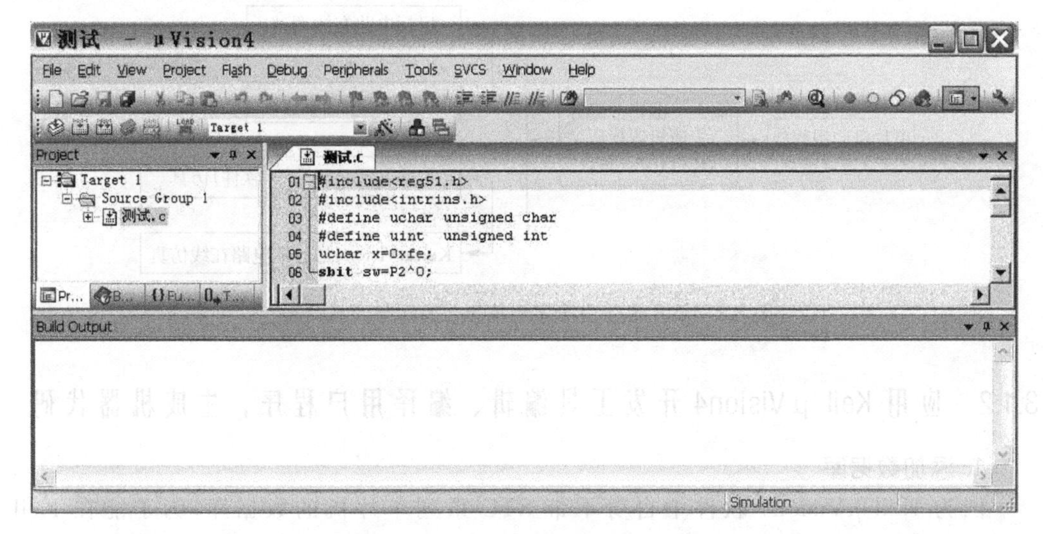

图 3.1 Keil μVision4 的编辑、编译界面

单击按钮🔍，Keil μVision4 从编辑、编译界面切换到调试界面，反之，可从调试界面切换到编辑、编译界面，Keil μVision4 的调试界面如图 3.2 所示，在此环境下可实现单步、跟踪、断点与全速运行方式调试，并可打开寄存器窗口、存储器窗口、定时/计数器窗口、中断窗口、串行窗口以及自定义变量窗口进行参数设置与监控。

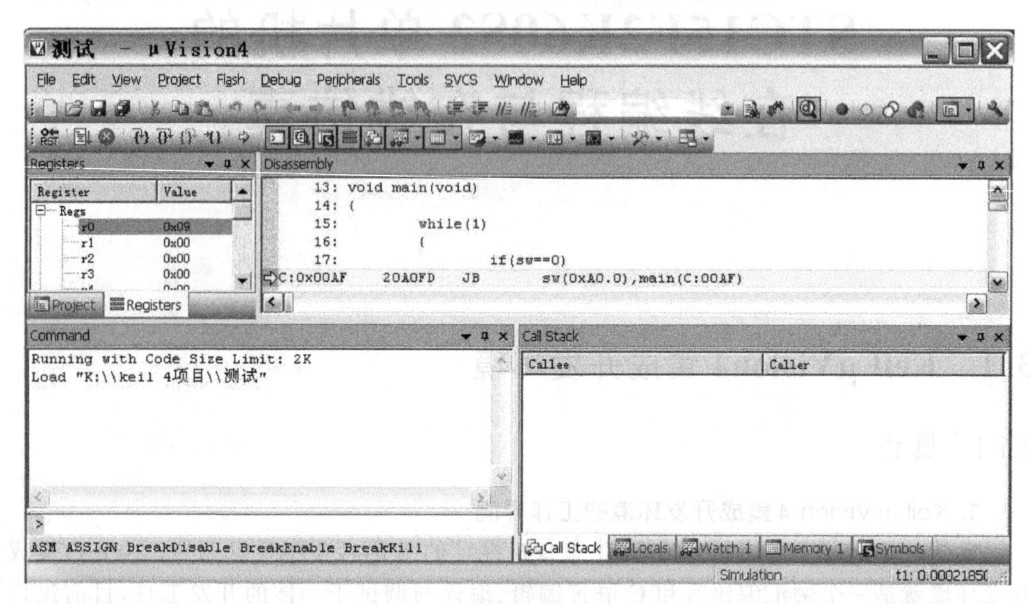

图 3.2 Keil μVision4 的调试界面

2. 单片机应用程序的编辑、编译与调试流程

单片机应用程序的编辑、编译一般采用 Keil C 集成开发环境实现，但程序的调试有多种方法，如 Keil C 集成开发环境的软件仿真调试与硬件仿真调试、硬件的在线调试与专用仿真软件 Proteus 的仿真调试，如图 3.3 所示。

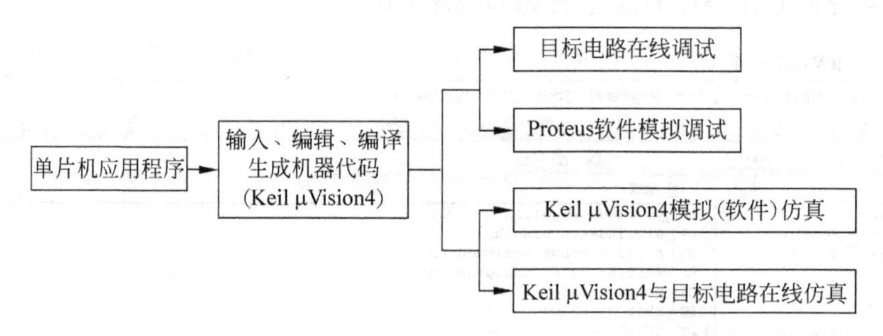

图 3.3 单片机应用程序的编辑、编译与调试流程

3.1.2 应用 Keil μVision4 开发工具编辑、编译用户程序，生成机器代码

1. 添加数据库

因为 Keil μVision4 软件中自身不带 STC 系列单片机的数据库，为了能在 Keil μVision4 软件设备库中直接选择 STC 系列单片机，需要用 STC-ISP 在线编程软件中的

工具将 STC 系列单片机的数据库添加到 Keil μVision4 软件设备库中，操作方法如下。

1) 添加 STC 系列单片机型号

(1) 运行 STC-ISP 在线编程软件，选择“Keil 仿真设置”选项，如图 3.4 所示。

图 3.4　STC-ISP 在线编程软件“Keil 仿真设置”选项

(2) 单击“添加 MCU 型号到 Keil 中”，弹出“浏览文件夹”对话框，如图 3.5 所示，在浏览文件夹中选择 Keil 的安装目录(如 C:\Keil)，如图 3.6 所示，单击“确定”按钮即完成添加工作。

注：最新 STC-ISP 在线编程软件，在添加 STC 系列单片机型号的同时，将各 STC 系列单片机的头文件添加到 Keil 中。

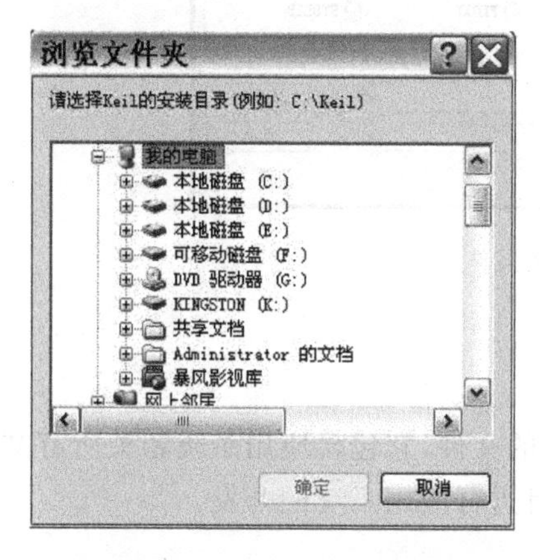

图 3.5　“浏览文件夹”对话框

图 3.6　选择 Keil 的安装目录

2) 添加目标芯片的头文件

(1) 运行 STC-ISP 在线编程软件，选择“头文件”选项，单击单片机系列下拉菜单，选择目标芯片型号(如 STC15F2K××系列)，如图 3.7 所示。

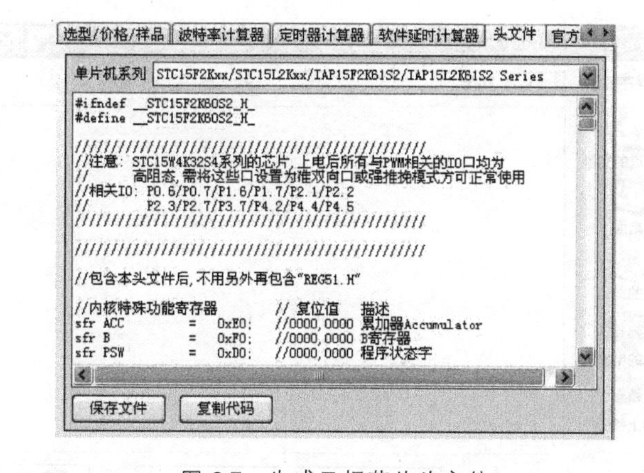

图 3.7　生成目标芯片头文件

(2) 单击“保存文件”按钮，即弹出保存头文件对话框，选择保存路径(项目文件夹或

Keil 系统的头文件中，如 C:\Keil\C51\INC)，在文件名栏中输入头文件名(stc15f2k60s2.h)，如图 3.8 所示，单击“保存”按钮即完成目标芯片头文件添加工作。

图 3.8　保存头文件

2. 编辑、编译的操作流程

1) 创建项目

在 Keil μVision4 中的项目是一个特殊结构的文件，它包含应用系统相关所有文件的相互关系。在 Keil μVision4 中，主要是使用项目进行应用系统的开发。

(1) 创建项目文件夹。

根据自己的存储规划，创建一个存储该项目的文件夹，如 H:\Kiel 4 项目。

(2) 启动 Kiel μVision4，选择菜单命令 Project→New μVision Project，屏幕弹出 Create New Project(创建新项目)对话框，在对话框中选择新项目要保存的路径和输入文件名，如图 3.9 所示。Keil μVision4 项目文件的扩展名为.uvproj。

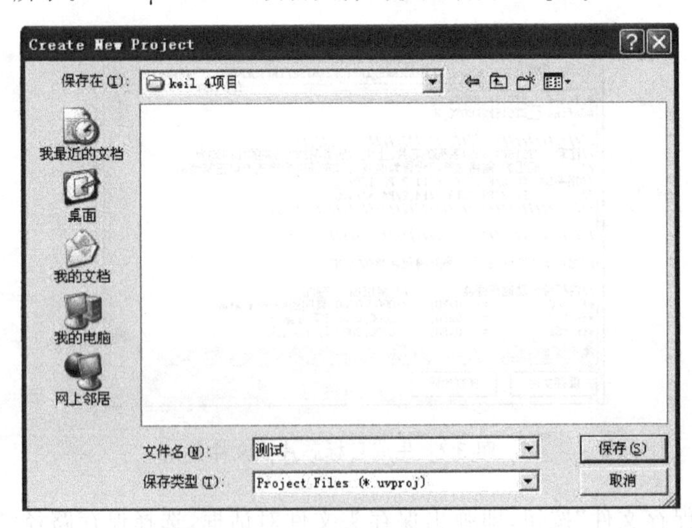

图 3.9　Create New Project 对话框

(3) 单击"保存"按钮,屏幕弹出 Select a CPU Data Base File(选择 CPU 数据库)对话框,有 Generic CPU Data Base 和 STC MCU Database 两个选项,如图 3.10 所示;选择 STC MCU Database 选项并单击 OK 按钮,弹出通过 Select Device for Target (STC 数据库)单片机型号对话框,移动垂直条查找并找到目标芯片(如 STC15F2K60S2 系列),如图 3.11 所示。

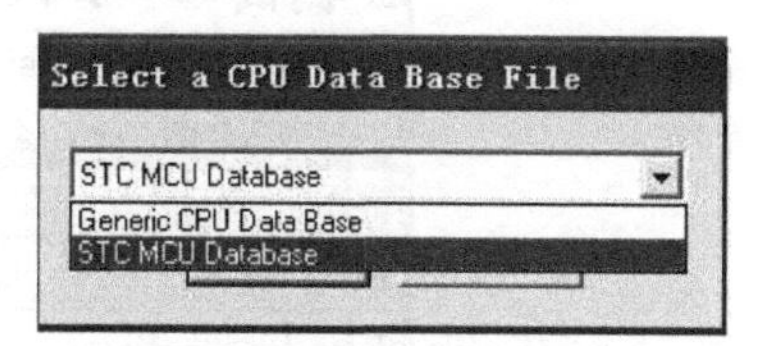

图 3.10 CPU 数据库选择对话框

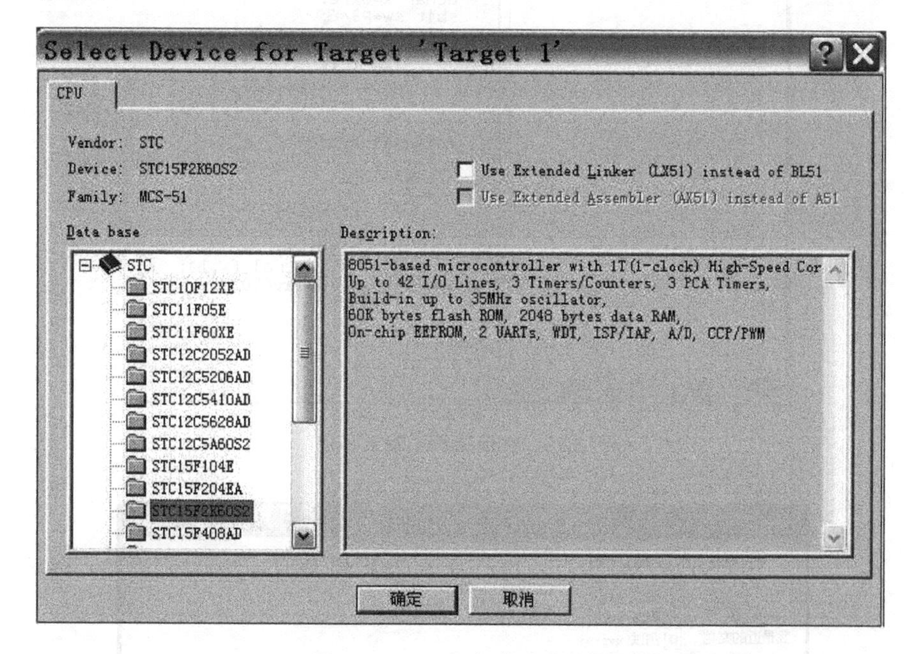

图 3.11 STC 目标芯片的选择

(4) 单击 Select Device for Target 对话框中的"确定"按钮,程序会询问是否将标准 51 初始化程序(STARTUP. A51)加入项目,如图 3.12 所示。选择"是"按钮,程序会自动复制标准 51 初始化程序到项目所在目录并将其加入项目中。一般情况下,选择"否"按钮。

图 3.12 添加标准 51 初始化程序确认框

2) 编辑程序

选择菜单命令 File→New,弹出程序编辑工作区,如图 3.13 所示。在编辑区中,按图 3.13 所示源程序清单输入程序,并以"测试. c"文件名保存,如图 3.14 所示。

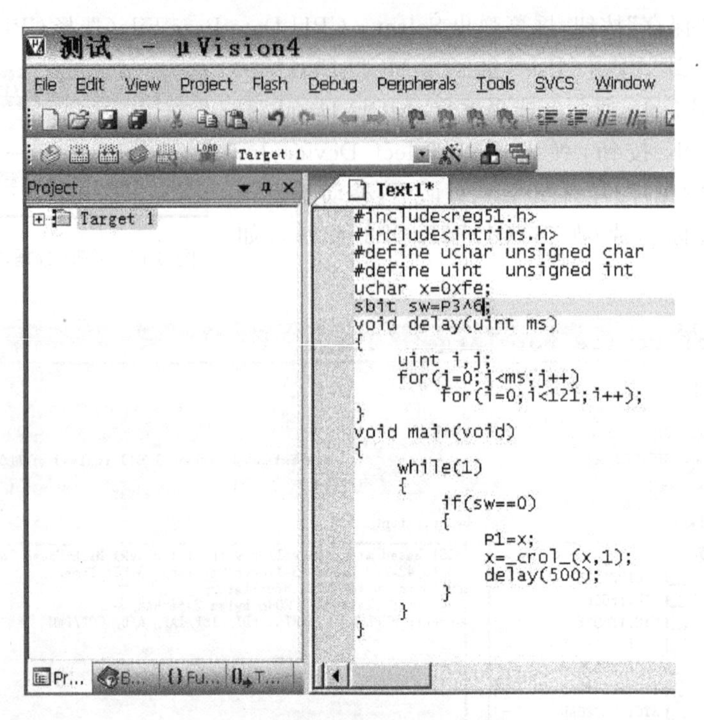

图 3.13 在编辑框中输入程序

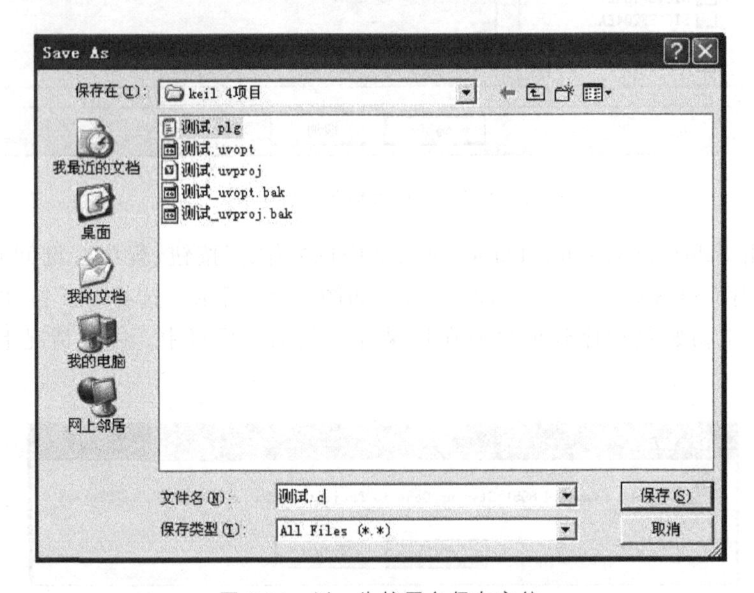

图 3.14 以.c为扩展名保存文件

注意：保存时应注意选择文件类型，若编辑的是汇编语言源程序，以.ASM为扩展名存盘；若编辑的是C51程序，以.c为扩展名存盘。

3) 将应用程序添加到项目中

选中项目窗口中的文件组后右击，在弹出的快捷菜单中选择Add File to Group(添加文件)项，如图 3.15 所示。选择 Add File to Group 项后，弹出为项目添加文件(源程序文件)的对话框，如图 3.16 所示，选择中“测试.c”文件，单击 Add 按钮添加文件，单击 Close 按钮关闭添加文件对话框。

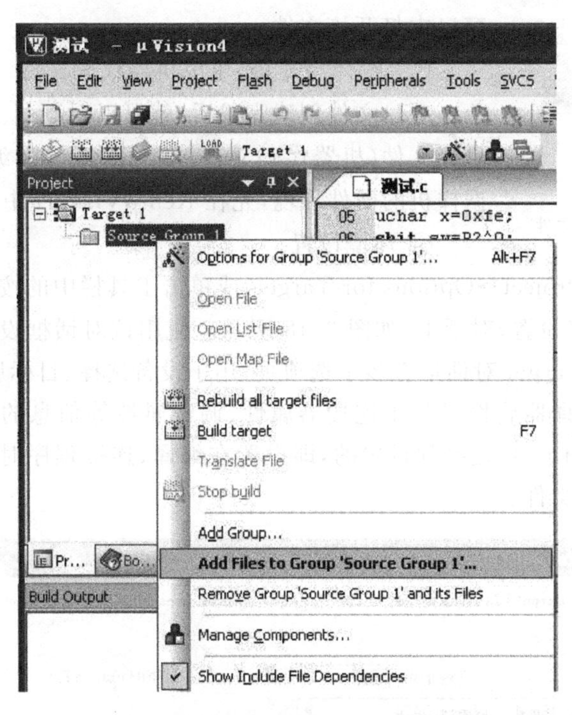

图 3.15　选择为项目添加文件的快捷菜单

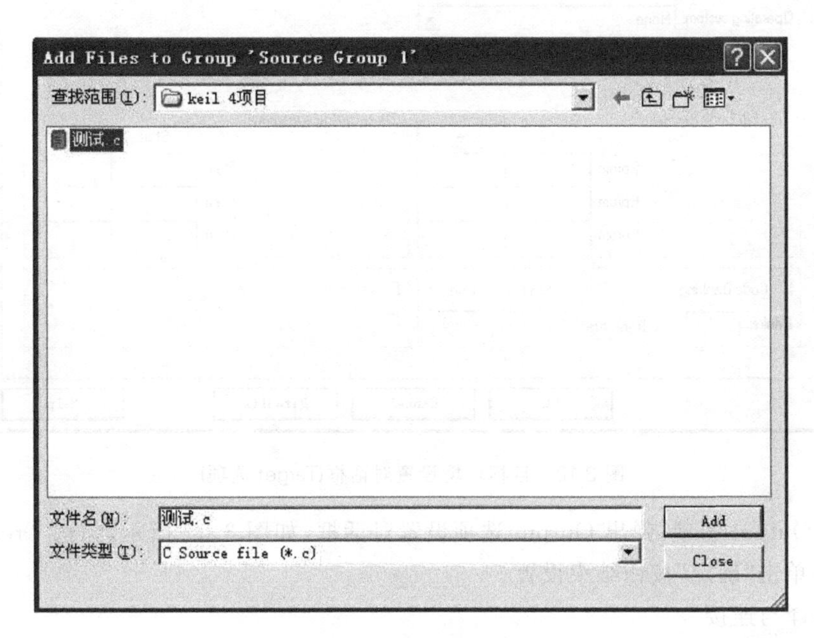

图 3.16　项目添加文件

展开项目窗口中的文件组，可查看添加的文件，如图 3.17 所示。

图 3.17 查看添加文件

可连续添加多个文件，添加所有必要的文件后，就可以在程序组目录下看到并进行管理，双击选中的文件可以在编辑窗口中打开该文件。

(4) 编译与连接、生成机器代码文件

项目文件创建完成后，就可以对项目文件进行编译、创建目标文件(机器代码文件：. HEX)，但在编译、连接前需要根据样机的硬件环境，先在 Keil µVision4 中进行目标配置。

① 环境设置

选择菜单命令 Project→Options for Target，或单击工具栏中的按钮，弹出 Options for Target(目标环境设置)对话框，如图 3.18 所示。使用该对话框设定目标样机的硬件环境。Options for Target 对话框有多个选项页，用于设备选择、目标属性、输出属性、C51 编译器属性、A51 编译器属性、BL51 连接器属性、调试属性等信息的设置。一般情况下按缺省设置应用，但有一项是必须设置的，即设置在编译、连接程序时自动生成机器代码文件，即“测试. hex”文件。

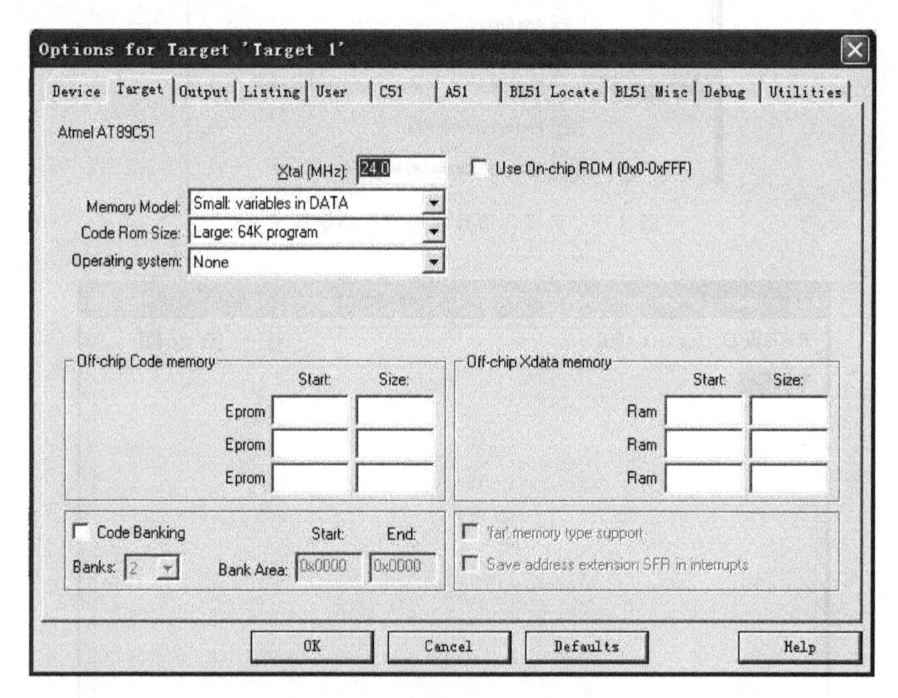

图 3.18 目标环境设置对话框(Target 选项)

单击 Output 选项，弹出 Output 选项设置对话框，如图 3.19 所示，勾选 Create HEX File 选项，单击“确定”按钮结束设置。

② 编译与连接

选择菜单命令 Project→Build target(Rebuild target files)或单击编译工具栏中相应

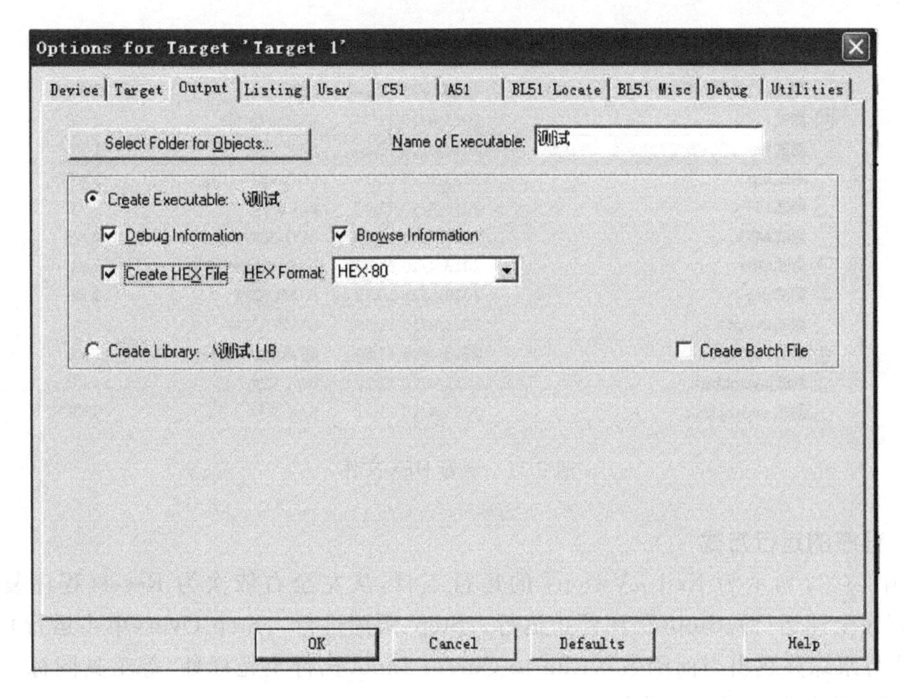

图 3.19 Output 选项(设置创建 HEX 文件)

的编译按钮,启动编译、连接程序,在输出窗口输出编译、连接信息,如图 3.20 所示。如提示 0 error,表示编译成功;否则提示错误类型和错误语句位置。双击错误信息光标将出现程序错误行,可进行程序修改,程序修改后,必须重新编译,直至提示 0 error 为止。

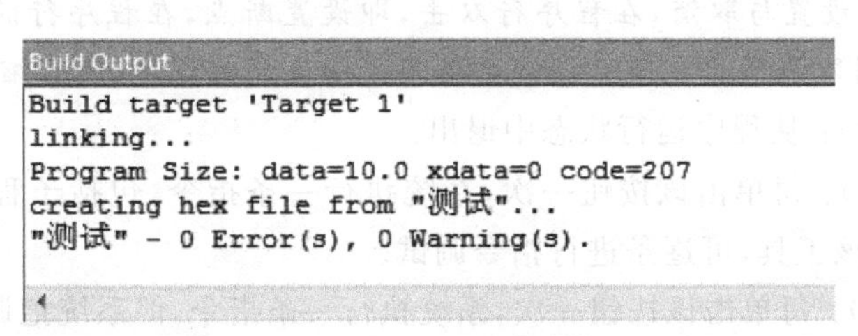

图 3.20 编译与链接信息

③ 查看 HEX 机器代码文件

HEX(或 hex)类型文件是机器代码文件,是单片机运行文件。打开项目文件夹,查看是否存在机器代码文件,如图 3.21 所示。

3.1.3 应用 Keil μVision4 集成开发环境调试用户程序

Keil μVision4 集成开发环境除可以编辑 C 语言源程序和汇编语言源程序以外,还可以软件模拟调试和硬件仿真调试用户程序,以验证用户程序的正确性。Keil μVision4 集成开发环境的模拟调试有软件模拟调试和硬件仿真调试,在模拟调试中主要学习两个方面的内容:一是程序的运行方式;二是如何查看与设置单片机内部资源的状态。

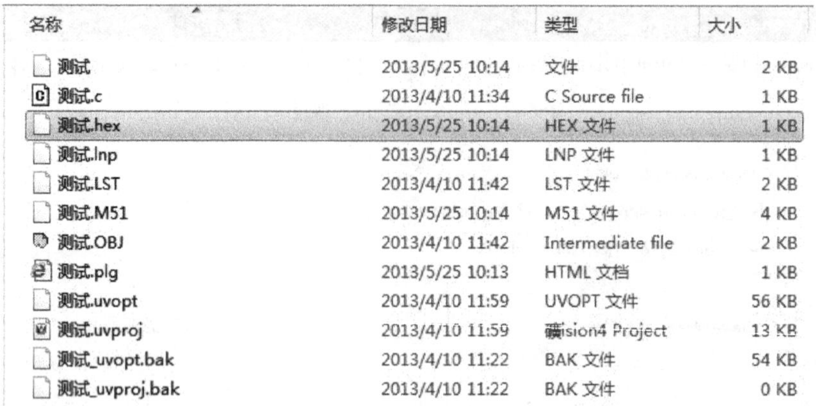

名称	修改日期	类型	大小
测试	2013/5/25 10:14	文件	2 KB
测试.c	2013/4/10 11:34	C Source file	1 KB
测试.hex	2013/5/25 10:14	HEX 文件	1 KB
测试.lnp	2013/5/25 10:14	LNP 文件	1 KB
测试.LST	2013/4/10 11:42	LST 文件	2 KB
测试.M51	2013/5/25 10:14	M51 文件	4 KB
测试.OBJ	2013/4/10 11:42	Intermediate file	2 KB
测试.plg	2013/5/25 10:13	HTML 文档	1 KB
测试.uvopt	2013/4/10 11:59	UVOPT 文件	56 KB
测试.uvproj	2013/4/10 11:59	礦ision4 Project	13 KB
测试_uvopt.bak	2013/4/10 11:22	BAK 文件	54 KB
测试_uvproj.bak	2013/4/10 11:22	BAK 文件	0 KB

图 3.21　查看 HEX 文件

1. 程序的运行方式

如图 3.22 所示为 Keil μVision4 的运行工具，从左至右依次为 Reset（程序复位）、Run（程序全速运行）、Stop（程序停止运行）、Step（跟踪运行）、Step Over（单步运行）、Step Out（执行跟踪并跳出当前函数）、Run to Cursor Line（执行至光标处）等工具图标。单击工具图标，执行图标对应的功能。

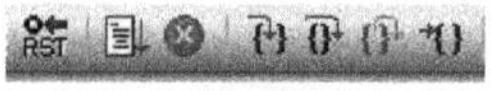

图 3.22　程序运行工具栏

（程序复位）：使单片机的状态恢复到初始状态。

（程序全速运行）：从 0000H 开始运行程序，若无断点，则无障碍运行程序；若遇到断点，在断点处停止，再按“全速运行”，从断点处继续运行。

注意：断点的设置与取消，在程序行双击，即设置断点，在程序行的左边会出现一个红色方框，反之，则取消断点。断点调试主要用于分块调试程序，便于缩小程序故障范围。

（停止运行）：从程序运行状态中退出。

（跟踪运行）：每单击该按钮一次，系统执行一条指令，包括子程序（或子函数）的每一条指令，运用该工具，可逐条进行指令调试。

（单步运行）：每单击该按钮一次，系统执行一条指令，但系统把调用子程序指令当作一条指令执行。

（跳出跟踪）：当执行跟踪操作进入了某个子程序，单击该按钮，可从子程序中跳出，回到调用该子程序指令的下一条指令处。

（运行到光标处）：单击该按钮，程序从当前位置运行到光标处停下，其作用与断点类似。

2. 查看与设置单片机的内部资源

单片机的内部资源，包括存储器、寄存器、内部接口特殊功能寄存器，它们的状态分布各种窗口中，通过打开窗口，就可以查看与设置单片机内部资源的状态。

1）寄存器窗口

在缺省状态下，单片机寄存器窗口位于 Keil μVision4 调试界面的左边，包括 R0～R7 寄存器、累加器 A、寄存器 B、程序状态字 PSW、数据指针 DPTR 以及程序计数器 PC，如图 3.23 所示。单击选中要设置的寄存器，双击后即可输入数据。

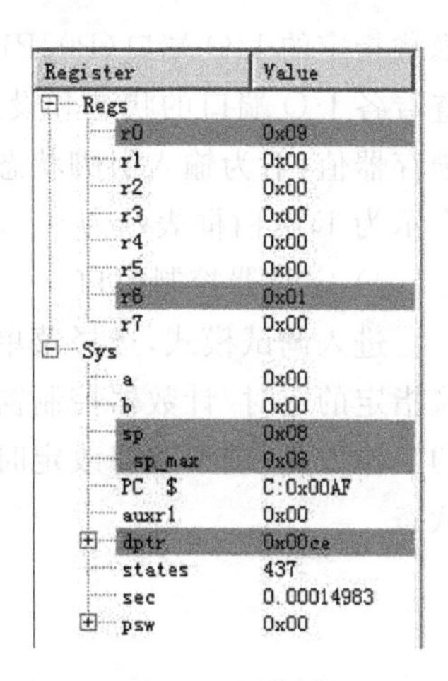

图 3.23　寄存器窗口

2）存储器窗口

选择菜单命令 View→Memory Window→Memory 1（或 Memory 2，或 Memory 3，或 Memory 4），可以显示与隐藏存储器窗口（Memory Window），如图 3.24 所示。存储器窗口用于显示当前程序内部数据存储器、外部数据存储器与程序存储器的内容。

在 Address 地址框中输入存储器类型与地址，存储器窗口中可显示相应类型和相应地址为起始地址的存储单元的内容。通过移动垂直滑动条可查看其他地址单元的内容，或修改存储单元的内容。

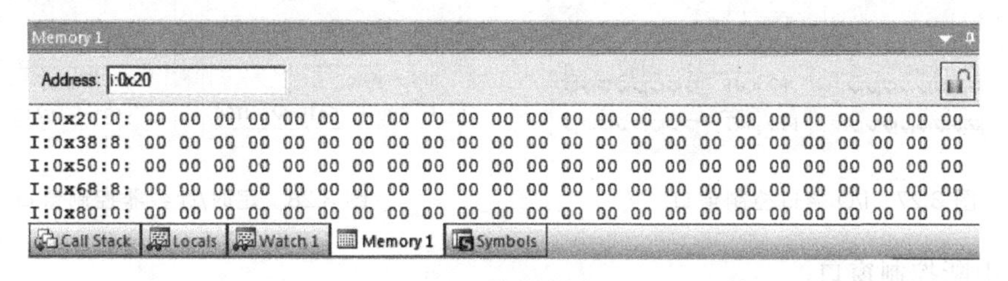

图 3.24　存储器窗口

（1）输入“C：存储器地址”，显示程序存储区相应地址的内容。

（2）输入“I：存储器地址”，显示片内数据存储区相应地址的内容，图 3.24 显示的为片内数据存储器 20H 单元为起始地址的存储内容。

（3）输入“X：存储器地址”，显示片外数据存储区相应地址的内容。

在窗口数据处右击，可以在快捷菜单中选择修改存储器内容的显示格式或修改指定存储单元的内容，例如修改 20H 单元内容为 55H，如图 3.25 和图 3.26 所示。

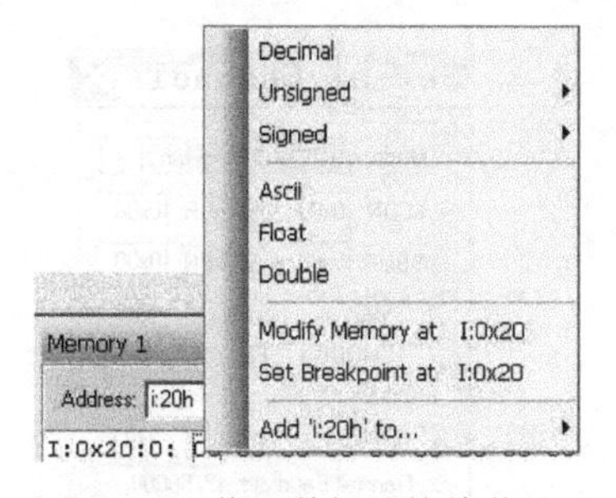

图 3.25　修改数据的快捷菜单

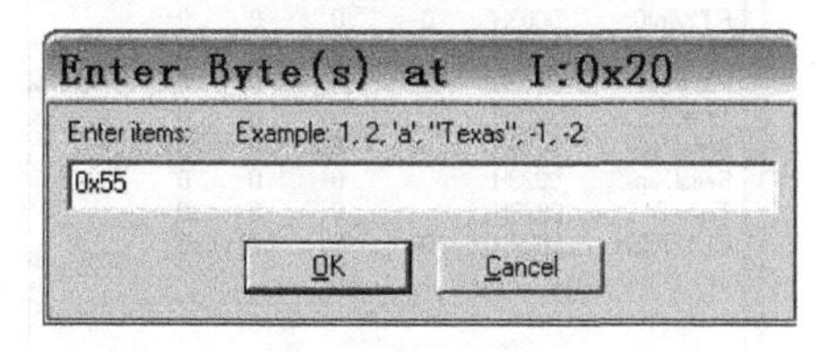

图 3.26　输入数据 55H

3）I/O 端口控制窗口

进入调试模式，选择菜单命令 Peripherals→I/O-Port，再在下级子菜单中选择显示与隐藏指定的I/O端口(P0、P1、P2、P3口)的控制窗口,如图3.27所示。使用该窗口可以查看各I/O端口的状态和设置输入引脚状态。在相应的I/O端口中,上为I/O端口输出锁存器值,下为输入引脚状态值,通过单击相应位,方框中的"√"与空白框进行切换,"√"表示为1,空白框表示为0。

4) 定时器控制窗口

进入调试模式,选择菜单命令Peripherals→Timer,再在下级子菜单中选择显示与隐藏指定的定时/计数器控制窗口,如图3.28所示。使用该窗口可以设置对应定时/计数器的工作方式,观察和修改定时/计数器相关控制寄存器的各个位以及定时/计数器的当前状态。

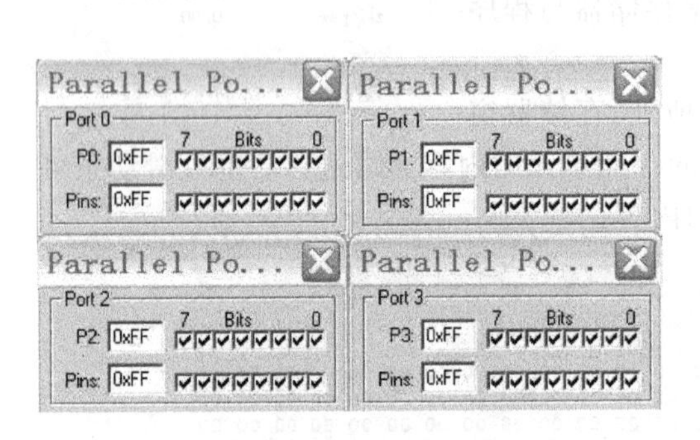

图3.27 I/O端口控制窗口

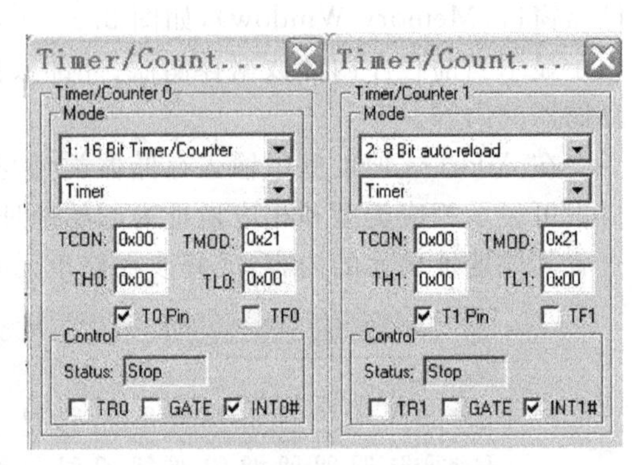

图3.28 定时/计数器控制窗口

5) 中断控制窗口

进入调试模式,选择菜单命令Peripherals→Interrupt,可以显示与隐藏中断控制窗口,如图3.29所示。中断控制窗口用于显示和设置8051单片机的中断系统。根据单片机型号的不同,中断控制窗口会有区别。

6) 串行口控制窗口

进入调试模式,选择菜单命令Peripherals→Serial,可以显示与隐藏串行口的控制窗口,如图3.30所示。使用该窗口可以设置串行口的工作方式,观察和修改串行口相关控制寄存器的各个位,以及发送、接收缓冲器的内容。

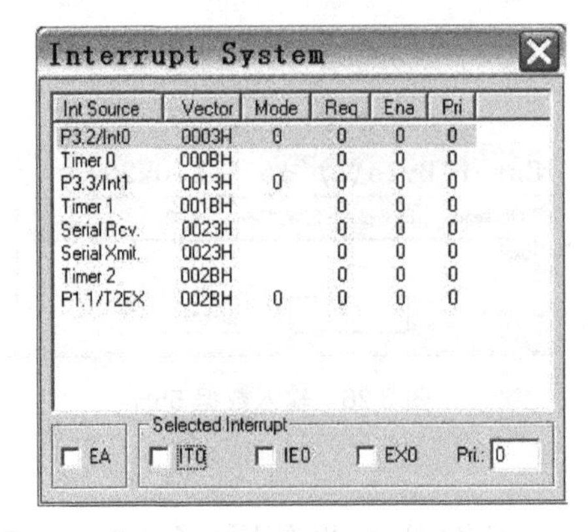

图3.29 中断控制窗口

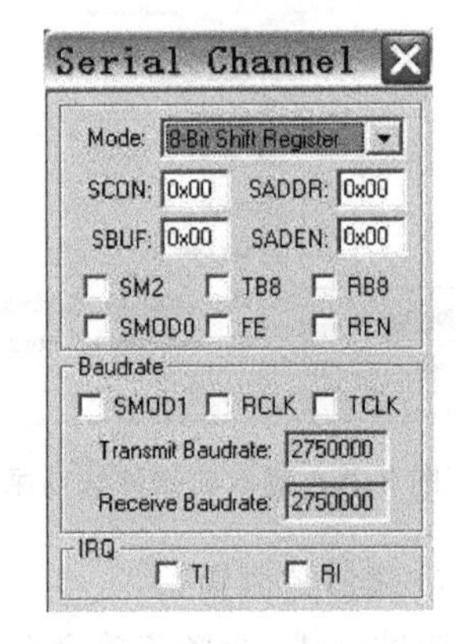

图3.30 串行口控制窗口

7）监视窗口

进入调试模式后，在菜单命令 View→Watch Window 中，共有 Locals、Watch 1、Watch 2 等选项，每个选项对应一个窗口，单击相应选项，可以显示与隐藏对应的监视输出窗口(Watch Window)，如图 3.31 所示。使用该窗口可以观察程序运行中特定变量或寄存器的状态以及函数调用时的堆栈信息。

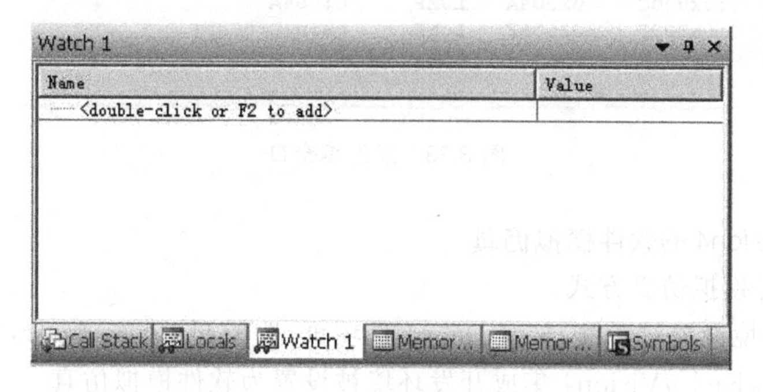

图 3.31 监视窗口

该窗口共有 3 个选项：

(1) Locals：该选项用于显示当前运行状态下的变量信息。

(2) Watch 1：监视窗口 1，可以按 F2 添加要监视的名称，Keil μVision4 会在程序运行中全程监视该变量的值，如果该变量为局部变量，则运行变量有效范围外的程序时，该变量的值以“????”形式表示。

(3) Watch 2：监视窗口 2，操作与使用方法同监视窗口 1。

8）堆栈信息窗口

进入调试模式后，选择菜单命令 View→Call Stack Window，可以显示与隐藏堆栈信息输出窗口，如图 3.32 所示。使用该窗口可以观察程序运行中函数调用时的堆栈信息。

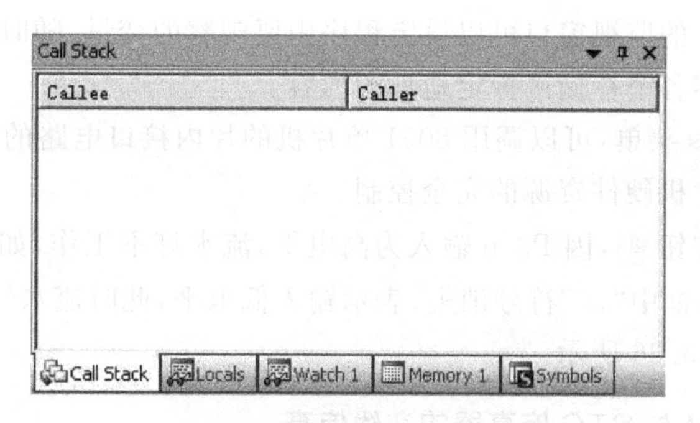

图 3.32 堆栈信息输出窗口

9）反汇编窗口

进入调试模式，选择菜单命令 View→Disassembly Window，可以显示与隐藏编译后窗口(Disassembly Window)。编译后窗口同时显示机器代码程序与汇编语言源程序(或 C51 的源程序和相应的汇编语言源程序)，如图 3.33 所示。

```
Disassembly
C:0x0000    020003    LJMP    C:0003
C:0x0003    787F      MOV     R0,#0x7F
C:0x0005    E4        CLR     A
C:0x0006    F6        MOV     @R0,A
C:0x0007    D8FD      DJNZ    R0,C:0006
C:0x0009    758108    MOV     SP(0x81),#x(0x08)
C:0x000C    02004A    LJMP    C:004A
C:0x000F    0200AF    LJMP    main(C:00AF)
C:0x0012    E4        CLR     A
```

图 3.33　反汇编窗口

3. Keil μVision4 的软件模拟仿真

1）设置软件模拟仿真方式

打开编译环境设置对话框，打开 Debug 选项页，选择 Use Simulator，如图 3.34 所示。单击“确定”按钮，Keil μVision4 集成开发环境被设置为软件模拟仿真。

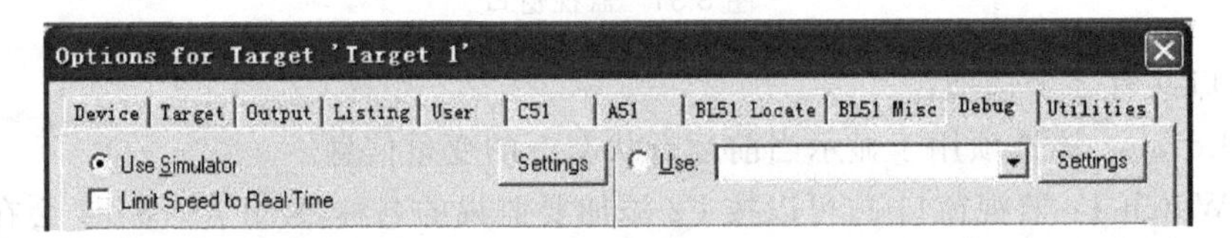

图 3.34　目标设置对话框(Debug 选项，选择 Use Simulator)

注意：缺省状态下是软件模拟仿真。

2）仿真调试

选择菜单命令 Debug→Start/Stop Debug Session 或单击工具栏中的调试按钮，系统进入调试界面，若复选调试按钮，则退出调试界面。在调试界面可采用单步、跟踪、断点、运行到光标处、全速运行等方式进行调试。

使用调试界面上的监视窗口可以设定程序中要观察的变量，随时监视其变化，也可以使用存储器窗口观察各个存储区指定地址的内容。

使用 Peripherals 菜单，可以调用 8051 单片机的片内接口电路的控制窗口，使用这些窗口可以实现对单片机硬件资源的完全控制。

单击全速运行按钮，因 P3.6 输入为高电平，流水灯不工作，如图 3.35 所示；单击 P3.6 的引脚输入框，框中“√”符号消失，表示输入低电平，此时流水灯左移，即 P1 口的空白框往左移动，如图 3.36 所示。

4. Keil μVision4 与 STC 仿真器的在线仿真

Keil μVision4 的硬件仿真需要与外围 8051 单片机仿真器配合实现，在此，选用 IAP15F2K61S2 单片机实现，IAP15F2K61S2 单片机兼有在线仿真功能。

1）Keil μVision 的硬件仿真的电路连接

（1）采用 PC 机 RS-232 串行接口与单片机的串口连接，连接电路如图 3.37 所示。

（2）PC 采用 USB 接口与单片机串口连接。

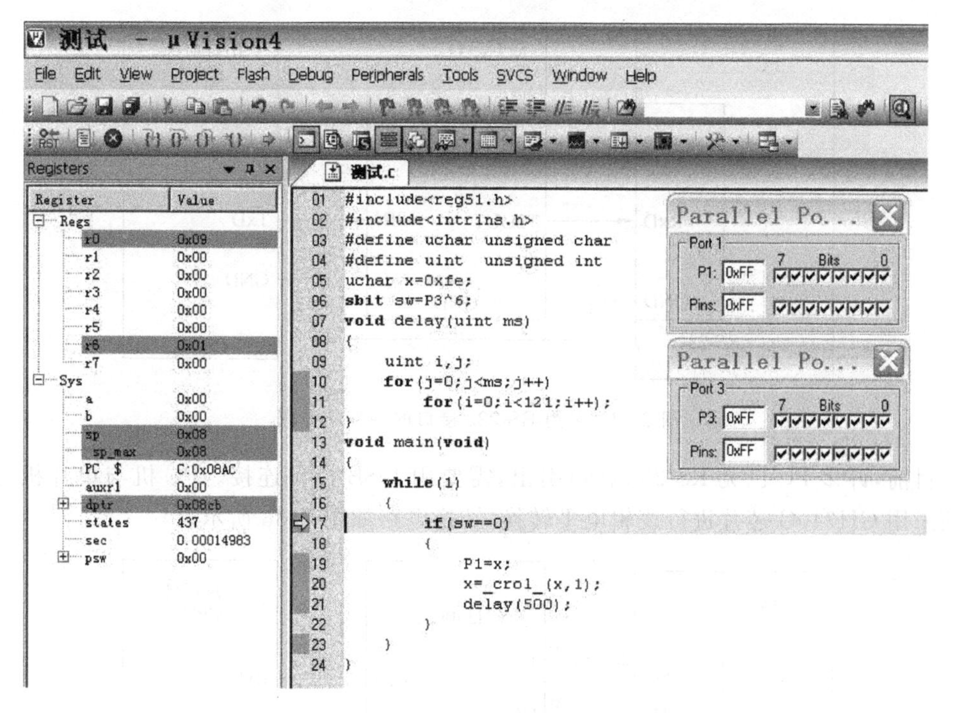

图 3.35 P3.6 为高电平时流水灯状态

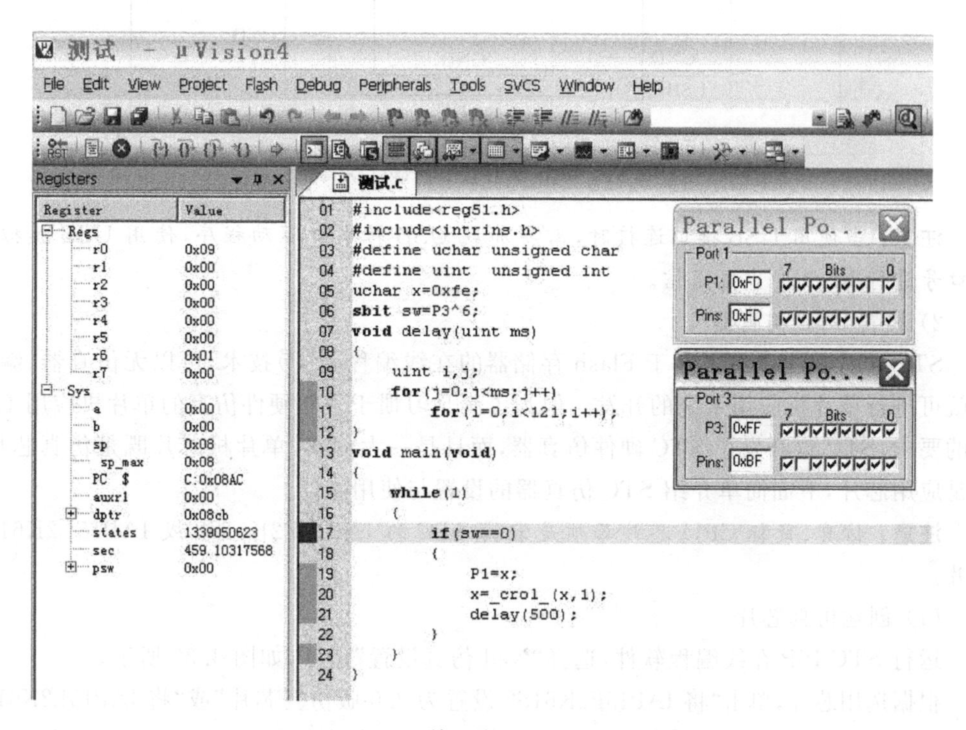

图 3.36 当 P3.6 输入为 0 时的仿真调试效果

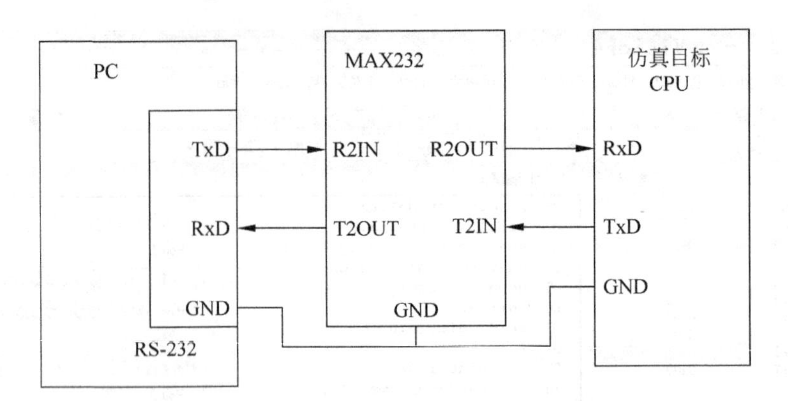

图 3.37 采用 RS-232 接口的硬件仿真图

目前,许多 PC 已无 RS-232 接口引出,需要用 USB 接口连接。PC 机与单片机之间必须采用 CH340G 芯片进行逻辑电平转换,转换电路如图 3.38 所示。

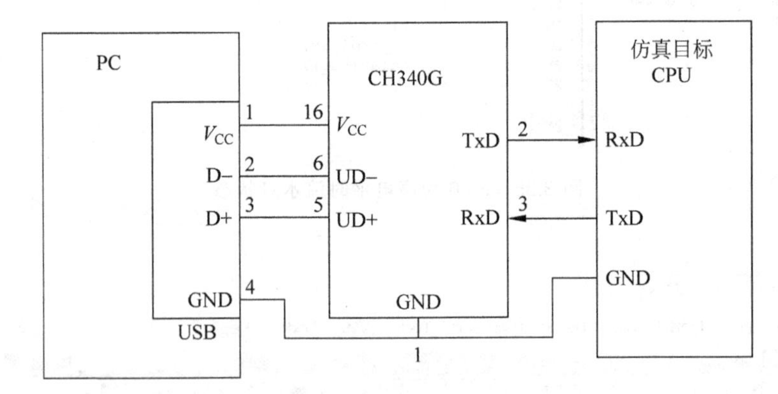

图 3.38 采用 USB 接口的硬件仿真图

注意:当使用 USB 接口连接时,需要加载 USB 转串口驱动程序,使用 USB 模拟的串口号进行 RS-232 串口通信。

2) 设置 STC 仿真器

STC 单片机由于有了基于 Flash 存储器的在线编程(ISP)技术,可以无仿真器、编程器就可进行单片机应用系统的开发。但为了满足习惯于采用硬件仿真的单片机应用工程师的要求,STC 也开发了 STC 硬件仿真器,而且是一大创新,单片机芯片既是仿真芯片,又是应用芯片,下面简单介绍 STC 仿真器的设置与使用。

注意:仿真、目标 CPU 芯片必须是宏晶 STC 的 IAP15F2K61S2 或 IAP15L2K61S2 芯片。

(1) 创建仿真芯片

运行 STC-ISP 在线编程软件,选择"Keil 仿真设置"选项,如图 3.39 所示。

根据选用芯片,单击"将 IAP15F2K61S2 设置为 2.0 版仿真芯片"或"将 IAP15L2K61S2 设置为 2.0 版仿真芯片"按钮,即启动"下载/编程"功能,完成后该芯片即为仿真芯片,可与 Keil μVision4 集成开发环境进行在线仿真。

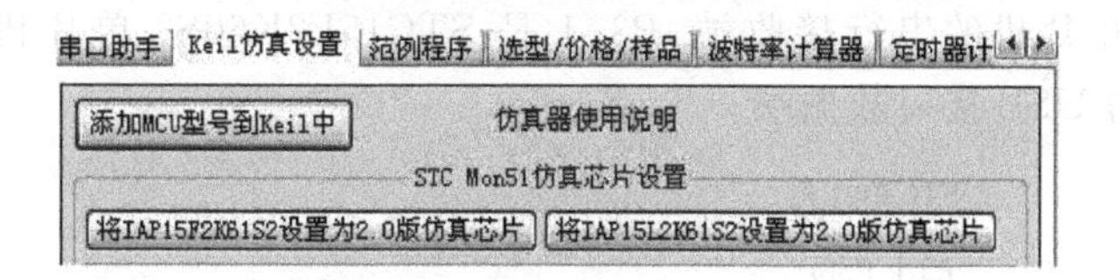

图 3.39　设置仿真芯片

(2) 设置 Keil μVision4 硬件仿真调试方式

① 打开编译环境设置对话框，打开 Debug 选项页，选中 Use：STC Monitor-51 Driver，如图 3.40 所示。单击“确定”按钮，Keil μVision4 集成开发环境被设置为硬件仿真。

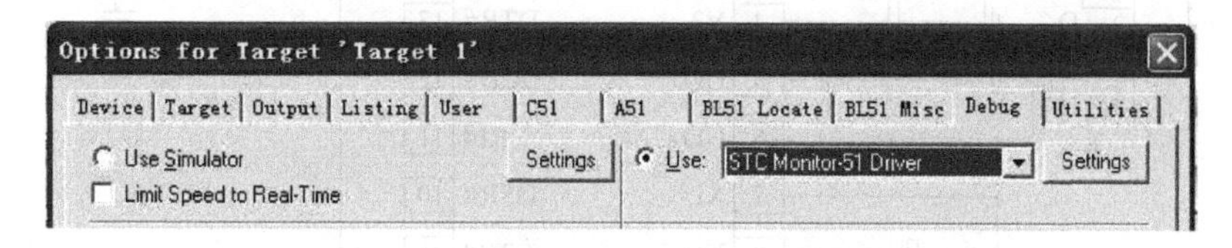

图 3.40　目标设置对话框(Debug 选项，选择 Use: STC Monitor-51 Driver)

② 设置 Keil μVision4 硬件仿真参数

单击图 3.40 右上角的 Settings 按钮，弹出硬件仿真参数设置对话框，如图 3.41 所示。根据仿真电路所使用的串口号(或 USB 驱动的模拟串口号)选择串口端口。

选择串口：根据硬件仿真时，选择实际使用的串口号(或 USB 驱动时的模拟串口号)，如本例的 COM3。

设置串口的波特率：单击下三角按钮，选择一合适的波特率，如本例的 115200。

设置完毕，单击 OK 按钮，再单击图 3.40 中“确定”按钮，即完成硬件仿真的设置。

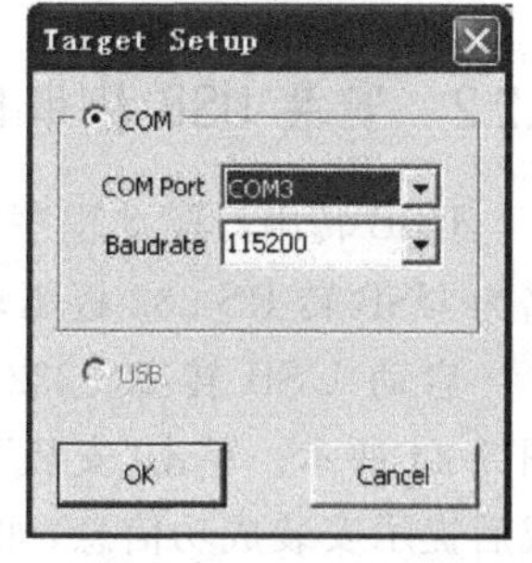

图 3.41　Keil μVision4 硬件仿真参数

(3) 在线调试

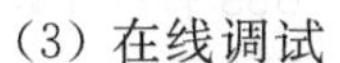

同软件模拟调试一样，选择菜单命令 Debug→Start/Stop Debug Session 或单击工具栏中的调试按钮，系统进入调试界面；若复选调试按钮，退出调试界面。在线调试除可以在 Keil μVision4 集成开发环境调试界面观察程序运行信息外，还可以直接从目标电路上观察程序的运行结果。

3.2　STC 系列单片机在线编程

3.2.1　STC 系列单片机在系统可编程(ISP)电路

STC 系列单片机用户程序的下载是通过 PC 的 RS-232 串口与单片机的串口进行通信的，但目前大多数 PC 已没有 RS-232 接口，在此不再介绍 RS-232 接口的在线编程电路，直接介绍采用 USB 接口进行转换的在线编程电路，如图 3.42 所示。其中，P3.0 是

STC15F2K60S2 单片机的串行接收端，P3.1 是 STC15F2K60S2 单片机的串行发送端，D+、D−是 PC 的 USB 接口数据端。

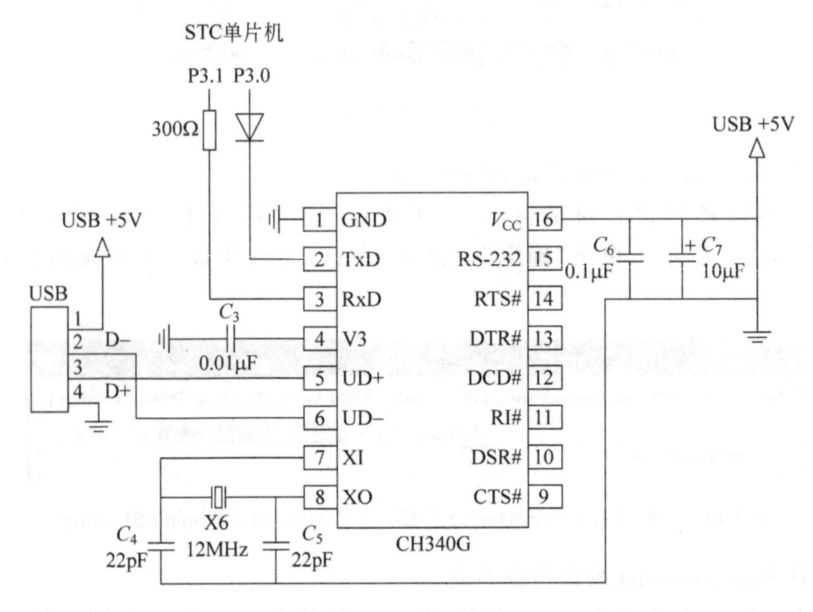

图 3.42 STC 单片机在系统可编程(ISP)电路

3.2.2 安装 USB 转串口驱动程序

USB 转串口驱动程序可从 STC 单片机的官方网站（www.stcmcu.com）下载，文件名为 USB 转 RS-232 板驱动程序（CH341SER）。下载后文件图标如图 3.43 所示。

图 3.43 USB 转串口驱动程序图标

启动 USB 转 RS-232 板驱动程序，弹出安装界面，如图 3.44 所示。单击“安装”按钮，系统进入安装流程。安装完成后提示安装成功信息，如图 3.45 所示。此时，打开计算机设备管理器的端口选项，就能查看 USB 转串口的模拟串口号，如图 3.46 所示。USB 的模拟串口号是 COM3。在进行程序下载时，必须按 USB 的模拟串口号设置在线编程（下载程序）的串口号。

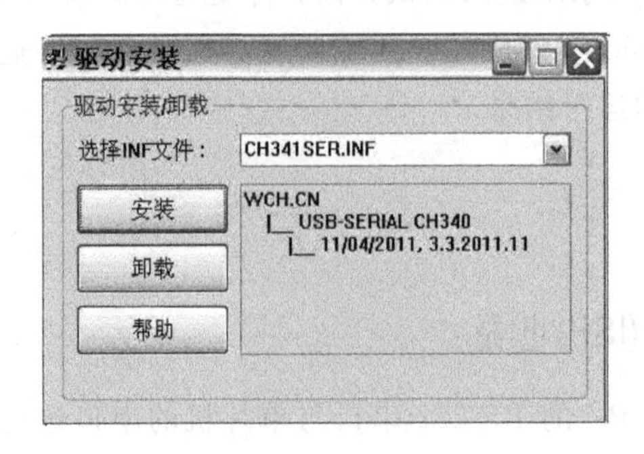

图 3.44 USB 转串口驱动安装界面

图 3.45 USB 转串口驱动安装提示成功界面

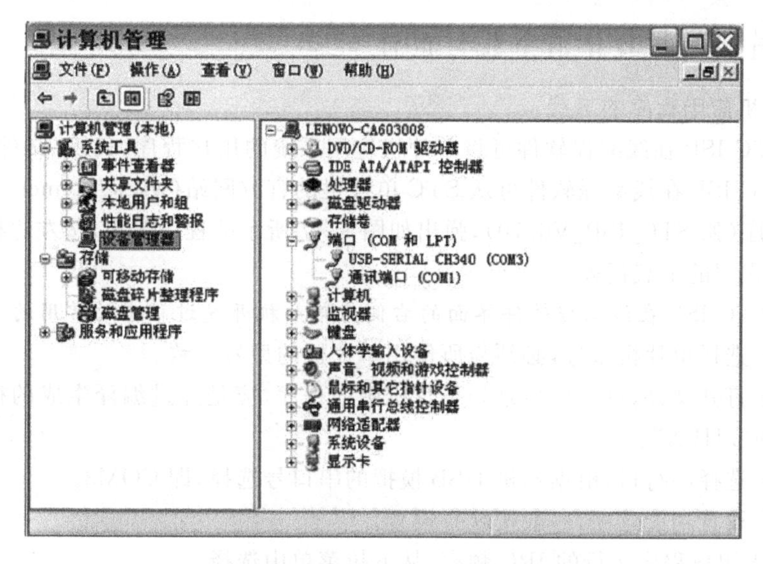

图 3.46　查看 USB 转串口的模拟串口号

注意：STC-15 系列单片机的在线编程软件具备自动侦测 USB 模拟串口的功能，直接在串口号选择项中选择即可，如图 3.47 所示。

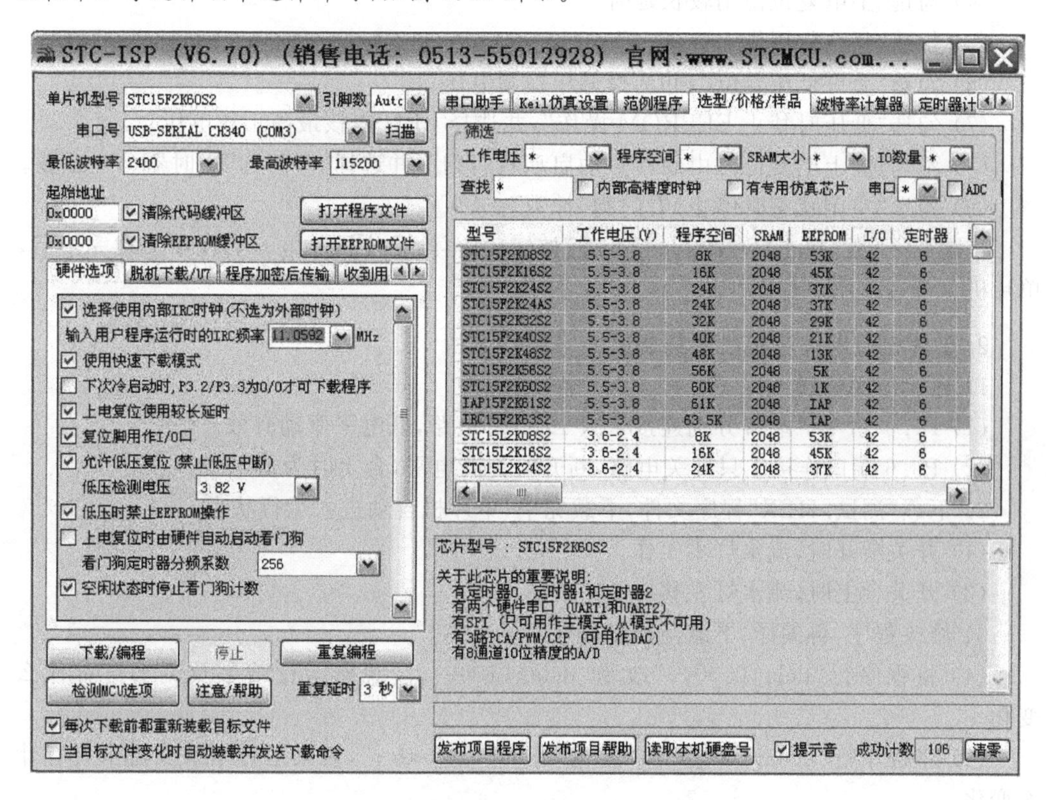

图 3.47　STC-ISP 在线编程软件工作界面

3.2.3 单片机应用程序的下载与运行

1. 单片机应用程序的下载

利用 STC-ISP 在线编程软件可将单片机应用系统的用户程序(HEX 文件)下载到单片机中。STC-ISP 在线编程软件可从 STC 单片机的官方网站(www. stcmcu. com)下载，运行下载程序(如 STC_ISP_V6. 70)，弹出如图 3. 47 所示的程序界面，按左边标注顺序操作即可完成程序的下载任务。

注意：*STC-ISP 在线编程软件界面的右侧为单片机开发过程中的常用的实用工具。*

步骤 1：选择单片机型号，必须与所使用单片机的型号一致。

步骤 2：打开文件，打开要烧录到单片机中的程序，应是经过编译生成的机器代码文件，扩展名为“. HEX”。

步骤 3：选择串行口，根据本机 USB 模拟的串口号选择，即 COM3。

步骤 4：设置功能选项，一般按缺省设置。

(1) 输入用户程序运行的 IRC 频率，从下拉菜单中选择。

(2) 勾选“使用快速下载模式”。

(3) 不勾选“下次启动时 P3. 2/P3. 3 为 0/0 时才可下载程序”。

(4) 勾选“上电复位使用较长延时”。

(5) 勾选“复位脚用作 I/O 端口”。

(6) 勾选“允许低压复位”，并选择低压检测电压。

(7) 勾选“低压时禁止 EEPROM 操作”，并选择 CPU 内核最高工作电压。

(8) 不勾选“上电复位时由硬件自动启动看门狗”，并选择“看门狗”定时器分频系数。

(9) 勾选“空闲状态时停止‘看门狗’计数”。

步骤 5：下载，单击“Download/下载”按钮后，再给单片机上电。当程序下载完毕后，单片机自动运行用户程序。

2. 单片机应用程序在线系统调试

1) 连接应用电路

(1) P1. 0～P1. 7 端口分别连接 1 只 LED 灯电路，低电平驱动有效。

(2) P3. 6 端口连接 1 只开关电路，断开时为高电平，合上时为低电平。

2) 下载“测试. HEX”程序文件，下载完毕，单片机自动进入运行状态。

(1) 开关断开时，流水灯不工作。

(2) 开关合上时，流水灯左移。

3) 修改程序，再编译、下载与调试程序

(1) 将程序行“delay(500);”改为“delay(1000);”，观察运行结果及流水灯有什么变化。

(2) 将程序行“uchar x=0xfe;”改为“uchar x=0xfc;”，观察运行结果及流水灯有什么变化。

(3) 将程序行“x=_crol_(x,1);”改为“x=_cror_(x,1);”，观察运行结果及流水灯有什么变化。

3.2.4 STC-ISP 在线编程软件的其他功能

如图 3.47 所示，STC-ISP 在线编程软件（V6.70）除能给目标单片机下载用户程序外，还有强大的功能，简单说明如下：

(1) 串口助手，可作为 PC 的 RS-232 串口的控制终端，用于 RS-232 串口发送与接收数据。

(2) Keil 设置，一是向 Keil C 集成开发环境添加 STC 系列单片机机型，二是生成仿真芯片。

(3) 范例程序，提供 STC 各系列各型号单片机应用例程。

(4) 波特率计算器，用于自动生成 STC 各系列各型号单片机串口应用时，所需波特率的设置程序。

(5) 软件延时计算器，用于自动生成所需延时的软件延时程序。

(6) 定时器计算器，用于自动生成所需延时的定时器设置程序。

(7) 头文件，提供用于定义 STC 各系列各型号单片机特殊功能寄存器以及寄存器位的头文件。

(8) 指令表，提供 STC 系列单片机地指令系统，包括汇编符号、机器代码、运行时间等。

(9) 程序加密下载，提供加密下载用户程序功能。

(10) 脱机下载，在脱机下载电路的支持下，可提供脱机下载功能。

3.3 Proteus 模拟仿真软件

Proteus ISIS 是英国 Labcenter 公司开发的电路分析与实物仿真软件。在 Windows 操作系统上运行，可以仿真、分析（SPICE）各种模拟器件和集成电路。该软件的特点如下。

1. 实现了单片机仿真和 SPICE 电路仿真相结合

具有模拟电路仿真、数字电路仿真、单片机及其外围电路组成的系统的仿真、RS-232 动态仿真、I^2C 调试器、SPI 调试器、键盘和 LCD 系统仿真的功能，有各种虚拟仪器，如示波器、逻辑分析仪、信号发生器。

2. 支持主流单片机系统的仿真

目前支持的单片机类型有：68000 系列、8051 系列、AVR 系列、PIC12 系列、PIC16 系列、PIC18 系列、Z80 系列、HC11 系列、ARM7 系列以及各种外围芯片。

注意：由于 STC 系列单片机是新发展的芯片，在设备库中没有 STC 系列单片机。在利用 Proteus ISIS 绘制 STC 单片机电路图时，可选任何厂家的 51 或 52 系列单片机，但 STC 系列单片的新增特性不能得到有效仿真。

3. 提供软件调试功能

Proteus ISIS 软件可以仿真一个完整的单片机应用系统，具体步骤如下。

(1) 利用Proteus ISIS软件绘制单片机应用系统的电原理图。

(2) 将用Keil C集成开发环境编译生成的机器代码文件加载到单片机中。

(3) 运行程序,进入调试。

3.3.1 Proteus绘制电原理图

图3.48为流水灯控制电路,以此介绍用Proteus ISIS软件绘制流水灯控制电路原理图的方法,并实践。

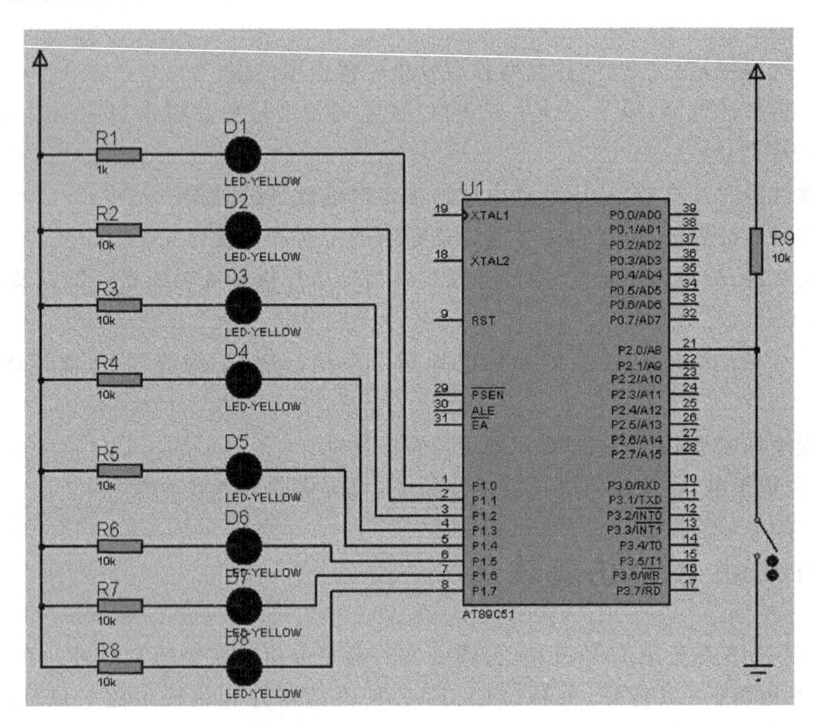

图3.48 流水灯控制电路

1. 将电路所需元器件加入对象选择器窗口(Picking Components into the Schematic)

单击对象选择器按钮 P ,如图3.49所示。弹出Pick Devices页面,在Keywords输入AT89C51,系统在对象库中进行搜索查找,并将搜索结果显示在Results中,如图3.50所示。

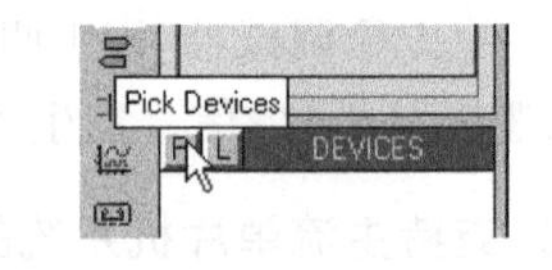

图3.49 打开元器件搜索窗口

在Results栏中的列表项中,双击AT89C51,可将AT89C51添加至对象选择器窗口,如图3.51所示。

以此类推,接着在Keywords栏中依次输入发光二极管(LED)、电阻(RES)、开关(SWITCH)等元器件的关键词。在各自选择结果中,将电路需要的元器件加入对象选择器窗口,如图3.52所示。

特别提示: 若电路仅用于仿真,可不绘制单片机复位、时钟电路。

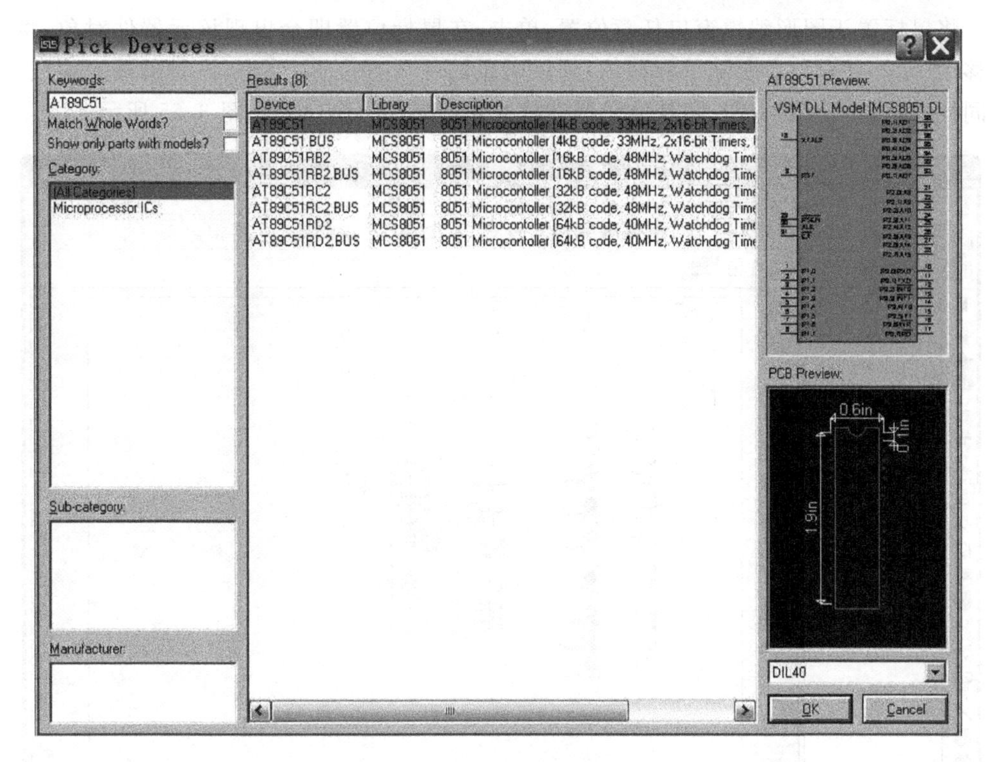

图 3.50　在搜索结果中选择元器件

图 3.51　添加的 AT89C51

图 3.52　添加的电路元器件

2. 放置元器件至图形编辑窗口(Placing Components onto the Schematic)

在对象选择器窗口中,选中 AT89C51,预览窗口中将显示该元器件的图形,如图 3.53 所示。单击左侧工具栏中的电路元器件方向按钮,可改变元器件的方向,如图 3.54 所示,从上到下,依次为顺时针旋转 90°、逆时针旋转 90°、自由角度旋转(在方框输入角度数,回车)、左右对称翻转、上下对称翻转。

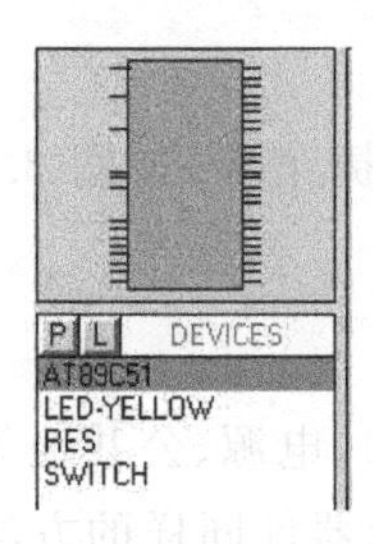

图 3.53　元器件的浏览窗口

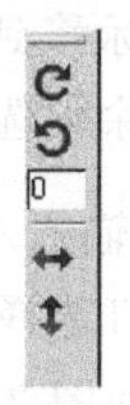

图 3.54　元器件方向的调整

将鼠标置于图形编辑窗口任意位置，单击，在鼠标位置即会出现该元器件对象，将鼠标移动(元器件对象会跟随鼠标移动)到该对象的欲放置位置，单击，该对象被完成放置。以同样方法，将 LED、RES 和其他元器件放置到图形编辑窗口中如图 3.55 所示。

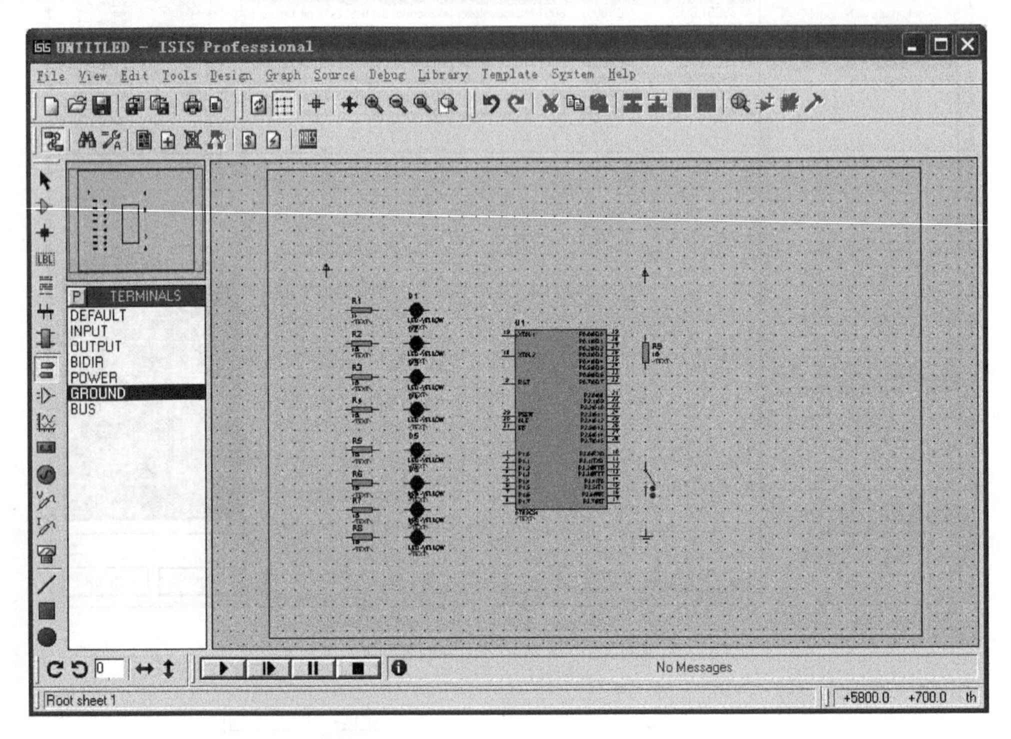

图 3.55 放置元器件

3. 编辑图形

(1) 移动元器件对象

若元器件对象位置需要移动，将鼠标移到该对象上，单击选择对象，该对象的颜色将变至红色，表明该对象已被选中，单击拖动鼠标，将对象移至新位置后，松开鼠标，完成移动操作。

(2) 编辑元器件属性

若要修改元器件属性，将鼠标移到该对象上，双击选择对象，即弹出元件属性编辑对话框，如图 3.56 所示为 AT89C51 单片机的元器件属性编辑对话框，根据元件属性要求修改后确定即可。

(3) 删除对象

若删除对象，将鼠标移到该对象上，右击，即弹出快捷菜单，如图 3.57 所示。单击 Delete Object 选项，删除所选对象。

4. 放置电源、地、输入/输出端口符号

单击输入/输出端口选择按钮 ，有关输入/输出端口、电源、公共地等电气符号出现在对象选择器的窗口，如图 3.58 所示。用与选择、放置元器件同样的方法，放置电源、公共地符号。

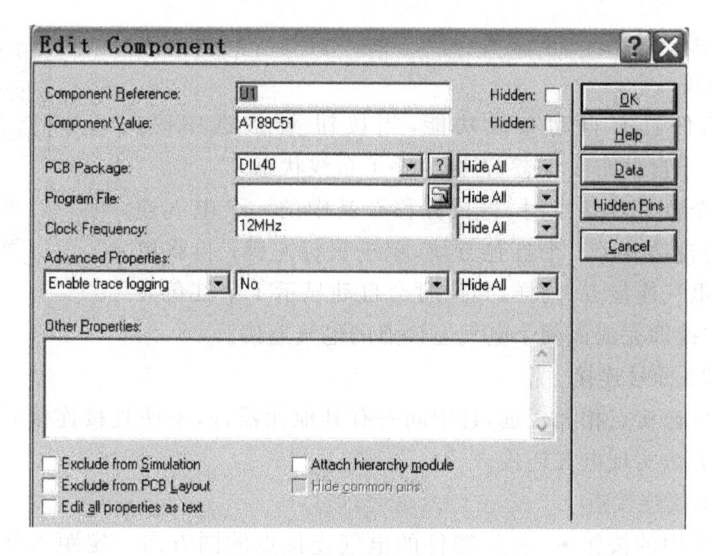

图 3.56 元器件属性编辑对话框

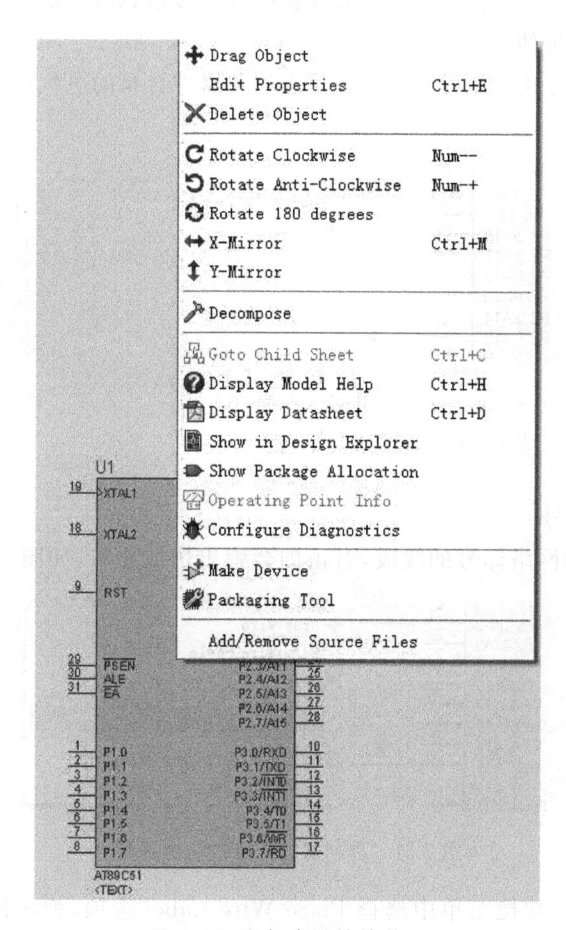

图 3.57 鼠标右键快捷菜单

5. 电气连接

1) 直接连接

Proteus 软件具有自动布线功能，当按钮 被选中时，Proteus 软件处于自动布线状态，否则为手工布线状态。

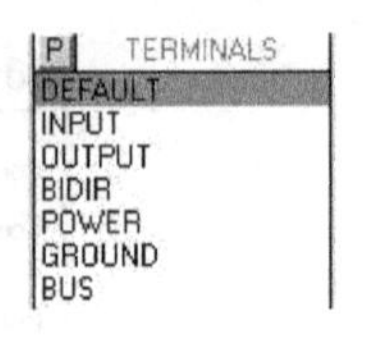

图 3.58　电源、地、输入/输出端口符号

当需要两个电气连接点时，将鼠标移至其中的一个电气连接点，到位时会自动显示 1 个红色方块，单击鼠标左键；再将鼠标移至另一个电气连接点，同样，到位时会自动显示 1 个红色方块，单击鼠标左键即完成该两个电气连接点的电气连接。

2) 通过网络标号连接

当 2 个电气连接点相隔较远，且中间夹有其他元器件，不便直接连接时，建议采用通过网络标号的方法实现电气连接。

(1) 放置电气连接点

选中工具栏中的按钮，在元器件的电气连接点的同方向一定距离处单击，即会出现一活动的圆点，移到位后单击鼠标即可放置电气连接点，如图 3.59 所示。

(2) 元器件引脚延伸

采用直接连线的方法将放置的电气连接点与元器件自身的电气连接点相连，如图 3.60 所示。

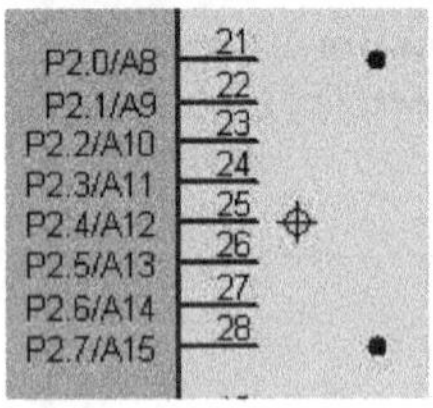

图 3.59　电源、地、输入/输出端口符号（放置电气连接点）

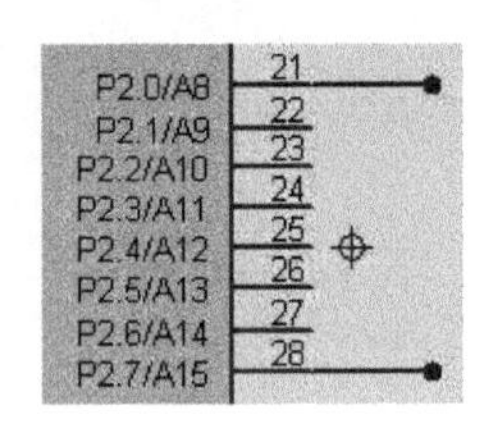

图 3.60　引脚线延伸

(3) 添加网络标号

将鼠标移至欲加网络标号的线段，右击即会弹出快捷菜单，如图 3.61 所示。

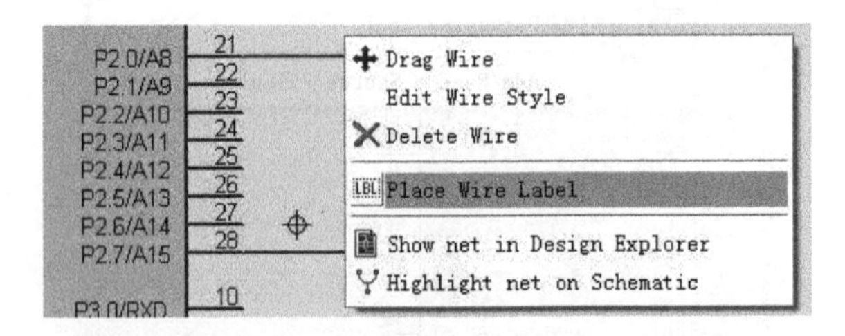

图 3.61　添加网络标号的快捷菜单

在图 3.61 所示的快捷菜单中选择 Place Wire Label 选项，弹出网络编辑框，在编辑框输入网络标号（如 A2），如图 3.62 所示。单击 OK 按钮即完成网络标号的设置，设置的网络标号（如 A1、A2）如图 3.63 所示。

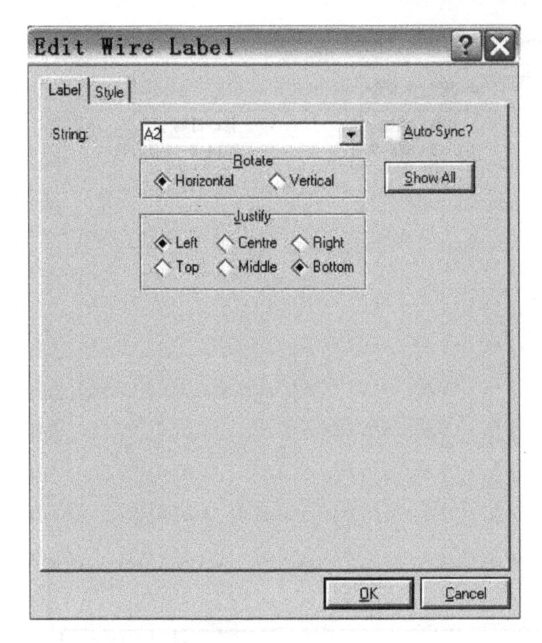

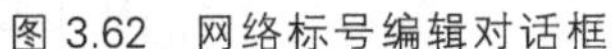

图 3.62　网络标号编辑对话框

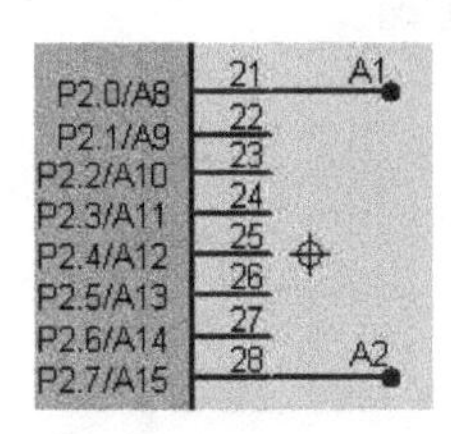

图 3.63　设置好的网络标号(A1、A2)

(4) 通过网络标号连接

用上述同样方法对另一电气连接点进行标号处理，相同标号的线段就实现了电气连接。

3) 绘制电路原理图

按图 3.48 所示电路图进行电气连接，绘制流水灯控制电路原理图。

3.3.2　Proteus 模拟仿真软件实施单片机仿真

1. 编辑、编译用户程序

本电路程序功能与图 3.13 中的程序功能是一致的，可根据本仿真电路修改图 3.13 中的程序“测试.c”，即将“sbit sw＝P3^6;”修改为“sbit sw＝P2^0;”，再利用 Keil C 集成开发环境完成用户程序的编辑、编译，生成机器代码，如“测试.hex”。

2. 将用户程序机器代码文件下载到单片机中

将鼠标移到单片机位置，右击即弹出单片机的属性编辑对话框，如图 3.56 所示。

(1) 在 Program File 编辑行的对话框中直接输入要下载文件所在的路径与文件名，或单击 Program File 编辑行中的文件夹，弹出查找、选择文件的对话框，找到要下载的程序文件，如“测试.hex”，如图 3.64 所示。单击“打开”按钮，所选程序文件出现在 Program File 编辑行的对话框中，如图 3.65 所示。

(2) 单击单片机属性编辑框中的 OK 按钮，完成程序下载工作。

3. 模拟调试

单击窗口左下方模拟调试按钮的“运行”按钮，Proteus 进入调试状态。调试按钮如

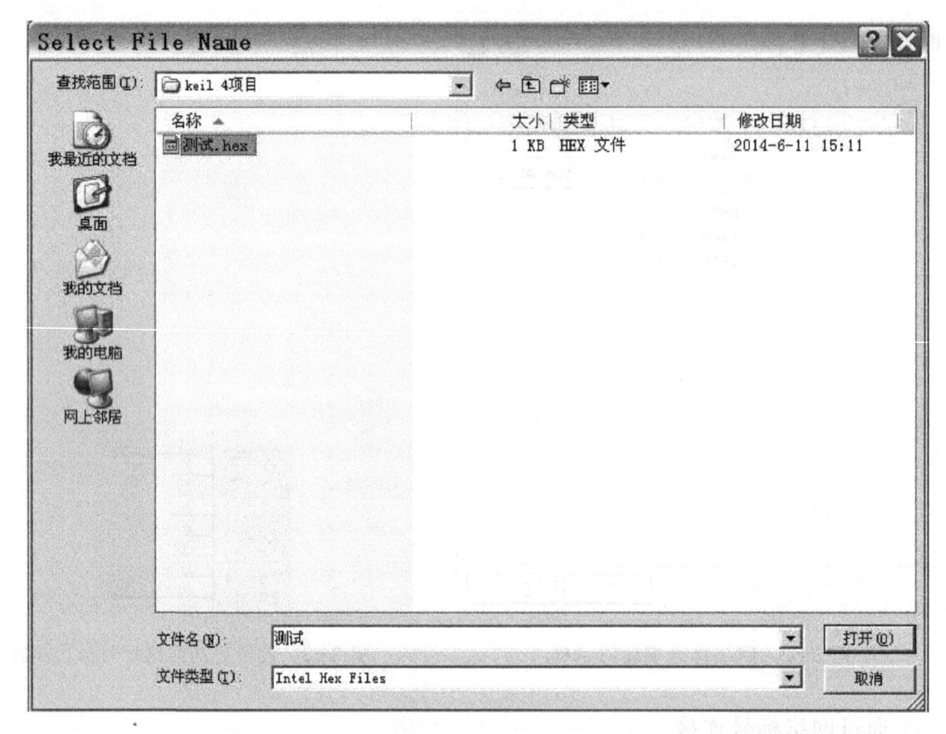

图 3.64　选择要下载的程序文件

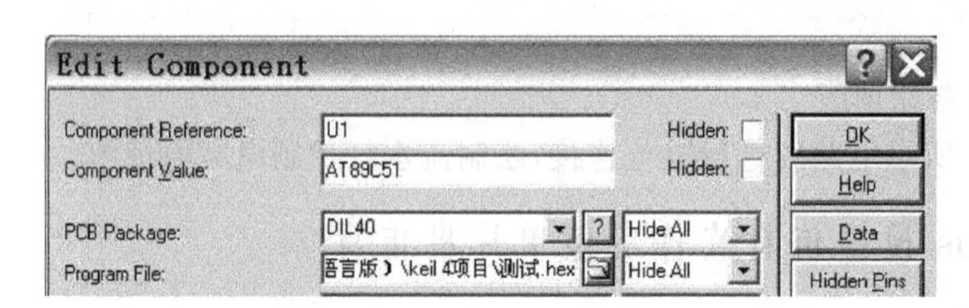

图 3.65　单片机属性编辑框(查看下载程序文件)

图 3.66 所示，从左至右依次为“全速运行”、“单步运行”、“暂停”、“停止”。

(1) K1 合上，观察 LED 灯的点亮情况。

(2) K1 断开，观察 LED 灯的点亮情况。

(3) 归纳、总结流水灯功能与预期程序功能是否一致。

图 3.66　调试按钮

本章小结

程序的编辑、编译与下载是单片机应用系统开发过程中不可或缺的工作流程。对于 STC 系列单片机，由于有了 ISP 在线下载功能，单片机的开发工具就变得简单了，在硬件方面，只要在单片机应用系统中嵌入 PC 与单片机的串口通信电路(或称 ISP 下载电路)即可。在软件方面：一是需要用于汇编或 C51 源程序编辑、编译的开发工具(如 Keil C 集成开发环境)；二是 STC 单片机的 ISP 下载软件。单片机应用系统的开发工具非常简单,也非常廉价,正因为如此,我们可以拥有实际的单片机应用系统开发环境,相当于每人拥有一个“单片机实验室”。

Keil C 集成开发环境除程序编辑、编译功能外,还具备程序调试功能,可对单片机的内部资源(包括存储器、并行 I/O 端口、定时/计数器、中断系统与串行口等)进行仿真,可采用全速运行、单步、跟踪、执行到光标处或断点等程序运行模式来调试用户程序,与 STC 仿真器配合可实现硬件在线仿真。

CH340SER 程序是 USB 转串口驱动程序,当采用 USB 转串口驱动电路构建 STC 在线编程(下载程序)电路时,必须安装 USB 转串口驱动程序,使用 USB 模拟的串口号进行 PC 与单片机之间的通信。

Proteus ISIS 是英国 Labcenter 公司开发的电路分析与实物仿真软件,运行于 Windows 操作系统,可以仿真、分析(SPICE)各种模拟器件和集成电路。本章重点介绍通过 Proteus 的单片机和 SPICE 电路仿真相结合,实现无任何单片机及其他硬件电路进行单片机开发。

习题与思考题

1. Keil μVision4 集成开发环境,在缺省状态编译时,是否会自动生成机器代码文件?

2. Keil μVision4 集成开发环境,编译产生的机器代码文件,在缺省状态下,其名称与谁的名称相同?若要存储成其他名称,应如何操作?

3. 新编程序文件存盘时,若编辑的是 C 语言程序,存盘时应以什么扩展名存盘?若编辑的汇编语言程序,应如何操作?

4. Keil μVision4 集成开发环境中,如何切换编辑与调试程序界面?

5. Keil μVision4 集成开发环境中,有哪几种程序调试方法?各有什么特点?

6. Keil μVision4 集成开发环境在调试程序时,如何观察片内 RAM 的信息?

7. Keil μVision4 集成开发环境在调试程序时,如何观察片内通用寄存器信息?

8. Keil μVision4 集成开发环境在调试程序时,如何观察或设置定时器、中断与串行口的工作状态?

9. 什么是断点?如何设置与取消断点?在什么情况下要设置断点?

10. 简述 Keil μVision4 集成开发环境硬件仿真的设置。STC 系列单片机中,哪两款单片机可作为仿真器使用?

11. PC 与 8051 单片机通信时,有哪两种连接方式?各采用什么芯片进行逻辑电平的转换?

12. 在 Keil μVision4 集成开发环境的调试界面中,在存储器窗口的地址栏中输入 I:80H,并回车,其操作的意义是什么?若将“I:80H”换成“C:0x1000”或“X:0x2000”,其各自的操作意义又是什么?

13. 如何安装 USB 转串口驱动程序?如何查看 USB 模拟串口号?知道该串口号有什么意义?

14. 解释跟踪运行与单步运行有什么相同点?又有什么不同点?其主要作用是

什么？

15. 解释断点运行与运行到光标处的运行特点各是什么？它们的主要作用是什么？

16. Keil μVision4 集成开发环境的调试功能，在缺省情况下，是软件模拟调试，还是在线仿真调试？

17. 在 Proteus 软件的绘图中，如何寻找自己需要的元器件和编辑元器件的属性？

18. 在 Proteus 软件的绘图中，如何放置、移动与删除元器件？

19. 在 Proteus 软件的绘图中，如何调整元器件的方向？

20. Proteus 软件具有线路自动路径功能，它指的是什么意思？

21. 在 Proteus 软件的绘图中，如何调用电源、公共地、输入/输出端口符号？

22. 自学绘制总线。

23. 在 Proteus 软件的绘图中，如何调用虚拟仪器仪表？

24. 在工具栏中，箭头按钮代表什么功能？

25. 在绘图编辑框中，如何设置网格和调整网格的大小？

26. Keil μVision4 集成开发环境除编辑、编译功能外，也有仿真调试功能，相比 Keil μVision4 集成开发环境的仿真调试功能，Proteus 软件有什么突出优点？

27. 说明在 Proteus 软件中如何给单片机加载用户程序，用户程序的格式是什么？

28. Proteus 调试中，当用户程序修改后，是否需要打开单片机属性编辑框，重新加载用户程序？或者如何让单片机运行修改后的用户程序？

29. Proteus 软件有哪些虚拟仪器仪表？有什么功能？如何使用？

CHAPTER 4 第4章

STC15F2K60S2单片机的指令系统

指令是CPU按照人们的意图来完成某种操作的命令,一台计算机的CPU所能执行全部指令的集合称为这个CPU的指令系统。指令系统功能的强弱体现了CPU性能的高低。

STC15F2K60S2单片机的指令系统与传统8051单片机完全兼容。42种助记符代表了33种功能,而指令功能是助记符与操作数各种寻址方式的结合,共构造出111条指令。其中,数据传送类指令29条,算术运算类指令24条,逻辑运算类指令24条,控制转移类指令17条,位操作类指令17条。

4.1 概述

计算机能识别和执行的指令是二进制编码指令,称为机器指令。机器指令不便于记忆和阅读,为了编写程序方便,一般采用汇编语言(助记符指令)和高级语言编写程序。但编写好的源程序必须经汇编程序或编译程序转换成机器代码后,单片机才能识别和执行。

8051单片机指令系统采用助记符指令格式描述,与机器指令有一一对应的关系。

1. 机器指令的编码格式

机器指令通常由操作码和操作数(或操作数地址)两部分构成。操作码用来规定指令执行的操作功能;操作数指参与操作的数据(或者说操作对象)。

8051的机器指令按指令字节数分为3种格式:单字节指令、双字节指令和三字节指令。

(1) 单字节指令

单字节指令有两种编码格式。

① 8位编码仅为操作码。

格式:位 7 6 5 4 3 2 1 0

字节	opcode

这类指令的8位编码仅为操作码,指令的操作数隐含在其中。如“DEC A”的指令编码为14H,其功能是累加器A的内容减1。

② 8位编码含有操作码和寄存器编码。

格式：位　7 6 5 4 3 2 1 0

字节	opcode	r r r

这类指令的高 5 位为操作码，低 3 位为操作数对应的编码。如“INC R1”的指令编码为 09H，其中，高 5 位 00001B 为寄存器内容加 1 的操作码，低 3 位 001B 为寄存器 R1 对应的编码。

(2) 双字节指令

格式：位　7 6 5 4 3 2 1 0

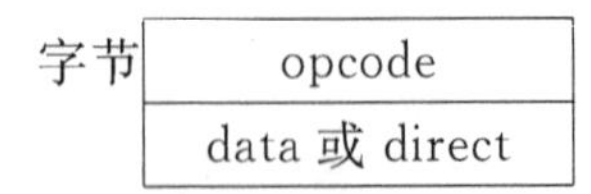

这类指令的第一个字节为操作码，第二字节表示参与操作的数据或存放数据的地址。如 MOV A，#60H 的指令代码为 01110100 01100000B，其中高字节 01110100B 为代表将立即数传送到累加器 A 功能的操作码，低字节 01100000B 为对应的立即数（源操作数，60H）。

(3) 三字节指令

格式：位　7 6 5 4 3 2 1 0

字节	opcode
	direct
	data 或 direct

这类指令的第一个字节表示操作码，后两个字节表示参与操作的数据或存放数据的地址。如 MOV 10H，#60H 的指令代码为 01110101 00010000 01100000B，其中，高 8 位 01110101B 为代表将立即数传送到直接地址单元功能的操作码，次低 8 位 00010000B 为目标操作数对应的存放地址（10H），低 8 位 01100000B 为对应的立即数（源操作数，60H）。

2. 汇编语言指令格式

所谓汇编语言指令表示法就是用表示指令功能的助记符形式来描述指令。8051 单片机汇编语言指令格式表示如下：

[标号：]　操作码　[第一操作数][，第二操作数][，第三操作数]　[；注释]

其中，方括号内为可选项。各部分之间必须用分隔符隔开，即标号要以“：”结尾，操作码和操作数之间要有一个或多个空格，操作数和操作数之间用“，”分隔，注释开始之前要加“；”。例如：

```
START:  MOV  P1, # 0FFH        ; 对 P1 口初始化
```

标号：表示该语句的符号地址，可根据需要而设置。当汇编程序对汇编语言源程序进行汇编时，以该指令所在的地址值来代替标号。在编程的过程中，适当的使用标号，使程序便于查询、修改以及方便转移指令的编程。标号通常用在转移指令或调用指令对应的转移目标地址处。标号一般由若干个字符组成，但第一个字符必须是字母，其余的可以是字母也可以是数字或下划线符号“_”，系统保留字符（含指令系统保留字符与汇编系统

的保留字符)不能用作标号,标号尽量用转移指令或调用指令操作相近含义的英文缩写来表示。标号和操作码之间必须用冒号“:”分隔。

操作码:表示指令的操作功能,用助记符表示,是指令的核心,不能缺省。8051单片机指令系统中共有42种助记符,代表了33种不同的功能,例如,MOV是数据传送的助记符。操作码与操作数之间用空格分隔。

操作数:操作数是操作码的操作对象。根据指令的不同功能,操作数的个数可以是3个、2个、1个,或没有。例如“MOV P1,#0FFH”,包含了两个操作数,即P1和#0FFH,它们之间用“,”分隔。

注释:用来解释该条指令或一段程序的功能,便于阅读。注释可有可无,对程序的执行没有影响。注释前面应加“;”号。

3. 指令系统中的常用符号

指令中常出现的符号及含义如下。

(1) #data:表示8位立即数,即8位常数,取值范围为#00H~#0FFH。

(2) #data16:表示16位立即数,即16位常数,取值范围为#0000H~#0FFFFH。

(3) direct:表示片内RAM和特殊功能寄存器的8位直接地址。其中,特殊功能寄存器还可直接使用名称符号来代替直接地址。

注意:当常数数据(如立即数、直接地址)的首字符是字母(A~F)时,数据前面一定要添个“0”,以示与标号或字符名称区分。如0F0H和F0H,0F0H表示的是一个常数,即F0H;而F0H表示是一个转移标号地址或已定义的一个字符名称。

(4) Rn:n=0~7,表示当前选中的工作寄存器组R0~R7。选中工作寄存器组的组别由PSW中的RS1和RS0确定,分别为0组:00H~07H;1组:08H~0FH;2组:10H~17H;3组:18H~1FH。

(5) Ri:i=0、1,可用作间接寻址的寄存器,只能是R0、R1两个寄存器中的一个。

(6) addr16:16位目的地址,只限于在LCALL和LJMP指令中使用。

(7) addr11:11位目的地址,只限于在ACALL和AJMP指令中使用。

(8) rel:相对转移指令中的偏移量,为补码形式的8位带符号数。为SJMP和所有条件转移指令所用。转移范围为相对于下一条指令首址的-128~+127。

(9) DPTR:16位数据指针,用于访问16位的程序存储器或16位的数据存储器。

(10) bit:片内RAM(包括部分特殊功能寄存器)中的直接寻址位地址。

(11) /bit:表示对bit位先取反再参与运算,但不影响该位的原值。

(12) @:间址寄存器或基址寄存器的前缀。例如,@Ri表示由R0或R1寄存器内容作为地址的RAM,@DPTR表示由DPTR内容指出的外部存储器单元或I/O地址。

(13) (×):表示某寄存器或某单元的内容。

(14) ((×)):表示由×寻址的单元中的内容,即(×)作地址,该地址的内容用((×))表示。

(15) direct1←(direct2):直接地址2单元的内容传送到direct1单元中。

(16) Ri←(A):累加器A的内容传送给Ri寄存器。

(17) (Ri)←(A):累加器A的内容传送到Ri的内容为地址的存储单元中。

4. 寻址方式

寻址方式是指在执行一条指令的过程中，寻找操作数或指令地址的方式。

STC15F2K60S2 单片机的寻址方式与传统 8051 单片机的寻址方式一致，包含操作数寻址与指令寻址两个方面，一般来说，在研究寻址方式上更多的是指操作数的寻址，而且如有两个操作数时，默认指的是源操作数的寻址方式。操作数的寻址方式分为：立即寻址、直接寻址、寄存器寻址、寄存器间接寻址、变址寻址。寻址方式与寻址空间的对应关系如表 4.1 所示。本节仅介绍操作数的寻址。

表 4.1 寻址方式与对应的存储空间

序号	寻址方式		存储空间
1	操作数寻址	立即寻址	程序存储器
2		寄存器寻址	工作寄存器 R0～R7、A、AB、C
3		直接寻址	基本 RAM 的低 128 字节，特殊功能寄存器(SFR)，位地址空间
4		寄存器间接寻址	基本 RAM 的低 128 字节、高 128 字节，扩展 RAM 或片外 RAM
5		变址寻址	程序存储器
6	指令寻址		寻址空间自然为程序存储器，也可分为直接、相对寻址与变址寻址

1) 立即寻址

指令直接给出参与实际操作的数据(即立即数)。为了与直接寻址方式中的直接地址相区别，立即数前必须冠以符号“#”。例如：

```
MOV  DPTR,#1234H
```

其中，1234 为立即数，指令功能是将 16 位立即数 1234H 送入数据指针 DPTR 中，寻址示意如图 4.1 所示。

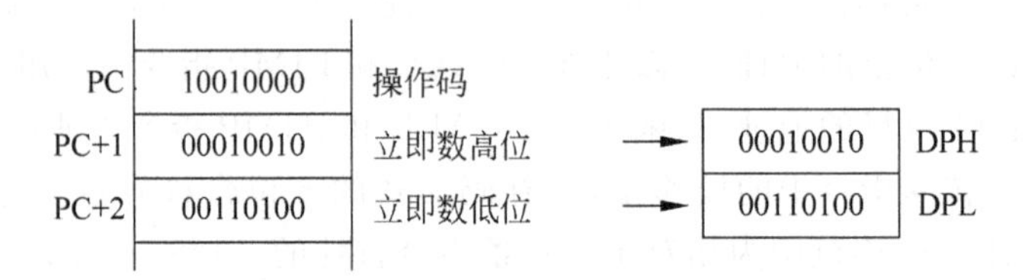

图 4.1 立即寻址示意图

2) 寄存器寻址

指令中给出寄存器名，以该寄存器的内容作为操作数的寻址方式。能用寄存器寻址的寄存器包括累加器 A、寄存器 AB、数据指针 DPTR、进位位 CY 以及工作寄存器组中的 R0～R7。例如：

```
INC  R0
```

其指令功能是将 R0 寄存器中的内容加 1，再送回 R0 寄存器中，寻址示意如图 4.2 所示。

3) 直接寻址

由指令直接给出操作数的所在地址，即指令操作数为存储器单元的地址，真正的数据在存储器单元中。例如：

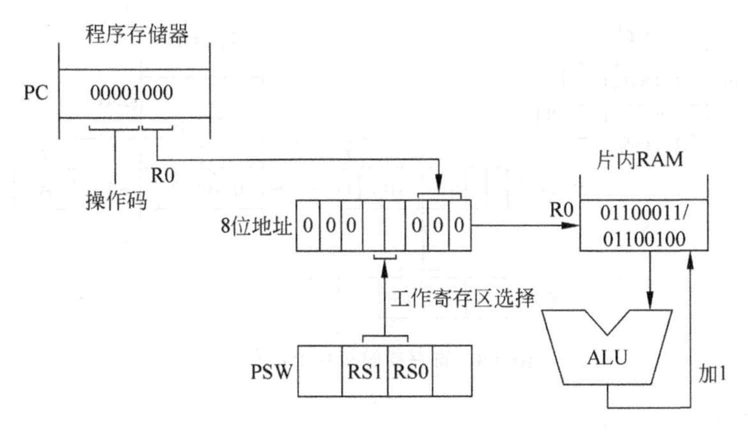

图 4.2　寄存器寻址示意图

```
MOV   A,3AH
```

其指令功能是将片内 RAM 地址为 3AH 单元内的数据送入累加器 A。寻址示意如图 4.3 所示。

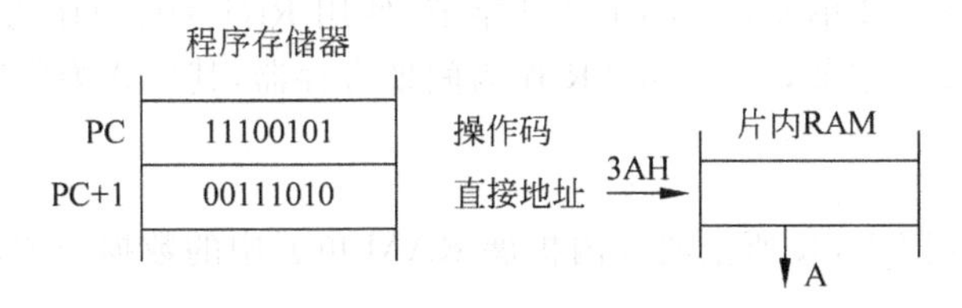

图 4.3　直接寻址示意图

直接寻址方式只能给出 8 位地址，因此，能用这种寻址方式的地址空间如下。

(1) 内部低 128 字节(00H～7FH)，在指令中直接以单元地址形式给出。

(2) 特殊功能寄存器 SFR，这时除了可以单元地址形式给出外，还可以寄存器符号形式给出。虽然特殊功能寄存器可以使用符号标志，但在指令代码中还是按地址进行编码的，其实质属于直接寻址。

(3) 位地址空间(20H.0～2FH.7，以及特殊功能寄存器中的可寻址位)。

4) 寄存器间接寻址

在指令中给出的寄存器内容是操作数的所在地址，从该地址中取出的数据才是操作数。这种寻址方式称为寄存器间接寻址。为了区别寄存器寻址和寄存器间接寻址，在寄存器间接寻址中，应在寄存器的名称前面加前缀"@"。例如：

```
MOV   A,@R1
```

其指令功能是将 R1 的内容为地址的存储单元内的数据送入累加器 A。若 R1 的内容为 60H，即该指令功能为将地址为 60H 存储单元的数据送入累加器 A，寻址示意如图 4.4 所示。

寄存器间接寻址的寻址范围如下。

(1) 片内基本 RAM 的低 128、高 128 字节单元，可采用 R0 或 R1 作为间址寄存器，其形式为@Ri(i=0,1)。其中，高 128 字节单元只能采用寄存器间接寻址方式。例如：

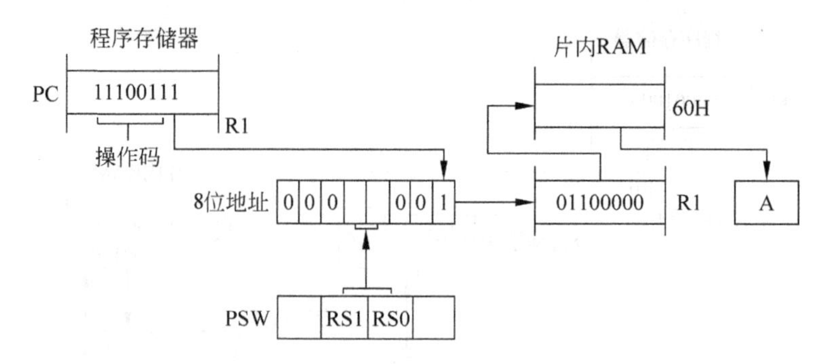

图 4.4　寄存器间接寻址示意图

```
MOV   A,@R0,
```

其指令功能是将 R0 所指的片内 RAM 单元中的数据传送到累加器 A 中。

注意：高 128 字节地址空间(80H～FFH)和特殊功能寄存器的地址空间是一致的，它们是通过不同的寻址方式区分的。对于 80H～FFH，若采用直接寻址方式，访问的是特殊功能寄存器；若采用寄存器间接寻址方式，访问的是片内 RAM 的高 128 字节。

(2) 片内扩展 RAM 单元：若小于 256 字节，使用 Ri(i＝0、1)作为间址寄存器，其形式为@Ri；若大于 256 字节，使用 DPTR 作为间址寄存器，其形式为@DPTR。例如：

```
MOVX   A,@DPTR
```

其指令功能是把 DPTR 所指的片内扩展 RAM 单元中的数据送累加器 A 中。例如：

```
MOVX   A,@R1
```

其指令功能是把 R1 所指的片内扩展 RAM 单元中的数据送累加器 A 中。

(5) 变址寻址

基址寄存器＋变址寄存器间接寻址是以 DPTR 或 PC 为基址寄存器，累加器 A 做变址寄存器，以两者内容相加，形成的 16 位程序存储器地址作为操作数地址，简称变址寻址。例如：

```
MOVC   A,@A + DPTR
```

其功能是把 DPTR 和 A 的内容相加所得到的程序存储器地址单元中的内容送到 A 中，寻址示意如图 4.5 所示。

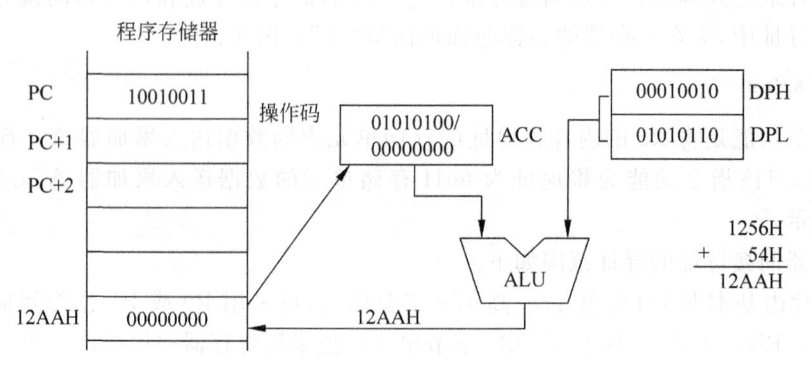

图 4.5　变址寻址示意图

4.2 数据传送类指令

数据传送类指令是8051单片机指令系统中最基本也是包含指令最多的一类指令。数据传送类指令共有29条，用于实现寄存器、存储器之间的数据传送，即把“源操作数”中的数据传送到“目的操作数”，而源操作数不变，目的操作数被传送后的源操作数所代替。

1. 基本RAM传送指令(16条)

指令助记符：MOV。

指令功能：将源操作数传送到目的操作数地址单元中。

寻址方式：包含寄存器寻址、直接寻址、立即寻址与寄存器间接寻址。

基本RAM传送指令的具体格式与功能详见表4.2。

表4.2 基本RAM传送指令

序号	指令分类	指令形式	指令功能	字节数	指令执行时间(系统时钟数)
1	A为目的操作数	MOV A,Rn	Rn的内容送A	1	1
2		MOV A,direct	direct单元的内容送A	2	2
3		MOV A,@Ri	Ri指示单元的内容送A	1	2
4		MOV A,#data	data常数送A	2	2
5	Rn为目的操作数	MOV Rn,A	A的内容送Rn	1	1
6		MOV Rn,direct	direct单元的内容送Rn	2	3
7		MOV Rn,#data	data常数送Rn	2	2
8	direct为目的操作数	MOV direct,A	A的内容送direct单元	2	2
9		MOV direct,Rn	Rn的内容送direct单元	2	2
10		MOV direct1,direct2	direct2单元的内容送direct1单元	3	3
11		MOV direct,@Ri	Ri指示单元的内容送direct单元	2	3
12		MOV direct,#data	data常数送direct单元	3	3
13	@Ri为目的操作数	MOV @Ri,A	A的内容送Ri指示单元	1	2
14		MOV @Ri,direct	direct单元的内容送Ri指示单元	2	3
15		MOV @Ri,#data	data常数送Ri指示单元	2	2
16	16位传送	MOV DPTR,#data16	16位常数送DPTR	3	3

例4.1 分析执行下列指令序列后各寄存器及存储单元的结果。

```
MOV  A,#30H
MOV  4FH,A
MOV  R0,#20H
MOV  @R0,4FH
MOV  21H,20H
MOV  DPTR,#3456H
```

解：分析如下。

```
MOV  A,#30H        ;(A) = 30H
MOV  4FH,A         ;(4FH) = 30H
MOV  R0,#20H       ;(R0) = 20H
MOV  @R0,4FH       ;((R0)) = (20H) = (4FH) = 30H
MOV  21H,20H       ;(21H) = (20H) = 30H
MOV  DPTR,#3456H   ;(DPTR) = 3456H
```

所以执行程序段后有

(A) =30H，(4FH)=30H，(R0)=20H，(20H)=30H，(21H)=30H，(DPTR)=3456H

例 4.2 编程实现片内 RAM 20H 与 21H 单元内容互换。

解：实现片内 RAM 20H 与 21H 单元内容互换的方法有多种，分别编程如下。

```
(1) MOV  A,20H
    MOV  20H,21H
    MOV  21H,A
(2) MOV  R0,20H
    MOV  20H,21H
    MOV  21H,R0
(3) MOV  R0,#20H
    MOV  R1,#21H
    MOV  A,@R0
    MOV  20H,@R1
    MOV  @R1,A
```

例 4.3 编程实现 P1 端口的输入数据从 P2 输出。

```
解：(1) MOV  P1,#0FFH   ;P1 设置为输入状态
        MOV  A,P1
        MOV  P2,A
    (2) MOV  P1,#0FFH   ;P1 设置为输入状态
        MOV  P2,P1
```

2. 累加器 A 与扩展 RAM 之间的传送指令(4 条)

指令助记符：MOVX。

指令功能：实现累加器 A 与扩展 RAM 之间的数据传送。

寻址方式：采用 Ri(8 位地址)或 DPTR(16 位地址)寄存器间接寻址。

累加器 A 与扩展 RAM 之间的传送指令的具体格式与功能详见表 4.3。

表 4.3 累加器 A 与扩展 RAM 之间的传送指令

序号	指令分类	指令形式	指令功能	字节数	指令执行时间(系统时钟数)
17	读扩展RAM	MOVX A,@Ri	Ri 指示单元(扩展 RAM)的内容送 A	1	3
18		MOVX A,@DPTR	DPTR 指示单元(扩展 RAM)的内容送 A	1	2

续表

序号	指令分类	指令形式	指令功能	字节数	指令执行时间（系统时钟数）
19	写扩展RAM	MOVX @Ri,A	A的内容送Ri指示单元(扩展RAM)	1	4
20		MOVX @DPTR,A	A的内容送DPTR指示单元(扩展RAM)	1	3

说明：用Ri进行间接寻址时只能寻址256个单元(00H～FFH)，当访问超过256个字节的扩展RAM空间时，用DPTR进行间接寻址，DPTR可访问整个64KB空间。

例4.4 将扩展RAM 2010H中内容送扩展RAM 2020单元中，用Keil C集成开发环境进行调试。

解：(1) 编程如下。

```
ORG     0             ;伪指令，指定下列程序代码从0000H单元开始存放
MOV     DPTR,#2010H   ;将16位地址2010H赋给DPTR
MOVX    A,@DPTR       ;读扩展RAM 2010H中数据至累加器A
MOV     DPTR,#2020H   ;将16位地址2020H赋给DPTR
MOVX    @DPTR,A       ;将累加器A中数据送扩展RAM 2020H中
END                   ;伪指令，汇编结束指令
```

注意：扩展RAM类似于传统8051单片机的片外RAM。

(2) 按第3章所学知识，编辑文件与编译好上述指令，进入调试界面，设置好被传送地址单元的数据，如66H，见图4.6。

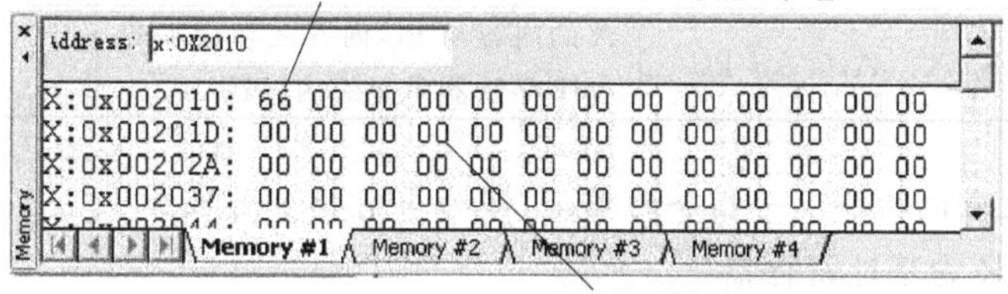

图4.6 程序运行前，设置2010H地址单元的状态与2020H地址单元的状态

单步或全速执行这4条指令，观察程序执行后2010H地址单元内容的变化，如图4.7所示。

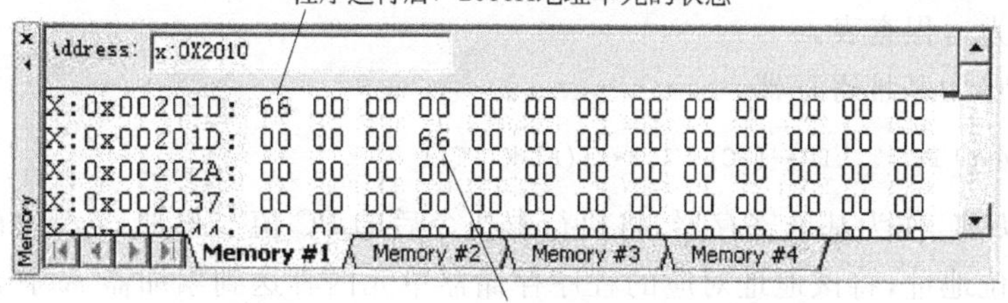

图4.7 程序运行后，2010H地址单元的状态与2020H地址单元的状态

从图 4.6 和图 4.7 可知，传送指令运行后，传送目标单元的内容与被传送单元的内容一致，同时，被传送单元的内容也不会改变。

教学建议：后续的例题，尽可能用 Keil C 集成开发环境对指令功能进行仿真，以加深学生对指令功能的理解，同时可提高 Keil C 集成开发环境的熟练程度以及应用能力。

例 4.5 将扩展 RAM 2000H 中的数据送到片内 RAM 30H 单元。

解：编程如下。

```
MOV     DPTR,#2000H    ;将16位地址2000H赋给DPTR
MOVX    A,@DPTR        ;读扩展RAM 2010H中数据至累加器A
MOV     R0,#30H        ;设定R0指针,指向基本RAM30H单元
MOV     @R0, A         ;扩展RAM 2000H单元中的数据送到片内基本RAM 30H单元
```

3. 访问程序存储器指令(或称查表指令)(2 条)

指令助记符：MOVC。

指令功能：实现从程序存储器读取数据到累加器 A。

寻址方式：采用基址加变址间接寻址方式。

访问程序存储器指令的具体格式与功能详见表 4.4。

表 4.4 累加器 A 与程序存储器之间的传送指令(查表指令)

序号	指令分类	指令形式	指令功能	字节数	指令执行时间(系统时钟数)
21	DPTR 为基址	MOVC A,@A+DPTR	A 的内容与 DPTR 内容之和指示的程序存储器单元的内容送 A	1	5
22	PC 为基址	MOVC A,@A+PC	A 的内容与 PC 内容之和指示的程序存储器单元的内容送 A	1	4

说明：PC 值为该指令下一指令的首址，即为当前指令首址加 1。

(1) 以 DPTR 为基址寄存器

```
MOVC  A,@A+DPTR    ;A←((A)+(DPTR))
```

该指令的功能是以 DPTR 为基址寄存器，与累加器 A 相加后获得一个 16 位地址，然后将该地址对应的程序存储器单元内容送到累加器 A 中。

由于该指令的执行结果仅与 DPTR 和累加器 A 的内容相关，与该指令在程序存储器中的存放地址无关，DPTR 的初值可任意设定，因此其查表范围为 64KB 程序存储器的任意空间，又称为远程查表。

(2) 以 PC 为基址寄存器

```
MOVC  A,@A+PC    ;PC←(PC)+1,A←((A)+(PC))
```

本指令以 PC 作为基址寄存器，将执行本执令后的 PC 值与累加器 A 中的内容相加，形成一个 16 位地址，将该地址对应的程序存储器单元内容送到累加器 A 中。

由于该指令为单字节指令，CPU 读取本指令后 PC 的值已加 1，指向下一条指令的首字节地址，所以 PC 的值是一个定值，查表范围只能由累加器 A 的内容确定，因此常数表

只能在查表指令后256B范围内，因此又称为近程查表。与前指令相比，本指令易读性差，编制程序技巧要求高，但编写相同的程序比前者简洁，占用寄存器资源少，在中断服务程序中更能显示其优越性。

例4.6 将程序存储器2010H单元中的数据传送到累加器A中(设程序的起始地址为2000H)。

解：

方法1：

```
ORG     2000H               ;伪指令,指定后面程序的存放起始地址
MOV     DPTR,#2000H
MOV     A,#10H
MOVC    A,@A+DPTR
```

编程技巧：在访问前，必须保证(A)+(DPTR)等于访问地址，如该例中的2010H，一般方法是访问地址低8位值(10H)赋给A，剩下的16位地址(2010H－10H＝2000H)赋给DPTR。编程与指令所在的地址无关。

方法2：

```
ORG     2000H
MOV     A,#0DH
MOVC    A,@A+PC
```

分析：因为程序的起始地址为2000H，第一条指令为双字节指令，则第二条指令的地址为2002H。第二条指令的下一条指令的首字节地址应为2003H，即(PC)＝2003H，因为(A)+(PC)＝2010H，故(A)＝0DH。

因该指令与指令所在地址有关，不利于修改程序，故不建议使用。

4. 交换指令(5条)

指令助记符：XCH、XCHD、SWAP。

指令功能：实现指定单元的内容互换。

寻址方式：有寄存器寻址、直接寻址、寄存器间接寻址。

交换指令的具体格式与功能详见表4.5。

表4.5 累加器A与基本RAM之间的交换指令

序号	指令分类	指令形式	指令功能	字节数	指令执行时间(系统时钟数)
23	字节交换	XCH A,Rn	Rn的内容与A的内容互换	1	2
24		XCH A,direct	direct单元的内容与A的内容互换	2	3
25		XCH A,@Ri	Ri指向单元的内容与A的内容互换	1	3
26	半字节交换	XCHD A,@Ri	Ri指向单元的低4位与A的低4位互换	1	3
27		SWAP A	A的高4位、低4位自交换	1	1

例 4.7 采用字节交换指令,编程实现片内 RAM 20H 与 21H 单元内容互换。

解:编程如下。

```
XCH A,20H
XCH A,21H
XCH A,20H
```

例 4.8 将累加器 A 的高 4 位与片内 RAM 20H 单元的低 4 位互换。

解:编程如下。

```
SWAP  A
MOV   R1,#20H
XCHD  A,@R1
SWAP  A
```

5. 堆栈操作指令(2条)

指令助记符:PUSH、POP。

指令功能:实现指定单元的内容压入堆栈,或堆栈内容弹出到指定的直接地址单元中。

寻址方式:直接寻址,隐含寄存器间接寻址(间接寻址指针为 SP)。

堆栈操作指令的具体格式与功能详见表 4.6。

表 4.6 堆栈操作指令

序号	指令分类	指令形式	指令功能	字节数	指令执行时间(系统时钟数)
28	入栈操作	PUSH direct	SP 指针加 1,direct 单元内容压入(传送)到 SP 指向单元(堆栈)中	2	3
29	出栈操作	POP direct	SP 指单元(堆栈)内容弹出(传送)到 direct 单元中,SP 指针减 1	2	2

8051 单片机片内基本 RAM 区中,可设定一个对于数据进行"后进先出"的区域,即称为堆栈。8051 单片机复位后,(SP)=07H,即栈底为 08H 单元;若需更改栈底位置,需重新给 SP 赋值(堆栈一般设在 30H~7FH 单元中)。应用中,SP 指针始终指向堆栈的栈顶。

例 4.9 设(A)=40H,(B)=41H,分析执行下列指令序列后的结果。

解:分析如下。

```
MOV    SP,#30H     ;(SP) = 30H
PUSH   ACC         ;(SP) = 31H, (31H) = 40H ,(A) = 40H
PUSH   B           ;(SP) = 32H, (32H) = 41H ,(B) = 41H
MOV    A,#00H      ;(A) = 00H
MOV    B,#01H      ;(B) = 01H
POP    B           ;(B) = 41H, (SP) = 31H
POP    ACC         ;(A) = 40H, (SP) = 30H
```

注意:当采用 PUSH、POP 指令对累加器 ACC 操作时,必须用 ACC 表示。

执行后:(A)=40H,(B)=41H,(SP)=30H,A 和 B 中的内容恢复原样。入栈操作、出栈操作主要用于子程序、中断服务程序中,入栈操作用来保护 CPU 现场参数,出栈操作用来恢复 CPU 现场参数。

例 4.10 利用堆栈操作指令，将累加器 A 的内容与寄存器 B 的内容进行互换。

解：编程如下。

```
PUSH    ACC          ;堆栈操作时,累加器必须用 ACC 表示
PUSH    B
POP     ACC          ;堆栈操作时,累加器必须用 ACC 表示
POP     B
```

4.3 算术运算类指令(24 条)

STC15F2K60S2 单片机算术运算类指令包括加(ADD、ADDC)、减(SUBB)、乘(MUL)、除(DIV)、加 1(INC)、减 1(DEC)和十进制调整(DA)指令，共有 24 条，具体指令格式与功能详见表 4.7。多数算术运算指令会影响程序状态字 PSW 中的 CY、AC、OV 和奇偶标志位 P，但加 1 和减 1 指令不直接影响 CY、AC、OV 和 P，只有当操作数为 A 时，加 1 和减 1 指令会影响标志位 P；乘法和除法指令影响标志位 OV 和 P。

表 4.7 算术运算类指令

<table>
<tr><th>序号</th><th>指令分类</th><th>指令形式</th><th>指令功能</th><th>字节数</th><th>指令执行时间(系统时钟数)</th></tr>
<tr><td>30</td><td rowspan="4">不带进位位加法</td><td>ADD A,Rn</td><td>A 和 Rn 的内容相加送 A</td><td>1</td><td>1</td></tr>
<tr><td>31</td><td>ADD A,direct</td><td>A 和 direct 单元的内容相加送 A</td><td>2</td><td>2</td></tr>
<tr><td>32</td><td>ADD A,@Ri</td><td>A 的内容和 Ri 指示单元内容相加送 A</td><td>1</td><td>2</td></tr>
<tr><td>33</td><td>ADD A,#data</td><td>A 和 data 常数的内容相加送 A</td><td>2</td><td>2</td></tr>
<tr><td>34</td><td rowspan="4">带进位位加法</td><td>ADDC A,Rn</td><td>A、Rn 的内容及 CY 值相加送 A</td><td>1</td><td>1</td></tr>
<tr><td>35</td><td>ADDC A,direct</td><td>A、direct 单元的内容及 CY 值相加送 A</td><td>2</td><td>2</td></tr>
<tr><td>36</td><td>ADDC A,@Ri</td><td>A 的内容、Ri 指示单元内容及 CY 值相加送 A</td><td>1</td><td>2</td></tr>
<tr><td>37</td><td>ADDC A,#data</td><td>A 的内容、data 常数及 CY 值相加送 A</td><td>2</td><td>2</td></tr>
<tr><td>38</td><td rowspan="4">减法</td><td>SUBB A,Rn</td><td>A 减 Rn 内容及 CY 值送 A</td><td>1</td><td>1</td></tr>
<tr><td>39</td><td>SUBB A,direct</td><td>A 减 direct 单元内容及 CY 值送 A</td><td>2</td><td>2</td></tr>
<tr><td>40</td><td>SUBB A,@Ri</td><td>A 减 Ri 指示单元内容及 CY 值送 A</td><td>1</td><td>2</td></tr>
<tr><td>41</td><td>SUBB A,#data</td><td>A 减 data 常数及 CY 值送 A</td><td>2</td><td>2</td></tr>
<tr><td>42</td><td>乘法</td><td>MUL AB</td><td>A 乘以 B，积的高 8 位存 B、低 8 位存 A</td><td>1</td><td>2</td></tr>
<tr><td>43</td><td>除法</td><td>DIV AB</td><td>A 除以 B，商存 A、余数存 B</td><td>1</td><td>6</td></tr>
<tr><td>44</td><td>十进制调整</td><td>DA A</td><td>对 BCD 码加法结果调整</td><td>1</td><td>3</td></tr>
</table>

续表

序号	指令分类	指令形式	指令功能	字节数	指令执行时间（系统时钟数）
45	加1操作	INC A	A的内容加1送A	1	1
46		INC Rn	Rn的内容加1送Rn	1	2
47		INC direct	direct单元的内容加1送direct单元	2	3
48		INC @Ri	Ri指示单元的内容加1送Ri指示单元	1	3
49		INC DPTR	DPTR的内容加1送DPTR	1	1
50	减1操作	DEC A	A的内容减1送A	1	2
51		DEC Rn	Rn的内容减1送Rn	1	2
52		DEC direct	direct单元的内容加减1送direct单元	2	3
53		DEC @Ri	Ri指示单元的内容减1送Ri指示单元	1	3

1. 加法指令

加法指令有不带进位位的加法指令ADD、带进位位加法指令ADDC和加1指令INC和十进制调整指令DA等4种。

(1) 不带进位位加法指令(4条)

```
ADD   A,#data   ;A←(A)+data
ADD   A,direct  ;A←(A)+(direct)
ADD   A,Rn      ;A←(A)+(Rn)
ADD   A,@Ri     ;A←(A)+((Ri))
```

这组指令的功能是将累加器A中的值与源操作数指定的值相加，运算结果存放到累加器A中。

这类指令将影响标志位CY、OV、AC、P，影响如下所述。

进位标志CY：当运算中，位7有进位时，则CY标志置位，表示和数溢出(和>255)，否则清0。这实际是将两个操作数作为无符号数直接相加而得到的进位CY的值。

溢出标志OV：当运算中，位7与位6中有一位进位而另一位不产生进位时，溢出标志OV置位，否则为0。当将两个操作数当作有符号数运算时，就需要根据OV值来判断运算结果是否有效，若OV为1，则说明运算结果超出8位有符号数的表示范围(−128～127)，运算结果无效。

半进位标志AC：当运算中，位3有进位则置1，否则为0。

奇偶标志位P：若结果A中1的个数为偶数，(P)=0；若结果A中1的个数为奇数，(P)=1。

(2) 带进位位加法指令(4条)

```
ADDC A,Rn       ;A←(A)+(Rn)+(CY)
```

```
ADDC A,direct   ;A←(A)+(direct)+(CY)
ADDC A,@Ri      ;A←(A)+((Ri))+(CY)
ADDC A,#data    ;A←(A)+data+(CY)
```

这组指令的功能是将指令中规定的源操作数、累加器A的内容和CY中值相加,并把操作结果存放在累加器A中。

注意:这里所指的CY中的值是指令执行前的CY值,不是指令执行中形成的CY值。PSW中各标志位状态变化和不带CY加法的指令相同。

带进位位加法指令通常用于多字节加法运算中。由于STC15F2K60S2单片机是8位机,所以只能做8位的数学运算,为扩大数的运算范围,实际应用时通常将多个字节组合运算。例如,两字节数据相加时先算低字节,再算高字节,低字节采用不带进位位的加法指令,高字节采用带进位位的加法指令。

例4.11　试编制4位十六进制数加法程序,假定和数超过双字节,要求如下:

(21H)(20H)+(31H)(30H)→ (42H)(41H)(40H)

解:先做低字节不带进位求和,再做带进位高字节求和,最后处理最高位。

```
        (21H)(20H)
+       (31H)(30H)
------------------
   (42H)(41H)(40H)
```

参考程序如下:

```
ORG  0000H
MOV  A,20H
ADD  A,30H        ;低字节不带进位加法
MOV  40H,A
MOV  A,21H
ADDC A,31H        ;高字节带进位加法
MOV  41H,A
MOV  A,#00H       ;最高位处理: 0+0+(CY)
ADDC A,#00H
MOV  42H,A
SJMP $            ;原地踏步,作为程序结束命令
END
```

2. 减法指令(4条)

```
SUBB A,Rn        ;A←(A)-(Rn)-(CY)
SUBB A,direct    ;A←(A)-(direct)-(CY)
SUBB A,@Ri       ;A←(A)-((Ri))-(CY)
SUBB A,#data     ;A←(A)-data-(CY)
```

这组指令的功能是A的内容减去进位位CY以及指定的源操作数,结果(差)存入A中。

说明:

(1) 在STC15F2K60S2单片机指令系统中,没有不带借位位的减法指令,如果需要做不带借位位的减法,可以用带借位位的减法指令替代的,在带借位位减法指令前预先用

一条能够清零CY的指令(CLR C)就行。

(2) 产生各标志位的法则：若最高位在减法时有借位，则(CY)=1，否则(CY)=0；若低4位在减法时向高4位有借位，则(AC)=1，否则(AC)=0；若减法时最高位有借位而次高位无借位或最高位无借位而次高位有借位，则(OV)=1，否则(OV)=0；奇偶校验标志位P只取决于A自身的数值，与指令类型无关。

例如，设(A)=85H，(R2)=55H，(CY)=1，指令"SUBB A,R2"的执行情况如下：

```
  1000 0101   累加器A
 -0101 0101   R2
 -        1   CY
 ----------
  0010 1111
```

运算结果(A)=2FH，(CY)=0，(OV)=1，(AC)=1，(P)=1。

例4.12 编制下列减法程序，设够减，要求如下：

(31H)(30H)−(41H)(40H)→ (31H)(30H)

解：先做低字节不带进借位求差，再做高字节带借位求差。

编程如下：

```
ORG  0000H
CLR  C            ;CY清零
MOV  A,30H        ;取低字节被减数
SUBB A,40H        ;被减数减去减数，差存A
MOV  30H,A        ;存差低字节
MOV  A,31H        ;取高字节被减数
SUBB A,41H        ;被减数减去减数，差存A
MOV  31H,A        ;存差高字节
SJMP $            ;原地踏步，作为程序结束
END
```

3. 乘法指令(1条)

```
MUL  AB           ;BA←(A)×(B)
```

这条指令的功能是把累加器A和寄存器B中两个8位无符号数相乘，并把乘积的高8位字节放在B寄存器，乘积的低8位字节放在累加器A中。当积高字节(B)≠0，即乘积大于255(FFH)时，溢出标志位OV置1，当积高字节(B)=0时，OV为0。进位标志位CY总是为0，AC标志位保持不变。奇偶标志仍按A中1的个数决定。

例如，设(A)=40H，(B)=62H，执行指令

```
MUL  AB
```

运算结果：(B)=18H，(A)=80H，乘积为1880H。(CY)=0，(OV)=1，(P)=1。

4. 除法指令(1条)

```
DIV  AB           ;A←(A)÷(B)的商，B←(A)÷(B)的余数
```

这条指令的功能是将A中的8位无符号数除以B中的8位无符号数(A/B)，所得的商存放在A中，余数存放在B中。标志位CY和OV都为0，如果在做除法前B中的值是

00H,即除数为0,那么(OV)=1。

例如,设(A)=F2H,(B)=10H,执行指令

```
DIV  AB
```

运算结果:商(A)=0FH,余数(B)=02H,(CY)=0,(OV)=0,(P)=0。

5. BCD加法调整指令(1条)

```
DA  A          ;十进制修正指令
```

这条指令的功能是对BCD码进行加法运算后,根据PSW标志位CY、AC的状态及A中的结果对累加器A的内容进行"加6修正",使其转换成压缩的BCD码形式。

注意:

(1) 该指令只能紧跟在加法指令(ADD/ADDC)后进行。

(2) 两个加数必须已经是BCD码。BCD码只是用二进制表示十进制的一种表示形式,与其值没有关系,例如,十进数56,其BCD码形式为56H。

(3) 只能对累加器A中结果进行调整。

例4.13 试编制十进制数加法程序(单字节BCD加法),并说明程序运行后22H单元的内容是什么?运算要求如下:56+38→(22H)。

解:编程如下。

```
ORG  0000H
MOV  A,#56H
ADD  A,#38H
DA   A
MOV  22H,A
SJMP $
END
```

分析如下:

```
   0101 0110   56
 + 0011 1000   38
 ---------------
   1000 1110
 +      0110        低4位加6调整
 ---------------
   1001 0100   94
```

所以,22H单元的内容为94H,即十进制数94(56+38)。

例4.14 编程实现单字节的十进制数减法程序,假定够减,要求:

(20H)-(21H)→(22H)

解:STC15F2K60S2单片机指令系统中无十进制减法调整指令,减法的十进制运算,需要通过加法来实现的,即被减数加上减数的补数,再十进制加法调整即可。

编程如下:

```
ORG  0000H
CLR  C
MOV  A,#9AH        ;减数的补数为100-减数
SUBB A,21H
ADD  A,20H         ;被减数与减数的补数相加
```

```
DA   A          ;十进制加法调整
MOV  22H,A      ;存十进制减法结果
SJMP $
END
```

6. 加1指令(5条)

```
INC  A          ;A←(A)+1
INC  Rn         ;Rn←(Rn)+1
INC  direct     ;direct←(direct)+1
INC  @Ri        ;(Ri)←((Ri))+1
INC  DPTR       ;DPTR←(DPTR)+1
```

这组指令的功能是将操作数指定单元的内容加1。此组指令除"INC A"影响奇偶标志位外,其余指令不对PSW产生影响。若执行指令前操作数指定的单元内容为FFH,则加1后溢出为00H。

例如:设(R0)=7EH,(7EH)=FFH,(7FH)=40H。执行下列指令:

```
INC  @R0        ;FFH+1=00H,仍存入7EH单元
INC  R0         ;7EH+1=7FH,存入R0
INC  @R0        ;40H+1=41H,存入7FH单元
```

执行结果为(R0)=7FH,(7EH)=00H,(7FH)=41H。

说明:"INC A"和"ADD A,#1"虽然运算结果相同,但INC A是单字节指令,而且"INC A"除了影响奇偶标志位外,不会影响其他的PSW标志位;而"ADD A,#1"则是双字节指令,影响PSW标志位CY、OV、AC和P。如果要实现十进制加1操作,只能用"ADD A,#1"指令做加法,再用"DA A"指令调整。

7. 减1指令

```
DEC  A          ;A←(A)-1
DEC  Rn         ;Rn←(Rn)-1
DEC  direct     ;direct←(direct)-1
DEC  @Ri        ;(Ri)←((Ri))-1
```

此组指令的功能是将操作数指定单元的内容减1。除"DEC A"影响奇偶标志位外,其余指令不对PSW产生影响。若执行指令前操作数指定的单元内容为00H,则减1后溢出为FFH。

注意:不存在指令"DEC DPTR",实际应用时可用指令"DEC DPL"代替(在DPL≠0的情况下)。

4.4 逻辑运算与循环移位类指令(24条)

逻辑运算类指令可实现与、或、异或、清零以及取反操作,循环移位类指令是完成对A的循环移位(左移或右移)操作,具体格式与指令功能详见表4.8。算术运算与循环移位类指令一般不直接影响标志位,只有操作中直接涉及累加器A或进位位CY时,才会影响标志位P和CY。

表 4.8 逻辑运算与循环移位类指令

序号	指令分类	指令形式	指令功能	字节数	指令执行时间（系统时钟数）
54	逻辑与	ANL A,Rn	A 和 Rn 的内容按位相与送 A	1	1
55		ANL A,direct	A 和 direct 单元的内容按位相与送 A	2	2
56		ANL A,@Ri	A 的内容和 Ri 指示单元的内容按位相与送 A	1	2
57		ANL A,#data	A 的内容和 data 常数按位相与送 A	2	2
58		ANL direct,A	direct 单元的内容和 A 内容按位相与送 direct	2	3
59		ANL direct,#data	direct 单元的内容和 data 常数按位相与送 direct	3	3
60	逻辑或	ORL A,Rn	A 和 Rn 的内容按位相或送 A	1	1
61		ORL A,direct	A 和 direct 单元的内容按位相或送 A	2	2
62		ORL A,@Ri	A 的内容和 Ri 指示单元的内容按位相或送 A	1	2
63		ORL A,#data	A 的内容和 data 常数按位相或送 A	2	2
64		ORL direct,A	direct 单元的内容和 A 内容按位相或送 direct	2	3
65		ORL direct,#data	direct 单元的内容和 data 常数按位相或送 direct	3	3
66	逻辑异或	XRL A,Rn	A 和 Rn 的内容按位相异或送 A	1	1
67		XRL A,direct	A 和 direct 单元的内容按位相异或送 A	2	2
68		XRL A,@Ri	A 的内容和 Ri 指示单元的内容按位相异或送 A	1	2
69		XRL A,#data	A 的内容和 data 常数按位相异或送 A	2	2
70		XRL direct,A	direct 单元的内容和 A 内容按位相异或送 direct	2	3
71		XRL direct,#data	direct 单元的内容和 data 常数按位相异或送 direct	3	3
72	清零	CLR A	A 的内容清零	1	1
73	取反	CPL A	A 的内容取反	1	1
74	循环左移	RL A	A 的内容循环左移 1 位	1	1
75		RLC A	A 的内容以及 CY 循环左移 1 位	1	1
76	循环右移	RR A	A 的内容循环右移 1 位	1	1
77		RRC A	A 的内容以及 CY 循环右移 1 位	1	1

1. 逻辑与指令(6 条)

```
ANL  A,Rn              ;A←(A)∧(Rn)
ANL  A,direct          ;A←(A)∧(direct)
ANL  A,@Ri             ;A←(A)∧((Ri))
```

```
ANL  A,#data          ;A←(A)∧data
ANL  direct,A         ;direct←(A)∧(direct)
ANL  direct,#data     ;direct←(direct)∧data
```

前4条指令的功能为将源操作数指定的内容与累加器A的内容按位逻辑与，运算结果送入A中，源操作数可以是工作寄存器、片内RAM或立即数。

后2条指令的功能为将目的操作数(直接地址单元)指定的内容与源操作数(累加器A或立即数)按位逻辑与，运算结果送入直接地址单元中。

位逻辑与运算规则：只要两个操作数中任意一位为"0"，该位操作结果为"0"，只有两位均为"1"时，运算结果才为"1"。实际应用中，逻辑与指令通常用于屏蔽某些位，方法是将需要屏蔽的位和"0"相与即可。

例如，设(A)=37H，编写指令将A中的高4位清零，低4位不变。

```
ANL  A, #0FH ; (A) = 07H
```

$$\begin{array}{r} 0011\ 0111 \\ \wedge\quad 0000\ 1111 \\ \hline 0000\ 0111 \end{array}$$

2. 逻辑或指令(6条)

```
ORL  A,Rn             ;A ←(A)∨(Rn)
ORL  A,direct         ;A ←(A)∨(direct)
ORL  A,@Ri            ;A ←(A)∨((Ri))
ORL  A,#data          ;A ←(A)∨data
ORL  direct,A         ;direct ←(A)∨(direct)
ORL  direct,#data     ;direct ←(direct)∨data
```

本组指令的功能是将源操作数指定的内容与目的操作数指定的内容按位进行逻辑或运算，运算结果存入目的操作数指定的单元中。

位逻辑或运算规则：只要两个操作数中任意一位为"1"，则该位操作结果为"1"，只有两位均为"0"时，运算结果才为"0"。实际应用中，逻辑或指令通常用于使某些位置位，方法是将需要置"1"的位和"1"相或即可。

例 4.15 将累加器A的1、3、5、7位清0，其他位置1，送入片内RAM 20H单元中。

解：编程如下。

```
ANL  A,#55H           ;将A的1、3、5、7位清0
ORL  A,#55H           ;将A的0、2、4、6位置1
MOV  20H,A
```

3. 逻辑异或指令(6条)

```
XRL  A,Rn             ;A ←(A)⊕(Rn)
XRL  A,direct         ;A ←(A)⊕(direct)
XRL  A,@Ri            ;A ←(A)⊕((Ri))
XRL  A,#data          ;A ←(A)⊕data
XRL  direct,A         ;direct ←(A)⊕(direct)
XRL  direct,#data     ;direct ←(direct)⊕data
```

本组指令的功能为将源操作数指定的内容与目的操作数指定的内容按位进行逻辑异或运算，运算结果存入目的操作数指定的单元中。

位逻辑异或运算规则：只要两个操作数中进行异或的两个位相同，则该位操作结果为0，只有两个位不同时，运算结果才为1，即相同为“0”，相异为“1”。实际应用中，逻辑异或指令通常用于使某些位取反，方法是将取反的位与“1”进行异或运算。

例4.16　设(A)＝ACH，要求将第0、1位取反，第2、3位清零，第4、5位置“1”，第6、7位不变。

解：编程如下。

```
XRL   A,#00000011B    ;(A) = 10101111
ANL   A,#11110011B    ;(A) = 10100011
ORL   A,#00110000B    ;(A) = 10110011
```

例4.17　编程将扩展RAM 30H单元内容的高4位不变低4位取反。

解：编程如下。

```
MOV  R0,#30H         ;扩展 RAM 地址 30H 送 R0
MOVX A,@R0           ;取 RAM 30H 单元内容
XRL  A,#0FH          ;低 4 位与"1"异或,实施取反操作
MOVX @R0, A          ;送回扩展 RAM 30H 单元
```

4. 累加器A清零指令(1条)

```
CLR  A               ;A←0
```

指令功能是将累加器A的内容清零。

5. 累加器A取反指令(1条)

```
CPL  A               ;A←(Ā)
```

指令功能是将累加器A的内容取反。

6. 循环移位指令(4条)

```
RL   A               ;累加器 A 的内容循环左移一位
RR   A               ;累加器 A 的内容循环右移一位
RLC  A               ;累加器 A 的内容连同进位位循环左移一位
RRC  A               ;累加器 A 的内容连同进位位循环右移一位
```

循环移位如图4.8所示。

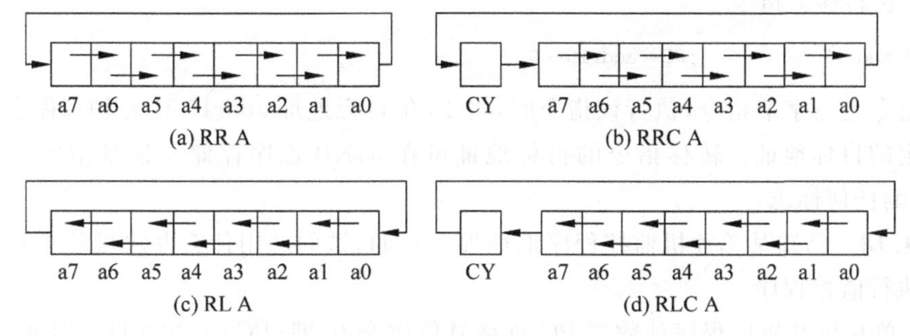

图4.8　循环移位示意图

已知(A)＝56H,(CY)＝1,按指令序列各指令运行结果如下：

```
RL   A                ;(A) = ACH,(CY) = 1
RLC  A                ;(A) = 59H,(CY) = 1
RR   A                ;(A) = ACH,(CY) = 1
RRC  A                ;(A) = D6H,(CY) = 0
```

循环移位指令除可以实现左、右移位控制以外,还可以实现数据运算操作。

(1) 当 A 最高位为 0 时,左移 1 位,相当于 A 的内容乘 2。

(2) 当 A 最低位为 0 时,右移 1 位,相当于 A 的内容除 2。

4.5 控制转移类指令(17 条)

转移类指令都是用来改变程序的执行顺序,即改变 PC 值,使 PC 有条件、无条件或者通过其他方式,从当前位置转移到一个指定的程序地址单元,从而改变程序的执行方向。

转移指令分为四大类：无条件转移、条件转移、子程序调用及返回指令。

1. 无条件转移类指令(5条)

程序执行该类指令时,程序无条件地转移到指令所指定的目标地址,因此,分析控制转移类指令时,应重点关注其转移目标地址。无条件转移类指令的具体格式与指令功能详见表 4.9。

表 4.9 无条件转移类指令

序号	指令分类	指令形式	指令功能	字节数	指令执行时间(系统时钟数)
78	绝对转移	AJMP addr11	目标地址为下一指令首址的高 5 位与 addr11 合并	2	3
79	长转移	LJMP addr16	目标地址为 addr16	3	4
80	相对转移	SJMP rel	目标地址为下一指令首址与 rel 相加,rel 为有符号数	2	3
81	间接转移	JMP @A+DPTR	目标地址为 A 内容与 DPTR 内容相加	1	5
82	空操作	NOP	目标地址为下一指令首址	1	1

(1) 长转移类指令

```
LJMP addr16           ;PC←addr15～0
```

该指令是三字节指令,执行该指令时,将 16 位目标地址 addr16 装入 PC,程序无条件转向指定的目标地址。转移指令的目标地址可在 64KB 程序存储器地址空间的任何地方,不影响任何标志。

例 4.18 已知某单片机监控程序地址为 2080H,试问您用什么办法可使单片机开机后自动执行监控程序。

解：单片机开机后程序计数器 PC 总是复位成全 0,即(PC)＝0000H。因此,为使机器开机后能自动转入2080H处执行监控程序，在0000H处必须存放一条如下指令：

```
LJMP  2080H
```

(2) 绝对转移指令

```
AJMP addr11          ;PC←(PC)+2,(PC10～0)←addr10～0, PC15～11 保持不变
```

该指令是二字节指令，执行该指令时，先将PC的值加2，然后把指令中给出的11位地址addr11送入PC的低11位(即PC10～PC0)，PC的高5位保持原值，这样由addr11和PC的高5位形成新的16位目标地址，程序随即转移到该地址处。

注意：因为指令只提供了低11位地址，PC的高5位保持原值，所以转移的目标地址必须与PC+2后的值(即AJMP指令的下一条指令首址)位于同一个2KB区域内。

(3) 相对转移指令

```
SJMP  rel            ;(PC)←(PC)+2,(PC)←(PC)+rel
```

该指令是二字节指令，执行指令时，先将PC的值加2，再把指令中带符号的偏移量加到PC上，得到跳转的目的地址送入PC。

```
目的地址 = (PC) + 2 + rel
```

相对偏移量rel是一个8位有符号数，因此本指令转移的范围为SJMP指令的下一条指令首字节前128个字节和后127个字节。

上面3条指令的根本区别在于转移的范围不同，LJMP可以在64KB范围内实现转移，而AJMP只能在2K范围内跳转，SJMP则只能在256个字节单元之间转移。原则上，所有用SJMP或AJMP的地方都可以用LJMP替代，但要注意AJMP和SJMP是双字节指令，而LJMP则是三字节指令。在程序存储器空间较富裕时，建议采用长转移指令会更方便些。实际编程时，addr16、addr11、rel都是用转移目标地址的符号地址(标号)表示。程序在汇编时，汇编系统会自动计算执行该指令转移到目标地址所需的addr16、addr11、rel值。

例如，编程时通常使用指令：

```
HERE: SJMP  HERE
```

或写成

```
SJMP  $
```

rel是用转移目标地址的标号HERE来表示的，说明执行该指令后转移到HERE标号地址处。该指令是一条死循环指令，目标地址等于源地址。通常用在作程序的结束或用来等待中断，当有中断申请时，CPU转去执行中断，中断返回时仍然返回到该指令继续等待中断。

(4) 间接转移指令

```
JMP  @A+DPTR         ;PC←(A)+(DPTR)
```

指令功能：把数据指针DPTR的内容与累加器A中的8位无符号数相加形成的转移目标地址送入PC，不改变DPTR和A的内容，也不影响标志位。当DPTR的值固定，

而给 A 赋以不同的值，即可实现程序的多分支转移。

通常，DPTR 中基地址是一个确定的值，常常是一张转移指令表的起始地址，累加器 A 中的值为表的偏移量地址(与分支号相对应)，根据分支号，通过间接转移指令转移到转移指令分支表中，再执行转移指令分支表的无条件转移指令(AJMP 或 LJMP)转移到该分支对应的程序中，即完成多分支转移。

(5) 空操作指令(1 条)

```
NOP                  ;PC←(PC) + 1
```

空操作指令是一条单字节指令，CPU 不做任何操作，只作时间上的消耗，因此常用于程序的等待或时间的延迟。

2. 条件转移指令

根据特定条件是否成立来实现转移的指令称为条件转移指令。在执行条件转移指令时，先检测指令给定的条件，如果条件满足，则程序转向目标地址去执行；否则程序不转移，按顺序执行。

STC15F2K60S2 单片机指令系统的条件转移指令都是相对寻址方式，其转移的目标地址为转移指令的下一条指令的首字节地址加上 rel 偏移量，rel 是一个 8 位有符号数，因此，STC15F2K60S2 单片机指令系统的条件转移指令的转移范围为转移指令的下一条指令的前 128 个字节和后 127 个字节内，即转移空间为 256 个字节单元。

条件转移指令可分为 3 类：累加器判零转移指令、比较不等转移指令、减 1 非 0 循环转移指令。实际上，还有位信号判断指令，为了区分字节与位操作，因此，位判转指令归纳到位操作类指令中。

条件转移指令的具体格式与指令功能详见表 4.10。

表 4.10　条件转移指令

序号	指令分类	指令形式	指令功能	字节数	指令执行时间(系统时钟数)
83	判零转移	JZ　rel	A 为 0 转移	2	4
84		JNZ　rel	A 为非 0 转移	2	4
85	比较转移	CJNE　A，#data，rel	A 的内容与 data 常数不等转移	3	4
86		CJNE　A，direct，rel	A 的内容与 direct 单元内容不等转移	3	5
87		CJNE　Rn，#data，rel	Rn 的内容与 data 常数不等转移	3	4
88		CJNE　@Ri，#data，rel	Ri 指示单元的内容与 data 常数不等转移	3	5
89	减 1 非零转移	DJNZ　Rn，rel	Rn 的内容减 1 不为 0 转移	2	4
90		DJNZ　direct，rel	Direct 单元的内容减 1 不为 0 转移	3	5

(1) 判零转移指令(2 条)

```
JZ   rel             ;若(A) = 0，则 PC←(PC) + 2，PC←(PC) + rel
                     ;若(A)≠0，则 PC←(PC) + 2
```

```
JNZ  rel                    ;若(A)≠0,则 PC←(PC) + 2 + rel
                            ;若(A) = 0,则 PC←(PC) + 2
```

第一指令的功能：如果累加器(A)＝0，转移到目标地址处执行，否则顺序执行(执行本指令的下一条指令)。

第二指令的功能：如果累加器(A)≠0，转移到目标地址处执行，否则顺序执行(执行本指令的下一条指令)。

其中，转移目标地址＝转移指令首址＋2＋rel，实际应用时，通常使用标号作为目标地址。

JZ、JNZ 指令示意图如图 4.9(a)、(b)所示。

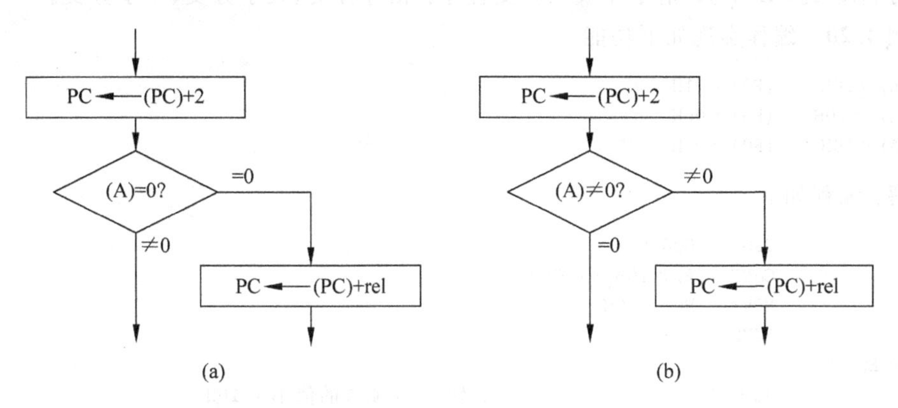

图 4.9 JZ、JNZ 指令示意图

例 4.19 将扩展 RAM 的一个数据块(首地址为 0020H)传送到内部基本 RAM(首地址为 30H)，遇到传送的数据为零时停止传送，试编程。

解：

```
        ORG     0000H
        MOV     R0, #30H        ;设置基本 RAM 指针
        MOV     DPTR, #0020H    ;设置扩展 RAM 指针
LOOP1:
        MOVX    A,@DPTR         ;取被传送数据
        JZ      LOOP2           ;不为 0,数据传送,为 0,结束传送
        MOV     @R0,A           ;数据传送
        INC     R0              ;修改指针,指向下一个操作数
        INC     DPTR
        SJMP    LOOP1           ;重新进入下一个传送流程
LOOP2:
        SJMP    LOOP2           ;程序结束(原地踏步)
        END
```

(2) 比较转移指令(4 条)

```
CJNE  A, #data,rel
CJNE  A, direct, rel
CJNE  Rn,#data, rel
CJNE  @Ri,#data,rel
```

比较转移指令有 3 个操作数：第一项是目的操作数，第二项是源操作数，第三项是偏

移量。该类指令具有比较和判断双重功能，比较的本质是做减法运算，用第一操作数内容减第二操作数内容，会影响 PSW 标志位，但差值不回存。

这 4 条指令的基本功能相同。

若目的操作数>源操作数，则 PC←(PC)+3+rel，CY←0。

若目的操作数<源操作数，则 PC←(PC)+3+rel，CY←1。

若目的操作数=源操作数，则 PC←(PC)+3，即顺序执行，CY←0。

因此若两个操作数不相等，在执行本指令后，再利用判断 CY 的指令便可确定前两个操作数的大小。

可利用 CJNE 和 JC 指令完成三分支程序：相等分支、大于分支、小于分支。

例 4.20 编程实现如下功能。

```
(A) > 10H     (R0) = 01H
(A)  = 10H    (R0) = 00H
(A) < 10H     (R0) = 02H
```

解：编程如下。

```
            ORG     0000H
            CJNE    A,#10H,NO_EQUAL
            MOV     R0,#00H
            SJMP    HERE
NO_EQUAL:
            JC LESS               ;(c) = 1,转移,说明 A 的值小于 10H
            MOV     R0,#01H
            SJMP    HERE
LESS:
            MOV     R0,#02H
HERE:
            SJMP    HERE
            END
```

(3) 减 1 非零转移指令(2 条)

```
DJNZ  Rn,rel          ;PC←(PC) + 2,Rn←(Rn) - 1;
                      ;若(Rn)≠0,PC←(PC) + rel;
                      ;若(Rn) = 0,则按顺序往下执行
DJNZ  direct,rel      ;PC←(PC) + 3,direct←(direct) - 1;
                      ;若(direct)≠0,PC←(PC) + rel;
                      ;若(direct) = 0,则按顺序往下执行
```

指令功能：每执行一次本指令，先将指定的 Rn 或 direct 单元的内容减 1，再判别其内容是否为 0。若不为 0，转向目标地址，继续执行循环程序；若为 0，则结束循环程序段，程序往下执行。

注意：实际应用时，应将循环次数赋值给源操作数，使之起计数器功能，然后再执行需要循环的某段程序。

例 4.21 编程将扩展 RAM 0100H 开始的 100 个单元中分别存放 0～99。

解：编程如下。

```
ORG  0000H
```

```
        MOV   R0,#64H          ;设定循环次数
        MOV   A,#00H           ;设置预置数初始值
        MOV   DPTR,#0100H      ;设置目标操作数指针
LOOP:
        MOVX  @DPTR,A          ;对指定单元置数
        INC   A                ;预置数加1
        INC   DPTR             ;指向下一个目标操作数地址
        DJNZ  R0,LOOP          ;判断循环是否结束
        SJMP  $
        END
```

3. 子程序调用及返回指令

在实际应用中,经常需要在程序的多处重复使用一个完全相同的程序段。为避免重复,可把这段程序独立出来,称为子程序,原来的程序称为主程序。当主程序需要使用子程序时,采用一条调用指令即可进入子程序执行。子程序结束处放一条返回指令,执行完子程序后能自动返回主程序的断点处继续执行。

为保证正确返回,调用和返回指令具有自动保护断点地址及恢复断点地址的功能,即执行调用指令时,CPU 自动将下一条指令的地址(称为断点地址)保存到堆栈中,然后去执行子程序;当遇到返回指令时,按"后进先出"的原则把断点地址弹出,送到 PC 中。

子程序调用及返回指令的具体格式与指令功能详见表 4.11 所示。

表 4.11　子程序调用及返回指令

序号	指令分类	指令形式	指令功能	字节数	指令执行时间(系统时钟数)
91	子程序调用	LCALL　addr16	调用 addr16 地址处子程序	3	4
92		ACALL　addr11	调用下一指令首址的高 5 位与 addr11 合并所指的子程序	2	4
93	子程序返回	RET	返回到子程序调用指令下一指令处	1	4
94	中断返回	RETI	返回到中断断点处	1	4

1) 子程序调用指令(2 条)

```
LCALL  addr16  ;PC←(PC)+3,
               ;SP←(SP)+1,(SP)←(PCL),
               ;SP←(SP)+1,(SP)←(PCH),
               ;PC←addr16
ACALL  addr11  ;PC←(PC)+2,
               ;SP←(SP)+1,(SP)←(PCL),
               ;SP←(SP)+1,(SP)←(PCH),
               ;PC10～0←addr11
```

其中,addr16 和 addr11 分别为子程序的 16 位和 11 位入口地址,编程时可用调用子程序的首地址(入口地址)标号代替。

第一条指令为长调用指令,是一条三字节指令,执行时首先将(PC)+3 获得下一条指令的地址,再将该地址压入堆栈(先 PCL,后 PCH)进行保护,然后将子程序入口地址 addr16 装入 PC,程序转去执行子程序。由于该指令提供了 16 位子程序入口地址,所以

调用的子程序的首地址可以在64KB范围内。

第二条指令为绝对调用指令，是一条二字节指令，执行时首先(PC)+2获得下一条指令的地址，再将该地址压入堆栈(先PCL，后PCH)进行保护，然后把指令给出的addr11送入PC，和PC的高5位组成新的PC，使程序转去执行子程序。由于该指令仅提供11位子程序入口地址addr11，因此所调用的子程序的首地址必须与ACALL后面指令的第一个字节在同一个2KB区域内。

例4.22 已知(SP)=60H，分析执行下列指令后的结果。

(1) 1000H：ACALL 1100H。

(2) 1000H：LCALL 0800H。

解：

(1) (SP)=62H，(61H)=02H，(62H)=10H，(PC)=1100H。

(2) (SP)=62H，(61H)=03H，(62H)=10H，(PC)=0800H。

2) 返回指令(2条)

```
RET             ;PC15～8←((SP)),SP←(SP)-1,
                ;PC7～0←((SP)),SP←(SP)-1
RETI            ;PC15～8←((SP)),SP←(SP)-1,
                ;PC7～0←((SP)),SP←(SP)-1,清除内部相应的中断状态寄存器
```

第一条指令为子程序返回指令，执行时表示结束子程序，将栈顶的调用指令的下一指令地址送入PC(先PCH，后PCL)，使程序返回到调用指令的下一指令地址继续往下执行。

第二条指令为中断返回指令，它除了执行从中断服务程序返回中断时保护的断点处继续执行程序(类似RET功能)外，并清除内部相应的中断状态寄存器。

注意：在使用上，RET指令必须作为调用子程序的最后一条指令；RETI必须作为中断服务子程序的最后一条指令，两者不能混淆。

4.6 位操作类指令(17条)

STC15F2K60S2单片机的硬件结构中，有一个位处理器(又称为布尔处理器)，它有一套位变量处理的指令集，它的操作对象是位，以进位位CY为位累加器。位处理指令可以完成以位为对象的数据转送、运算、控制转移等操作。

位操作指令的对象是内部基本RAM的位寻址区，由两部分构成：一部分为片内RAM低128字节的位寻址区20H～2FH之间的128个位，其位地址为00H～7FH；另一部分为特殊功能寄存器中可以位寻址的各位(即字节地址能被8整除的特殊功能寄存器的各有效位)，其位地址在80H～FFH之间。在汇编语言中，位地址的表达方式有以下几种。

(1) 用直接位地址表示，如20H，3AH。

(2) 用寄存器的位定义名称表示，如C，F0。

(3) 用点操作符表示，如PSW.3，20H.4，其中点操作符“.”的前面部分为字节地址或可位寻址的特殊功能寄存器名称，后面部分的数字表示它们的位位置。

(4) 用自定义的位符号地址表示,如“MM BIT ACC.7”定义了位符号地址 MM,可在指令中用 MM 代替 ACC.7。

位操作指令的具体格式与指令功能详见表 4.12。

表 4.12 位操作类指令

序号	指令分类	指令形式	指令功能	字节数	指令执行时间(系统时钟数)
95	位传送	MOV C,bit	bit 值送 CY	2	2
96		MOV bit,C	CY 值送 bit	2	3
97	位清 0	CLR C	CY 值清 0	1	1
98		CLR bit	bit 值清 0	2	3
99	位置 1	SETB C	CY 值置 1	1	1
100		SETB bit	bit 值置 1	2	3
101	位逻辑与	ANL C,bit	CY 与 bit 值相与结果送 CY	2	2
102		ANL C,/bit	CY 值与 bit 取反值相与结果送 CY	2	2
103	位逻辑或	ORL C,bit	CY 与 bit 值相或结果送 CY	2	2
104		ORL C,/bit	CY 值与 bit 取反值相或结果送 CY	2	2
105	位取反	CPL C	CY 状态取反	1	1
106		CPL bit	bit 状态取反	2	3
107	判 CY 转移	JC rel	CY 为 1 转移	2	3
108		JNC rel	CY 为 0 转移	2	3
109	判 bit 转移	JB bit,rel	bit 值为 1 转移	3	5
110		JNB bit,rel	bit 值为 0 转移	3	5
111		JBC bit,rel	bit 值为 1 转移,同时清“0”bit 位	3	5

1. 位数据传送指令(2 条)

```
MOV   C,bit   ; CY←(bit)
MOV   bit,C   ; bit←(CY)
```

指令功能是将源操作数(位地址或位累加器)送到目的操作数(位累加器或位地址)中。

注意:位数据传送指令的两个操作数,一个是指定的位单元,另一个必须是位累加器 CY(进位位标志 CY)。

例 4.23 试编程实现将位地址 00H 位内容和位地址 7FH 位内容相互交换的程序。

解:编程如下。

```
ORG   0000H
MOV   C,00H     ;取位地址 00H 的值送 CY
MOV   01H,C     ;暂存在位地址 01H 中
MOV   C,7FH     ;取位地址 7FH 的值送 CY
MOV   00H,C     ;存在位地址 00H 中
MOV   C,01H     ;取暂存在位地址 01H 中的值送 CY
MOV   7FH,C     ;送位地址 7FH 中
```

```
SJMP $
END
```

2. 位变量修改指令(6条)

(1) 位清0指令

```
CLR  C        ;CY←0
CLR  bit      ;bit←0
```

例如：设P1口的内容为11111011 B,执行指令：

```
CLR  P1.0
```

执行结果为(P1)= 11111010 B。

(2) 位置1指令

```
SETB C        ;CY←1
SETB bit      ;bit←1
```

例如：设(CY)=0,P3口的内容为11111010B。执行指令：

```
SETB P3.0
SETB C
```

执行结果为(CY)=1,(P3.0)=1,即(P3)=11111011B。

(3) 位取反指令

```
CPL  C        ;CY← (/CY)
CPL  bit      ;bit←(/bit)
```

例如：设(CY)=0,P1口的内容为00111010B。执行指令：

```
CPL  P1.0
CPL C
```

执行结果为(CY)=1,(P1.0)=1,即(P0)=00111011B。

3. 位逻辑与指令(2条)

```
ANL  C,bit     ;CY←(CY)∧(bit)
ANL  C,/bit    ;CY←(CY)∧(/bit)
```

该组指令的功能是把位累加器CY的内容与位地址的内容进行逻辑与运算,结果存放于位累加器CY中。

说明：指令中的“/”表示对该位地址内容取反后,再参与运算,但并不改变位地址的原内容。

4. 位逻辑或指令(2条)

```
ORL  C,bit   ;CY←(CY)∨(bit)
ORL  C,/bit  ;CY←(CY)∨(/bit)
```

该组指令的功能是把位累加器CY的内容与位地址的内容进行或运算,结果存放于位累加器CY中。

5. 位条件转移指令(5条)

(1) 以CY内容为条件的转移指令

```
JC    rel        ;若(CY) = 1,则(PC)←(PC) + 2 + rel
                 ;若(CY) = 0,则(PC)←(PC) + 2
JNC   rel        ;若(CY) = 0,则(PC)←(PC) + 2 + rel
                 ;若(CY) = 1,则(PC)←(PC) + 2
```

第一条指令的功能是如果(CY)=1,转移到目标地址处执行,否则顺序执行。第二条指令则和第一条指令相反,即如果(CY)=0,转移到目标地址处执行,否则顺序执行。上述两条指令执行时不影响任何标志位,包括CY本身。

JC、JNC指令如图4.10(a)、(b)所示。

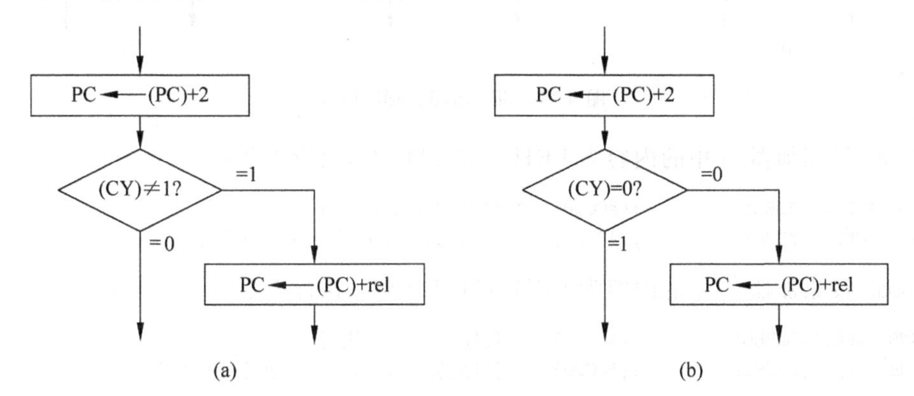

图4.10 JC、JNC指令示意图

例如,设(CY)=0,执行指令:

```
JC    LABEL1    ;(CY) = 0,程序顺序往下执行
CPL   C
JC    LABEL2    ;(CY) = 1,程序转 LABEL2
```

执行后,进位位取反变为1,程序转向LABEL2标号地址处执行程序。

例如,设(CY)=1,执行指令:

```
JNC   LABEL1
CLR   C
JNC   LABEL2
```

执行后,进位位清为0,程序转向LABEL2标号地址处执行程序。

(2) 以位地址内容为条件的转移指令

```
JB   bit,rel    ;若(bit) = 1,则 PC←(PC) + 3 + rel,
                ;若(bit) = 0,则 PC←(PC) + 3
JNB  bit,rel    ;若(bit) = 0,则 PC←(PC) + 3 + rel,
                ;若(bit) = 1,则 PC←(PC) + 3
JBC  bit,rel    ;若(bit) = 1,则 PC←(PC) + 3 + rel,且 bit←0,
                ;若(bit) = 0,则 PC←(PC) + 3
```

本组指令以指定位bit的值为判断条件。第一条指令的功能是若指定的bit位中的值是1,则转移到目标地址处执行,否则顺序执行。第二条指令和第一条指令相反,即如果指定的位值为0,转移到目标地址处执行,否则顺序执行。第三条指令判断指定的bit位是否为1,若为1,转移到目标地址处执行,而且将指定位清零,否则顺序执行。

JB、JNB、JBC指令示意图如图4.11(a)、(b)、(c)所示。

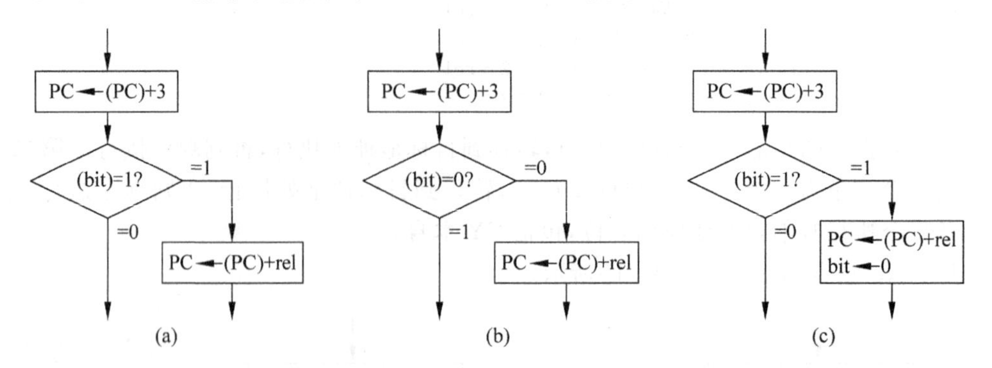

图4.11　JB、JNB、JBC指令

例如,设累加器A中的内容为FEH(11111110B),执行指令:

```
JB   ACC.0,LABEL1          ;(ACC.0) = 0,程序顺序往下执行
JB   ACC.1,LABEL2          ;(ACC.1) = 1,转 LABEL2 标号地址处执行程序
```

例如,设累加器A中的内容为FEH(11111110B),执行指令:

```
JNB  ACC.1,LABEL1          ;(ACC.1) = 1,程序顺序往下执行
JNB  ACC.0,LABEL2          ;(ACC.0) = 0,程序转向 LABEL2 标号地址处执行程序
```

例如,设累加器A中的内容为7FH(01111111B),执行指令:

```
JBC  ACC.7,LABEL1          ;(ACC.7) = 0,程序顺序往下执行
JBC  ACC.6,LABEL2          ;(ACC.6) = 1,程序转向 LABEL2 标号地址处执行
                           ;并将 ACC.6 位清为 0
```

本章小结

指令系统的功能强弱体现了计算机性能的高低。指令由操作码和操作数组成。操作码用来规定要执行操作的性质,操作数用于给指令的操作提供数据和地址。

STC15F2K60S2单片机的指令系统完全兼容传统8051单片机的指令系统,分成传送类指令、算术运算类指令、逻辑运算类指令、控制转移类指令与位操作类指令,42种助记符代表了33种功能,而指令功能助记符与操作数各种寻址方式的结合,共构造出111条指令。

寻找操作数的方法称为寻址,STC15F2K60S2单片机的指令系统中共有5种寻址方式:立即寻址、寄存器寻址、直接寻址、寄存器间接寻址、基址加变址寄存器间接寻址。

数据传送类指令在单片机中应用最为频繁,它的执行一般不影响志标志位的状态。算术运算类指令的特点是它的执行通常影响标志位的状态。逻辑运算类指令的执行一般不影响标志位的状态,仅在涉及累加器A时才对标志位P产生影响。控制程序的转移要利用转移类指令,有无条件转移、条件转移、子程序调用及其子程序返回、中断返回等。位操作具有较强位处理能力，在进行位操作时，以进位标志 CY 作为位累加器。

习题与思考题

1. 什么是寻址方式？STC15F2K60S2 单片机有哪几种寻址方式？各适用于什么地址空间？

2. 执行如下 3 条指令后，30H 单元的内容是多少？

```
MOV  R1,#30H
MOV  40H,#0EH
MOV  @R1,40H
```

3. 设内部基本 RAM(30H)＝5AH，(5AH)＝40H，(40H)＝00H，P1 端口输入数据为 7FH，问执行下列指令后，各有关存储单元(即 R0、R1、A、B、P1、30H、40H 及 5AH 单元)的内容如何？

```
MOV  R0,#30H
MOV  A,@R0
MOV  R1,A
MOV  B,R1
MOV  @R1,P1
MOV  A,P1
MOV  40H,#20H
MOV  30H,40H
```

4. 执行下列指令后，各有关存储单元(即 A、B、30H、R0 单元)的内容如何？

```
MOV     A,#30H
MOV     B,#0AFH
MOV     R0,#31H
MOV     30H,#87H
XCH     A,R0
XCHD    A,@R0
XCH     A,B
SWAP    A
```

5. 执行下列指令后，A、B 和 SP 的内容分别为多少？

```
MOV     SP,#5FH
MOV     A,#54H
MOV     B,#78H
PUSH    ACC
PUSH    B
MOV     A,B
MOV     B,#00H
POP     ACC
POP     B
```

6. 编写程序段，完成如下功能。

(1) 将 R1 中的数据传送到 R3 中。

(2) 将基本 RAM 30H 单元的数据传送到 R0 中。

(3) 将扩展 RAM 0100H 单元的数据传送到基本 RAM 20H 单元。

(4) 将程序存储器 0200H 单元的数据传送到基本 RAM 20H 单元。

(5) 将程序存储器 0200H 单元的数据传送到扩展 RAM 0030H 单元。

(6) 将程序存储器 2000H 单元的数据传送到扩展 RAM 0300H 单元。

(7) 将扩展 RAM 0200H 单元的数据传送到扩展 RAM 0201H 单元。

(8) 将片内基本 RAM 50H 单元与 51H 单元中的数据交换。

7. 分析执行下列指令序列后各寄存器及存储单元的结果。

```
MOV   34H,#10H
MOV   R0,#13H
MOV   A,34H
ADD   A,R0
MOV   R1,#34H
ADD   A,@R1
```

8. 若(A)＝25H,(R0)＝33H,(33H)＝20H,执行下列指令后,33H 单元的内容为多少?

```
CLR     C
ADDC    A,#60H
MOV     20H,@R0
ADDC    A,20H
MOV     33H,A
```

9. 分析下列程序段的运行结果。若将“DA A”指令取消,结果会有什么不同?

```
MOV     30H,#89H
MOV     A,30H
ADD     A,#11H
DA      A
MOV     30H,A
```

10. 编写程序,实现 16 位无符号数加法,两数分别放在 R0R1、R2R3 寄存器对中,其和存放在 30H、31H 和 32H 单元,低 8 位先放,即

```
(R0)(R1) + (R2)(R3)→(32H)(31H)(30H)
```

11. 编写程序,将片内 30H 单元的数据与 31H 单元的数据相乘,乘积的低 8 位送 32H 单元,高 8 位送 P2 口输出。

12. 编写程序,将片内基本 RAM 40H 单元的数据除以 41H 单元的数据,商送 P1 口输出,余数送 P2 口输出。

13. 分析执行下列各条指令后的结果。

指令助记符	结果
MOV 20H,#25H	________
MOV A,#43H	________
MOV R0,#20H	________
MOV R2,#4BH	________
ANL A,R2	________
ORL A,@R0	________

```
SWAP A          ________
CPL  A          ________
XRL  A,#0FH     ________
ORL  20H,A      ________
```

14. 分析如下指令，判断指令执行后，PC值为多少？

(1) 2000H: LJMP 3000H ;(PC) = ________

(2) 1000H: SJMP 20H ;(PC) = ________

15. 分析如下程序段，判断PC值。

(1)
```
    ORG  1000H
    MOV  DPTR,#2000H
    MOV  A,#22H
    JMP  @A+DPTR     ;(PC) = ________
```

(2)
```
    ORG  0000H
    MOV  R1,#33H
    MOV  A,R1
    CJNE A,#20H,L1 ;(PC) = ________
    MOV  70H,A
    SJMP L2 ;(PC) = ________
L1:
    MOV  71H,A
L2:
    …
```

16. 若(CY)=1，P1口输入数据为10100011B，P3口输入数据为01101100B。试指出执行下列程序段后，CY、P1口及P3口内容的变化情况。

```
MOV  P1.3,C
MOV  P1.4,C
MOV  C,P1.6
MOV  P3.6,C
MOV  C,P1.2
MOV  P3.5,C
```

17. 试用位操作指令实现下列逻辑操作。要求不得改变未涉及位的内容。

(1) 使ACC.1、ACC.2置位。

(2) 清除累加器高4位。

(3) 使ACC.3、ACC.4取反。

18. 转移指令和调用指令间的相同点、不同点各是什么？

19. 试编程实现十进制数加1功能。

20. 试编程实现十进制数减1功能。

第5章 CHAPTER 5

STC15F2K60S2单片机的程序设计

单片机应用系统是硬件系统与软件系统的有机结合，软件是用于完成系统任务指挥CPU等硬件系统工作的程序。

STC15F2K60S2单片机的程序设计主要采用两种语言：汇编语言和高级语言(C51)。汇编语言生成的目标程序占用存储空间小、运行速度快，具有效率高、实时强的特点，适合编写短小高效的实时控制程序。采用高级语言程序设计，对系统硬件资源的分配比用汇编语言简单，且程序的阅读、修改以及移植比较容易，适合于编写规模较大的程序，尤其是适合编写运算量较大的程序。

5.1 汇编语言程序设计

由于汇编语言是面向机器语言，对单片机的硬件资源操作直接方便、概念清晰，尽管对编程人员的硬件知识要求较高，但对于学习和掌握单片机的硬件结构以及编程技巧极为有利。因此，在采用高级语言进行单片机开发为主流的今天，我们仍然坚持从汇编语言开始。本节介绍汇编语言程序设计，下节介绍C51语言程序设计，后续单片机应用程序的学习将采用汇编语言和C51语言对照讲解，以此达到在单片机的学习中，汇编语言和C语言程序设计相辅相成、相互促进的目的。

5.1.1 汇编语言程序设计基础

1. 程序编制的方法和技巧

程序编制的步骤如下所述。

(1) 系统任务的分析

首先，对单片机应用系统的任务进行深入分析，明确系统的设计任务、功能要求和技术指标；其次，对系统的硬件资源和工作环境进行分析。这是单片机应用系统程序设计的基础和条件。

(2) 提出算法与算法的优化

算法是解决问题的具体方法。一个应用系统经过分析、研究和明确规定后，对应实现的功能和技术指标可以利用严密的数学方法或数学模型来描述，从而把一个实际问题转化成由计算机进行处理的问题。同一个问题的算法可以有多种，也都能完成任务或达到目标，但程序的运行速度、占用单片机资源以及操作方便性会有较大的区别，所以，应对各种算法进行分析比较，并进行合理的优化。

(3) 程序总体设计及绘制程序流程图

经过任务分析、算法优化后，就可以进行程序的总体构思，确定程序的结构和数据形式，并考虑资源的分配和参数的计算等。然后根据程序运行的过程，勾画出程序执行的逻辑顺序，用图形符号将总体设计思路及程序流向绘制在平面图上，使程序的结构关系直观明了，便于检查和修改。

通常，应用程序依功能可以分为若干部分，通过流程图可以将具有一定功能的各部分有机地联系起来，并由此抓住程序的基本线索，对全局可以有一个完整的了解。清晰正确的流程图是编制正确无误的应用程序的基础和条件，所以，绘制一个好的流程图，是程序设计的一项重要内容。

流程图可以分为总流程图和局部流程图。总流程图侧重反映程序的逻辑结构和各程序模块之间的相互关系。局部流程图反映程序模块的具体实施细节。对于简单的应用程序，可以不画流程图。但当程序较为复杂时，绘制流程图是一个良好的编程习惯。

常用的流程图符号有开始和结束符号、工作任务(肯定性工作内容)符号、判断分支(疑问性工作内容)符号、程序连接符号、程序流向符号等，如图 5.1 所示。

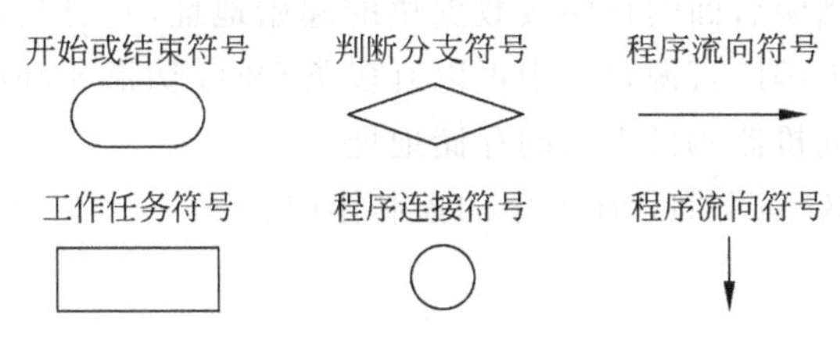

图 5.1 常用程序流程图符号

此外，还应编制资源(寄存器、程序存储器与数据存储器等)分配表，包括数据结构和形式、参数计算、通信协议、各子程序的入口和出口说明等。

2. 程序的模块化设计

(1) 采用模块化程序设计方法

单片机应用系统的程序一般由包含多个模块的主程序和各种子程序组成。每一程序模块都要完成一个明确的任务，实现某个具体的功能，如发送、接收、延时、打印、显示。采用模块化的程序设计方法，是将这些不同的具体功能程序进行独立的设计和分别调试，最后将这些模块程序装配成整体程序并进行联调。

模块化的程序设计方法具有明显的优点。把一个多功能的、复杂的程序划分为若干个简单的、功能单一的程序模块，有利于程序的设计、调试及程序的优化和分工，提高程序的阅读性和可靠性，使程序的结构层次一目了然。所以，进行程序设计的学习，首先要树立模块化的程序设计思想。

(2) 尽量采用循环结构和子程序

采用循环结构和子程序可以使程序的长度减少，程序简单化，占用内存空间减少。对于多重循环，要注意各重循环的初值、循环结束条件与需循环位置，避免出现程序无休止循环的“死循环”现象。对于通用的子程序，除用于存放子程序入口参数的寄存器外，子程序中用到的其他寄存器的内容应压入堆栈进行现场保护，并要特别注意堆栈操作的压入和弹出的顺序。对于中断处理子程序，除了要保护程序中用到的寄存器外，还应保护标志寄存器。这是由于在中断处理过程中难免对标志寄存器中的内容产生影响，而中断处理结束后返回主程序时可能会遇到以中断前的状态标志为依据的条件转移指令，如果标志位被破坏，则程序的运行就会发生混乱。

3. 伪指令

为了便于编程和对汇编语言源程序进行汇编，各种汇编程序都提供一些特殊的指令，供人们编程使用，这些指令通常称为伪指令。所谓“伪”指令，即不是真正的可执行指令，只能在对源程序进行汇编时起控制作用，例如，设置程序的起始地址、定义符号、给程序分配一定的存储空间。汇编时伪指令并不产生机器指令代码，不影响程序的执行。

常用的伪指令共有 9 条，下面分别介绍。

(1) 设置起始地址指令 ORG

指令格式为

```
ORG  16位地址
```

该指令的作用是指明后面的程序或数据块的起始地址，它总是出现在每段源程序或数据块的开始。一个汇编语言源程序中可以有多条 ORG 伪指令，但后一条 ORG 伪指令指定的地址应大于前面机器码已占用的存储地址。

例 5.1 分析 ORG 在下面程序段中的控制作用。

```
        ORG   1000H
START:
        MOV   R0,#60H
        MOV   R1,#61H
        …
        ORG   1200H
NEXT:
        MOV   DPTR,#1000H
        MOV   R2,#70H
        …
```

解：以 START 开始的程序汇编后机器码从 1000H 单元开始连续存放，但不能超过 1200H 单元；以 NEXT 开始程序汇编后机器码从 1200H 单元开始连续存放。

(2) 汇编语言源程序结束指令 END

指令格式为

```
[标号:]  END  [mm]
```

其中，mm 是程序起始地址。标号和 mm 不是必需的。

指令功能是表示源程序到此结束，END 指令以后的指令，汇编程序将不予处理。一个源程序中只能在末尾有一个 END 指令。

例 5.2 分析 END 在下面程序段中的控制作用。

```
START:
```

```
        MOV  A,#30H
        …
        END  START
NEXT:
        …
        RET
```

解：汇编程序对该程序进行汇编时，只将END伪指令前面的程序转换为对应的机器代码程序，而以NEXT标号为起始地址的程序将予以忽略。因此，如果NEXT标号为起始地址的子程序是本程序的有效子程序，应将整个子程序段放到END伪指令的前面。

(3) 赋值伪指令EQU

指令格式为

```
字符名称  EQU  数值或汇编符号
```

EQU伪指令的功能是使指令中的"字符名称"等价于给定的"数值或汇编符号"。赋值后的字符名称可在整个源程序中使用。字符名称必须先赋值后使用，通常将赋值放在源程序的开头。

例5.3 分析下列程序中EQU指令的作用。

```
AA      EQU  R1                 ;AA定义为R1
DATA1   EQU  10H                ;DATA1定义为10H
DELAY   EQU  2200H              ;DELAY定义为2200H
        ORG  2000H
        MOV  R0,DATA1           ;R0←(10H)
        MOV  A,AA               ;A←(R1)
        LCALL  DELAY            ;调用起始地址为2200H的子程序
        END
```

解：经EQU定义后，AA等效于R1、DATA1等效于10H、DELAY等效于2200H，该程序在汇编时，自动将程序中AA换成R1、DATA1换成10H、DELAY换成2200H，再汇编为机器代码程序。

使用赋值伪指令EQU的好处在于程序占用的资源数据符号或寄存器符号用占用源的英文或英文缩写字符名称来定义，后续编程中，凡是出现该数据符号或寄存器符号就用该字符名称代替，这样，采用有意义的字符名称进行编程，更容易记忆和不容易混淆，也便于阅读，同时也便于修改。

(4) 数据地址赋值指令DATA

指令格式为

```
字符名称  DATA  表达式
```

DATA伪指令的功能是将表达式指定的数据地址赋予规定的字符名称。例如：

```
AA  DATA  2000H
```

汇编时，将程序中的AA字符名称用2000H取代。

DATA伪指令与EQU伪指令的功能相似，其主要区别是：

① DATA伪指令定义的字符名称可先使用后定义，放于程序开头、结尾均可；而EQU伪指令定义的字符名称只能是先定义，后使用。

② EQU 伪指令既可以将一个汇编符号赋值给字符名称，而 DATA 伪指令只能将数据地址赋值给字符名称。

(5) 定义字节伪指令 DB

指令格式为

```
[标号: ]  DB  字节常数表
```

DB 伪指令的功能是从指定的地址单元开始，定义若干个 8 位内存单元的内容。字节常数可以采用二进制、十进制、十六进制和 ASCII 码等多种表示形式。

例如：

```
      ORG     2000H
TABLE:
      DB  73H,100,10000001B,'A'  ;对应数据形式依次为十六进制、十进制、二进制和 ASCII 码形式
```

汇编结果为

(2000H)=73H，(2001H)=64H，(2002H)=81H，(2003H)=41H

(6) 定义字伪指令 DW

指令格式为：

```
[标号: ] DW 字常数表
```

DW 伪指令功能是从指定地址开始，定义若干个 16 位数据，高八位存入低地址，低八位存入高地址。例如：

```
      ORG  1000H
TAB:
      DW   1234H,0ABH,10
```

汇编结果为

(1000H)=12H　　(1001H)=34H

(1002H)=00H　　(1003H)=ABH

(1004H)=00H　　(1005H)=0AH

(7) 定义存储区指令 DS

指令格式为

```
[标号: ]  DS  表达式
```

指令功能为从指定的单元地址开始，保留一定数量的存储单元，以备使用。汇编时，对这些单元不赋值。

例如：

```
      ORG 2000H
      DS   10
TAB:
      DB   20H
      …
```

汇编结果为从 2000H 地址处开始，保留 10 个字节单元，以备源程序另用。

(200AH)=20H

注意：DB、DW、DS伪指令只能应用于程序存储器，而不能对数据存储器使用。

(8) 位定义伪指令 BIT

指令格式为

```
字符名称  BIT  位地址
```

指令功能为将位地址赋值给指定的符号名称，通常用于位符号地址的定义。例如：

```
KEY0  BIT  P3.0
```

KEY0 等效于 P3.0，在后面的编程中，KEY0 即为 P3.0。

(9) 文件包含命令 INCLUDE

指令格式为

```
$ INCLUDE(文件名)
```

INCLUDE 用于将寄存器定义文件或其他程序文件包含于当前程序中，寄存器定义文件的后缀名一般为“.INC”，也可直接包含汇编程序文件。例如：

```
$ INCLUDE (STC15F2K60S2.INC)
```

使用上述命令后，在用户程序中就可以直接使用 STC15F2K60S2 的所有特殊功能寄存器了，不必对相对于传统 8051 单片机新增的特殊功能寄存器进行定义了。

5.1.2 基本程序结构与程序设计举例

模块化程序设计指各模块程序都要按照基本程序结构进行编程。主要有 4 种基本结构：顺序结构、分支结构、循环结构和子程序结构。

1. 顺序结构程序

顺序程序指无分支、无循环结构的程序，其执行流程是依指令在程序存储器中的存放顺序进行的。顺序程序比较简单，一般不需绘制程序流程图，直接编程即可。

例 5.4 试将 8 位二进制数据转换为十进制(BCD 码)数据。

解：8 位二进制数据对应的最大十进制数是 255，说明一个 8 位二进制数据需要 3 位 BCD 码来表示，即百位数、十位数与个位数。如何求解呢？

(1) 用 8 位二进制数据减 100，够减百位数加 1，直至不够减为止；再用剩下的数去减 10，够减十位数加 1，直至不够减为止；剩下的数即为个位数。

(2) 用 8 位二进制数据除以 100，商为百位数，再用余数除以 10，商为十位数，余数为个位数。

很显然，方法(1)更复杂，应选用方法(2)算法。设 8 位二进制数据存放在 20H 单元，转换后十位数、个位数存放在 30H 单元，百位数存放在 31H 单元。

参考程序如下：

```
ORG  0000H
MOV  A,20H              ;取 8 位二进制数据
MOV  B,#100
DIV  AB                 ;转换数据除以 100,A 为百位数
MOV  31H,A              ;百位数存放在 31H 单元
```

```
MOV  A,B              ;取余数
MOV  B,#10
DIV  AB               ;余数除以 10,A 为十位数,B 为个位数
SWAP A                ;将十位数从低 4 位交换到高 4 位
ORL  A,B              ;十位数、个位数合并为压缩 BCD 码
MOV  30H,A            ;十位数、个位数存放在 30H(高 4 位为十位数,低 4 位为个位数)
SJMP $
END
```

上述程序的执行顺序与指令的编写顺序是一致的,故称为顺序程序。

2. 分支结构程序

通常情况下,程序的执行是按照指令在程序存储器中存放的顺序进行的,但有时需要对某种条件的判断结果来决定程序的不同走向,这种程序结构就属于分支结构。分支结构可以分成单分支、双分支和多分支几种情况,各分支间相互独立。

单分支结构如图 5.2 所示。若条件成立,则执行程序段 A,然后继续执行该指令下面的指令;如条件不成立,则不执行程序段 A,直接执行该指令的下条指令。

双分支结构如图 5.3 所示。若条件成立,执行程序段 A;否则执行程序段 B。

多分支结构如图 5.4 所示。通用的分支程序结构是先将分支按序号排列,然后按照序号的值来实现多分支选择。

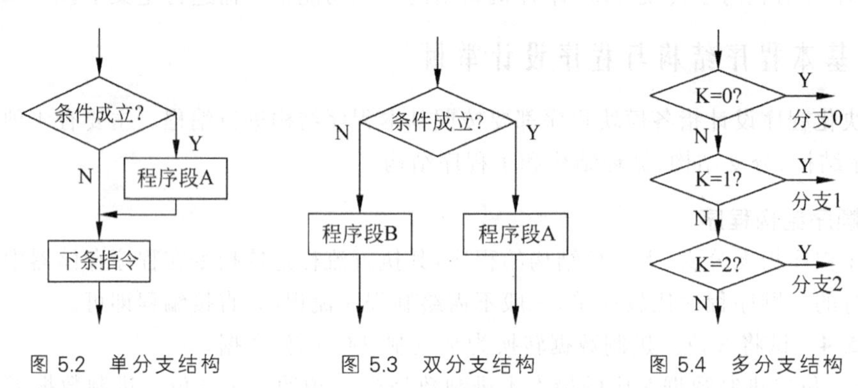

图 5.2　单分支结构　　图 5.3　双分支结构　　图 5.4　多分支结构

由于分支结构程序中存在分支,因此在编写程时存在先编写哪一段分支的问题,另外分支转移到何处在编程时也要安排正确。为了减少错误,对于复杂的程序应先画出程序流程图,在转移目标处合理设置标号,按从左到右编写各分支程序。

例 5.5　求 8 位有符号数的补码。设 8 位二进制数存放在片内 RAM 30H 单元内。

解:对于负数的补码为除符号位以外取反加 1,而正数的补码就是原码,因此,关键的地方是判断数据的正负,最高位为 0,表示为正数,最高位为 1,表示为负数。

参考程序如下:

```
ORG  0000H
MOV  A,30H
JNB  ACC.7,NEXT            ;为正数,不进行处理
CPL  A                     ;负数取反
ORL  A,#80H                ;恢复符号位
INC  A                     ;加 1
```

```
        MOV  30H,A
NEXT:
        SJMP  NEXT                          ;结束
        END
```

例 5.6 试编写计算下式的程序。

$$Y=\begin{cases}100, & X\geqslant 0\\ -100, & X<0\end{cases}$$

解:该例是一个双分支程序,本题关键是判断 X 是正数还是负数?判断方法同例 5.5。设 X 存在 40H 单元中,结果 Y 存放于 41H 中。

程序流程图如图 5.5 所示。

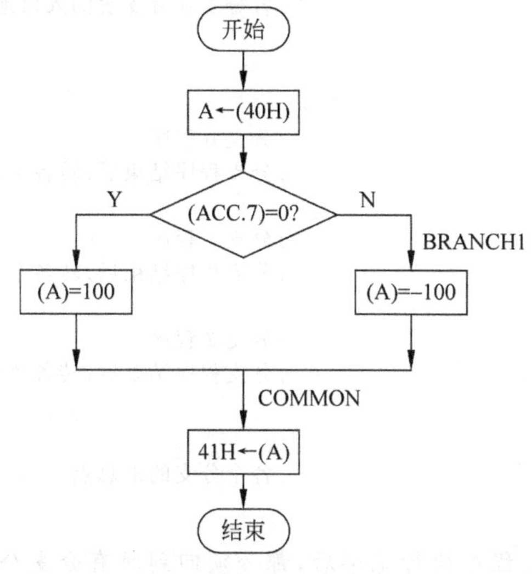

图 5.5 例 5.6 程序流程图

参考程序如下:

```
  X     EQU  40H                             ;定义 X 的存储单元
  Y     EQU  41H                             ;定义 Y 的存储单元
        ORG  0000H
        MOV  A,X                             ;取 X
        JB   ACC.7,BRANCH1                   ;若 ACC.7 为 1 则转向 BRANCH1,否则顺序执行
        MOV  A,#64H                          ;X≥0,Y = 100
        SJMP  COMMON                         ;转向 COMMON(分支公共处)
BRANCH1:
        MOV  A,#9CH                          ;X<0,Y = -100,把 -100 的补码(9CH)送 A
COMMON:
        MOV  Y,A                             ;保存 A
        SJMP $                               ;程序结束
        END
```

例 5.7 设各分支的分支号码从 0 开始按递增自然数排列,执行分支号存放在 R3 中,编写多分支处理程序。

解:首先,在程序存储器中建立一个分支表,分支表中按从 0 开始的分支顺序从起始地址(表首地址,如 TABLE)开始存放各分支的一条转移指令(AJMP 或 LJMP,AJMP 占用2个字节,LJMP占用3个字节),各转移指令的目标地址就是各分支程序的入口地址。

根据各分支程序的分支号,转移到分支表中对应分支的入口处,执行该分支的转移指令,再转到分支程序的真正入口处,从而执行该分支程序。

参考程序如下:

```
        ORG   0000H
        MOV   A,R3                    ;取分支号
        RL    A                       ;分支号乘2,若分支表中用LJMP,则改分支号乘3
        MOV   DPTR,#TABLE             ;分支表表首地址送DPTR
        JMP   @A+DPTR                 ;转到分支表该分支的对应入口处
TABLE:
        AJMP  ROUT0                   ;分支表,采用短转移指令,每个分支占用2个字节
        AJMP  ROUT1                   ;各分支在分支表的入口地址=TABLE+分支号×2
        AJMP  ROUT2
        …
ROUT0:
        …                             ;分支0程序
        LJMP  COMMON                  ;分支程序结束后,转各个分支的汇总点
ROUT1:
        …                             ;分支1程序
        LJMP  COMMON                  ;分支程序结束后,转各个分支的汇总点
ROUT2:
        …                             ;分支2程序
        LJMP  COMMON                  ;分支程序结束后,转各个分支的汇总点
        …
COMMON:
        SJMP  COMMON                  ;各个分支的汇总点
        END
```

注意:不管哪个分支程序执行完毕后,都必须回到所有分支公共汇合处,如各分支程序中的“LJMP COMMON”指令。

3. 循环结构程序

在程序设计中,当需要对某段程序进行大量有规律的重复执行时,可采用循环方法设计程序。循环结构的程序主要包括以下4个部分。

① 循环初始化部分:设置循环开始时的状态。如设置地址指针、设定寄存器初值、循环次数、清“0”存储单元等。

② 循环体部分:需要重复执行的程序段,是循环结构的主体。

③ 循环修改部分:修改地址指针、修改工作参数等。

④ 循环控制部分:这部分的作用是修改循环变量,并判断循环是否结束,直到符合结束条件,跳出循环为止。

根据条件的判断位置与循环次数的控制,循环结构又分为3种基本结构:while结构、do-while结构和for结构。

(1) while结构

while结构的特点是先判断后执行,因此,循环体程序也许一次都不执行。

例5.8 将内部RAM中起始地址为DATA的字符串数据传送扩展RAM中起始地

址为BUFFER的存储区域内，并统计传送字符的个数，直到发现空格字符停止传送。

解：题目中已明确发现空格字符时就停止传送，因此，编程时应先对传送数据进行判断，再决定是否传送。

设DATA为20H，BUFFER为0200H，参考程序如下：

```
        ORG  0000H
DATA    EQU  20H
BUFFER  EQU  0200H
        MOV  R2,#00H              ;统计传送字符个数计数器清零
        MOV  R0,#DATA             ;设置源操作数指针
        MOV  DPTR,#BUFFER         ;设置目标操作数指针
LOOP0:
        MOV  A,@R0                ;取被传送数据
        CJNE A,#20H,LOOP1         ;判断是否为空格字符(ASCII码为20H)
        SJMP STOP                 ;是空格字符，停止传送
LOOP1:
        MOVX @DPTR,A              ;不是空格字符，传送数据
        INC  R0                   ;指向下一个被传送地址
        INC  DPTR                 ;指向下一个传送目标地址
        INC  R2                   ;传送字符个数计数器加1
        SJMP LOOP0                ;继续下一个循环
STOP:
        SJMP $                    ;程序结束
        END
```

(2) do-while结构

do-while结构的特点是先执行后判断，因此，循环体程序至少要执行一次。

例5.9 将内部RAM中起始地址为DATA的字符串数据传送扩展RAM中起始地址为BUFFER的存储区域内，字符串的结束字符是“$”。

解：程序功能与例5.8基本一致，但字符串的结束字符“$”是字符串中的一员，也是需要传送的，因此，编程时应先传送，再对传送数据进行判断，以判断字符串数据传送是否结束。

设DATA为20H，BUFFER为0200H，参考程序如下：

```
DATA    EQU  20H
BUFFER  EQU  0200H
        ORG  0000H
        MOV  R0,#DATA
        MOV  DPTR,#BUFFER
LOOP0:
        MOV  A,@R0                ;取被传送数据
        MOVX @DPTR,A
        INC  R0                   ;指向下一个被传送地址
        INC  DPTR                 ;指向下一个传送目标地址
        CJNE A,#24H,LOOP0         ;判断是否为“$”字符(ASCII码为24H)，若不是继续
        SJMP $                    ;是“$”字符，停止传送
        END
```

(3) for结构

for结构的特点和do-while结构一样也是先执行后判断，但是for结构循环体程序的

执行次数是固定的。

例 5.10 编程将扩展 RAM 0200H 为起始地址的 16 个数据传送到片内基本 RAM 20H 为起始地址的单元中。

解：本例中，数据传送的次数是固定的，为 16 次；因此，可用一个计数器来控制循环体程序的执行次数。既可以用加 1 计数来实现控制（采用 CJNE 指令），也可以采用减 1 计数来实现控制（采用 DJNZ 指令）。一般情况下，采用减 1 计数控制居多。

参考程序如下：

```
        ORG  0000H
        MOV  DPTR, #0200H      ;设置被传送数据的地址指针
        MOV  R0, #20H          ;设置目的地地址指针
        MOV  R2, #10H          ;用 R2 作计数器，设置传送次数
LOOP:
        MOVX A,@DPTR           ;取被传送数
        MOV  @R0,A             ;传送到目的地
        INC  DPTR              ;指向下一个源操作数地址
        INC  R0                ;指向下一个目的操作数地址
        DJNZ R2,LOOP           ;计数器 R2 减 1，不为 0 继续，否则结束传送
        SJMP $
        END
```

例 5.11 已知单片机系统的系统时钟频率 12MHz，试设计一软件延时程序，延时时间为 10ms。

解：软件延时程序是应用编程中的基本子程序，是通过反复执行空操作指令（NOP）和循环控制指令（DJNZ）占用时间来达到延时目的的。因为执行一条指令的时间非常短，一般都需要采用多重循环才能满足要求。

参考程序如下：

```
        源程序                系统时钟数        占用时间
DELAY:
        MOV  R1, #100            2              1/6μs
DELAY1:
        MOV  R2, #200            2              1/6μs    ┐
DELAY2:                                                  │
        NOP                      1              1/12μs ┐ │
        NOP                      1              1/12μs ├内循环 ├外循环
        DJNZ  R2,DELAY2          4              1/3μs  ┘ │
        DJNZ  R1,DELAY1          4              1/3μs    ┘
        RET                      4              1/3μs
```

上例程序中采用了多重循环程序，即在一个循环体中又包含了其他循环程序。程序中，用 2 条空操作指令 NOP 和一条 DJNZ R2，DELAY2 指令构成内循环，执行一遍占用系统时钟数为 6 个，即占用时间为 0.5μs；内循环的控制寄存器为 R2，即一个外循环占用时钟数为 $6\times(R2)+2+4\approx6\times(R2)$，即占用时间为 $0.5\mu s\times(R2)=0.5\mu s\times200=100\mu s$；外循环的控制寄存器为 R1，这个延时程序占用的时钟数为 $6\times(R2)\times(R1)+2+4\approx6\times(R2)\times(R1)$，即占用时间为 $0.5\mu s\times200\times100=10ms$。

延时时间越长,所需的循环重数就要越多,其延时时间的计算可简化为。

内循环体时间×第一重循环次数×第二重循环次数×…

温馨提示：STC-ISP 编程软件实用工具箱提供了软件延时计算工具,只需要输入所需时间就能自动提供汇编和 C 语言的源程序代码,详见附录 3。

4. 子程序

1）子程序的调用与返回

在实际应用中,经常会遇到一些带有通用性的问题,如数值转换、数值计算等,在一个程序中可能要使用多次。这时可以将其设计成通用的子程序供随时调用。利用子程序可以使程序结构更加紧凑,使程序的阅读和调试更加方便。

子程序的结构与一般的程序并无多大区别,它的主要特点是,在执行过程中需要由其他程序来调用,执行完后又需要把执行流程返回到调用该子程序的主程序中。

当主程序调用子程序时,需使用子程序调用指令 ACALL 或 LCALL；当子程序返回主程序时,要使用子程序返回指令 RET,因此,子程序的最后一条指令一定是子程序返回指令(RET),这也是判断它是否为子程序结构的唯一标志。

子程序调用时要注意两点：一是现场的保护和恢复；二是主程序与子程序间的参数传递。

2）现场保护与恢复

在子程序执行过程中常常要用到单片机的一些通用单元,如工作寄存器 R0～R7、累加器 A、数据指针 DPTR 以及有关标志和状态等。而这些单元中的内容在调用结束后的主程序中仍有用,所以需要进行保护,称为现场保护。在执行完子程序,返回继续执行主程序前要恢复其原内容,称为现场恢复。现场保护与恢复是采用堆栈实现的,保护就是把需要保护的内容压入堆栈,保护必须在执行具体的子程序前完成；恢复就是把原来压入堆栈的数据弹回到原来的位置,必须在执行完具体的子程序后,返回到主程序前完成。根据堆栈的工作特性,现场保护与恢复编程时一定要保证弹出顺序与压入顺序相反。例如：

```
LAA:
        PUSH   ACC          ;现场保护
        PUSH   PSW
        MOV    PSW,#10H     ;选择当前工作寄存器组
        …                   ;子程序任务
        POP    PSW          ;恢复现场
        POP    ACC
        RET                 ;子程序返回
```

3）参数传递

由于子程序是主程序的一部分,所以,在程序的执行时必然要发生数据上的联系。在调用子程序时,主程序应通过某种方式把有关参数(即子程序的入口参数)传给子程序。当子程序执行完毕后,又需要通过某种方式把有关参数(即子程序的出口参数)传给主程序。传递参数的方法主要有 3 种。

(1) 利用累加器或寄存器

在这种方式中，要把预传递的参数存放在累加器 A 或工作寄存器 R0～R7 中，即在主程序调用子程序时，应事先把子程序需要的数据送入累加器 A 或指定的工作寄存器中，当子程序执行时，可以从指定的单元中取得数据，执行运算。反之，子程序也可以用同样的方法把结果传送给主程序。

例 5.12 编程实现 $C=a^2+b^2$。设 a、b 均小于 10 且分别存于扩展 RAM 的 0300H、0301H 单元，要求运算结果 C 存于外部 RAM 0302H 单元。

解：本题可利用子程序完成求单字节数据的平方，然后通过调用子程序求出 a^2 和 b^2。参考程序如下。

```
;主程序
        ORG     0000H
START:
        MOV     DPTR,#0300H
        MOVX    A,@DPTR         ;取 a 的值
        LCALL   SQUARE          ;调用子程序求 a 的平方
        MOV     R1,A            ;a² 暂存于 R1 中
        INC     DPTR
        MOVX    A,@DPTR         ;取 b 的值
        LCALL   SQUARE          ;调用子程序求 b 的平方
        ADD     A,R1            ;A←a² + b²
        INC     DPTR
        MOVX    @DPTR,A         ;存结果
        SJMP    $
;子程序
        ORG     0100H
SQUARE:
        INC     A               ;表首地址与查表指令相隔 1 个字节，故加 1 调整
        MOVC    A,@A+PC         ;使用查表指令求平方
        RET
TAB:
        DB 0,1,4,9,16,25,36,49,64,81
        END
```

SQR 子程序的入口参数和出口参数都是通过 A 进行传递的。

(2) 利用存储器(指针传递)

当传送的数据量比较大时，可以利用存储器实现参数的传递。在这种方式中，事先要建立一个参数表，用指针指示参数表所在的位置，也称指针传递。当参数表建立在内部基本 RAM 时，用 R0 或 R1 做参数表的指针。当参数表建立在扩展 RAM 时，用 DPTR 做参数表的指针。

例 5.13 有两个 32 位无符号数分别存放在片内基本 RAM 20H 和 30H 为起始地址的存储区域内，低字节在低地址，高字节在高地址。编程将两个 32 位无符号数相加结果存在扩展 RAM 0020H 为起始地址的存储区域中。

解：入口时，R0、R1、DPTR 分别指向被加数、加数、和的低字节地址，R7 传递运算字节数，出口时，DPTR 指向和的高字节地址。

参考程序如下：

```
;主程序
        ORG     0000H
        MOV     R0,#20H
        MOV     R1,#30H
        MOV     DPTR,#0020H
        MOV     R7,#04H
        LCALL   ADDITION
        SJMP    $
;子程序
ADDITION:
        CLR     C
ADDITION1:
        MOV     A,@R0               ;取被加数
        ADDC    A,@R1               ;与加数相加
        MOVX    @DPTR,A             ;存和
        INC     R0                  ;修改指针,指向下一位操作数
        INC     R1
        INC     DPTR
        DJNZ    R7,ADDITION1        ;判断运算是否结束
        CLR     A
        ADDC    A,#00H
        MOVX    @DPTR,A             ;计算与存储最高位的进位位
        RET
        END
```

(3) 利用堆栈

利用堆栈传递参数是在子程序嵌套中常采用的一种方法。在调用子程序前，用PUSH指令将子程序中所需数据压入堆栈。进入执行子程序时，再用POP指令从堆栈中弹出数据。

例5.14　把内部RAM中20H单元中的十六进制数转换为2位ASCII码，存放在R0指示的连续单元中。

解：参考程序如下。

```
;主程序
        ORG     0000H
        MOV     A,20H               ;取转换数据
        SWAP    A                   ;高、低4位对调
        PUSH    ACC                 ;参数(转换数据)入栈
        LCALL   HEX_ASC             ;调用十六进制转ASCII码子程序
        POP     ACC                 ;取转换后数据
        MOV     @R0,A               ;存高位十六进制数转换结果
        INC     R0                  ;修改指针,指向低位十六进制数转换结果存放地址
        PUSH    20H                 ;参数(转换数据)入栈
        LCALL   HEX_ASC             ;调用十六进制转ASCII码子程序
        POP     ACC                 ;取转换后数据
        MOV     @R0,A               ;存低位十六进制数转换结果
        SJMP    $                   ;程序结束
```

```
;子程序
HEX_ASC:
        MOV     R1,SP           ;取堆栈指针
        DEC     R1
        DEC     R1              ;R1 指向被转换数据
        XCH     A,@R1           ;取被转换数据,同时保存 A 值
        ANL     A,#0FH          ;取 1 位十六进制数
        ADD     A,#2            ;偏移量调整,所加值为 MOVC 指令与下一 DB 伪指令间字节数
        MOVC    A,@A+PC         ;查表
        XCH     A,@R1           ;存结果于堆栈,同时恢复 A 值
        RET                     ;子程序返回
;16 位十六进制数码对应的 ASCII 码
ASC_TAB:
        DB      30H,31H,32H,33H,34H,35H,36H,37H
        DB      38H,39H,41H,42H,43H,44H,45H,46H
```

一般来说,当相互传递的数据较少时,采用寄存器传递方式可以获得较快的传递速度。当相互传递的数据较多时,宜采用存储器传递。如果是子程序嵌套,宜采用堆栈方式。

5.2 C51 程序设计

采用高级语言程序编程,对系统硬件资源的分配比用汇编语言简单,且程序的阅读、修改以及移植比较容易,适合于编写规模较大的程序,尤其是适合编写运算量较大的程序。

C51 是在 ANSI C 基础上,根据 8051 单片机特性开发的专门用于 8051 及 8051 兼容单片机的 C 语言。C51 在功能、结构上以及可读性、可移植性、可维护性,相比汇编语言,都有非常明显的优势。目前,最先进、功能最强大、国内用户最多的 C51 编译器是 Keil Software 公司推出的 Keil C51,所以,一般所说 C51 就是 Keil C51。

C 语言程序设计作为普通高等学校理、工科专业学生的必修课程,同学们在学习单片机时已有良好的 C 语言程序设计能力,有关 C 程序设计的基础内容,在此就不再赘述了,下面结合 8051 单片机的特点,针对 C51 的一些新增特性介绍 C51 的程序设计。

5.2.1 C51 基础

标识符是用来标识源程序中某个对象的名字,这些对象可以是语句、数据类型、函数、变量、常量、数组等。

一个标识符由字符串、数字和下划线组成,第一个字符必须是字母和下划线,通常以下划线开头的标识符是编译系统专用的,因此在编写 C 语言源程序时一般不使用以下划线开头的标识符,而将下划线用作分段符。C51 编译器在编译时,只对标识符的前 32 个字符编译,因此,在编写源程序时,标识符的长度不要超过 32 个字符。在 C 语言程序中,字母是区分大小写的。

关键字是编程语言保留的特殊标识符,也称为保留字,它们具有固定名称和含义。在 C 语言的程序编写中,不允许标识符与关键字相同。ANSI C 标准一共规定了 32 个关键字,如表 5.1 所示。

表 5.1 ANSI C 规定的关键字

关键字	类型	作用
auto	存储种类说明	用以说明自动变量,缺省值为此
break	程序语句	退出当前循环体
case	程序语句	switch 语句中的选择项,开关语句分支
char	数据类型说明	单字节整型数据或字符型数据
const	存储类型说明	在程序执行过程中不可更改的常量值
continue	程序语句	结束当前循环,转向下一次循环
default	程序语句	switch 语句中的其他选择项
do	程序语句	构成 do-while 循环结构
double	数据类型说明	双精度浮点数
else	程序语句	构成 if-else 选择结构
enum	数据类型说明	枚举
extern	存储种类说明	在其他程序模块中说明了的全局变量或外部函数
float	数据类型说明	单精度浮点数
for	程序语句	构成 for 循环结构
goto	程序语句	无条件跳转
if	程序语句	条件语句
int	数据类型说明	基本整型数据
long	数据类型说明	长整型数据
register	存储种类说明	使用 CPU 内部寄存器变量
return	程序语句	函数返回
short	数据类型说明	短整型数据
signed	数据类型说明	有符号数据
sizeof	运算符	计算表达式或数据类型的字节数
static	存储种类说明	静态变量
struct	数据类型说明	结构类型数据
switch	程序语句	开关语句
typedef	数据类型说明	重新进行数据类型定义
union	数据类型说明	联合类型数据
unsigned	数据类型说明	无符号数据
void	数据类型说明	无类型数据
volatile	数据类型说明	该变量在程序执行中可被隐含地改变
while	程序语句	构成 while 和 do-while 循环结构

Keil C51 编译器的关键字除了有 ANSI C 标准规定的 32 个关键字外,还根据 8051 单片机的特点扩展了相关的关键字。在 Keil C51 开发环境的文本编辑器中编写的 C 程序,系统可以把关键字以不同颜色表示,缺省颜色为蓝色。Keil C51 编译器扩展的关键字如表 5.2 所示。

表 5.2 Keil C51 编译器扩展的关键字

关 键 字	类 型	作 用
bit	位标量声明	声明一个位标量或位类型的函数
sbit	可寻址位声明	定义一个可位寻址的变量地址
sfr	特殊功能寄存器声明	定义一个特殊功能寄存器(8 位)地址
sfr16	特殊功能寄存器声明	定义一个 16 位的特殊功能寄存器地址
data	存储器类型说明	直接寻址的 8051 单片机内部数据存储器
bdata	存储器类型说明	可位寻址的 8051 单片机内部数据存储器
idata	存储器类型说明	间接寻址的 8051 单片机内部数据存储器
pdata	存储器类型说明	“分页”寻址的 8051 单片机内部数据存储器
xdata	存储器类型说明	8051 单片机的外部数据存储器
code	存储器类型说明	8051 单片机程序存储器
interrupt	中断函数声明	定义一个中断函数
reentrant	再入函数声明	定义一个再入函数
using	寄存器组定义	定义 8051 单片机使用的工作寄存器组
small	变量的存储模式	所有未指明存储区域的变量都存储在 data 区域
large	变量的存储模式	所有未指明存储区域的变量都存储在 xdata 区域
compact	变量的存储模式	所有未指明存储区域的变量都存储在 pdata 区域
_at_	地址定义	定义变量的绝对地址
far	存储器类型说明	用于某些单片机扩展 RAM 的访问
alien	函数外部声明	C 函数调用 PL/M-51,必须先用 alien 声明
task	支持 RTX51	指定一个函数是一个实时任务
priority	支持 RTX51	指定任务的优先级

1. C51 数据类型

C 语言的数据结构是以数据类型决定的,数据类型可分为基本数据类型和复杂数据类型,复杂数据类型是由基本数据类型构造而成。

C 语言的基本数据类型:char、int、short、long、float、double。

1) Keil C51 编译器支持的数据类型

对于 Keil C51 编译器来说,short 型与 int 型相同,double 型与 float 型相同。表 5.3 所示为 Keil C51 编译器支持的数据类型。

表 5.3 Keil C51 编译器支持的数据类型

数 据 类 型	长 度	值 域
unsigned char	单字节	0～255
signed char	单字节	－128～＋127
unsigned int	双字节	0～65535
signed int	双字节	－32768～＋32767
unsigned long	4 字节	0～4294967295
signed long	4 字节	－2147483648～＋2147483647
float	4 字节	±1.175494E－38～±3.402823E＋38

续表

数据类型	长度	值域
*	1～3 字节	对象的地址
bit	位	0 或 1
sfr	单字节	0～255
sfr16	双字节	0～65535
sbit	位	0 或 1

2）数据类型分析

（1）char 字符类型

char 字符类型有 unsigned char 和 signed char 之分，默认值为 signed char，长度为 1 个字节，用以存放 1 个单字节数据。对于 signed char 型数据，其字节的最高位表示该数据的符号，“0”表示正数，“1”表示负数，数据格式为补码形式，所能表示的数值范围为 −128～+127；而 unsigned char 型数据是无符号字符型数据，所能表示的数值范围为 0～255。

（2）int 整型

int 整型有 unsigned int 和 signed int 之分，默认值为 signed int，长度为 2 个字节，用以存放双字节数据。signed int 是有符号整型数，unsigned int 是无符号整型数。

（3）long 长整型

long 长整型有 unsigned long 和 signed long 之分，默认值为 signed long，长度为 4 个字节。signed long 是有符号长整型数，unsigned long 是无符号长整型数。

（4）float 浮点型

float 浮点型是符合 IEEE 754 标准的单精度浮点型数据。float 浮点型数据占用 4 个字节（32 位二进制数），其存放格式见表 5.4。

表 5.4 float 浮点型数据存放格式

字节（偏移）地址	+3	+2	+1	+0
浮点数内容	SEEEEEEE	EMMMMMMM	MMMMMMMM	MMMMMMMM

表 5.4 中，S 为符号位，存放在最高字节的最高位。“1”表示负，“0”表示正。E 为阶码，占用 8 位二进制数，E 值是以 2 为底的指数再加上偏移量 127，这样处理的目的是避免出现负的阶码值，而指数是可正可负的。阶码 E 的正常取值范围是 1～254，而实际指数的取值范围为 −126～+127。M 为尾数的小数部分，用 23 位二进制数表示。尾数的整数部分永远为 1，因此不予保存，但它是隐含存在的。小数点位于隐含的整数位“1”的后面，一个浮点数的数值表示是 $(-1)^S \times 2^{E-127} \times (1.M)$。

（5）指针型

指针型数据不同于以上 4 种基本数据类型，它本身是一个变量。但在这个变量中存放的不是普通的数据而是指向另一个数据的地址。指针变量也要占据一定的内存单元，在 Keil C51 中，指针变量的长度一般为 1～3 字节。指针变量也具有类型，其表示方法是在指针符号“*”的前面冠以数据类型符号，如“char *point”是一个字符型指针变量。指针变量的类型表示该指针所指向地址中数据的类型。

(6) bit 位标量

bit 位标量是 C51 编译器的一种扩充数据类型，利用它可以定义一个位标量。

(7) sfr 定义特殊功能寄存器

sfr 定义特殊功能寄存器是 C51 编译器的一种扩充数据类型，利用它可以访问 8051 单片机的所有内部的特殊功能寄存器。它占用一个内存单元，其取值范围是 0～255。

(8) sfr16 定义 16 位特殊功能寄存器

sfr16 定义 16 位特殊功能寄存器占用两个内存单元，其取值范围是 0～65535。

(9) sbit 定义可寻址位

sbit 定义可寻址位也是 C51 编译器的一种扩充数据类型，利用它可以访问 8051 单片机内部 RAM 中的可寻址位和特殊功能寄存器的可寻址位。

3) 变量的数据类型选择

变量的数据类型选择的基本原则如下。

(1) 若能预算出变量的变化范围，则可根据变量长度来选择变量的类型，则尽量减少变量的长度。

(2) 如果程序中不需使用负数，则选择无符号数类型的变量。

(3) 如果程序中不需使用浮点数，则要避免使用浮点数变量。

4) 数据类型之间的转换

在 C 语言程序的表达式或变量的赋值运算中，有时会出现运算对象的数据类型不一样的情况，C 语言程序允许在标准数据类型之间隐式转换，隐式转换按以下优先级别(由低到高)自动进行：

bit→char→int→long→float→signed→unsigned

一般来说，如果有几个不同类型的数据同时运算，先将低级别类型的数据转换成高级别类型，再做运算处理，并且运算结果为高级别类型数据。

2. C51 的变量

在使用一个变量或常量之前，必须先对该变量或常量进行定义，指出它的数据类型和存储器类型，以便编译系统为它们分配相应的存储单元。

在 C51 中对变量的定义格式：

```
      [存储种类]数据类型[存储器类型]变量名表
1     auto      int     data      x;
2               char    code      y = 0x22;
```

行号 1 中，变量 x 的存储种类、数据类型、存储器类型分别为 auto、int、data。行号 2 中，变量 y 只定义了数据类型和存储器类型，未直接给出存储种类。在实际应用中，对于“存储种类”和“存储器类型”是可选项，默认的存储种类是 auto(自动)；如果省略存储器类型时，则按 Keil C 编译器编译模式 SMALL、COMPACT、LARGE 所规定的默认存储器类型确定存储器的存储区域。C 语言允许在定义变量的同时给变量赋初值，如行号 2 中对变量的赋值。

1）变量的存储种类

变量的存储种类有4种，分别为auto（自动）、extern（外部）、static（静态）、register（寄存器）。

2）变量的存储器类型

Keil C编译器完全支持8051系列单片机的硬件结构，可以访问其硬件系统的各个部分，对于各个变量可以准确地赋予其存储器类型，使之能够在单片机内准确定位。Keil C编译器支持的存储器类型如表5.5所示。

表5.5 Keil C编译器支持的存储器类型

存储器类型	说　明
data	变量分配在低128字节，采用直接寻址方式，访问速度最快
bdata	变量分配在20H～2FH，采用直接寻址方式，允许位或字节访问
idata	变量分配在低128字节或高128字节，采用间接寻址方式
pdata	变量分配在XRAM，分页访问外部数据存储器（256B），用MOVX @Ri指令
xdata	变量分配在XRAM，访问全部外部数据存储器（64KB），用MOVX @DPTR指令
code	变量分配在程序存储器（64KB），用MOVC A，@A+DPTR指令访问

3）Keil C编译器的编译模式与默认存储器类型

（1）SMALL

变量被定义在8051单片机的内部数据存储器（data）区中，因此对这种变量的访问速度最快。另外，所有的对象，包括堆栈，都必须嵌入内部数据存储器。

（2）COMPACT

变量被定义在外部数据存储器（pdata）区中，外部数据段长度可达256字节。这时对变量的访问是通过寄存器间接寻址（MOVX @Ri）实现的。采用这种模式编译时，变量的高8位地址由P2口确定。因此，在采用这种模式的同时，必须适当改变启动程序STARTUP.A51中的参数：PDATASTART 和PDATALEN，用L51进行连接时还必须采用控制命令PDATA 来对P2口地址进行定位，这样才能确保P2口为所需要的高8位地址。

（3）LARGE

变量被定义在外部数据存储器（xdata）区中，使用数据指针DPTR进行访问。这种访问数据的方法效率是不高的，尤其是对于2个或多个字节的变量，用这种数据访问方法对程序的代码长度影响非常大。另外一个不便之处是数据指针不能对称操作。

3. 8051单片机特殊功能寄存器变量的定义

传统的8051单片机有21个特殊功能寄存器，它们离散地分布在片内RAM的高128字节中。为了能直接访问这些特殊功能寄存器，C51编译器扩充了关键字sfr和sfr16，利用这种关键字可以在C语言源程序中直接对特殊功能寄存器进行定义。

1）8位地址特殊功能寄存器的定义

定义格式：

```
sfr 特殊功能寄存器名 = 特殊功能寄存器的地址常数;
```

例如：

```
sfr  P0 = 0x80;     //定义特殊功能寄存器P0口的地址为80H
```

注意：特殊功能寄存器定义与普通变量定义中的赋值，其意义是不一样的，在特殊功能寄存器定义中，赋值是必须有的，用于定义特殊功能寄存器名所对应的内存的地址(即分配存储地址)；而在普通变量的定义中，赋值是可选的，是对变量存储单元赋值。

例如：

```
unsigned int  i = 0x22;
```

此语句为定义 i 为无符号整型变量，同时对 i 进行赋值，即 i 变量的内容为 22H，其效果等同与如下两条语句：

```
unsigned int i;
i= 0x22;
```

Keil C 编译器包含了对 8051 系列单片机各特殊功能寄存器定义的头文件 reg51. h，在程序设计时只要利用包含指令将头文件 reg51. h 包含进来即可。但对于增强型 8051 单片机，新增特殊功能寄存器就需要重新定义。例如：

```
sfr  AUXR = 0x8E;  //定义 STC15F2K60S2 单片机特殊功能寄存器 AUXR 的地址为 8EH
```

注意：STC-ISP 工具中包含各 STC 系列单片机头文件的生成工具，只要添加了，直接引用即可。

2) 16 位特殊功能寄存器变量的定义

在新一代的增强型 8051 单片机中，特殊功能寄存器经常组合成 16 位使用。为了有效地访问这种 16 位的特殊功能寄存器，可采用关键字 sfr16 进行定义，但一般不用。

3) 特殊功能寄存器中位变量的定义

在 8051 单片机编程中，要经常访问特殊功能寄存器中的某些位，Keil C 编译器为此提供了 sbit 关键字，利用 sbit 可以对特殊功能寄存器中的位寻址变量进行定义，定义方法有如下 3 种。

(1) sbit 位变量名＝位地址

这种方法将位的绝对地址赋给位变量，位地址必须位于 80H～FFH。例如：

```
sbit  OV = 0xD2;            //定义位变量 OV(溢出标志)，其位地址为 D2H
sbit  CY = 0xD7;            //定义位变量 CY(进位位)，其位地址为 D7H
sbit  RSPIN = 0x80;         //定义位变量 RSPIN，其位地址为 80H
```

(2) sbit 位变量名＝特殊功能寄存器名^位位置

这种方法适用已定义的特殊功能寄存器位变量的定义，位位置值为 0～7。

例如：

```
sbit  OV = PSW^2;           //定义位变量 OV(溢出标志)，它是 PSW 的第 2 位
sbit  CY = PSW^7;           //定义位变量 CY(进位位)，它是 PSW 的第 7 位
sbit  RSPIN = P0^0;         //定义位变量 RSPIN，它是 P0 口第 0 位
```

(3) sbit 位变量名＝字节地址^位位置

这种方法是以特殊功能寄存器的地址作为基址，其值位于 80H～FFH，位位置值为 0～7。例如：

```
sbit  OV = 0xD0^2;          //定义位变量 OV(溢出标志)，直接指明了特殊功能寄存器 PSW 的
```

```
                              //地址,它是 0xD0 地址单元的第 2 位
sbit  CY = 0xD0^7;            //定义位变量 CY(进位位),直接指明了特殊功能寄存器 PSW 的
                              //地址,它是 0xD0 地址单元第 7 位
sbit  RSPIN = 0x80^0;         //定义位变量 RSPIN,直接指明了 P0 口的地址为 80H,它是 80H
                              //的第 0 位
```

4. 8051 单片机位寻址区(20H～2FH)位变量的定义

当位对象位于 8051 单片机内部存储器的可寻址区 bdata 时,并称之为“可位寻址对象”。Keil C 编译器编译时会将对象放入 8051 单片机内部可位寻址区。

(1) 定义位寻址区变量

例如:

```
unsigned int  bdata  my_y = 0x20 ;定义变量 my_y 的存储器类型为 bdata,分配内存时,自然分
                                 ;配到位寻址区,并赋值 20H
```

(2) 定义位寻址区位变量

sbit 关键字可以定义可位寻址对象中的某一位。例如:

```
sbit  my_ybit0 = my_y^0      ;定义位变量 my_y 的第 0 位地址为变量 my_ybit0
sbit  my_ybit15 = my_y^15    ;定义位变量 my_y 的第 15 位地址为变量 my_ybit15
```

操作符后面的位位置的最大值取决于指定基址的数据类型,对于 char 来说是 0～7,对于 int 来说是 0～15,对于 long 来说是 0～31。

5. 函数的定位

(1) 指定工作寄存器区

当需要指定函数中使用的工作寄存器区时,使用关键字 using 后跟一个 0～3 的数,对应工作寄存器组 0～3 区。例如:

```
unsigned char GetKey(void) using 2
{
    …                              /*用户代码区*/
}
```

using 后面的数字是 2,说明使用工作寄存器组 2,R0～R7 对应地址为 10H～17H。

(2) 指定存储模式

用户可以使用 small、compact 及 large 说明存储模式。例如:

```
void  OutBCD(void)  small{}
```

small 就说明了函数内部变量全部使用内部 RAM。关键的、经常性的、耗时的地方可以这样声明,以提高运行速度。

6. 中断服务函数

1) 中断服务函数的定义

中断服务函数定义的一般形式:

```
函数类型  函数名(形式参数表)[interrupt n] [using m]
```

其中,关键字 interrupt 后面的 n 是中断号,n 的取值范围为 0～31。编译器从 8n+3 处产

生中断向量，具体的中断号 n 和中断向量取决于不同的单片机芯片。

关键字 using 用于选择工作寄存器组，m 为对应的寄存器组号，m 取值为 0～3，对应 8051 单片机的 0～3 寄存器组。

2）8051 单片机中断源的中断号与中断向量

8051 单片机中断源的中断号与中断向量如表 5.6 所示。

表 5.6 8051 单片机中断源的中断号与中断向量

中断源	中断号 n	中断向量 8n+3
外部中断 0	0	0003H
定时/计数器中断 0	1	000BH
外部中断 1	2	0013H
定时/计数器中断 1	3	001BH
串行口中断	4	0023H

注意：STC15F2K60S2 单片机有更多的中断源，各中断源的中断号以及向量地址详见第 7 章。

3）中断服务函数的编写规则

（1）中断函数不能进行参数传递，如果中断函数中包含任何参数声明都将导致编译出错。

（2）中断函数没有返回值，如果企图定义一个返回值将得到不正确的结果。因此，最好定义中断函数时将其定义为 void 类型，以明确说明没有返回值。

（3）在任何情况下都不能直接调用中断函数，否则会产生编译错误。因为中断函数的返回是由 8051 单片机指令 RETI 完成的，RETI 指令影响 8051 单片机的硬件中断系统。

（4）如果中断函数中用到浮点运算，必须保存浮点寄存器的状态，当没有其他程序执行浮点运算时可以不保存。

（5）如果在中断函数中调用了其他函数，则被调用函数所使用的寄存器组必须与中断函相同。用户必须保证按要求使用相同的寄存器组，否则会产生不正确的结果。如果定义中断函数时没有使用 using 选项，则由编译器选择一个寄存器组作绝对寄存器组访问。

7. 函数的递归调用与再入函数

C 语言中允许在调用一个函数过程中，又间接或直接地调用该函数自己，这就称为函数的递归调用。递归调用可以使程序简洁、代码紧凑，但速度会稍慢，并且要占用较大的堆栈空间。

在 C51 中，采用一个扩展关键字 reentrant，作为定义函数时的选项，从而构造成再入函数，使其在函数体内可以直接或间接地调用自身函数，实现递归调用。需要将一个函数定义为再入函数时，只要在函数名后面加上关键字 reentrant 就可以了，格式如下：

```
函数类型  函数名(形式参数表)[reentrant]
```

C51 对再入函数有如下的规定。

(1) 再入函数不能传送 bit 类型参数，也不能定义一个局部位标量。再入函数不能包括位操作以及 8051 单片机的可位寻址区。

(2) 编译时，在存储器模式的基础上，为再入函数在内部或外部存储器中建立一个模拟堆栈区，称为再入栈。再入函数的局部变量及参数被放在再入栈中，从而使再入函数可以进行递归调用。而非再入函数的局部变量被放在再入栈之外的暂存区内，如果对非再入函数进行递归调用，则上次调用时使用的局部变量数据将被覆盖。

(3) 在参数的传递上，实际参数可以传递给间接调用的再入函数。无再入属性的间接调用函数不能包含调用参数，但是可以定义全局变量来进行参数传递。

8. 在 C51 中嵌入汇编

在对硬件进行操作或一些对时钟要求很严格的场合，希望用汇编语言来编写部分程序，使控制更直接，时序更准确。

(1) 在 C 文件中以如下方式嵌入汇编代码。

```
#pragma  ASM
…                           ;嵌入的汇编语言代码
…
#pragma  ENDASM
```

(2) 在 Keil C51 编译器 Project 窗口中包含汇编代码的 C 文件上右击，选择"Options for..."，单击右边的"Generate Assembler SRC File"并在"Assemble SRC File"前打钩，使检查框由灰色变成黑色(有效)状态。

(3) 根据选择的编译模式，把相应的库文件(如 Small 模式时，是 KEIL\C51\LIB\C51S.LIB)加入工程中，该文件必须作为工程的最后文件。

(4) 编译，即可生成目标代码。

这样，在"asm"和"endasm"中的代码将被复制到输出的 SRC 文件中，然后这个文件编译并和其他的目标文件连接后产生最后的可执行文件。

5.2.2　C51 程序设计

1. C51 程序框架

C51 程序的基本组成部分如下：预处理；全局变量定义与函数声明；主函数；子函数与中断服务函数。

1) 预处理

编译预处理是编译器在对 C 语言源程序进行正常编译之前，先对一些特殊的预处理命令作解释，产生一个新的源程序。编译预处理主要是为程序调试、程序移植提供便利。

在源程序中，为了区分预处理命令和一般的 C 语句的不同，所有预处理命令行都以符号"#"开头，并且结尾不用分号。预处理命令可以出现在程序任何位置，但习惯上尽可能写在源程序的开头，其作用范围从其出现的位置到文件尾。

C 语言提供的预处理命令主要有：文件包含、宏定义和条件编译。

(1) 文件包含

文件包含实际上就是一个源程序文件可以包含另外一个源程序文件的全部内容。文件包含不仅可以包含头文件，如#include <REG51. H>，还可以包含用户自己编写的源程序文件，如#include"MY_PROC. C"。

C51文件中首先必须包含有关8051单片机特殊功能寄存器地址以及位地址定义的头文件，如#include <REG51. H>。针对增强型51单片机，可以采用传统8051单片机的头文件，然后再用sfr、sfr16、sbit对新增特殊功能寄存器和可寻址位进行定义；也可将用sfr、sfr16、sbit对新增特殊功能寄存器和可寻址位进行定义的指令添加到REG51. H头文件中，形成该款单片机的头文件，预处理时，将REG51. H换成该单片机的头文件即可。

温馨提示：STC实用工具箱提供了STC单片机头文件生成软件，只需选择好所使用单片机的型号，就能自动生成该单片机的头文件，命名保存即可，详见附录C。

Keil C51编译器中提供了许多库函数，这些库函数里的函数往往是最常用的、高水平的、经过反复验证过的，所以应尽量直接调用，以减少程序编写的工作量并降低出错的概率。为了使用现成的库函数，一般应在程序的开始处用预处理命令#include<>将有关函数说明的头文件包含进来，这样就不用再另外说明了。Keil C51中常用库函数如表5.7所示。

表5.7 Keil C51中常用库函数

头文件名称	函数类型	头文件名称	函数类型
CTYPL . H	字符函数	ABSACC. H	绝对地址访问函数
STDIO. H	一般I/O函数	INTRINS. H	内部函数
STRING. H	字符串函数	STDARG. H	变量参数表
STDLIB. H	标准函数	SETJMP. H	全程跳转
MATH. H	数学函数		

① 文件包含预处理命令的一般格式

文件包含预处理命令的一般格式：

```
#include <文件名>
```

或

```
#include "文件名"
```

上述两种方式的区别是：前一种形式的文件名用尖括号括起来，系统将到包含C语言库函数的头文件所在的目录（通常是KEIL目录中的include子目录）中寻找文件；后一种形式的文件名用双引号括起来，系统先在当前目录下寻找，若找不到，再到其他路径中寻找。

② 文件包含使用注意

a. 一个#include命令只能指定一个被包含的文件。

b. 如果文件1包含了文件2，而文件2要用到文件3的内容，则在文件1中用两个#include命令分别包含文件2和文件3，并且文件3包含要写在文件2的包含之前，即在file1. c中定义：

```
#include<file3.c>
#include<file2.c>
```

c. 文件包含可以嵌套。在一个被包含的文件中又可以包含另一个被包含文件。

包含文件包含命令为多个源程序文件的组装提供了一种方法。在编写程序时，习惯上将公共的符号常量定义、数据类型定义和 extern 类型的全局变量说明构成一个源文件，并以“.H”为文件名的后缀。如果其他文件用到这些说明时，只要包含该文件即可，无需重新说明，减少了工作量。而且这样编程使各源程序文件中的数据结构、符号常量以及全局变量形式统一，便于程序的修改和调试。

(2) 宏定义

宏定义分为带参数的宏定义和不带参数的宏定义。

① 不带参数的宏定义

不带参数宏定义的一般格式：

```
#define 标识符  字符串
```

它的作用是在编译预处理时，将源程序中所有标识符替换成字符串。例如：

```
#define  PI  3.148              //PI 即为 3.148
#define uchar unsigned  char    //在定义数据类型时,uchar 等效于 unsigned  char
```

当需要修改某元素时，只要直接修改宏定义即可，无需修改程序中所有出现该元素的地方。所以，宏定义不仅提高了程序的可读性，便于调试，同时也方便了程序的移植。

无参数的宏定义使用时，要注意以下几个问题。

a. 宏名一般用大写字母，以便于与变量名相区别。当然，用小写字母也不为错。

b. 在编译预处理中宏名与字符串进行替换时，不作语法检查，只是简单的字符替换，只有在编译时才对已经展开宏名的源程序进行语法检查。

c. 宏名的有效范围是从定义位置到文件结束。如果需要终止宏定义的作用域，可以用#undef 命令。例如：

```
#undef  PI                //该语句之后的 PI 不再代表 3.148,这样可以灵活控制宏定义的范围
```

d. 宏定义时可以引用已经定义的宏名。例如：

```
#define  X  2.0
#define  PI  3.14
#define  ALL  PI*X
```

e. 对程序中用双引号括起来的字符串内的字符，不进行宏的替换操作。

② 带参数的宏定义

为了进一步扩大宏的应用范围，在定义宏时还可以带参数。带参数的宏定义的一般格式：

```
#define 标识符(参数表)  字符串
```

它的作用是在编译预处理时，将源程序中所有标识符替换成字符串，并且将字符串中的参数用实际使用的参数替换。例如：

```
#define  S(a,b) (a*b)/2
```

若程序中如果使用了 S(3,4),在编译预处理时将替换为(3 * 4)/2。

(3) 条件编译

条件编译命令允许对程序中的内容选择性地编译,即可以根据一定的条件选择是否编译。

条件编译命令主要有以下几种形式。

① 形式 1

```
#ifdef 标识符
程序段 1
#else
程序段 2
#endif
```

它的作用是当“标识符”已经由 #define 定义过了,则编译“程序段 1”,否则编译“程序段 2”。其中如果不需要编译“程序段 2”,则上述形式可以变换为:

```
#ifdef 标识符
程序段 1
#endif
```

② 形式 2

```
#ifndef 标识符
程序段 1
#else
程序段 2
#endif
```

它的作用是当“标识符”没有由 #define 定义过,则编译“程序段 1”,否则编译“程序段 2”。同样,若无“程序段 2”时,则上述形式变换为:

```
#ifndef 标识符
程序段 1
#endif
```

③ 形式 3

```
#if 表达式
程序段 1
#else
程序段 2
#endif
```

它的作用是当“表达式”值为真时,编译“程序段 1”,否则编译“程序段 2”。同样当无“程序段 2”时,则上述形式变换为:

```
#if 表达式
程序段 1
#endif
```

以上 3 种形式的条件编译预处理结构都可以嵌套使用。当 #else 后嵌套 #if 时,可以使用预处理命令 #elif,它相当于 #else #if。

在程序中使用条件编译主要是为了方便程序的调试和移植。

2）全局变量定义与函数声明

（1）全局变量的定义

全局变量指在程序开始处或各个功能函数的外面所定义的变量，在程序开始处定义的变量在整个程序中有效，可供程序中所有的函数共同使用；在各功能函数外面定义的全局变量只对定义处开始往后的各个函数有效，只有从定义处往后的各个功能函数可以使用该变量。

当有些变量是整个程序都需要使用的，如 LED 数码管的字形码或位码。这时，有关 LED 数码管的字形码或位码的定义就应放在程序开始处。

（2）函数声明

一个 C 语言程序可包含多个不同功能的函数，但一个 C 语言程序中只能有一个且必须有一个名为 main()的主函数。主函数的位置可在其他功能函数的前面、之间或最后。当功能函数位于主函数的后面位置时，在主函数调用时，必须对各功能函数"先声明"，一般放在程序的前面。例如：

```
#include <REG51.H>
void  delay(void);        //声明 delay 子函数
void  light1(void);       //声明 light1 子函数
void  light2(void);       //声明 light2 子函数
/*---------主函数---------*/
void main(void)
{
    while(1)
    {
        light1();
        delay();
        light2();
        delay();
    }
}
/*---------各功能函数略---------*/
```

主函数调用了 light1()、delay()、light2()，而且 light1()、delay()、light2()3 个功能函数在主函数的后面，在主函数前必须对 light1()、delay()、light2()先作声明。

若功能函数位于主函数的前面位置时，就不必对各功能函数"声明"。

2. C51 程序设计举例

C51 程序设计中常用的语句有 if、while、switch/case、for 等，下面结合 8051 单片机实例介绍有关常用语句以及数组的编程。

例 5.15 用 4 个按键控制 8 只 LED 灯的显示，按下 S1 键，B3、B4 对应灯亮；按下 S2 键，B2、B5 对应灯亮；按下 S3 键，B1、B6 对应灯亮；按下 S4 键，B0、BD7 对应灯亮；不按键，B2、B3、B4、B5 对应灯亮。

解：设 P1 口控制 8 只 LED 灯，低电平驱动；S1、S2、S3、S4 按键分别接 P3.0、P3.1、P3.2、P3.3 引脚，按下输入低电平，松开输入高电平。

参考程序如下：

```
#include <REG51.H>
```

```
#define uint  unsigned int
sbit S1 = P3^0;                              //定义输入引脚
sbit S2 = P3^1;
sbit S3 = P3^2;
sbit S4 = P3^3;
/*----延时子函数----*/
void delay(uint k)                           //定义延时子函数
{
    uint i,j;
    for(i=0; i<k; i++)
    {
        for(j=0; j<1210; j++)
        {;}
    }
}
/*-----主函数-----*/
void main(void)                              //定义主函数
{
    delay(50);                               //调用延时子函数
    while(1)
    {
        if(!S1){P1=0xe7;}                    //按 S1 键,P1 口 B3、B4 对应灯亮
        else if(!S2){P1=0xdb;}               //按 S2 键,P1 口 B2、B5 对应灯亮
        else if(!S3){P1=0xbd;}               //按 S3 键,P1 口 B1、B6 对应灯亮
        else if(!S4){P1=0x7e;}               //按 S4 键,P1 口 B0、B7 对应灯亮
        else {P1=0xc3;}                      //不按键,P1 口 B2、B3、B4、B5 对应灯亮
        delay(5);
    }
}
```

例 5.16 用 4 个按键控制 8 只 LED 灯的显示,按下 S1 键,B3、B4 对应灯亮;按下 S2 键,B2、B5 对应灯亮;按下 S3 键,B1、B6 对应灯亮;按下 S4 键,B0、B7 对应灯亮;当不按键或多个键同时按下时,B2、B3、B4、B5 对应灯亮。

解:功能与例 5.15 基本一致,例 5.15 中是采用分支语句 if 实现的,现采用开关语句 switch 语句实现。设 P1 口控制 8 只 LED 灯,低电平驱动;S1、S2、S3、S4 按键分别接 P3.0、P3.1、P3.2、P3.3 引脚,按下输入低电平,松开输入高电平。

参考程序如下:

```
#include <REG51.H>
#define uchar unsigned char
/*-----主函数-----*/
void main(void)
{
    uchar temp;
    P3|= 0x0f;                               //将 P3 口的低 4 位置成输入状态
    while(1)
    {
        temp=P3;                             //读 P3 口的输入状态
        switch(temp&=0x0f)                   //屏蔽高 4 位
        {
            case 0x0e: P1 = 0xe7; break;     //按 S1 键,P1 口 B3、B4 对应灯亮
            case 0x0d: P1 = 0xdb; break;     //按 S2 键,P1 口 B2、B5 对应灯亮
```

```
            case 0x0b: P1 = 0xbd; break;        //按 S3 键,P1 口 B1、B6 对应灯亮
            case 0x07: P1 = 0x7e; break;        //按 S4 键,P1 口 B0、B7 对应灯亮
            default :  P1 = 0xc3; break;
                  //不按键或同时按下多个按键时,P1 口 B2、B3、B4、B5 对应灯亮
        }
    }
}
```

本章小结

STC15F2K60S2 单片机的程序设计主要采用两种语言：汇编语言和高级语言(C51)。汇编语言生成的目标程序占用存储空间小、运行速度快,具有效率高、实时强的特点,适合编写短小高效的实时控制程序。采用高级语言程序设计,对系统硬件资源的分配比用汇编语言简单,且程序的阅读、修改以及移植比较容易,适合于编写规模较大的程序,尤其是适合编写运算量较大的程序。

伪指令不同于指令系统中的指令,只有在汇编程序对用户程序进行编译时起控制作用,汇编时不生成机器代码。主要有 ORG、EQU、DATA、DB、DW、DS、BIT、END、INCLUDE 等伪指令。汇编语言源程序采用结构化程序设计,典型程序模块结构有顺序程序、分支程序、循环程序与子程序。

C51 是在 ANSI C 基础上,根据 8051 单片机的特点进行扩展后的语言,主要增加了特殊功能寄存器与可位寻址的特殊功能寄存器寻址位进行地址定义的功能(sfr、sfr16、sbit)、指定变量的存储类型以及中断服务函数等功能。常用 C 语言语句有：if 语句、for 语句、while 语句、switch 语句等。

习题与思考题

1. 简述伪指令 ORG、END 的控制作用。

2. 伪指令 EQU 和 DATA 都是用于定义字符名称,试说明它们有什么不同点?

3. 伪指令 DB、DW、DS 都是用于定义程序存储空间,试问有什么不同点?试用伪指令定义,从程序存储器 2000H 起预留 10 个地址空间,接着存储数据 20、100,接着再存储字符 W 和 Q 的 ASCII 码。

4. 试编写程序,完成两个 16 位数的减法：7F4DH－2B4EH,结果存入基本 RAM 的 30H 和 31H 单元,31H 单元存差的高 8 位,30H 单元存差的低 8 位。

5. 试编写程序,将 R2 中的低 4 位数与 R3 中的高 4 位数合并成一个 8 位数,并将其存放在扩展 RAM 0201H 单元中。

6. 编写程序,将基本 RAM 30H～3FH 的内容传送到扩展 RAM 0300H～030FH 中。

7. 编写程序,查找在基本 RAM 20H～4FH 单元中出现 00H 的次数,并将查找结果存入 50H 单元。

8. 编写程序,将扩展 RAM 0200H～02FFH 中的数据块传送到扩展 RAM 0300H～

03FFH 单元中。

9. 试编写程序,将基本 RAM 的 20H、21H 单元和基本 RAM 30H、31H 单元中的两个 16 位无符号数相乘,结果存放在扩展 RAM 0020H 为起始的单元中。数据存储格式为高位存高位地址,低位存低位地址。

10. 若单片机晶振为 12MHz,编写延时 40ms 的子程序。

11. 在 C 语言程序中,哪个函数是必须的? C 语言程序的执行顺序是如何决定的?

12. 当主函数与子函数在同一个程序文件时,调用时应注意什么? 当主函数与子函数分属在不同的程序文件时,调用时有什么要求?

13. 函数的调用方式主要有 3 种,请举例说明。

14. 全局变量与局部变量的区别是什么? 如何定义全局变量与局部变量。

15. Keil C 编译器相比 ANSI C,多了哪些数据类型? 举例说明定义单字节数据。

16. sfr、sbit 是 Keil C 编译器部分新增的关键词,请说明其含义。

17. Keil C 编译器支持哪些存储器类型? Keil C 编译器的编译模式与默认存储器类型的关系是怎样的? 在实际应用中,最常用的编译模式是什么?

18. 数据类型隐式转换的优先顺序是什么?

19. 位运算符的优先顺序是什么?

20. 试说明下列语句的含义。

(1)
```
sbit k = P1 ^0;
unsigned  char  x;
unsigned  char  y;
k  =  (bit)(x + y);
```

(2)
```
#define  uchar  unsigned  char
uchar  a;
uchar  b;
uchar  min;
min  =  (a<b) ?a:b;
```

(3)
```
#define  uchar  unsigned  char
uchar  tmp;
P1  =  0xff;
temp  =  P1;
temp &=  0x0f;
```

(4)
```
for (;  ;  )
{
    …
}
```

21. 用一个端口输入数据,用一个端口输出数据并控制 8 只 LED 灯的亮灭。当输入数据小于 20 时,奇数位 LED 灯亮;当输入数据位于 20～30 时,8 只 LED 灯全亮;当输入数据大于 30 时,偶数位 LED 灯亮。做题要求如下:

(1) 画出硬件电路图。

(2) 画出程序流程图。

(3) 分别用汇编语言和 C51 语言编写程序并进行调试。

CHAPTER 6 第6章

STC15F2K60S2 单片机存储器的应用

前面已介绍，STC15F2K60S2 单片机存储器在物理上有 4 个相互独立的存储器空间：程序存储器（程序 Flash）、片内基本 RAM、片内扩展 RAM 与 EEPROM（数据 Flash）。本章进一步学习各存储区域的存储特性与应用编程。

6.1 STC15F2K60S2 单片机的程序存储器

程序存储器的主要作用是存放用户程序，使单片机按用户程序指定的流程与规则运行，完成用户指定的任务。除此以外，程序存储器通常还用来存放一些常数或表格数据（如 π 值、数码显示的字形数据等），供用户程序在运行中使用。这些常数当作程序一样通过 ISP 下载程序存放在程存储器区域。在程序运行过程中，程序存储器的内容只能读取，而不能写。存在程序存储器中的常数或表格数据，只能采用“MOVC A,@A+DPTR”或“MOVC A,@A+PC”指令进行访问。若采用 C51 语言编程，要存放在程序存储器中的数据存储类型要定义为“code”。以 8 只 LED 灯的显示控制为例，说明程序存储器的应用编程。

例 6.1 设 P1 口驱动 8 只 LED 灯，低电平有效。从 P1 口顺序输出“E7H、DBH、BDH、7EH、3EH、18H、00H、FFH” 8 组数据，周而复始。

解：首先将这 8 组数据要存放程序存储器中，在汇编编程时，采用“DB”伪指令对这 8 组数据进行存储定义；在 C51 编程时，采用数组并定义为“code”存储类型。

（1）汇编语言参考程序

```
        ORG  0000H
        LJMP MAIN
        ORG  0100H
MAIN:
        MOV  DPTR,#ADDR          ;DPTR 指向数据存放首址
        MOV  R3,#08H             ;顺序输出显示数据次数,分 8 次传送
LOOP:
        CLR  A                   ;A 清零,DPTR 直接指向读取数据所在地址处
        MOVC A,@A+DPTR           ;取数
```

```
        MOV     P1,A                ;送 P1 口显示
        INC     DPTR                ;DPTR 指向下一个数据
        LCALL   DELAY               ;调延时子程序
        DJNZ    R3,LOOP             ;判断一个循环是否结束,若没有,取、送下一个数据;
        SJMP    MAIN                ;若结束,重新开始
DELAY:
        …                           ;延时子程序,由读者自己完成
        …
        RET                         ;子程序必须由 RET 指令结束
ADDR:
        DB   0E7H,0DBH,0BDH,7EH,3EH,18H,00H,0FFH   ;定义存储字节数据
        END
```

(2) C51 参考程序

```
#include <REG51.H>
#define uchar unsigned char
#define uint unsigned int
uchar code date[8] = {0xe7,0xdb,0xbd,0x7e,0x3e,0x18,0x00,0xff};  //定义显示数据
/*----1ms 延时子函数----*/
void Delay1ms()                    //@11.0592MHz,从 STC-ISP 在线编程软件的工具中获得
{
    unsigned char i,j;
    _nop_();
    _nop_();
    _nop_();
    i = 11;
    j = 190;
    do
    {
        while (--j);
    } while (--i);
}
/*----延时子函数----*/
void delay(uint t)                 //定义延时子函数
{
    uint k;
    for(k = 0; k<t; k++)
    {
        Delay1ms() ;
    }
}
/*----主函数----*/
void main(void)
{
    uchar i;
    while(1)                       //无限循环
    {
        for(i = 0; i<8; i++)       //顺序输出 8 次
        {
            P1 = date[i];          //取存在程序存储器中的数据
            delay(50);             //设置显示间隔,晶振频率不同时,时间可能不一样,自行调整
        }
```

```
    }
}
```

6.2 STC15F2K60S2 单片机的基本 RAM

STC15F2K60S2 单片机的基本 RAM 包括低 128 字节 RAM(00H～7FH)、高 128 字节 RAM(80H～FFH)和特殊功能寄存器(80H～FFH)。

1. 低 128 字节 RAM(00H～7FH)

低 128 字节是单片机最基本的数据存储区,可以说是"离单片机 CPU 最近"的数据存储区,也是功能最丰富的存储区域。整个 128 字节地址,即可以直接寻址,又可以寄存器间接寻址。其中,00H～1FH 单元可以用作工作寄存器,20H～2FH 单元具有位寻址能力。

例 6.2 采用不同的寻址方式,将数据 00H 写入低 128 字节 00H 单元。

解:(1) 寄存器寻址(RS1RS0＝00)

```
CLR  RS0                        ;令工作寄存器处于 0 区,R0 就等效于 00H 单元
CLR  RS1
MOV  R0,#00H
```

(2) 直接寻址

```
MOV  00H,#00H                   ;直接将数据 00H 送入 00H 单元
```

(3) 寄存器间接寻址

```
MOV  R0,#00H                    ;R0 指向 00H 单元
MOV  @R0,#00H                   ;数据 00H 传送 R0 所指的存储单元中
```

在 C51 编程中,若采用直接寻址访问低 128 字节,则变量的数据类型定义为"data";若采用寄存器间接寻址访问低 128 字节,则变量的数据类型定义为"idata"。

2. 高 128 字节 RAM(80H～FFH)和特殊功能寄存器(80H～FFH)

高 128 字节(80H～FFH)和特殊功能寄存器(80H～FFH)的地址是相同的,即地址"冲突"了。在实际应用中,是采用不同的寻址方式来区分的,高 128 字节 RAM 只能用寄存器间接寻址进行访问(读或写),而特殊功能寄存器就只能用直接寻址进行访问。

例 6.3 编程分别对高 128 字节 80H 单元和特殊功能寄存器 80H 单元(P0)写入数据 20H。

解:(1) 对高 128 字节 80H 单元编程

```
MOV  R0,#80H
MOV  @R0,#20H
```

(2) 对特殊功能寄存器 80H 单元编程

```
MOV  80H,#20H
```

或

```
MOV  P0,#20H
```

若要在C51编程中采用高128字节RAM存储数据，则在定义变量时，要将变量的存储类型定义为“idata”，而特殊功能寄存器的操作是直接用寄存器名称进行存取操作即可。

6.3 STC15F2K60S2单片机的扩展RAM(XRAM)

STC15F2K60S2单片机的扩展RAM空间为1792B，地址范围为0000H～06FFH。扩展RAM类似于传统的片外数据存储器，采用访问片外数据存储器的访问指令(助记符为MOVX)访问扩展RAM区域。STC15F2K60S2单片机保留了传统8051单片机片外数据存储器的扩展功能，但使用时，片内扩展RAM与片外数据存储器不能同时使用，可通过AUXR的EXTRAM控制位进行选择。扩展片外数据存储器时，要占用P0口、P2口以及ALE、$\overline{RD}$与$\overline{WR}$引脚，而使用片内扩展RAM时与它们无关。STC15F2K60S2单片机片内扩展RAM与片外可扩展RAM的关系如图6.1所示。

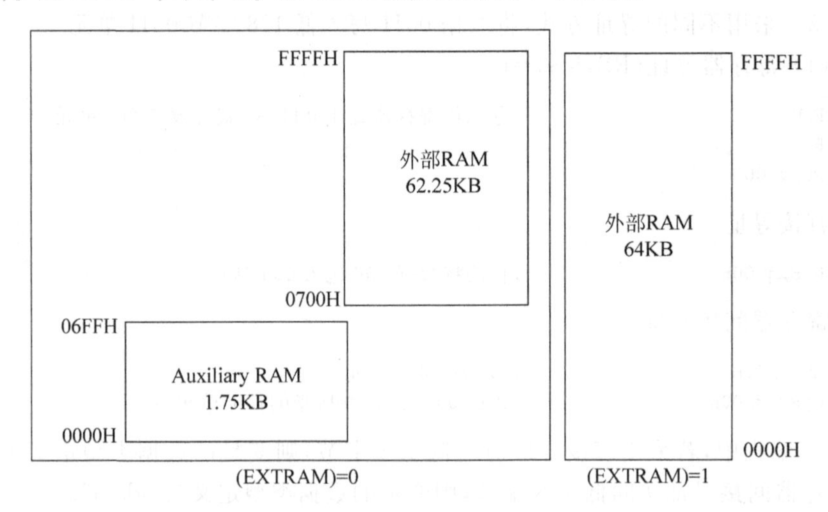

图6.1 STC15F2K60S2单片机片内扩展RAM与片外可扩展RAM的关系

1. 内部扩展RAM的允许访问与禁止访问

内部扩展RAM的允许访问与禁止访问是通过AUXR的EXTRAM控制位进行选择的，AUXR的格式及其说明如下。

	地址	B7	B6	B5	B4	B3	B2	B1	B0	复位值
AUXR	8EH	T0x12	T1x12	UART_M0x6	T2R	T2_C/$\overline{T}$	T2x12	EXTRAM	S1ST2	0000 0000

EXTRAM：内部扩展RAM访问控制位。(EXTRAM)＝0，允许访问，推荐使用；(EXTRAM)＝1，禁止访问，当扩展了片外RAM或I/O端口，使用时，应禁止访问内部扩展RAM。

内部扩展RAM通过MOVX指令访问，即“MOVX A,@DPTR(或@Ri)”和“MOVX @DPTR(或@Ri),A”指令；在C语言中，可使用xdata或pdata关键字声明存储类型即可，例如：

```
unsigned char xdata i = 0;
```

当超出片内地址时，自动指向片外 RAM。

2. 双数据指针的使用

STC15F2K60S2 单片机在物理上设置了两个 16 位的数据指针 DPTR0、DPTR1，但在逻辑上只有 DPTR 一个数据指针地址，在使用时通过 P_SW1 中的 DPS 控制位进行选择。P_SW1 的格式及其说明如下。

	地址	B7	B6	B5	B4	B3	B2	B1	B0	复位值
P_SW1	A2H	S1_S1	S1_S0	CCP_S1	CCP_S0	SPI_S1	SPI_S0	0	DPS	0000 0000

DPS：数据寄存器选择位。(DPS)＝0，选择 DPTR0；(DPS)＝1，选择 DPTR1。P_SW1 不可位寻址，但 DPS 位于 P_SW1 的最低位，可通过对 P_SW1 的加 1 操作来改变 DPS 的值，当 DPS 为 0 时加 1，即变为 1；当 DPS 为 1 时加 1，就变为 0。实现指令为 INC P_SW1。

例 6.4 STC15F2K60S2 单片机内部扩展 RAM 的测试，在内部扩展 RAM 的 0000H 和 0200H 起始处分别存入相同的数据，然后对两组数据一一进行校验，若都相同，说明内部扩展 RAM 完好无损，正确指示灯亮；只要有一组数据不同，停止校验，错误指示灯亮。要求用汇编语言编写。

解：STC15F2K60S2 单片机共有 1792 字节扩展 RAM，在此，仅对在 0000H 和 0200H 起始处前 256 个字节进行校验。

程序说明：P1.7 控制 LED 灯为正确指示灯，P1.5 控制 LED 灯为错误指示。

参考程序如下：

```
AUXR       EQU  8EH           ;定义 STC15F2K60S2 单片机新增特殊功能寄存器符号
P_SW1      EQU  0A2H
ERROR_LED  BIT  P1.5          ;定义位字符名称
OK_LED     BIT  P1.7
           ORG  0000H
           LJMP MAIN
           ORG  0100H
MAIN:
           MOV  R0,#00H       ;R0 指向校验 RAM 的低 8 位的起始地址
           MOV  R4,#00H       ;R4 指向校验 RAM1 的高 8 位地址
           MOV  R5,#02H       ;R5 指向校验 RAM2 的高 8 位地址
           MOV  R3,#00H       ;用 R3 循环计数器,循环 256 次
           CLR  A             ;清 0 赋值寄存器
LOOP0:
           MOV  P2 ,R4        ;P2 指向校验 RAM1
           MOVX @R0,A         ;存入校验 RAM1
           MOV  P2,R5         ;P2 指向校验 RAM2
           MOVX @R0,A         ;存入校验 RAM2
           INC  R0            ;R0 加 1
           INC  A             ;存入数据值加 1
           DJNZ R3,LOOP0      ;判断存储数据是否结束,若没有,转 LOOP0
```

```
LOOP1:
        MOV  P2,R4          ;进入校验,P2 指向校验 RAM1
        MOVX A,@R0          ;取第一组数据
        MOV  20H,A          ;暂存在 20H 单元
        MOV  P2,R5          ;P2 指向校验 RAM2
        MOVX A,@R0          ;取第二组数据
        INC  R0             ;R0 加 1
        CJNE A,20H,ERROR    ;第一组数据与第二组数据比较,若不相等,转错误处理
        DJNZ R3,LOOP1       ;若相等,判断校验是否结束
        CLR  OK_LED         ;全部校验正确,点亮正确指示灯
        SETB ERROR_LED
        SJMP FINISH         ;转结束处理
ERROR:
        CLR  ERROR_LED      ;点亮错误指示灯
        SETB OK_LED
FINISH:
        SJMP $              ;原地踏步,表示结束
        END
```

例 6.5 利用 ISP 下载电路(串行口)与 PC 机通信,将存入 STC15F2K60S2 单片机内部扩展 RAM 的数据送 PC 机(下载程序的串口调试界面)显示,以验证存入数据是否正确。要求用 C51 编写。

解: STC15F2K60S2 单片机共有 1792 字节扩展 RAM,在此,仅对 256 个字节进行操作。参考程序如下。

```
#include <reg51.h>
sfr  T2H = 0xd6                 //自定义新增特殊功能寄存器,若采用 STC-ISP 工具生成的
sfr  T2L = 0xd7;     //STC15F2K60S2 的头文件,STC15F2K60S2 的所有特殊功能寄存器可直接使用
sfr AUXR = 0x8e;
unsigned  char  xdata  ram256[256];  //定义片内 RAM,256 个字节
unsigned  int  i;
/*------------------与 PC 机串行通信口初始化子函数------------------*/
void serial_initial(void)
{
    SCON = 0x50;                //方式 1,8 位可变波特率,无奇偶校验
    T2H = 0xff;                 //晶振是 18.324MHz,设置 115200bps 波特率定时器初始值
    T2L = 0xd8;
    AUXR = 0x14;                //T2 为 1T 模式,并启动 T2
    AUXR = 1;                   //选择 T2 为串行口 1 波特率发生器
    ES = 0;                     //不允许串口中断
    EA = 0;                     //关总中断
}
/*------------------主函数------------------*/
void main(void)
{
    serial_initial();           //串行口初始化
    for(i = 0;i < 256;i++)      //先把 RAM 数组以 0～255 填满
    {
        ram256[i] = i;
    }
    for(i = 0;i < 256;i++)      //通过串口把数据送到计算机显示
    {
        SBUF = ram256[i];
```

```
        while(TI == 0);              //等待前一个数据发送完成
        TI = 0;
    }
    while(1);                        //结束
}
```

3. 片外扩展 RAM 的总线管理

当需要扩展片外扩展 RAM 或 I/O 端口时，单片机 CPU 需要利用 P0(低 8 位地址总线与 8 位数据总线分时复用，低 8 位地址总线通过 ALE 由外部锁存器锁存)、P2(高 8 位地址总线)和 P4.2($\overline{WR}$)、P4.4($\overline{RD}$)、P4.5(ALE)外引总线进行扩展，STC15F2K60S2 单片机是 1T 单片机，工作速度较高，为了提高单片机与片外扩展芯片工作速度的适应能力，增加了总线管理功能，由特殊功能寄存器 BUS_SPEED 进行控制。BUS_SPEED 的格式及其说明如下。

	地址	B7	B6	B5	B4	B3	B2	B1	B0	复位值
BUS_SPEED	A1H	—	—	—	—	—	—	EXRTS[1:0]		xxxxxx10

EXRTS[1:0]：P0 输出地址建立与保持时间的设置。具体设置情况如表 6.1 所示。

表 6.1　P0 输出地址建立与保持时间的设置

EXRTS[1:0]		P0 地址从建立(建立时间和保持时间)到 ALE 信号下降沿的系统时钟数(ALE_BUS_SPEED)
0	0	1
0	1	2
1	0	4(缺省设置)
1	1	8

片内扩展 RAM 和片外扩展 RAM 都是采用 MOVX 指令进行访问，在 C51 中的数据存储类型都是 xdata。当(EXTRAM)=0 时，允许访问片内扩展 RAM，数据指针所指地址为片内扩展 RAM 地址，超过片内扩展 RAM 地址时，指向片外扩展 RAM 地址；当(EXTRAM)=1 时，禁止访问片内扩展 RAM，数据指针所指地址为片外扩展 RAM 地址。虽然片内扩展 RAM 和片外扩展 RAM 都是采用 MOVX 指令进行访问，但片外扩展 RAM 的访问速度较慢，具体如表 6.2 所示。

表 6.2　片内扩展 RAM 和片外扩展 RAM 访问时间对照表

指令助记符	访问区域与指令周期	
	片内扩展 RAM 指令周期(系统时钟数)	片外扩展 RAM 指令周期(系统时钟数)
MOVX A,@Ri	3	5×ALE_BUS_SPEED+2
MOVX A,@DPTR	2	5×ALE_BUS_SPEED+1
MOVX @Ri,A	4	5×ALE_BUS_SPEED+3
MOVX @DPTR,A	3	5×ALE_BUS_SPEED+2

注意：ALE_BUS_SPEED 见表 6.1，BUS_SPEED 可提高或降低片外扩展 RAM 的访问速度，一般建议采用缺省设置。

6.4 STC15F2K60S2 单片机的 EEPROM（数据 Flash）

STC15F2K60S2 单片机的内部 EEPROM 是在数据 Flash 区通过 IAP 技术实现的，内部 Flash 擦写次数达 100000 次以上。程序在系统 ISP 程序区时可以对用户程序区、数据 Flash 区进行字节读、字节写和扇区擦除操作；程序在用户程序区时，只可以对数据 Flash 区进行字节读、字节写和扇区擦除操作。EEPROM 可分为若干个扇区，每个扇区包含 512 字节，EEPROM 的擦除是按扇区进行的。

1. STC15F2K60S2 单片机内部 EEPROM 的大小与地址

STC15F2K60S2 单片机共有 1KB EEPROM，与程序存储空间是分开编址的，地址范围为 0000H～03FFH，共分为 2 个扇区，每个扇区 512 字节。第一扇区的地址为 0000H～01FFH，第二扇区的地址为 0200H～03FFH。EEPROM 除可以 IAP 用技术读取外，还可以用 MOVC 指令读取，但此时 EEPROM 的首地址不再是 0000H，而是程序存储器空间结束地址的下一个地址，即 F000H。

2. 与 ISP/IAP 功能有关的特殊功能寄存器

STC15F2K60S2 单片机是通过一组特殊功能寄存器进行管理与控制的，各 ISP/IAP 特殊功能寄存器格式如下：

	地址	D7	D6	D5	D4	D3	D2	D1	D0	复位状态
IAP_DATA	C2H									11111111
IAP_ADDRH	C3H									00000000
IAP_ADDRL	C4H									00000000
IAP_CMD	C5H	—	—	—	—	—	—	MS1	MS0	xxxxx000
IAP_TRIG	C6H									xxxxxxxx
IAP_CONTR	C7H	IAPEN	SWBS	SWRST	CMD_FAIL	—	WT2	WT1	WT0	0000x000

(1) IAP_DATA：ISP/IAP Flash 数据寄存器。

IAP_DATA 是 ISP/IAP 操作从 Flash 区中读、写数据的数据缓冲寄存器。

(2) IAP_ADDRH、IAP_ADDRL：ISP/IAP Flash 地址寄存器。

IAP_ADDRH、IAP_ADDRL 是 ISP/IAP 操作的地址寄存器，IAP_ADDRH 用于存放操作地址的高 8 位，IAP_ADDRL 用于存放操作地址的低 8 位。

(3) IAP_CMD：ISP/IAP Flash 命令寄存器

ISP/IAP 操作的命令模式寄存器，用于设置 ISP/IAP 的操作命令，但必须在命令触发寄存器实施触发后，方可生效。

MS1/MS0＝0/0 时，为待机模式，无 ISP/IAP 操作。

MS1/MS0＝0/1 时，对数据 Flash(EEPROM) 区进行字节读。

MS1/MS0＝1/0 时，对数据 Flash(EEPROM) 区进行字节编程。

MS1/MS0＝1/1时，对数据Flash(EEPROM)区进行扇区擦除。

(4) IAP_TRIG：ISP/IAP Flash命令触发寄存器。

ISP/IAP操作的命令触发寄存器，在(IAPEN)＝1时，对IAP_TRIG先写入5AH，再写入A5H，ISP/IAP命令生效。

(5) IAP_CONTR：ISP/IAP Flash控制寄存器

IAPEN：ISP/IAP功能允许位。(IAPEN)＝1，允许ISP/IAP操作改变数据Flash；(IAPEN)＝0，禁止ISP/IAP操作改变数据Flash。

SWBS、SWRST：软件复位控制位，在软件复位中已做说明。

CMD_FAIL：ISP/IAP Flash命令触发失败标志。当地址非法时，会引起触发失败，CMD_FAIL标志为1，需由软件清0。

WT2、WT1、WT0：ISP/IAP Flash操作时CPU等待时间的设置位。具体设置情况如表6.3所示。

表6.3 ISP/IAP操作CPU等待时间的设置

WT2	WT1	WT0	CPU等待时间(系统时钟)			
			编程(55μs)	读	扇区擦除(21ms)	系统时钟 f_{SYS}
1	1	1	55	2	21012	$f_{SYS}<1MHz$
1	1	0	110	2	42024	$1MHz<f_{SYS}<2MHz$
1	0	1	165	2	63036	$2MHz<f_{SYS}<3MHz$
1	0	0	330	2	126072	$3MHz<f_{SYS}<6MHz$
0	1	1	660	2	252144	$6MHz<f_{SYS}<12MHz$
0	1	0	1100	2	420240	$12MHz<f_{SYS}<20MHz$
0	0	1	1320	2	504288	$20MHz<f_{SYS}<24MHz$
0	0	0	1760	2	672384	$24MHz<f_{SYS}<30MHz$

3. ISP/IAP编程与应用

(1) ISP/IAP特殊功能寄存器地址声明

```
IAP_DATA    EQU   0C2H
IAP_ADDRH   EQU   0C3H
IAP_ADDRL   EQU   0C4H
IAP_CMD     EQU   0C5H
IAP_TRIG    EQU   0C6H
IAP_CONTR   EQU   0C7H
```

(2) 定义ISP/IAP命令及等待时间

```
ISP_IAP_BYTE_READ      EQU  1      ;字节读命令代码
ISP_IAP_BYTE_PROGRAM   EQU  2      ;字节编程命令代码
ISP_IAP_SECTOR_ERASE   EQU  3      ;扇区擦除命令代码
WAIT_TIME              EQU  2      ;设置ISP/IAP操作,CPU等待时间
                                   ;根据系统频率,参见表6.3设置
```

(3) 字节读

```
MOV  IAP_ADDRH,#BYTE_ADDR_HIGH     ;送读单元地址的高字节
```

```
MOV   IAP_ADDRL, # BYTE_ADDR_LOW         ;送读单元地址的低字节
MOV   IAP_CONTR, # WAIT_TIME             ;设置等待时间
ORL   IAP_CONTR, # 80H                   ;允许 ISP/IAP 操作
MOV   IAP_CMD, # ISP_IAP_BYTE_READ       ;送字节读命令
MOV   IAP_TRIG, # 5AH                    ;先送 5AH,后送 A5H 到 ISP/IAP 触发器,用于触发 ISP/IAP 命令,
MOV   IAP_TRIG, # 0A5H                   ;CPU 等待 ISP/IAP 操作完成后才会继续执行程序
NOP
MOV   A, IAP_DATA                        ;将读取的 Flash 数据取到 A 中
```

(4) 字节编程

注意字节编程前,必须保证编程单元内容为空,即为 FFH;否则,须进行扇区擦除。

```
MOV   IAP_DATA, # ONE_DATA               ;送字节编程数据到 IAP_DATA 中
MOV   IAP_ADDRH, # BYTE_ADDR_HIGH        ;送编程单元地址的高字节
MOV   IAP_ADDRL, # BYTE_ADDR_LOW         ;送编程单元地址的低字节
MOV   IAP_CONTR, # WAIT_TIME             ;设置等待时间
ORL   IAP_CONTR, # 80H                   ;允许 ISP/IAP 操作
MOV   IAP_CMD, # ISP_IAP_BYTE_PROGRAM    ;送字节编程命令
MOV   IAP_TRIG, # 5AH                    ;先送 5AH,后送 A5H 到 ISP/IAP 触发器,用于触发 ISP/
MOV   IAP_TRIG, # 0A5H                   ;IAP 命令,CPU 等待 ISP/IAP 操作完成后才会继续执
                                         ;行程序
NOP
```

(5) 扇区擦除

```
MOV   IAP_ADDRH, # SECTOR_FIRST_BYTE_ADDR_HIGH     ;送扇区擦除单元地址的高字节
MOV   IAP_ADDRL, # SECTOR_FIRST_BYTE_ADDR_LOW      ;送扇区擦除单元地址的低字节
MOV   IAP_CONTR, # WAIT_TIME                       ;设置等待时间
ORL   IAP_CONTR, # 80H                             ;允许 ISP/IAP 操作
MOV   IAP_CMD, # ISP_IAP_SECTOR_ERASE              ;送扇区擦除命令
MOV   IAP_TRIG, # 5AH                              ;先送 5AH,后送 A5H 到 ISP/IAP 触发寄存器,
MOV   IAP_TRIG, # 0A5H                             ;用于触发 ISP/IAP 命令,CPU 等待 ISP/IAP
                                                   ;操作完成后才会继续执行程序
NOP
```

特别说明:扇区擦除时,输入该扇区的任意地址皆可。

例 6.6 EEPROM 测试。用 P1 口连接 8 只 LED 灯,低电平有效。当程序开始运行时,点亮 P1.0 控制的 LED 灯,接着进行扇区擦除并检验,若擦除成功再点亮 P1.1 控制的 LED 灯,接着从 EEPROM 0000H 开始写入数据,写完后再点亮 P1.2 控制的 LED 灯,接着进行数据校验,若校验成功再点亮 P1.3 控制的 LED 灯,测试成功,否则,点亮 P1.7 控制的 LED 灯,表示测试失败,同时 P2、P0 口显示出错位置。

解:本测试是一个简单测试,目的是学习如何对 EEPROM 进行扇区删除、字节编程、字节读的 ISP/IAP 操作。设晶振频率为 18.432MHz。

(1) 汇编语言参考程序

```
;声明与 IAP/ISP/EEPROM 有关的特殊功能寄存器的地址
IAP_DATA      EQU   0C2H
IAP_ADDRH     EQU   0C3H
IAP_ADDRL     EQU   0C4H
IAP_CMD       EQU   0C5H
IAP_TRIG      EQU   0C6H
```

```
IAP_CONTR      EQU  0C7H
;定义 ISP/IAP 命令
CMD_IDLE       EQU  0                    ;无效
CMD_READ       EQU  1                    ;字节读
CMD_PROGRAM    EQU  2                    ;字节编程,但先要删除原有的内容
CMD_ERASE      EQU  3                    ;扇区擦除
;定义 Flash 操作等待时间及测试常数
ENABLE_IAP     EQU  82H                  ;系统工作时钟为 18.324MHz
IAP_ ADDRESS   EQU  0000H                ;测试起始地址
        ORG  0000H
        LJMP MAIN
        ORG  0100H
MAIN:
        MOV   P1,#0FEH                    ;演示程序开始工作,点亮 P1.0 控制的 LED 灯
        LCALL DELAY                       ;延时
        MOV   DPTR,#IAP_ ADDRESS          ;设置擦除地址
        LCALL IAP_ERASE                   ;调用扇区擦除子程序
        MOV   DPTR,#IAP_ ADDRESS          ;设置检测擦除首地址
        MOV   R0,#0
        MOV   R1,#2
CHECK1:
        LCALL IAP_READ                    ;检测擦除是否成功
        CJNE  A,#0FFH,ERROR               ;擦除不成功,点亮 P1.7 控制的 LED 灯
        INC   DPTR
        DJNZ  R0,CHECK1
        DJNZ  R1,CHECK1
        MOV   P1,#0FCH                    ;擦除成功,再点亮 P1.1 控制的 LED 灯
        LCALL DELAY                       ;延时
        MOV   DPTR,#IAP_ ADDRESS          ;设置编程首地址
        MOV   R0,#0
        MOV   R1,#2
        MOV   R2,#0
PROGRAM:
        MOV   A,R2
        LCALL IAP_PROGRAM                 ;调用编程子程序
        INC   DPTR
        INC   R2
        DJNZ  R0,PROGRAM
        DJNZ  R1,PROGRAM
        MOV   P1,#0F8H                    ;编程成功,再点亮 P1.2 控制的 LED 灯
        LCALL DELAY                       ;延时
        MOV   DPTR,#IAP_ ADDRESS          ;设置校验首地址
        MOV   R0,#0
        MOV   R1,#2
        MOV   R2,#0
CHECK2:
        LCALL IAP_READ                    ;调用字节读子程序
        CJNE  A,02H,ERROR                 ;检验不成功,点亮 P1.7 控制的 LED 灯
        INC   DPTR
        INC   R2
        DJNZ  R0,CHECK2
        DJNZ  R1,CHECK2
        MOV   P1,#0F0H                    ;检验成功,再点亮 P1.3 控制的 LED 灯
```

```
        SJMP   $                              ;程序结束
ERROR:
        MOV    P0,DPL                         ;出错时,显示出错位置
        MOV    P2,DPH
        CLR    P1.7                           ;出错时,点亮 P1.7 控制的 LED 灯
        SJMP   $                              ;测试结束

;读一字节,调用前需打开 IAP 功能,入口: DPTR = 字节地址,返回: A = 读出字节
IAP_READ:
        MOV    IAP_ADDRH,DPH                  ;设置目标单元地址的高 8 位地址
        MOV    IAP_ ADDRL,DPL                 ;设置目标单元地址的低 8 位地址
        MOV    IAP_CONTR,#ENABLE_IAP          ;打开 IAP 功能,设置 Flash 操作等待时间
        MOV    IAP_CMD,#CMD_READ              ;设置为 EEPROM 字节读模式命令
        MOV    IAP_TRIG,#5AH                  ;先送 5AH 到 ISP/IAP 触发寄存器
        MOV    IAP_TRIG,#0A5H                 ;再送 A5H,ISP/IAP 命令立即被触发启动
        NOP
        MOV    A,IAP_DATA                     ;读出的数据在 IAP_DATA 寄存器中,送入累加器 A
        LCALL IAP_ IDLE          ;关闭 IAP 功能、清相关的特殊功能寄存器,使 CPU 处于安全状态、
        RET

;字节编程,调用前需打开 IAP 功能,入口: DPTRR = 字节地址,A = 须编程字节的数据
IAP_PROGRAM:
        MOV    IAP_ADDRH,DPH                  ;设置目标单元地址的高 8 位地址
        MOV    IAP_ADDRL,DPL                  ;设置目标单元地址的低 8 位地址
        MOV    IAP_CONTR,#ENABLE_IAP          ;打开 IAP 功能,设置 Flash 操作等待时间
        MOV    IAP_CMD,#CMD_PROGRAM           ;设置为 EEPROM 字节编程模式命令
        MOV    IAP_DATA,A                     ;编程数据送 IAP_DATA
        MOV    IAP_TRIG,#5AH                  ;先送 5AH 到 ISP/IAP 触发寄存器
        MOV    IAP_TRIG,#0A5H                 ;再送 A5H,ISP/IAP 命令立即被触发启动
        NOP
        LCALL IAP_IDLE           ;关闭 IAP 功能、清相关的特殊功能寄存器,使 CPU 处于安全状态
        RET

;擦除扇区,入口: DPTR = 扇区起始地址
IAP_ERASE:
        MOV    IAP_ADDRH,DPH                  ;设置目标单元地址的高 8 位地址
        MOV    IAP_ ADDRL,DPL                 ;设置目标单元地址的低 8 位地址
        MOV    IAP_CONTR,#ENABLE_IAP          ;打开 IAP 功能,设置 Flash 操作等待时间
        MOV    IAP_CMD,#CMD_ERASE             ;设置为 EEPROM 扇区删除模式命令
        MOV    IAP_TRIG,#5AH                  ;先送 5AH 到 ISP/IAP 触发寄存器
        MOV    IAP_TRIG,#0A5H                 ;再送 A5H,ISP/IAP 命令立即被触发启动
        NOP
        LCALL IAP_IDLE           ;关闭 IAP 功能,清相关的特殊功能寄存器,使 CPU 处于安全状态
        RET

;关闭 ISP/IAP 操作功能,清相关的特殊功能寄存器,使 CPU 处于安全状态
IAP_ IDLE:
        MOV    IAP_CONTR,#0          ;关闭 IAP 功能
        MOV    IAP_CMD,#0            ;清命令寄存器,使命令寄存器无命令,此句可不用
        MOV    IAP_TRIG,#0           ;清命令触发寄存器,使命令触发寄存器无触发,此句可不用
        MOV    IAP_ ADDRH,#80H       ;送地址高字节单元为 80H,指向非 EEPROM 区
        MOV    IAP _ADDRL,#00H       ;送地址低字节单元为 00H,防止误操作
```

```
        RET

;延时子程序
DELAY:
        CLR    A
        MOV    R3,A
        MOV    R4,A
        MOV    R5,#20H
Delay_Loop:
        DJNZ   R3,Delay_Loop
        DJNZ   R4,Delay_Loop
        DJNZ   R5,Delay_Loop
        RET
        END
```

(2) C语言参考程序

```
#include<stc15f2k60s2.h>      //stc15f2k60s2.h文件从STC-ISP工具中获得
#include<intrins.h>
/*---------------------宏定义---------------------*/
typedf  unsigned  char  BYTE
typedf  unsigned  int   WORD
/*---------------------定义IAP操作模式字与测试地址---------------------*/
#define  CMD_IDLE       0       //无效模式
#define  CMD_READ       1       //读命令
#define  CMD_PROGRAM    2       //编程命令
#define  CMD_ERASE      3       //擦除命令
#define  ENABLE_IAP   0x82      //允许IAP,并设置等待时间
#define  IAP_ADDRESS  0x0000    //擦除命令
/*---------------------延时子函数---------------------*/
void Delay()
{
    …                          //延时时间由用户自行决定,其函数可从STC-ISP工具中获取
}
/*----------------------读EEPROM字节子函数---------------------*/
BYTE  IapReadByte(WORD  addr)  //形参为高位地址和低位地址
{
    BYTE  dat;
    IAP_CONTR = ENABLE_IAP;       //设置等待时间,并允许IAP操作
    IAP_CMD = CMD_READ;           //送读字节数据命令0x01
    IAP_ADDRL = addr;             //设置IAP读操作地址
    IAP_ADDRH = addr >> 8;
    IAP_TRIG = 0x5a;              //对IAP_TRIG先送0x5a,再送0xa5触发IAP启动
    IAP_TRIG = 0xa5;
    _nop_();                      //稍等待操作完成
    dat =  IAP_DATA;              //返回读出数据
    IapIdle();                    //关闭IAP
    return dat;
}
/*----------------------写EEPROM字节子函数---------------------*/
void IapProgramByte(WORD addr,BYTE dat)  //对字节地址所在扇区擦除
{
    IAP_CONTR = ENABLE_IAP;  //设置等待时间,并允许IAP操作
```

```
    IAP_CMD = CMD_PROGRAM;    //送编程命令 0x02
    IAP_ADDRL  = addr;        //设置 IAP 编程操作地址
    IAP_ADDRH = addr >> 8;
    IAP_DATA = dat;           //设置编程数据
    IAP_TRIG = 0x5a;          //对 IAP_TRIG 先送 0x5a,再送 0xa5 触发 IAP 启动
    IAP_TRIG = 0xa5;
    _nop_();                  //稍等待操作完成
    IapIdle();
}
/*----------------------扇区擦除---------------------*/
void IapEraseSector(WORD addr)
{
    IAP_CONTR = ENABLE_IAP;   //设置等待时间 3,并允许 IAP 操作
    IAP_CMD = CMD_ERASE;      //送扇区删除命令 0x03
    IAP_ADDRL = addr;         //设置 IAP 扇区删除操作地址
    IAP_ADDRH = addr >> 8;
    IAP_TRIG = 0x5a;          //对 IAP_TRIG 先送 0x5a,再送 0xa5 触发 IAP 启动
    IAP_TRIG = 0xa5;
    _nop_();                  //稍等待操作完成
    IapIdle();
}
/*----------------------关闭 IAP 操作---------------------*/
void IapIdle()
{
    IAP_CONTR = 0x00;         //关闭 IAP 功能
    IAP_CMD = 0x00;           //清命令寄存器,使命令寄存器无命令,此句可不用
    IAP_TRIG = 0x00;          //清命令触发寄存器,使命令触发寄存器无触发,此句可不用
    IAP_ ADDRH = 0x80;        //送地址高字节单元为 80H,指向非 EEPROM 区
    IAP _ADDRL = 0x00;
}
/*----------------------主函数---------------------*/
void main()
{
    WORD i;
    P1 = 0xfe;                //程序运行时,点亮 P1.0 控制的 LED 灯
    Delay();
    IapEraseSector (IAP_ADDRESS)   //扇区擦除
    for(i = 0,i < 512,i++)
    {
        if(IapReadByte (IAP_ADDRESS + i)!= 0xff)
        Goto Error;           //校验失败,转错误处理
    }
    P1 = 0xfc;                //扇区擦除成功,再点亮 P1.1 控制的 LED 灯
    Delay();
    for(i = 0,i < 512,i++)
    {
        IapProgramByte (IAP_ADDRESS + i,(BYTE)i);
    }
    P1 = 0xf8;                //编程完成,再点亮 P1.2 控制的 LED 灯
    Delay();
    for(i = 0,i < 512,i++)
    {
        if(IapReadByte(IAP_ADDRESS + i)!= (BYTE)i)
```

```
        Goto  Error;          //校验失败,转错误处理
    }
    P1 = 0xf0;                //编程校验成功成功,再点亮 P1.3 控制的 LED 灯
    while(1);
Error:                        //若扇区擦除不成功或编程校验不成功,点亮 P1.7 控制的 LED 灯
    P1& = 0x7f;
    while(1);
}
```

注：本程序中，校验出错时未从 P2、P0 口输出出错地址，请修改程序实现此功能。

4. STC15F2K60S2 单片机 EEPROM 使用注意事项

(1) ISP/IAP 操作的工作电压要求

5V 单片机在 V_{CC}＜低压检测门槛电压时，禁止 ISP/IAP 操作，即禁止对 EEPROM 的正常操作，此时单片机对相应的 ISP/IAP 指令不响应。实际情况是，对 ISP/IAP 寄存器的操作是执行了，但由于此时工作电压低于可靠的门槛电压以下，单片机内部此时禁止执行 ISP/IAP 操作，即对 EEPROM 的擦除/编程/读命令均无效。

3V 单片机在 V_{CC}＜低压检测门槛电压时，禁止 ISP/IAP 操作，即禁止对 EEPROM 的正常操作，此时单片机对相应的 ISP/IAP 指令不响应。实际情况是，对 ISP/IAP 寄存器的操作是执行了，但由于此时工作电压低于可靠的门槛电压以下，单片机内部此时禁止执行 ISP/IAP 操作，即对 EEPROM 的擦除/编程/读命令均无效。

如果电源上电缓慢，可能会由于程序已经开始运行，而此时电源电压还达不到 EEPROM 的最低可靠工作电压，导致执行相应的 EEPROM 指令无效，所以建议用户选择高的复位门槛电压。如用户需要宽的工作电压范围，选择了低的复位门槛电压复位，建议对 EEPROM 进行操作时，要判断低电压 LVDF 标志位。如果该位为“1”，则说明电源电压曾经低于有效的门槛电压，软件将其清零，加几个空操作延时后再读该位的状态，如果为“0”，说明工作电压高于有效的门槛电压，则可进行 ISP/IAP/EEPROM 操作。如果为“1”，则将其再清零，一直等到工作电压高于有效的门槛电压，才能进行 ISP/IAP/EEPROM 操作。LVDF 标志位在电源控制寄存器 PCON 中，PCON 的格式如下：

	地址	D7	D6	D5	D4	D3	D2	D1	D0	复位值
PCON	87H	SMOD	SMOD0	LVDF	POF	GF1	GF0	PD	IDL	00110000B

PCON 是不可位寻址的，不可直接对 LVDF 进行判别，可通过如下方法判别。

```
MOV  A,PCON
ANL  A,#00100000B
JZ  FY                        ;若为 0,LVDF 不等于 1
…                             ;若不等于 0,则说明 LVDF 等于 1
```

(2) 同一次修改的数据放在同一扇区中，不是同一次修改的数据放在另外的扇区，操作时就不需读出来进行保护了。每个扇区使用时，使用的字节数越少越方便。如果一个扇区只放一个字节，那就是真正的 EEPROM 了，STC 单片机的 Data Flash 比外部 EEPROM 要快很多，读一个字节是 2 个时钟，编程一个字节是 55μs，擦除一个扇区是 21ms。

本章小结

STC15F2K60S2 单片机存储器在物理上有 4 个相互独立的存储器空间：程序存储器(程序 Flash)、片内基本 RAM、片内扩展 RAM 与 EEPROM(数据 Flash)。

程序存储器除了用于存储、用于指挥单片机工作的程序代码外，还可以用来存放一些固定不变的常数或表格数据，如数码管的字形数据，在汇编语言中，采用伪指令 DB 或 DW 进行定义，在 C 语言中采用指定程序存储器存储类型的方法定义存储数据；使用时，在汇编语言中，采用查表指令获取数据，在 C 语言中，采用数组引用的方法获取数据。

基本 RAM 分为低 128 字节、高 128 字节和特殊功能寄存器，其中，高 128 字节和高 128 字节的地址是重叠的，它们是靠寻址方式来区分的。高 128 字节只能采用寄存器间接寻址进行访问，而特殊功能寄存器只能采用直接寻址进行访问。低 128 字节既可以采用直接寻址，也可采用寄存器间接寻址进行访问，其中 00H～1FH 区间还可采用寄存器寻址，20H～2FH 区间的每一位具有位寻址能力。

片内扩展 RAM 相当于将传统 8051 单片机的片外数据存储器移到了片内，因此，片内扩展 RAM 的访问是采用 MOVX 指令进行访问。

STC15F2K60S2 单片机的内部 EEPROM 是在数据 Flash 区通过 IAP 技术实现的，内部 Flash 擦写次数达 100000 次以上。可以对数据 Flash 区进行字节读、字节写与扇区擦除操作。

习题与思考题

1. 在程序存储器中，定义存储共阴极数码管的字形数据：3FH、06H、5BH、4FH、66H、6DH、7DH、07H、7FH、6FH，并编程将这些字形数据存储到 EEPROM 0000H～0009H 单元中。

2. 编程将 EEPROM 0200H 单元中的数据存储到片内扩展 RAM 0200H 单元中，并送 P1 口输出。

3. 编程在 EEPROM 0001H 单元中写入数据 100，读取 P1 口输入数据，若与 EEPROM 0001H 单元中数据相等，则清零 P2.1 端口；若不等，则清零 P2.2 端口。

CHAPTER 7 第7章

STC15F2K60S2单片机的定时/计数器

在单片机应用系统中，常常需要实时时钟和计数器，以实现定时(或延时)控制以及对外界事件进行计数。在单片机应用中，可供选择的定时方法有以下几种。

(1) 软件定时

让CPU循环执行一段程序，通过选择指令和安排循环次数以实现软件定时。软件定时要完全占用CPU，增加CPU开销，降低CPU的工作效率，因此软件定时的时间不宜太长，仅适用于CPU较空闲的程序中使用。

(2) 硬件定时

硬件定时的特点是定时功能全部由硬件电路(例如，采用555时基电路)完成，不占用CPU时间，但需要改变电路的参数调节定时时间，在使用上不够方便，同时增加了硬件成本。

(3) 可编程定时器定时

可编程定时器的定时值及定时范围很容易通过软件来确定和修改。STC15F2K60S2单片机内部有3个16位的定时/计数器(T0、T1和T2)，通过对系统时钟或外部输入信号进行计数与控制，可以方便地用于定时控制，或用作分频器和用于事件记录。

7.1 STC15F2K60S2单片机定时/计数器(T0/T1)的结构和工作原理

STC15F2K60S2单片机内部有3个16位的定时/计数器，即T0、T1和T2。在此，首先介绍T0、T1，其结构框图如图7.1所示，TL0、TH0是定时/计数器T0的低8位、高8位状态值，TL1、TH1是定时/计数器T1的低8位、高8位状态值。TMOD是T0、T1定时/计数器的工作方式寄存器，由它确定定时/计数器的工作方式和功能；TCON是T0、T1定时/计数器的控制寄存器，用于控制T0、T1的启动与停止以及记录T0、T1的计满溢出标志；AUXR称为辅助寄存器，其中T0x12、T1x12用于设定T0、T1内部计数脉冲的分频系数。P3.4、P3.5分别为定时/计数器T0、T1的外部计数脉冲输入端。

T0、T1定时/计数器的核心电路是一个加1计数器，如图7.2所示。加1计数器的

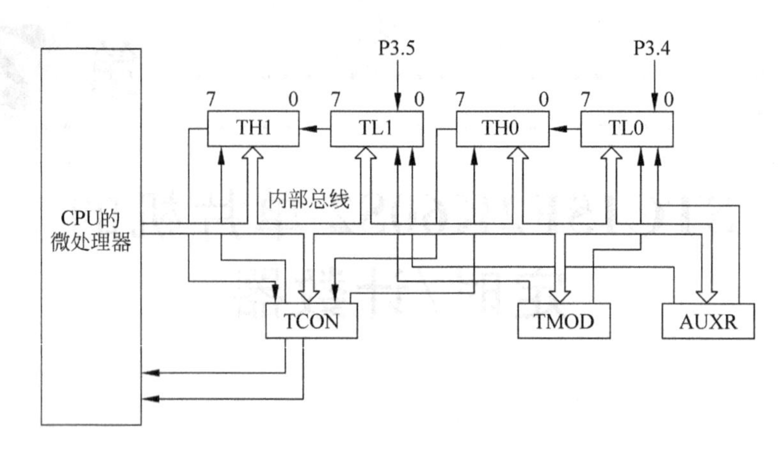

图 7.1 T0、T1 定时/计数器结构框图

脉冲有两个来源：一个是外部脉冲源：T0(P3.4)、T1(P3.5)；另一个是系统的时钟信号。计数器对两个脉冲源之一进行输入计数，每输入一个脉冲，计数值加 1。当计数到计数器为全 1 时，再输入一个脉冲就使计数值回零，同时使计数器计满溢出标志位 TF0 或 TF1 置 1，并向 CPU 发出中断请求。

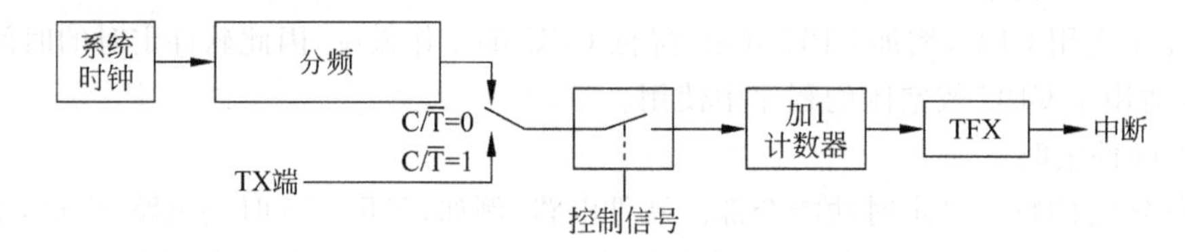

图 7.2 STC15F2K60S2 单片机计数器电路框图

定时功能：当脉冲源为系统时钟(等间隔脉冲序列)时，由于计数脉冲为一时间基准，脉冲数乘以计数脉冲周期(系统周期或 12 倍系统周期)就是定时时间。即当系统时钟确定时，计数器的计数值就确定了时间。

计数功能：当脉冲源为外部输入脉冲(由 T0 或 T1 引脚输入)时，就是外部事件的计数器。计数器在其对应的外输入端 T0(P3.4)或 T1(P3.5)有一个负跳变时计数器的状态值加 1。外部输入信号的速率是不受限制的，但必须保证给出的电平在变化前至少被采样一次。

7.2 STC15F2K60S2 单片机定时/计数器(T0/T1)的控制

STC15F2K60S2 单片机内部定时/计数器(T0/T1)的工作方式和控制由 TMOD、TCON 和 AUXR 3 个特殊功能寄存器进行管理。

TMOD：设置定时/计数器(T0/T1)的工作方式与功能。

TCON：控制定时/计数器(T0/T1)的启动与停止，并记录定时/计数器(T0/T1)的溢出标志位。

AUXR：设置定时计数脉冲的分频系数。

1. 工作方式寄存器 TMOD

TMOD 为 T0、T1 的工作方式寄存器，其格式如下：

	地址	B7	B6	B5	B4	B3	B2	B1	B0	复位值
TMOD	89H	GATE	C/$\overline{T}$	M1	M0	GATE	C/$\overline{T}$	M1	M0	00000000
		←定时/计数器 1→				←定时/计数器 0→				

TMOD 的低 4 位为 T0 的方式字段，高 4 位为 T1 的方式字段，它们的含义完全相同。

(1) M1、M0：T0、T1 工作方式选择位。其定义如表 7.1 所示。

表 7.1 T0、T1 的工作方式

M1	M0	工作方式	功能说明
0	0	方式 0	自动重装初始值的 16 位定时/计数器(推荐)
0	1	方式 1	16 位定时/计数器
1	0	方式 2	自动重装初始值的 8 位定时/计数器
1	1	方式 3	定时器 0：分成两个 8 位定时/计数器 定时器 1：停止计数

(2) C/$\overline{T}$：功能选择位。(C/$\overline{T}$)=0 时，设置为定时工作模式；(C/$\overline{T}$)=1 时，设置为计数工作模式。

(3) GATE：门控位。当(GATE)=0 时，软件控制位 TR0 或 TR1 置 1 即可启动定时/计数器；当(GATE)=1 时，软件控制位 TR0 或 TR1 须置 1，同时还须 INT0(P3.2)或 INT1(P3.3)引脚输入为高电平方可启动定时/计数器，即允许外中断 INT0(P3.2)、INT1(P3.3)输入引脚信号参与控制定时/计数器的启动与停止。

TMOD 不能位寻址，只能用字节指令设置定时器工作方式，高 4 位定义 T1，低 4 位定义 T0。复位时，TMOD 所有位均置 0。

例如，需要设置定时器 1 工作于方式 1 定时模式，定时器 1 的启停与外部中断 INT1(P3.3)输入引脚信号无关，则(M1)=0、(M0)=1、(C/T)=0、(GATE)=0，因此，高 4 位应为 0001；定时器 0 未用，低 4 位可随意置数，一般将其设为 0000。因此，指令形式为："MOV TMOD，#10H"或"TMOD=0x10；"。

2. 定时/计数器控制寄存器 TCON

TCON 的作用是控制定时/计数器的启动与停止，记录定时/计数器的溢出标志以及外部中断的控制。定时/计数器控制字 TCON 的格式及其说明如下。

	地址	B7	B6	B5	B4	B3	B2	B1	B0	复位值
TCON	88H	TF1	TR1	TF0	TR0	IE1	IT1	IE0	IT0	00000000

(1) TF1：定时/计数器 1 溢出标志位。当定时/计数器 1 计满产生溢出时，由硬件自

动置位 TF1，在中断允许时，向 CPU 发出中断请求，中断响应后，由硬件自动清除 TF1 标志。也可通过查询 TF1 标志，来判断计满溢出时刻，查询结束后，用软件清除 TF1 标志。

(2) TR1：定时/计数器 1 运行控制位。由软件置 1 或清 0 来启动或关闭定时/计数器 1。当(GATE)=0 时，TR1 置 1 即可启动定时/计数器 1；当(GATE)=1 时，TR1 置 1 且 INT1(P3.3)输入引脚信号为高电平时，方可启动定时/计数器 1。

(3) TF0：定时/计数器 0 溢出标志位。其功能及操作情况同 TF1。

(4) TR0：定时/计数器 0 运行控制位。其功能及操作情况同 TR1。

TCON 中的低 4 位用于控制外部中断，与定时器/计数器无关，留待第 8 章中介绍。当系统复位时，TCON 的所有位均清 0。

TCON 的字节地址为 88H，可以位寻址，清除溢出标志位或启动、停止定时/计数器都可以用位操作指令实现。

3. 辅助寄存器 AUXR

辅助寄存器 AUXR 的 T0x12、T1x12 用于设定 T0、T1 定时计数脉冲的分频系数。AUXR 的格式及其说明如下。

	地址	B7	B6	B5	B4	B3	B2	B1	B0	复位值
AUXR	8EH	T0x12	T1x12	UART_M0x6	T2R	T2_C/$\overline{T}$	T2x12	EXTRAM	S1ST2	00000000

(1) T0x12：用于设置定时/计数器 0 定时计数脉冲的分频系数。当(T0x12)=0，定时计数脉冲完全与传统 8051 单片机的计数脉冲一样，计数脉冲周期为系统时钟周期的 12 倍，即 12 分频；当(T0x12)=1，计数脉冲为系统时钟脉冲，计数脉冲周期等于系统时钟周期，即无分频。

(2) T1x12：用于设置定时/计数器 1 定时计数脉冲的分频系数。当(T1x12)=0，定时计数脉冲完全与传统 8051 单片机的计数脉冲一样，计数脉冲周期为系统时钟周期的 12 倍，即 12 分频；当(T1x12)=1，计数脉冲为系统时钟脉冲，计数脉冲周期等于系统时钟周期，即无分频。

7.3 STC15F2K60S2 单片机定时/计数器(T0/T1)的工作方式

通过对 TMOD 的 M1、M0 的设置，16 位定时/计数器有 4 种工作方式，分别为方式 0、方式 1、方式 2 和方式 3。其中，定时/计数器 0 可以工作在这 4 种工作方式中的任何一种，而定时/计数器 1 只具备方式 0、方式 1 和方式 2。除工作方式 3 以外，其他 3 种工作方式下，定时/计数器 0 和定时/计数器 1 的工作原理是相同的。下面以定时/计数器 0 为例，详述定时/计数器的 4 种工作方式。

1. 方式 0

方式 0 是一个可自动重装初始值的 16 位定时/计数器，其结构如图 7.3 所示，T0 定时/计数器有两个隐含的寄存器 RL_TH0、RL_TL0，用于保存 16 位定时/计数器的重装初始值，当 TH0、TL0 构成的 16 位计数器计满溢出时，RL_TH0、RL_TL0 的值自动装入 TH0、TL0 中。RL_TH0 与 TH0 共用同一个地址，RL_TL0 与 TL0 共用同一个地址。当(TR0)=0 时，对 TH0、TL0 寄存器写入数据时，也会同时写入 RL_TH0、RL_TL0 寄存器中；当(TR0)=1 时，对 TH0、TL0 写入数据时，只写入 RL_TH0、RL_TL0 寄存器中，而不会写入 TH0、TL0 寄存器中，这样不会影响 T0 的正常计数。

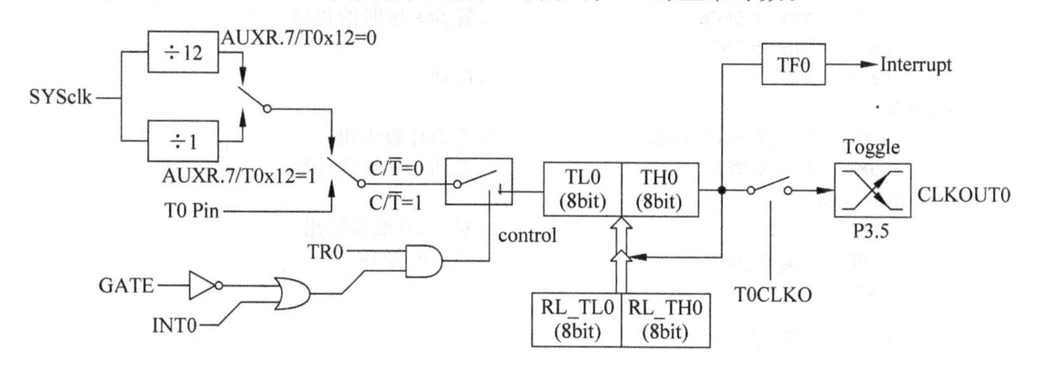

图 7.3 定时/计数器的工作方式 0

当(C/$\overline{T}$)=0 时，多路开关连接系统时钟的分频输出，定时/计数器 0 对定时计数脉冲计数，即定时工作方式。由 T0x12 决定如何对系统时钟进行分频，当(T0x12)=0 时，使用 12 分频(与传统 8051 单片机兼容)；当(T0x12)=1 时，直接使用系统时钟(即不分频)。

当(C/$\overline{T}$)=1 时，多路开关连接外部输入脉冲引脚 T0(P3.4)，定时/计数器 0 对 T0 引脚输入脉冲计数，即计数工作方式。

门控位 GATE 的作用：一般情况下，应使 GATE 为 0，这样，定时/计数器 0 的运行控制仅由 TR0 位的状态确定(TR0 为 1 时启动，TR0 为 0 时停止)。只有在启动计数要由外部输入引脚 INT0(P3.2)控制时，才使 GATE 为 1。由图 7.3 可知，当(GATE)=1 时，TR0 为 1 且 INT0 引脚输入高电平时，定时/计数器 0 才能启动计数。利用 GATE 的这一功能，可以很方便地测量脉冲宽度。

当 T0 工作在定时方式时，定时时间的计算公式如下：

$$\text{定时时间} = (M - \text{T0 定时器的初始值}) \times \text{系统时钟周期} \times 12^{(1-\text{T0x12})}$$

其中，$M=2^{16}=65536$。

注意：传统 8051 单片机定时/计数器 T0 的方式 0 为 13 为定时/计数器，没有 RL_TH0、RL_TL0 两个隐含的寄存器，新增的 RL_TH0、RL_TL0 也没有分配新的地址，同理，针对 T1 定时/计数器增加了 RL_TH1、RL_TL1，用于保存 16 位定时/计数器的重装初始值，当 TH1、TL1 构成的 16 位计数器计满溢出时，RL_TH1、RL_TL1 的值自动装入 TH1、TL1 中。RL_TH1 与 TH1 共用同一个地址，RL_TL1 与 TL1 共用同一个地址。

例 7.1 用 T1 方式 0 实现定时，在 P1.0 引脚输出周期为 10ms 的方波。

解：根据题意，采用 T1 方式 0 进行定时，因此，(TMOD)=00H。

因为方波周期是 10ms，因此 T1 的定时时间应为 5ms，每 5ms 时间到就对 P1.0 取反，就可实现在 P1.0 引脚输出周期为 10ms 的方波。系统采用 12MHz 晶振，分频系数为 12，即定时脉钟周期为 1μs，则 T1 的初值为

$$X = M - \text{计数值} = 65536 - 5000 = 60536 = \text{EC78H}$$

即(TH1)=ECH,(TL1)= 78H。

(1) 汇编语言参考源程序

```
        ORG     0000H
        MOV     TMOD, #00H                  ;设 T1 为方式 1 定时模式
        MOV     TH1, #0ECH                  ;置 5ms 定时的初值
        MOV     TL1, #78H
        SETB    TR1                         ;启动 T1
Check_TF1:
        JBC     TF1,Timer1_Overflow         ;查询计数溢出
        SJMP    Check_TF1                   ;未到 5ms 继续计数
Timer1_Overflow:
        CPL     P1.0                        ;对 P1.0 取反输出
        SJMP    Check_TF1                   ;不间断循环
        END
```

(2) C 语言参考源程序

```
#include<stc15f2k60s2.h>                    //包含 STC15F2K60S2 单片机的头文件
sbit P10 = P1^0;
void main(void)
{
    TMOD = 0x00;                            //定时器初始化
    TH1 = 0xec;
    TL1 = 0x78;
    TR1 = 1;                                //启动 T1
    while(1)
    {
        if(TF1 == 1)                        //判断 5ms 定时是否到
        {
            TF1 = 0;
            P10 = !P10;                     //5ms 定时,取反输出
        }
    }
}
```

2. 方式 1

定时/计数器 0 在方式 1 下的电路框图如图 7.4 所示。

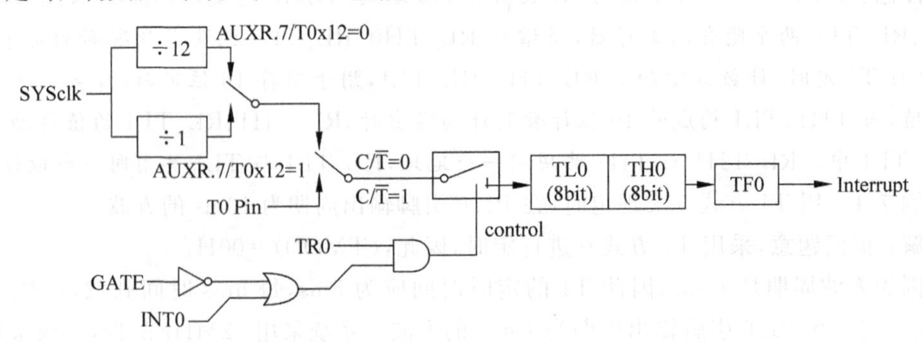

图 7.4 定时/计数器的工作方式 1

方式 1 和方式 0 都是 16 位的定时/计数器，由 TH0 作为高 8 位，TL0 作为低 8 位，方式 1 定时时间的计算公式与方式 0 也一样，方式 1 和方式 0 的不同点在于：方式 0 是可重装初始值的 16 位定时/计数器，而方式 1 是不可重装初始值的 16 位定时/计数器。因此，有了可重装初始值的 16 位定时/计数器，不可重装初始值的 16 位定时/计数器的应用意义就不大了。

3. 方式 2

方式 2 是可自动重装初始值的 8 位定时/计数器，其电路框图如图 7.5 所示。

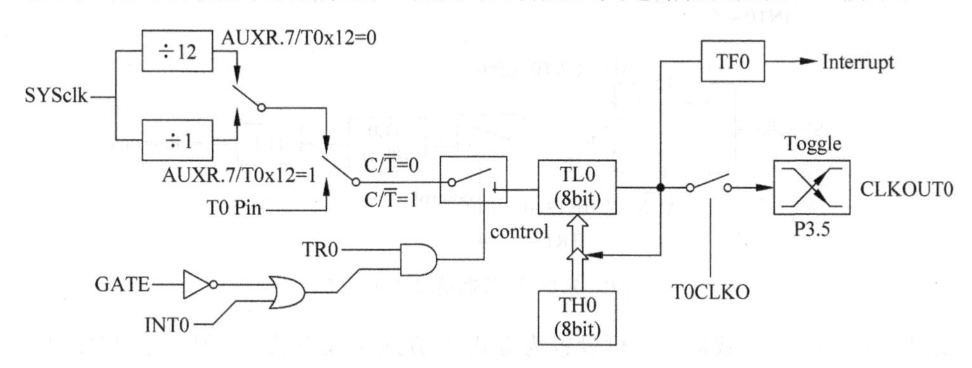

图 7.5　定时/计数器的工作方式 2

定时/计数器 0 构成一个自动重装功能的 8 位计数器，TL0 是 8 位的计数器，而 TH0 是一个数据缓冲器，存放 8 位初始值。当 TL0 计满溢出时，在溢出标志 TF0 置 1 的同时，还自动将 TH0 的常数送至 TL0，使 TL0 从初值开始重新计数。这种工作方式可省去用户软件中重置定时常数的程序，并可产生高精度的定时时间，特别适用于作串行口的波特率发生器。

方式 2 定时时间的计算公式如下：

$$定时时间 = (M - 定时器的初始值) \times 系统时钟周期 \times 12^{(1-T0x12)}$$

其中，$M=2^8=256$。

注意：8 位可自动重装初始值的定时/计数器所能实现的功能完全可以由 16 位可重装初始值的定时/计数器取代，因此，8 位可自动重装初始值的定时/计数器实际应用意义也就不大了。

4. 方式 3

方式 3 的电路框图如图 7.6 所示。

由图 7.6 可知，方式 3 时，定时器 T0 被分解成两个独立的 8 位定时/计数器 TL0 和 TH0。其中，TL0 占用原 T0 的控制位、外部引脚与中断请求标志位(计满溢出标志)，即 $C/\overline{T}$、GATE、TR0、TF0 和 T0(P3.4)引脚、INT0(P3.2)引脚。除计数位数不同于方式 1 外，其功能、操作与方式 1 完全相同，可定时也可计数。而 TH0 占用原定时器 T1 的控制位 TR1 和中断请求标志位 TF1，其启动和关闭仅受 TR1 控制，TH0 只能对系统时钟进行计数。因此，TH0 只能用作简单的内部定时，不能用作对外部脉冲进行计数，是定时器 T0 附加的一个 8 位定时器。

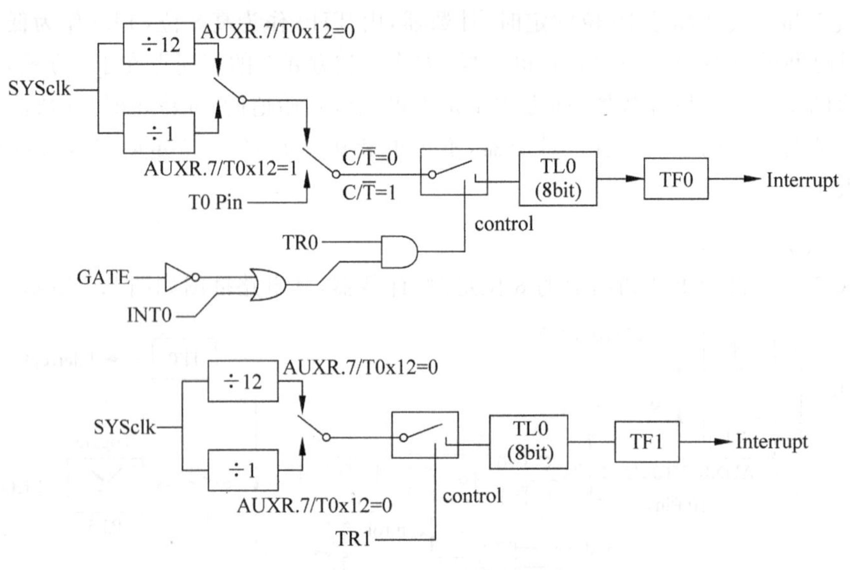

图 7.6 定时/计数器的工作方式 3

方式 3 时，定时/计数器 1 仍可设置为方式 0、方式 1 或方式 2。但由于 TR1、TF1 已被定时/计数器 0 占用，此时，定时/计数器 1 仅由控制位 C/$\overline{T}$ 切换其定时或计数功能，当计数器计满溢出时，计满溢出脉冲只能送往串行口，或作为可编程脉冲输出。在这种情况下，定时/计数器 1 一般用作串行口波特率发生器。因定时/计数器 1 的 TR1 被占用，因此其启动和关闭较为特殊，当设置好工作方式时，定时/计数器 1 即自动开始运行，若要停止计数，只需送入一个设置定时器 1 为方式 3 的方式字即可。

7.4 STC15F2K60S2 单片机定时/计数器(T0/T1)的应用举例

STC15F2K60S2 单片机的定时/计数器是可编程的。因此，在利用定时/计数器进行定时或计数之前，先要通过软件对它进行初始化。

定时/计数器初始化程序应完成如下工作。

(1) 对 TMOD 赋值，以确定 T0、T1 的工作方式。

(2) 对 AUXR 赋值，确定定时脉冲的分频系数，默认为 12 分频，与传统 8051 单片机兼容。

(3) 根据定时时间，计算初值，并将其写入 TH0、TL0 或 TH1、TL1。

(4) 为中断方式时，则对 IE 赋值，开放中断，必要时，还需对 IP 操作，确定各中断源的优先等级。

(5) 置位 TR0 或 TR1，启动 T0 和 T1 开始定时或计数。

7.4.1 STC15F2K60S2 单片机定时/计数器(T0/T1)的定时应用

例 7.2 信号灯循环点亮，每个信号灯点亮的时间为 1s。要求用单片机定时/计数器 T1 实现。

解：硬件电路比较简单，采用 P1 口输出驱动电平，低电平有效。电路如图 7.7 所示。

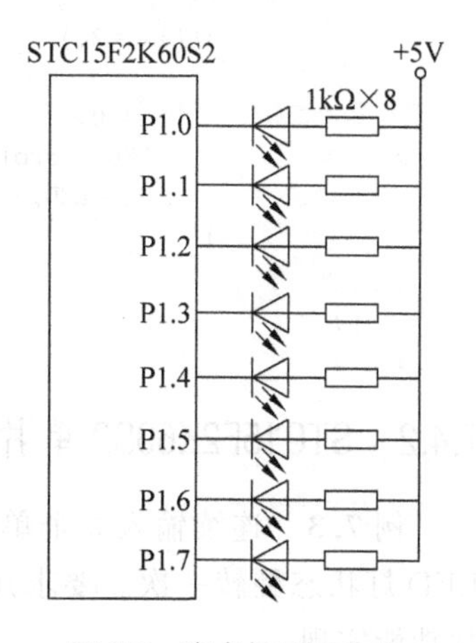

图 7.7 流水灯显示电路

系统采用 12MHz 晶振，分频系数为 12，即定时时钟周期为 1μs；采用定时器 T1 方式 0 定时，但最大定时时间只有 65.536ms，因此，这里需要采用“定时累计”的方法实现 1s 的定时时间。拟采用 T1 定时 50ms，累计 20 次实现 1s 的定时。用 R3 做 50ms 计数单元，初始值为 20，50ms 定时对应的初始值为 3CB0H。

(1) 汇编语言参考程序

```
        ORG   0000H
        MOV   A, #0FEH
        MOV   R3, #20                 ;置 50ms 计数循环初值
        MOV   TMOD, #00H              ;设定时器 1 为方式 1
        MOV   TH1, #3CH               ;置 50ms 定时器初值
        MOV   TL1, #0B0H
        SETB  TR1                     ;启动 T1
        MOV   P1,A
Check_TF1:
        JBC   TF1,Timer1_Overflow     ;查询计数溢出
        SJMP  Check_TF1               ;未到 50ms 继续计数
Timer1_Overflow:
        DJNZ  R3,Check_TF1            ;未到 1s 继续循环
        MOV   R3, #20
        RL    A
        MOV   P1,A
        SJMP  Check_TF1
        END
```

(2) C 语言参考程序

```
#include <stc15f2k60s2.h>              //包含 STC15F2K60S2 单片机的头文件
#include <intrins.h>                   //包含循环左移、右移子函数
#define  uchar  unsigned  char
#define  uint  unsigned  int
uchar  LED = 0xfe;
uchar  i = 0;
void main(void)
{
    TMOD = 0x00;
    TH1 = 0x3c;
    TL1 = 0xb0;
    TR1 = 1;
    P1 = LED;
    while(1)
    {
        if(TF1 == 1)
        {
            TF1 = 0;
            i++;
```

```
            if(i == 20)
            {
                i = 0;
                LED = _crol_(LED,1);   //循环左移一位
                P1 = LED;
            }
        }
    }
}
```

7.4.2 STC15F2K60S2 单片机定时/计数器(T0/T1)的计数应用

例 7.3 连续输入 5 个单次脉冲使单片机控制的 LED 灯状态翻转一次。要求用单片机定时/计数器计数功能实现。

解：采用 T1 实现，硬件如图 7.8 所示。

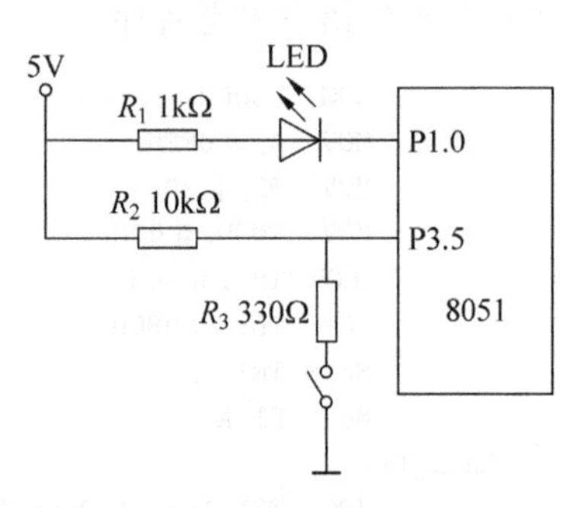

图 7.8 信号灯的计数控制

采用 T1 方式 0 的计数方式，初始值设置为 FFFBH，当输入 5 个脉冲时，即置"1"T1 计满溢出标志 TF1，通过查询 TF1，进而对 P1.0 LED 灯进行控制。

(1) 汇编语言参考源程序

```
        ORG    0000H
        MOV    TMOD, #40H                  ;设定定时器 1 模式 0,计数功能
        MOV    TH1, #0FFH
        MOV    TL1, #0FBH                  ;设置计数器初值(256 - 5)
        SETB   TR1                         ;启动计数
Check_TF1:
        JBC   TF1,Timer1_Overflow          ;查询是否计数溢出
        LJMP   Check_TF1
Timer1_Overflow:
        CPL   P1.0                         ;当统计 5 个脉冲,LED 灯状态翻转
        LJMP   Check_TF1
        END
```

(2) C 语言参考源程序

```
#include<stc15f2k60s2.h>
sbit   led = P1 ^0;
void   Timer1_initial(void)
{
    TMOD = 0x40;                           //设定定时器 1 模式 0,计数功能
    TH1 = 0xff;                            //5 个脉冲以后溢出
    TL1 = 0xfb;
    TR1 = 1;                               //开始计数器
}
void main(void)
{
    Timer1_initial();
    while(1)
    {
        while(TF1 == 0);  //不断查询是否溢出,没有溢出,就等待溢出;溢出了,清空溢出标志,LED 取反
        TF1 = 0;
```

```
        led = !led;
    }
}
```

7.4.3 T0、T1的综合应用

例7.4 利用单片机定时/计数器设计一个秒表，由P1口连接LED灯，采用BCD码显示，发光二极管亮表示1，暗则表示0，计满100s后从头开始，依次循环。利用一只开关控制秒表的启、停。利用复位键，返回初始工作状态。

解：选用P1口作输出端，控制8只发光二极管显示，设发光二极管的驱动是低电平亮，高电平灭。P3.5接秒表的启、停按键。采用T0的方式0作定时器，12MHz晶振，分频系数为12，即定时时钟周期为1μs。

实现算法：在例7.2秒定时的基础上，增加一个计数器统计秒的次数，即为秒表。

(1) 汇编语言参考源程序

```
        ORG  0000H
        MOV  TMOD,#00H                  ;T0方式0定时
        MOV  TH0,#3CH                   ;设置T0 50ms定时的初值
        MOV  TL0,#0B0H
        MOV  R3,#14H                    ;置50ms计数循环初值(1s/50ms)
        MOV  A,#00H                     ;设置秒计数,并初始化
        CPL  A                          ;满足低电平驱动要求
        MOV  P1,A                       ;秒计数值送P1口显示
        CPL  A                          ;恢复秒表计数值
Check_Start_Button:
        JNB  P3.5,Start
        CLR  TR0
        SJMP Check_Start_Button
Start:
        SETB TR0
Check_T0:
        JBC  TF0,Timer0_Overflow
        SJMP Check_Start_Button
Timer0_Overflow:
        DJNZ R3,Check_Start_Button
        MOV  R3,#20                     ;重改50ms计数循环初值
        ADD  A,#1                       ;秒表加1
        DA   A                          ;十进制调整
        CPL  A                          ;满足低电平驱动要求
        MOV  P1,A
        CPL  A                          ;恢复秒表计数值
        SJMP Check_Start_Button
        END
```

(2) C51参考源程序

```
#include <stc15f2k60s2.h>               //包含STC15F2K60S2单片机的头文件
#define uchar unsigned char
#define uint  unsigned int
uchar dat = 0;                          //定义BCD计数单元(范围：0～99)
uchar i;                                //定义循环变量
```

```
sbit key = P3^5;                                    //定义按键
/*----------------------------T0 初始化子函数--------------------------------*/
void Timer0_init(void)
{
    TMOD = 0x00;                                    //T0 为方式 0 定时
    TH0 = (65536-50000)/256;                        //赋 50ms 定时初始值
    TL0 = (65536-50000) % 256;
}
/*----------------------------启动子函数--------------------------------*/
void Start(void)
{
    if(key == 0)                                    //判断开关的状态
    {
        TR0 = 1;                                    //开始计时
    }
    else
    {
        TR0 = 0;
    }
}
/*--------------------------主函数--------------------------------*/
void main(void)
{
    Timer0_init();                                  //T0 初始化
    while(1)
    {
        Start();                                    //启动定时
        if(TF0 == 1)
        {
            TF0 = 0;
            i++;
            if(i == 20)                             //i = 20 时,计时 1s
            {
                i = 0;
                dat++;
                if(dat == 100)                      //计时到 100s 时,又从 0 开始
                {
                    dat = 0;
                }
            }
            P1 = ~( (dat/10) * 16 + dat % 10);      //秒值送 LED 显示
        }
    }
}
```

例 7.5 利用单片机定时器/计数器设计一个简易频率计,由 P1、P2 口连接 LED 灯,采用二进制显示,P1 口显示低 8 位,P2 口显示高 8 位,发光二极管亮表示 1,暗则表示 0。利用一只开关控制频率计的启、停。

解:采用 T0 的方式 0 作定时器,采用 T1 方式 0 对 P3.5 引脚输入脉冲进行计数,P3.4 接频率计的启、停开关。单片机的晶振为 12MHz,分频系数为 12,即定时时钟周期为 1μs。

当 T0 定时 1s 时读取 T1 的计数值，该值即为 P3.5 引脚输入脉冲的频率值。

(1) 汇编语言参考源程序

```
        ORG  0000H
        MOV  TMOD, #40H                     ;T0 方式 0 定时、T1 方式 0 计数
        MOV  TH0, #3CH                      ;设置 T0 50ms 定时的初值
        MOV  TL0, #0B0H
        MOV  R3, #14H                       ;置 50ms 计数循环初值(1s/50ms)
        MOV  TH1, #0                        ;清“0”T1 计数器
        MOV  TL1, #0
Check_Start_Button:
        JNB  P3.4,Start                     ;开关状态为“1”,频率计停止
        CLR  TR0
        CLR  TR1
        SJMP Check_Start_Button;
Start:
        SETB  TR0                           ;开关状态为“0”,频率计工作
        SETB  TR1
Check_T0:
        JBC TF0,Timer0_Overflow
        SJMP  Check_Start_Button
Timer0_Overflow:
        DJNZ  R3,Check_Start_Button
        MOV  R3, #20                        ;1s 到了,读 T1 计数值并送 P1、P2 端口显示
        MOV  A,TL1
        CPL  A
        MOV  P1,A
        MOV  A,TH1
        CPL  A
        MOV  P2,A
        CLR  TR1                            ;关闭 T1,满足对 T1 清零的条件
        MOV  TH1, #0
        MOV  TL1, #0
        SETB  TR1
        SJMP  Check_Start_Button
        END
```

(2) C51 参考源程序

```
#include <stc15f2k60s2.h>                    //包含 STC15F2K60S2 单片机的头文件
#define uchar unsigned char
#define uint  unsigned int
uchar i = 0;                                 //定义循环变量
sbit key = P3^4;                             //定义按键
/*----------------------------T0 初始化子函数--------------------------------*/
void Timer_init(void)
{
    TMOD = 0x40;                             //T0 方式 0 定时,T1 方式 0 计数
    TH0 = (65536-50000)/256;                 //设置 T0 50ms 定时初始值
    TL0 = (65536-50000) % 256;
    TH1 = 0;                                 //清“0”T1 计数器
    TL1 = 0;
}
```

```
/*----------------------------启动子函数--------------------------------*/
void Start(void)
{
    if(key == 0)                                    //判断开关的状态
    {
        TR0 = 1;                                    //频率计工作
        TR1 = 1;

    }
    else
    {
        TR0 = 0;                                    //频率计停止
        TR1 = 0;
    }
}
/*--------------------------主函数--------------------------------*/
void main(void)
{
    Timer_init();                                   //T0 初始化
    while(1)
    {
        Start();                                    // 启动定时
        if(TF0 == 1)
        {
            TF0 = 0;
            i++;
            if(i == 20)                             //i = 20 时,计时 1s
            {
                i = 0;
                P1 = ~TL1;
                P2 = ~TH1;
                TR1 = 0;                            //关闭 T1,满足对 T1 清零的条件
                TL1 = 0;
                TH1 = 0;
                TR1 = 0;
            }

        }
    }
}
```

7.5 STC15F2K60S2 单片机的定时/计数器 T2

7.5.1 STC15F2K60S2 单片机的定时/计数器 T2 的电路结构

STC15F2K60S2 定时/计数器 T2 的电路结构如图 7.9 所示。T2 的电路结构与 T0、T1 基本一致,但 T2 的工作模式固定为 16 位自动重装初始值模式。T2 可以当定时器、计数器用,也可以当串行口的波特率发生器和可编程时钟输出源。

7.5.2 STC15F2K60S2 单片机的定时/计数器 T2 的控制寄存器

STC15F2K60S2 单片机内部定时/计数器 T2 状态寄存器是 T2H、T2L,T2 的控制与

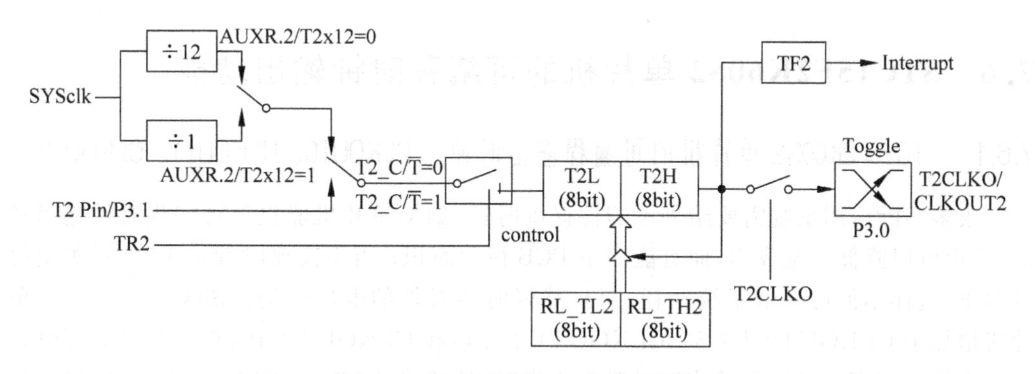

图 7.9 定时/计数器 T2 的原理框图

管理由特殊功能寄存器 AUXR、INT_CLKO、IE2 承担。与定时/计数器 T2 有关的特殊功能寄存器如下所示。

	地址	B7	B6	B5	B4	B3	B2	B1	B0	复位值
T2H	D6H	T2 的高 8 位								00000000
T2L	D7H	T2 的低 8 位								00000000
AUXR	8EH	T0x12	T1x12	UART_M0x6	T2R	T2_C/$\overline{T}$	T2x12	EXTRAM	S1ST2	00000000
INT_CLKO	8FH		EX4	EX3	EX2	LVD_WAKE	T2CLKO	T1CLKO	T0CLKO	00000000
IE2	AFH						ET2	ESPI	ES2	xxxxx000

(1) T2R：定时/计数器 T2 运行控制位

0：定时/计数器 T2 停止运行。

1：定时/计数器 T2 运行。

(2) T2_C/$\overline{T}$：定时、计数选择控制位

0：定时/计数器 T2 为定时状态，计数脉冲为系统时钟或系统时钟的 12 分频信号。

1：定时/计数器 T2 为计数状态，计数脉冲为 P3.1 输入引脚的脉冲信号。

(3) T2x12：定时脉冲的选择控制位

0：定时脉冲为系统时钟的 12 分频信号。

1：定时脉冲为系统时钟信号。

(4) T2CLKO：定时/计数器 T2 时钟输出控制位

0：不允许 P3.0 配置为定时/计数器 T2 的时钟输出口。

1：P3.0 配置为定时/计数器 T2 的时钟输出口。

(5) ET2：定时/计数器 T2 的中断允许位

0：禁止定时/计数器 T2 中断。

1：允许定时/计数器 T2 中断。

(6) S1ST2：串行口 1(UART1)波特率发生器的选择控制位

0：选择定时/计数器 T1 为串行口 1(UART1)波特率发生器。

1：选择定时/计数器 T2 为串行口 1(UART1)波特率发生器。

7.6 STC15F2K60S2 单片机的可编程时钟输出功能

7.6.1 STC15F2K60S2 单片机的可编程输出时钟：CLKOUT0、CLKOUT1、CLKOUT2

很多实际应用系统需要给外围器件提供时钟，如果单片机能提供可编程时钟输出功能，不但可以降低系统成本，而且能缩小 PCB 板的面积；当不需要时钟输出时，可关闭时钟输出，这样不但可降低系统功耗，而且减轻时钟对外的电磁辐射。STC15F2K60S2 单片机增加了 CLKOUT0(P3.5)、CLKOUT1(P3.4)和 CLKOUT2(P3.0)3 个可编程时钟输出引脚。CLKOUT0 的输出时钟频率由定时/计数器 T0 控制，CLKOUT1 的输出时钟频率由定时/计数器 T1 控制，相应的 T0、T1 器需要工作在方式 0 或方式 2(自动重装数据模式)。CLKOUT2 的输出时钟频率由定时/计数器 T2 控制。

1. 可编程时钟输出的控制

3 个可编程时钟输出由 INT_CLKO 特殊功能寄存器进控制，INT_CLKO 特殊功能寄存器的定义如下。

	地址	B7	B6	B5	B4	B3	B2	B1	B0	复位值
INT_CLKO	8FH	—	EX4	EX3	EX2	—	T2CLKO	T1CLKO	T0CLKO	x000x000

(1) T0CLKO：定时/计数器 T0 时钟输出控制位

0：不允许 P3.5(CLKOUT0)配置为定时/计数器 T0 的时钟输出口。

1：P3.5(CLKOUT0)配置为定时/计数器 T0 的时钟输出口。

(2) T1CLKO：定时/计数器 T1 时钟输出控制位

0：不允许 P3.4(CLKOUT1)配置为定时/计数器 T1 的时钟输出口。

1：P3.4(CLKOUT1)配置为定时/计数器 T1 的时钟输出口。

(3) T2CLKO：定时/计数器 T2 时钟输出控制位

0：不允许 P3.0(CLKOUT2)配置为定时/计数器 T2 的时钟输出口。

1：P3.0(CLKOUT2)配置为定时/计数器 T2 的时钟输出口。

2. 可编程时钟输出频率的计算

可编程时钟输出频率为定时/计数器溢出率的二分频信号。如允许 T0 输出时钟，T0 工作在方式 0 定时状态，则

$$\text{P3.5 输出时钟频率(CLKOUT0)}=\frac{1}{2}\text{T0 溢出率}$$

$$\text{(T0x12)=0 时,CLKOUT0}=\frac{\frac{f_{SYS}}{12}}{\frac{65536-[\text{RL\_TH0,RL\_TL0}]}{2}}$$

$$\text{(T0x12)=1 时,CLKOUT0}=\frac{f_{SYS}}{\frac{65536-[\text{RL\_TH0,RL\_TL0}]}{2}}$$

若 T0 工作在方式 2 定时状态，则

$$(T0x12)=0 \text{ 时}, CLKOUT0=\frac{\frac{f_{SYS}}{12}}{\frac{256-TH0}{2}}$$

$$(T0x12)=1 \text{ 时}, CLKOUT0=\frac{f_{SYS}}{\frac{256-TH0}{2}}$$

若 T0 工作在方式 0 计数状态，则

CLKOUT0=(T0_PIN_CLK)/(65536-[RL_TH0,RL_TL0])/2

注意：T0_PIN_CLK 为定时/计数器 T0 的计数输入引脚 T0 输入脉冲的频率。

7.6.2 STC15F2K60S2 单片机可编程时钟的应用举例

例 7.6 编程在 P3.0、P3.5、P3.4 引脚上分别输出 115.2KHz、51.2KHz、38.4KHz 的时钟信号。

解：设系统时钟频率为 12MHz，T0、T1 工作在方式 2 定时状态，且工作在无分频模式，即各定时器的定时脉冲频率等于时钟频率，即(T0x12)=(T1x12)=(T2x12)=1；根据前面可编程时钟输出频率的计算公式，计算各定时器的定时初始值：

(T2H)=FFH，(T2L)=CCH，(TH0)=(TL0)=8BH，(TH1)=(TL1)=64H

(1) 汇编语言参考源程序

```
T2H     EQU  D6H
T2L     EQU  D7H
AUXR  EQU  8EH
INT_CLKO   EQU  8FH
        ORG  0000H
        MOV  TMOD, #22H          ;T0、T1 为工作方式 2 定时
        ORL  AUXR, #80H          ;T0 工作在无分频模式
        ORL  AUXR, #40H          ;T1 工作在无分频模式
        ORL  AUXR, #04H          ;T2 工作在无分频模式
        MOV  T2H, #0FFH          ;设置 T2 定时器的初始值
        MOV  T2L, #0CCH
        MOV  TH0, #139           ;设置 T0 定时器的初始值
        MOV  TL0, #139
        MOV  TH1, #100           ;设置 T1 定时器的初始值
        MOV  TL1, #100
        ORL  INT_CLKO, #07H      ;允许 CLKOUT0、CLKOUT1、CLKOUT2 时钟输出
        SETB  TR0                ;启动 T0
        SETB  TR1                ;启动 T1
        ORL  AUXR, #10H          ;启动 T2
        SJMP   $
```

(2) C 语言参考源程序

```
#include <stc15f2k60s2.h>          //包含 STC15F2K60S2 单片机的头文件
void main(void)
{
    TMOD = 0x22;                     //T0、T2 为工作方式 2 定时
    AUXR = (AUXR|0x80);              //T0 工作在无分频模式
```

```
    AUXR = (AUXR|0x40);                        //T1 工作在无分频模式
    AUXR = (AUXR|0x04);                        //T2 工作在无分频模式
    T2H = 0xff;                                //给 T2、T0、T1 定时器设置初值
    T2L = 0xcc;
    TH0 = 139;
    TL0 = 139;
    TH1 = 100;
    TL1 = 100;
    INT_CLKO = (INT_CLKO|0x07);                //允许 T0、T1、T2 输出时钟信号
    TR0 = 1;                                   //启动 T0
    TR1 = 1;                                   //启动 T1
    AUXR = (AUXR|0x10);                        //启动 T2
    while(1);                                  //无限循环
}
```

本章小结

STC15F2K60S2 单片机内有 3 个通用的可编程定时/计数器 T0、T1 和 T2，定时/计数器 T0 和 T1 的核心电路是 16 位加法计数器，分别对应特殊功能寄存器中的两个 16 位寄存器对 TH0、TL0 和 TH1、TL1。每个定时/计数器都可以通过 TMOD 中的 $C/\overline{T}$ 位设定为定时或计数模式，定时与计数的区别在于计数脉冲的不同，定时器的计数脉冲为单片机内部的系统时钟信号或其 12 分频信号，而计数器的计数脉冲来自于单片机外部计数输入引脚(T0 或 T1)的输入脉冲。不论作定时器用，还是作计数器用，它们都有 4 种工作方式，由 TMOD 中的 M1 和 M0 设定，即

M1/M0＝0/0：方式 0，可重装初始值 16 位定时/计数器。

M1/M0＝0/1：方式 1，16 位定时/计数器。

M1/M0＝1/0：方式 2，可重装初始值 8 位定时/计数器。

M1/M0＝1/1：方式 3，T0 分为两个独立的 8 位定时/计数器，T1 停止工作。

从功能上看，方式 0 包含了方式 1、方式 2 所能实现的功能，而方式 3 不常使用。因此，在实际编程中，几乎只用到方式 0，建议学习中只学习方式 0 即可。

T1 除作一般的定时/计数器使用外，还可用作波特率发生器。

定时/计数器 T0、T1 的启、停由 TMOD 中的 GATE 位和 TCON 中的 TR1、TR0 位进行控制。当 GATE 位为 0 时，T0、T1 的启、停仅由 TR1、TR0 位进行控制；当 GATE 位为 1 时，T0、T1 的启、停必须由 TR1、TR0 位和 INT0、INT1 引脚输入的外部信号一起控制。

T2 定时/计数器无论在电路结构，还是控制管理上，和 T0、T1 是基本一致的，主要区别为 T2 是固定的 16 位可重装初始值工作模式。

STC15F2K60S2 单片机增加了 CLKOUT0(P3.4)、CLKOUT1(P3.5)和 CLKOUT2(P3.0)3 个可编程时钟输出引脚。CLKOUT0 的输出时钟频率由定时/计数器 0 控制，CLKOUT1 的输出时钟频率由定时/计数器 1 控制，CLKOUT2 的输出时钟频率由定时/计数器 2 控制，相应的 T0、T1 定时器需要工作在方式 0 或方式 2(8 位自动重装数据模式)。T2 也可以用作串行口的波特率发生器。

从广义上来讲，STC15F2K60S2 单片机还有看门狗定时器、停机唤醒定时器以及 CCP 模块，这些定时器的应用将在相应的章节中进行介绍。

习题与思考题

1. 定时/计数器的核心电路是什么？工作于定时和计数方式时有何异同点？

2. T0、T1 定时/计数器的 4 种工作方式各有何特点？如何设定？

3. 从定时/计数器的电路结构进行分析，定时/计数器的启动与停止是如何实现的？若要求定时/计数器的运行控制完全由 TR1、TR0 确定和完全由 INT0、INT1 引脚输入的高低电平控制时，其初始化编程应作何处理？

4. T0、T1 定时器/计数器用作定时时，其定时时间与哪些因素有关？用作计数时，对外界的计数频率有何限制？

5. 利用定时器来测量单次正脉冲的宽度，采用何种工作方式可获得最大的量程？当 f_{osc}=12MHz，求允许测量的最大脉宽是多少？

6. 利用定时/计数器 T0 从 P1.0 输出周期为 1s，脉宽为 20ms 的正脉冲信号，晶振频率为 12MHz，试编写程序。

7. 试编程实现从 P1.1 引脚输出频率为 1000Hz 的方波。设晶振频率为 11.0592MHz。

8. 试用定时/计数器 T1 对外部事件计数。要求每计数 10 个，就将 T1 改成定时方式，控制 P1.7 输出一个脉宽为 10ms 的正脉冲，然后又转为计数方式，如此反复循环。设晶振频率为 11.0592MHz。

9. 利用定时/计数器 T0 产生定时时钟，由 P1 口控制 8 个指示灯。编程，使 8 个指示灯依次一个一个点亮，点亮间隔为 100ms(8 个灯依次点亮一遍为一个周期)，如此反复循环。

10. 若晶振频率为 12MHz，如何用 T0 来测量 1～10s 的方波周期？又如何测量频率为 1MHz 左右的脉冲频率？

11. 如何用定时/计数器扩展外部中断？试编程用定时/计数器 T0 扩展一个外部中断。

12. 利用定时/计数器设计一个倒计时秒表，功能要求如下：

(1) 倒计时时间可设置为 60s 或 90s。

(2) 具有启动与复位功能。

(3) 倒计时时间归零，声光提示。

13. 定时/计数器 T2 与 T0、T1 有什么不同点？

14. 编程利用 T0、T1 定时/计数器在 P3.4、P3.5 引脚上分别输出 153.6kHz、204.8kHz 的时钟信号。

CHAPTER 8

STC15F2K60S2 单片机中断系统

中断的概念是在 20 世纪 50 年代中期提出的，是计算机中一个很重要的技术，它既和硬件有关，也和软件有关。正是因为有了中断技术，才使计算机的工作更加灵活、效率更高。现代计算机中操作系统实现的管理调度，其物质基础就是丰富的中断功能和完善的中断系统。一个 CPU 资源要面向多个任务，出现资源竞争，而中断技术实质上是一种资源共享技术。中断技术的出现使计算机的发展和应用大大地推进了一步。所以，中断功能的强弱已成为衡量一台计算机功能完善与否的重要指标。

中断系统是为使 CPU 具有对外界紧急事件的实时处理能力而设置的。

8.1 中断系统概述

8.1.1 中断系统的几个概念

1. 中断

中断是指程序执行过程中，允许外部或内部事件通过硬件打断程序的执行，使其转向为处理外部或内部事件的中断服务程序中去，完成中断服务程序后，CPU 返回继续执行被打断的程序。如图 8.1(a)所示为中断响应过程的示意图，一个完整的中断过程包括 4 个步骤：中断请求、中断响应、中断服务与中断返回。

打个比方，当一位经理正处理文件时，电话铃响了(中断请求)，他不得不在文件上做一个记号(断点地址，即返回地址)，暂停工作，去接电话(响应中断)，并处理“电话请求”(中断服务)，然后静下心来(恢复中断前状态)，接着处理文件(中断返回)……

2. 中断源

引起 CPU 中断的根源或原因，称为中断源。中断源向 CPU 提出的处理请求，称为中断请求或中断申请。

3. 中断优先级

当有几个中断源同时申请中断时，就存在 CPU 先响应哪个中断请求的问题。为此，CPU 要对各中断源确定一个优先等级，称为中断优先级。中断优先级高的中断请求优先响应。

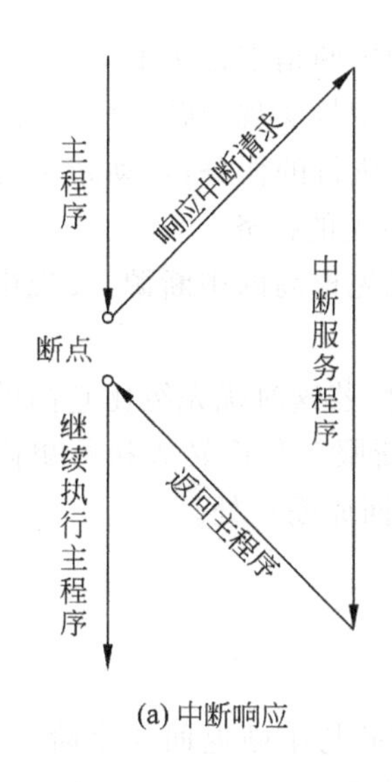

(a) 中断响应

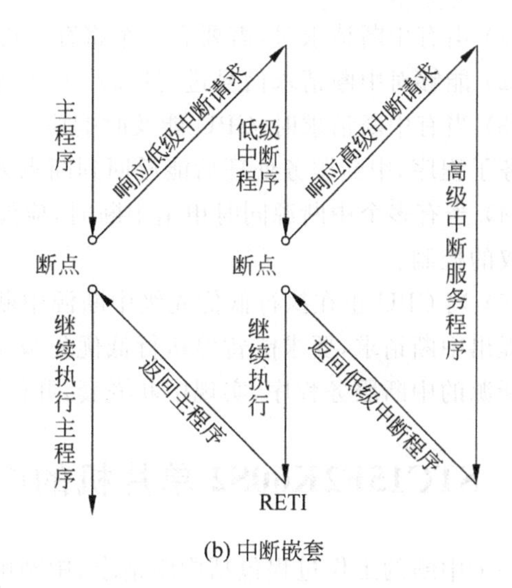

(b) 中断嵌套

图 8.1 中断响应过程示意图

4. 中断嵌套

中断优先级高的中断请求可以中断 CPU 正在处理的优先级更低的中断服务程序，待完成了中断优先权高的中断服务程序之后，再继续执行被打断的优先级低的中断服务程序，这就是中断嵌套，如图 8.1(b)所示。

8.1.2 中断的技术优势

1. 解决了快速 CPU 和慢速外设之间的矛盾，可使 CPU 和外设并行工作

由于应用系统的许多外部设备速度较慢，可以通过中断的方法来协调快速 CPU 与慢速外部设备之间的工作。

2. 可及时处理控制系统中许多随机参数和信息

依靠中断技术能实现实时控制。实时控制要求计算机能及时完成被控对象随机提出的分析和计算任务。在自动控制系统中，要求各控制参量随机地在任何时刻可向计算机发出请求，CPU 必须作出快速响应、及时处理。

3. 具备了处理故障的能力，提高了机器自身的可靠性

由于外界的干扰、硬件或软件设计中存在问题等因素，在实际运行中会出现硬件故障、运算错误、程序运行等故障，有了中断技术，计算机就能及时发现故障并自动处理。

4. 实现人机联系

比如通过键盘向单片机发出中断请求，可以实时干预计算机的工作。

8.1.3 中断系统需要解决的问题

中断技术的实现依赖于一个完善的中断系统，一个中断系统需要解决的问题主要有如下几点。

(1) 当有中断请求时,需要有一个寄存器能把中断源的中断请求记录下来。

(2) 能够对中断请求信号进行屏蔽,灵活地对中断请求信号实现屏蔽与允许的管理。

(3) 当有中断请求时,CPU 能及时响应中断,停下正在执行的任务,自动转去处理中断服务子程序,中断服务处理后能返回到断点处继续处理原先的任务。

(4) 当有多个中断源同时申请中断时,应能优先响应优先权高的中断源,实现中断优先级权的控制。

(5) 当 CPU 正在执行低优先级中断源中断服务程序时,若这时优先级比它高的中断源也提出中断请求,要求能暂停执行低优先级中断源的中断服务程序转去执行更高优先级中断源的中断服务程序,实现中断嵌套,并能逐级正确返回原断点处。

8.2 STC15F2K60S2 单片机的中断系统

一个中断的工作过程包括中断请求、中断响应、中断服务与中断返回 4 个阶段,下面按照中断系统工作过程介绍 STC15F2K60S2 单片机的中断系统。

8.2.1 STC15F2K60S2 单片机的中断请求

如图 8.2 所示,STC15F2K60S2 单片机的中断系统有 14 个中断源,2 个优先级,可实现二级中断服务嵌套。由片内特殊功能寄存器中的中断允许寄存器 IE、IE2、INT_CLKO 控制 CPU 是否响应中断请求;由中断优先级寄存器 IP、IP2 安排各中断源的优先级;同一优先级内 2 个以上中断同时提出中断请求时,由内部的查询逻辑确定其响应次序。

1. 中断源

STC15F2K60S2 单片机有 14 个中断源,详述如下。

(1) 外部中断 0(INT0):中断请求信号由 P3.2 脚输入。通过 IT0 来设置中断请求的触发方式。当 IT0 为"1"时,外部中断 0 为下降沿触发;当 IT0 为"0"时,无论是上升沿还是下降沿,都会引发外部中断 0。一旦输入信号有效,则置位 IE0 标志,向 CPU 申请中断。

(2) 外部中断 1(INT1):中断请求信号由 P3.3 脚输入。通过 IT1 来设置中断请求的触发方式。当 IT1 为"1"时,外部中断 0 为下降沿触发;当 IT1 为"0"时,无论是上升沿还是下降沿,都会引发外部中断 1。一旦输入信号有效,则置位 IE1 标志,向 CPU 申请中断。

(3) 定时/计数器 T0 溢出中断:当定时/计数器 T0 计数产生溢出时,定时/计数器 T0 中断请求标志位 TF0 置位,向 CPU 申请中断。

(4) 定时/计数器 T1 溢出中断:当定时/计数器 T1 计数产生溢出时,定时/计数器 T1 中断请求标志位 TF1 置位,向 CPU 申请中断。

(5) 串行口 1 中断:当串行口 1 接收完一串行帧时置位 RI 或发送完一串行帧时置位 TI,向 CPU 申请中断。

(6) A/D 转换中断:当 A/D 转换结束后,则置位 ADC_FLAG,向 CPU 申请中断。

(7) 片内电源低电压检测中断:当检测到电源为低电压,则置位 LVDF;上电复位

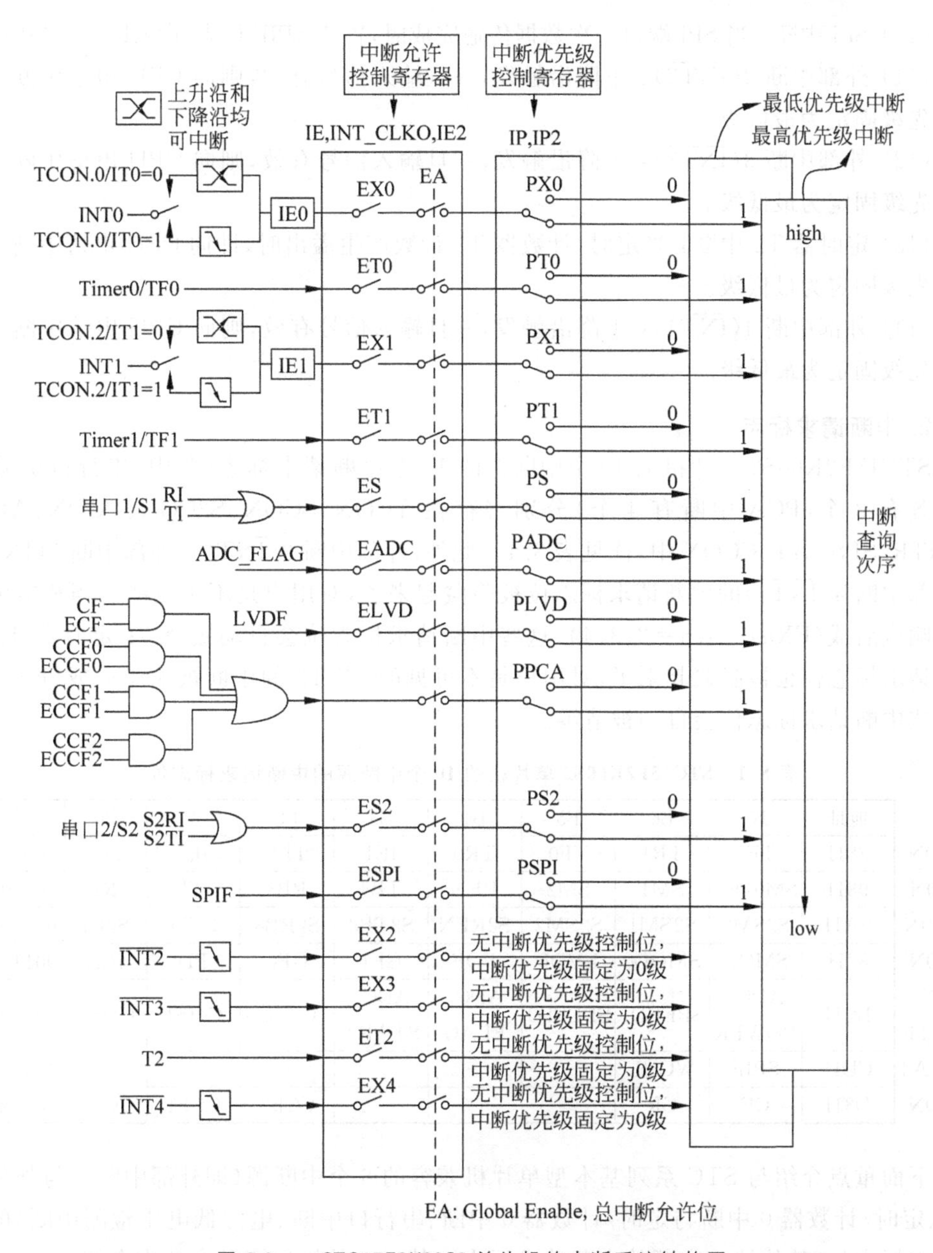

图 8.2　STC15F2K60S2 单片机的中断系统结构图

时，由于电源电压上升有一个过程，低压检测电路会检测到低电压，置位 LVDF，向 CPU 申请中断。单片机上电复位后，(LVDF)=1，若需应用 LVDF，则需先对 LVDF 清 0，若干个系统时钟后，再检测 LVDF。

(8) PCA/CPP 中断：PCA/CPP 中断的中断请求信号由 CF、CCF0、CCF1、CCF2 标志共同形成，CF、CCF0、CCF1、CCF2 中任一标志为“1”，都可引发 PCA/CPP 中断。

(9) 串行口 2 中断：当串行口 2 接收完一串行帧时置位 S2RI 或发送完一串行帧时置位 S2TI，向 CPU 申请中断。

(10) SPI中断：当SPI端口一次数据传输完成时，置位SPIF标志，向CPU申请中断。

(11) 外部中断2($\overline{INT2}$)：下降沿触发，一旦输入信号有效，则向CPU申请中断。中断优先级固定为最低级。

(12) 外部中断3($\overline{INT3}$)：下降沿触发，一旦输入信号有效，则向CPU申请中断。中断优先级固定为最低级。

(13) 定时器T2中断：当定时/计数器T2计数产生溢出时，即向CPU申请中断。中断优先级固定为最低级。

(14) 外部中断4($\overline{INT4}$)：下降沿触发，一旦输入信号有效，则向CPU申请中断。中断优先级固定为最低级。

2. 中断请求标志

STC15F2K60S2单片机的10个中断源的14个中断请求标志(其中，串行口1、串行口2各有2个，PCA中断有4个)分别寄存在TCON、SCON、S2CON、PCON、ADC_CONTR、SPSTAT、CCON中，详见表8.1。此外，外部中断2($\overline{INT2}$)、外部中断3($\overline{INT3}$)和外部中断4($\overline{INT4}$)的中断请求标志位被隐藏起来了，对用户是不可见的。当相应的中断被响应后或(EXn)=0(n=2、3、4)，这些中断请求标志位会自动被清0；定时器T2的中断请求标志位也被隐藏起来了，对用户是不可见的，当T2的中断被响应后或(ET2)=0，这些中断请求标志位会自动被清零。

表8.1 STC15F2K60S2单片机的10个中断源的中断请求标志位

	地址	B7	B6	B5	B4	B3	B2	B1	B0	复位值
TCON	88H	TF1	TR1	TF0	TR0	IE1	IT1	IE0	IT0	00000000
SCON	98H	SM0/FE	SM1	SM2	REN	TB8	RB8	TI	RI	00000000
S2CON	9AH	S2SM0	S2SM1	S2SM2	S2REN	S2TB8	S2RB8	S2TI	S2RI	00000000
PCON	87H	SMOD	SMOD0	LVDF	POF	GF1	GF0	PD	IDL	00110000
ADC_CONTR	BCH	ADC_POWER	SPEED1	SPEED0	ADC_FLAG	ADC_START	CHS2	CHS1	CHS0	00000000
SPSTAT	CDH	SPIF	WCOL	—	—	—	—	—	—	00xxxxxx
CCON	D8H	CF	CR	—	—	—	CCF2	CCF1	CCF0	00xxx000

下面重点介绍与STC系列基本型单片机兼容的6个中断源(即外部中断0与外部中断1、定时/计数器0中断与定时/计数器0中断、串行口中断、电源低电压检测中断)的中断请求标志位，其他接口中断的中断请求标志在其对应的接口资源章节中介绍。

1) TCON寄存器中的中断请求标志

TCON为定时器T0和T1的控制寄存器，同时也锁存T0、T1的溢出中断请求标志及外部中断0、外部中断1的中断请求标志等。与中断有关位如下：

	地址	B7	B6	B5	B4	B3	B2	B1	B0	复位值
TCON	88H	TF1	TR1	TF0	TR0	IE1	IT1	IE0	IT0	0000000

(1) TF1：T1的溢出中断请求标志。T1被启动计数后，从初值做加1计数，计满溢

出后由硬件置位 TF1,同时向 CPU 发出中断请求,此标志一直保持到 CPU 响应中断后才由硬件自动清 0。也可由软件查询该标志,并由软件清 0。

(2) TF0：T0 溢出中断请求标志。其操作功能与 TF1 相同。

(3) IE1：外部中断 1 的中断请求标志。当 INT1 引脚的输入信号满足中断触发要求时,置位 IE1,外部中断 1 向 CPU 申请中断。中断响应后中断请求标志自动清 0。

(4) IT1：外部中断 1(INT1)中断触发方式控制位。

当(IT1)＝ 1 时,外部中断 1 为下降沿触发方式。在这种方式下,若 CPU 检测到 INT1 出现下降沿信号,则认为有中断申请,随即使 IE1 标志置位。中断响应后中断请求标志会自动清 0,无须做其他处理。

当(IT1)＝ 0 时,外部中断 1 为上升沿触发和下降沿触发触发方式。在这种方式下,无论 CPU 检测到 INT1 引脚出现下降沿信号还是上升沿信号,都认为有中断申请,随即使 IE1 标志置位。中断响应后中断请求标志会自动清 0,无须做其他处理。

(5) IE0：外部中断 0 的中断请求标志。其操作功能与 IE1 相同。

(6) IT0：外部中断 0 的中断触发方式控制位。其操作功能与 IT1 相同。

2) SCON 寄存器中的中断请求标志

SCON 是串行口控制寄存器,其低 2 位 TI 和 RI 锁存串行口的接收中断请求标志和发送中断请求标志。

	地址	B7	B6	B5	B4	B3	B2	B1	B0	复位值
SCON	98H	SM0/FE	SM1	SM2	REN	TB8	RB8	TI	RI	00000000

(1) TI：串行口发送中断请求标志。CPU 将数据写入发送缓冲器 SBUF 时,就启动发送,每发送完一个串行帧,硬件将使 TI 置位。但 CPU 响应中断时并不清除 TI,必须由软件清除。

(2) RI：串行口接收中断请求标志。在串行口允许接收时,每接收完一个串行帧,硬件将使 RI 置位。同样,CPU 在响应中断时不会清除 RI,必须由软件清除。

STC15F2K60S2 单片机系统复位后,TCON 和 SCON 均清 0。

3) PCON 寄存器中中断请求标志

PCON 是电源控制寄存器,其中 B5 位为 LVD 中断源的中断请求标志。

	地址	B7	B6	B5	B4	B3	B2	B1	B0	复位值
PCON	87H	SMOD	SMOD0	LVDF	POF	GF1	GF0	PD	IDL	00110000

LVDF：片内电源低电压检测中断请求标志,当检测到低电压,则(LVDF)＝1；LVDF 中断请求标志需由软件清零。

3. 中断允许的控制

计算机中断系统有两种不同类型的中断：一类称为非屏蔽中断；另一类称为可屏蔽中断。对非屏蔽中断,用户不能用软件的方法加以禁止,一旦有中断申请,CPU 必须予以响应。对可屏蔽中断,用户则可以通过软件方法来控制是否允许某中断源的中断请求,允许中断称中断开放,不允许中断称中断屏蔽。STC15F2K60S2 单片机的 14 个中断源都是可屏蔽中断,其中断系统内部设有 3 个专用寄存器(IE、IE2、INT_CLKO)用于对除 PCA/CPP 中断外的所有中断进行控制,实现中断的开放与屏蔽,详见表 8.2。

表 8.2 STC15F2K60S2 单片机的中断允许控制位

	地址	B7	B6	B5	B4	B3	B2	B1	B0	复位值
IE	A8H	EA	ELVD	EADC	ES	ET1	EX1	ET0	EX0	00x00000
IE2	AFH	—	—	—	—	—	ET2	ESPI	ES2	xxxxx000
INT_CLKO	8FH	—	EX4	EX3	EX2	—	T2CLKO	T1CLKO	T0CLKO	x000x000

(1) EA:总中断允许控制位。(EA)=1,开放 CPU 中断,各中断源的允许和禁止需再通过相应的中断允许位单独加以控制;(EA)=0,禁止所有中断。

(2) ELVD:片内电源低压检测中断(LVD)的中断允许位。(ELVD)= 1,允许 LVD 中断;(ELVD)=0,禁止 LVD 中断。

(3) EADC:A/D 转换中断的中断允许位。(EADC)=1,允许 A/D 转换中断;(EADC)=0,禁止 A/D 转换中断。

(4) ES:串行口中断允许位。(ES)=1,允许串行口中断;(ES)=0,禁止串行口中断。

(5) ET1:定时/计数器 T1 中断允许位。(ET1)=1,允许 T1 中断;(ET1)=0,禁止 T1 中断。

(6) EX1:外部中断 1(INT1)中断允许位。(EX1)=1,允许外部中断 1 中断;(EX1)=0,禁止外部中断 1 中断。

(7) ET0:定时/计数器 T0 中断允许位。(ET0)=1,允许 T0 中断;(ET0)=0,禁止 T0 中断。

(8) EX0:外部中断 0(INT0)中断允许位。(EX0)=1,允许外部中断 0 中断;(EX0)=0,禁止外部中断 0 中断。

(9) ET2:定时/计数器 T2 中断的中断允许位。(ET2)=1,允许定时器 T2 中断;(ET2)=0,禁止定时器 T2 中断。

(10) ESPI:SPI 中断的中断允许位。(ESPI)=1,允许 SPI 中断;(ESPI)=0,禁止 SPI 中断。

(11) ES2:串行口 2 的中断允许位。(ES2)=1,允许串行口 2 的中断;(ES2)=0,禁止串行口 2 的中断。

(12) EX4:外部中断 4 的中断允许位。(EX4)=1,允许外部中断 4;(EX4)=0,禁止外部中断 4。

(13) EX3:外部中断 3 的中断允许位。(EX3)=1,允许外部中断 3;(EX3)=0,禁止外部中断 3。

(14) EX2:外部中断 2 的中断允许位。(EX2)=1,允许外部中断 2;(EX2)=0,禁止外部中断 2。

PCA/CPP 中断的中断请求信号是 CF、CCF0、CCF1、CCF2 的或信号，CF、CCF0、CCF1、CCF2 中断请求信号的允许与否分别由 ECF、ECCF0、ECCF1、ECCF2 控制位进行控制，“1”允许，“0”禁止。ECF、ECCF0、ECCF1、ECCF2 分别设置在 CMOD 的 B0 位、CCAPM0 的 B0 位、CCAPM1 的 B0 位和 CCAPM2 的 B0 位。

STC15F2K60S2 单片机系统复位后，IE、IE2、INT_CLKO 中各中断允许位均被清零，即禁止所有中断。

一个中断要处于允许状态，必须满足两个条件：一是总中断允许位为 1，二是该中断的中断允许位为 1。

4. 中断优先的控制

STC15F2K60S2 单片机除外部中断 2($\overline{INT2}$)、外部中断 3($\overline{INT3}$)、定时器 T2 中断和外部中断 4($\overline{INT4}$)为固定最低优先级中断外，其他中断都具有 2 个中断优先级，可实现二级中断服务嵌套。IP、IP2 为中断优先级寄存器，锁存各中断源优先级控制位，详见表 8.3。

表 8.3　STC15F2K60S2 单片机的中断优先控制寄存器

	地址	B7	B6	B5	B4	B3	B2	B1	B0	复位值
IP	B8H	PPCA	PLVD	PADC	PS	PT1	PX1	PT0	PX0	00000000
IP2	B5H	—	—	—	—	—	—	PSPI	PS2	xxxxxx00

(1) PX0：外部中断 0 中断优先级控制位。

(PX0)=0，外部中断 0 为低优先级中断。

(PX0)=1，外部中断 0 为高优先级中断。

(2) PT0：定时/计数器 T0 中断的中断优先级控制位。

(PT0)=0，定时/计数器 T0 中断为低优先级中断。

(PT0)=1，定时/计数器 T0 中断为高优先级中断。

(3) PX1：外部中断 1 中断优先级控制位。

(PX1)=0，外部中断 1 为低优先级中断。

(PX1)=1，外部中断 1 为高优先级中断。

(4) PT1：定时/计数器 T1 中断优先级控制位。

(PT1)=0，定时/计数器 T1 中断为低优先级中断。

(PT1)=1，定时/计数器 T1 中断为高优先级中断。

(5) PS：串行口中断的优先级控制位。

(PS)=0，串行口中断为低优先级中断。

(PS)=1，串行口中断为高优先级中断。

(6) PADC：A/D 转换中断的中断优先级控制位。

(PADC)=0，A/D 转换中断为低优先级中断。

(PADC)=1，A/D 转换中断为高优先级中断。

(7) PLVD：电源低电压检测中断优先级控制位。

(PLVD)=0,电源低电压检测中断为低优先级中断。

(PLVD)=1,电源低电压检测中断为高优先级中断。

(8) PPCA：PCA 中断优先级控制位。

(PPCA)=0,PCA 中断为低优先级中断。

(PPCA)=1,PCA 中断为高优先级中断。

(9) PS2：串行口 2 中断优先级控制位。

(PS2)=0,串行口 2 中断为低优先级中断。

(PS2)=1,串行口 2 中断为高优先级中断。

(10) PSPI：SPI 中断优先级控制位。

(PSPI)=0,SPI 中断为低优先级中断。

(PSPI)=1,SPI 中断为高优先级中断。

当系统复位后,IP、IP2 的 10 个位全部清 0,所有中断源均设定为低优先级中断。

如果几个同一优先级的中断源同时向 CPU 申请中断,CPU 通过内部硬件查询逻辑,按自然优先级顺序确定先响应哪个中断请求。自然优先级由内部硬件电路形成,排列如下：

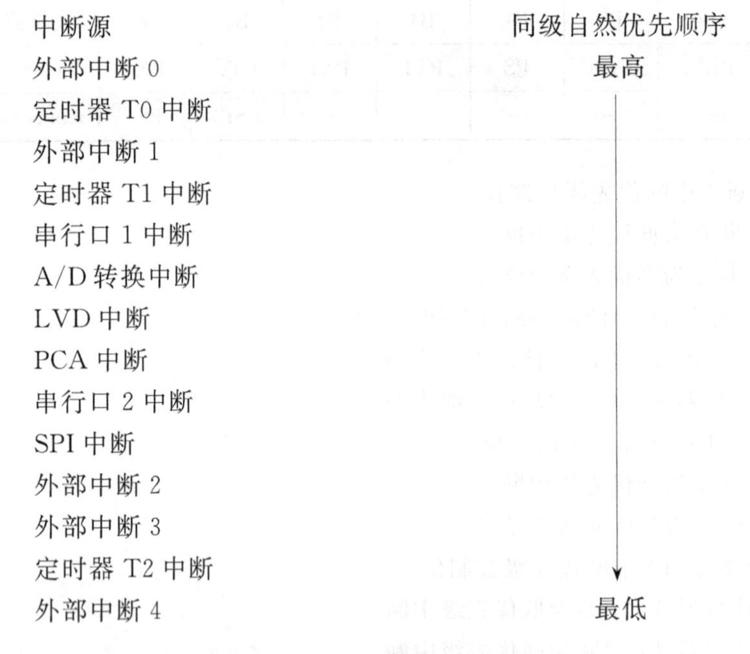

8.2.2 STC15F2K60S2 单片机的中断响应

1. 中断响应

中断响应是 CPU 对中断源中断请求的响应,包括保护断点和将程序转向中断响应后的入口地址(也称中断向量地址)。CPU 并非任何时刻都响应中断请求,而是在中断响应条件满足之后才会响应。

1) 中断响应时间问题

当中断源在中断允许的条件下,中断源发出中断请求后,CPU 肯定会响应中断,但若有下列任何一种情况存在，则中断响应会受到阻断，会不同程度地增加 CPU 响应中断的时间。

(1) CPU 正在执行同级或高级优先级的中断。

(2) 正在执行 RETI 中断返回指令或访问与中断有关的寄存器的指令，如访问 IE 和 IP 的指令。

(3) 当前指令未执行完。

若存在上述任何一种情况，中断查询结果即被取消，CPU 不响应中断请求而在下一指令周期继续查询，条件满足，CPU 在下一指令周期响应中断。

在每个指令周期的最后时刻，CPU 对各中断源采样，并设置相应的中断标志位：CPU 在下一个指令周期的最后时刻按优先级顺序查询各中断标志，如查到某个中断标志为 1，将在下一个指令周期按优先级的高低顺序进行处理。

2) 中断响应过程

中断响应过程包括保护断点和将程序转向中断服务程序的入口地址。

CPU 响应中断时，将相应的优先级状态触发器置 1，然后由硬件自动产生一个长调用指令 LCALL，此指令首先把断点地址压入堆栈保护，再将中断服务程序的入口地址送入程序计数器 PC，使程序转向相应的中断服务程序。

STC15F2K60S2 单片机各中断源的中断响应入口地址由硬件事先设定，如表 8.4 所示。

表 8.4 STC15F2K60S2 单片机各中断源的中断响应入口地址与中断号

中　断　源	入口地址(中断向量)	中　断　号
外部中断 0	0003H	0
定时/计数器 T0 中断	000BH	1
外部中断 1	0013H	2
定时/计数器 T1 中断	001BH	3
串行口中断	0023H	4
A/D 转换中断	002BH	5
LVD 中断	0033H	6
PCA 中断	003BH	7
串行口 2 中断	0043H	8
SPI 中断	004BH	9
外部中断 2	0053H	10
外部中断 3	005BH	11
定时器 T2 中断	0063H	12
预留中断	006BH、0073H、007BH	13、14、15
外部中断 4	0083H	16

使用时，通常在这些中断响应的入口地址处存放一条无条件转移指令，使程序跳转到用户安排的中断服务程序的起始地址上去。

例如：

```
ORG     001BH                              ;T1 中断响应的入口
LJMP    T1_ISR                             ;转向 T1 中断服务程序
```

其中，中断号是在C语言程序中编写中断函数使用的，在中断函数中中断号与各中断源是一一对应的，不能混淆。例如：

```
void  INT0_ISR(void)interrupt 0{}            //外部中断 0 中断函数
void  Timer0_ISR(void)interrupt 1{}          //定时器 T0 中断函数
void  INT1_ISR(void)interrupt 2{}            //外部中断 1 中断函数
void  Timer1_ISR(void)interrupt 3{}          //定时器 T1 中断函数
void  UART_ISR(void) interrupt 4{}           //串行通信中断函数
void  LVD_ISR(void)interrupt 6{}             //LVD 中断函数
```

3）中断请求标志的撤除问题

CPU响应中断请求后即进入中断服务程序，在中断返回前，应撤除该中断请求，否则，会重复引起中断而导致错误。STC15F2K60S2单片机各中断源中断请求撤除的方法不尽相同，叙述如下。

（1）定时器中断请求的撤除

对于定时/计数器器T0或T1溢出中断，CPU在响应中断后即由硬件自动清除其中断标志位TF0或TF1，无须采取其他措施。

而定时器T2中断的中断请求标志位被隐藏起来了，对用户是不可见的。当相应的中断服务程序执行后，这些中断请求标志位也会自动被清零。

（2）串行口中断请求的撤除

对于串行口1中断，CPU在响应中断后，硬件不会自动清除中断请求标志位TI或RI，必须在中断服务程序中，在判别出是TI，还是RI引起的中断后，再用软件将其清除。对于串行口2中断也是如此。

（3）外部中断请求的撤除

外部中断0和外部中断1的触发方式可由ITx(x=0、1)设置，但无论ITx(x=0、1)设置为"0"还是为"1"，都属于边沿触发，CPU在响应中断后由硬件自动清除其中断标志位IE0或IE1，无须采取其他措施。外部中断2、外部中断3、外部中断4的中断请求标志虽然是隐含的，但同样属于边沿出发，CPU在响应中断后由硬件自动清除其中断标志位，无须采取其他措施。

（4）电源低电压检测中断

电源低电压检测中断的中断标志位，需要用软件清除。

（5）A/D转换中断

A/D转换中断的中断请求标志，CPU在响应中断后硬件不会自动清除其中断标志位，需由软件清除。

（6）PCA中断

PCA中断的中断请求标志包括CF、CCF0、CCF1、CCF2，CPU在响应PCA中断后硬件不会自动清除其中断请求标志位，必须由软件判断出具体是哪一个中断请求标志后，再由软件清零其相应的中断请求标志位。

2. 中断服务与中断返回

中断服务与中断返回是通过执行中断服务程序完成的。中断服务程序从中断入口地址开始执行，到返回指令"RETI"为止，一般包括4部分内容，其结构是：保护现场、中断服务、恢复现场、中断返回。

保护现场：通常，主程序和中断服务程序都会用到累加器 A、状态寄存器 PSW 及其他一些寄存器，当 CPU 进入中断服务程序用到上述寄存器时，会破坏原来存储在寄存器中的内容，一旦中断返回，将会导致主程序的混乱，因此，在进入中断服务程序后，一般要先保护现场，即用入栈操作指令将需保护寄存器的内容压入堆栈。

中断服务：中断服务程序的核心部分，是中断源中断请求之所在。

恢复现场：在中断服务结束之后，中断返回之前，用出栈操作指令将保护现场中压入堆栈的内容弹回到相应的寄存器中，注意弹出顺序必须与压入顺序相反。

中断返回：中断返回指中断服务完成后，计算机返回原来断开的位置（即断点），继续执行原来的程序。中断返回由中断返回指令 RETI 来实现。该指令的功能是把断点地址从堆栈中弹出，送回到程序计数器 PC，此外，还通知中断系统已完成中断处理，并同时清除优先级状态触发器。特别要注意不能用“RET”指令代替“RETI”指令。

编写中断服务程序时的注意事项。

（1）各中断源的中断响应入口地址之间只相隔 8 个字节，中断服务程序的字节数往往都大于 8 个字节，因此，在中断响应入口地址单元通常存放一条无条件转移指令，转向执行存放在其他位置的中断服务程序。

（2）若要在执行当前中断程序时禁止其他更高优先级中断，需先用软件关闭 CPU 中断，或用软件禁止相应高优先级的中断，在中断返回前再开放中断。

（3）在保护和恢复现场时，为了不使现场数据遭到破坏或造成混乱，一般规定此时 CPU 不再响应新的中断请求。因此，在编写中断服务程序时，要注意在保护现场前关中断，在保护现场后若允许高优先级中断，则应开中断。同样，在恢复现场前也应先关中断，恢复之后再开中断。

8.2.3　STC15F2K60S2 单片机中断应用举例

1. 定时中断的应用

例 8.1　用 T1 方式 0 实现定时，在 P1.0 引脚输出周期为 10ms 的方波。采用中断方式实现。

解：参考例 7.1，可知：(TMOD)＝00H，(TH1)＝ECH，(TL1)＝78H。

（1）汇编语言参考源程序

```
        ORG     0000H
        LJMP    MAIN
        ORG     001BH
        LJMP    T1_ ISR
MAIN:
        MOV     TMOD, #00H          ;设 T1 为方式 1 定时模式
        MOV     TH1, #0ECH          ;置 5ms 定时的初值
        MOV     TL1, #78H
        SETB    EA                  ;开放 CPU 中断
        SETB    ET1                 ;开放 T1 中断
        SETB    TR1                 ;启动 T1
        SJMP    $                   ;原地踏步
```

```
T1_ ISR:
        CPL     P1.0
        RETI
        END
```

(2) C语言参考源程序

```
#include<stc15f2k60s2.h>              //包含 STC15F2K60S2 单片机的头文件
sbit P10 = P1^0;
void main(void)
{
    TMOD = 0x00;                      //定时器初始化
    TH1 = 0xec;
    TL1 = 0x78;
    EA = 1;                           //开放 CPU 中断
    ET1 = 1;                          //开放 T1 中断
    TR1 = 1;                          //启动 T1
    while(1);
}
void  Timer1_ISR(void)interrupt 3
{
    P10 = !P10;                       //5ms 到了,对 P1.0 取反输出
}
```

例 8.2 利用单片机定时器/计数器设计一个简易频率计,由 P1、P2 口连接 LED 灯,采用二进制显示,P1 口显示低 8 位,P2 口显示高 8 位,发光二极管亮表示 1,暗则表示 0。利用一只开关控制频率计的启、停。

解:参考例 7.5,T0 的定时功能采用中断方式实现。

(1) 汇编语言参考源程序

```
        ORG  0000H
        LJMP MAIN
        ORG  000BH
        LJMP T0_ ISR
MAIN:
        MOV  TMOD,#40H                ;T0 方式 0 定时、T1 方式 0 计数
        MOV  TH0,#3CH                 ;设置 T0 50ms 定时的初值
        MOV  TL0,#0B0H
        MOV  R3,#14H                  ;置 50ms 计数循环初值(1s/50ms)
        MOV  TH1,#0                   ;清"0"T1 计数器
        MOV  TL1,#0
        SETB EA                       ;开放 CPU 中断
        SETB ET0                      ;开放 T0 中断
Check_Start_Button:
        JNB  P3.4,Start               ;开关状态为"1",频率计停止
        CLR  TR0
        CLR  TR1
        SJMP Check_Start_Button
Start:
        SETB TR0                      ;开关状态为"0",频率计工作
        SETB TR1
        SJMP Check_Start_Button
T0_ISR:
```

```
        DJNZ R3,EXIT_T0INT
        MOV  R3,#20                    ;1s 到了,读 T1 计数值并送 P1、P2 端口显示
        MOV  A,TL1
        CPL  A
        MOV  P1,A
        MOV  A,TH1
        CPL  A
        MOV  P2,A
        CLR  TR1                       ;关闭 T1,满足对 T1 清零的条件
        MOV  TH1,#0                    ;清"0"T1 计数器
        MOV  TL1,#0
        SETB TR1
EXIT_T0INT:
        RETI
        END
```

(2) C51 参考源程序

```
#include <stc15f2k60s2.h>              //包含 STC15F2K60S2 单片机的头文件
#define uchar unsigned char
#define uint  unsigned int
uchar i = 0;                           //定义循环变量
sbit key = P3^4;                       //定义按键
/*----------------------------T0 初始化子函数--------------------------------*/
void Timer_init(void)
{
    TMOD = 0x40;                       //T0 方式 0 定时,T1 方式 0 计数
    TH0 = (65536-50000)/256;           //设置 T0 50ms 定时初始值
    TL0 = (65536-50000) % 256;
    TR1 = 0;                           //关闭 T1,满足对 T1 清零的条件
    TH1 = 0;                           //清"0"T1 计数器
    TL1 = 0;
    TR1 = 0;
    EA = 1;                            //开放 CPU 中断
    ET0 = 1;                           //开放 T0 中断
}
/*----------------------------启动子函数--------------------------------*/
void Start(void)
{
    if(key == 0)                       //判断开关的状态
    {
        TR0 = 1;                       //频率计工作
        TR1 = 1;

    }
    else
    {
        TR0 = 0;                       //频率计停止
        TR1 = 0;
    }
}
/*--------------------------主函数--------------------------------*/
void main(void)
{
    Timer_init();                      //T0 初始化
    while(1)
```

```
    {
        Start();                    //启动函数
    }
}
void  Timer0_ISR(void)interrupt 1
{
    i++;
    if(i == 20)                     //i = 20 时,计时 1s
    {
        i = 0;
        P1 = ~TL1;
        P2 = ~TH1;
        TL1 = 0;
        TH1 = 0;
    }
}
```

2. 外部中断的应用

例 8.3 利用外部中断 0 引脚输入单次脉冲,每来一个负脉冲,将连接到 P1 口的发光二极管循环点亮(设低电平驱动)。

解:根据题意采用外部中断 0,选择下降沿触发方式;因 LED 灯的驱动信号是低电平有效,设 LED 灯驱动初始值为 FEH。

汇编语言参考程序如下:

```
        ORG     0000H
        LJMP    MAIN
        ORG     0003H
        LJMP    INT0_ISR
        ORG     0100H
MAIN:
        MOV     A, #0FEH            ;设置 LED 灯起始驱动信号
        MOV     P1,A                ;输出 LED 灯驱动信号
        SETB    IT0                 ;设置外部中断 0 为下降沿触发方式
        SETB    EX0                 ;开放外部中断 0
        SETB    EA                  ;开放 CPU 中断
        SJMP    $                   ;原地踏步,起模拟主程序的作用
INT0_ISR:
        RL      A                   ;左移,为循环点亮 LED 灯做准备
        MOV     P1,A                ;输出 LED 灯驱动信号
        RETI    ;中断返回
        END
```

C51 参考程序如下:

```
#include <stc15f2k60s2.h>           //包含 STC15F2K60S2 单片机的头文件
#include <intrins.h>
#define uchar unsigned char
#define uint  unsigned int
uchar  i = 0xfe;
/*--------------- 外部中断 0 中断函数------------------*/
void  int0_isr( ) interrupt 0
{
    i = _crol_(i,1);
```

```
    P1 = i;
}
/*------------------------ 主函数------------------------*/
void  main(void)
{
    IT0 = 1;                          //设置下降沿触发方式
    EX0 = 1;                          //开放外部中断 0
    EA = 1;
    P1 = i;                           //初始化输出
    while(1);                         //原地踏步,模拟主程序
}
```

8.3 STC15F2K60S2 单片机外部中断的扩展

STC15F2K60S2 单片机有 5 个外部中断请求输入端,在实际应用中,若外部中断源数超过 5 个,则需扩充外部中断源。

1. 利用外部中断加查询的方法扩展外部中断

利用外部中断输入线(如 INT0 和 INT1 引脚),每一中断输入线可以通过逻辑与(或逻辑或非)的关系连接多个外部中断源,同时,利用并行输入端口线作为多个中断源的识别线,通过逻辑与输入的电路原理图如图 8.3 所示。

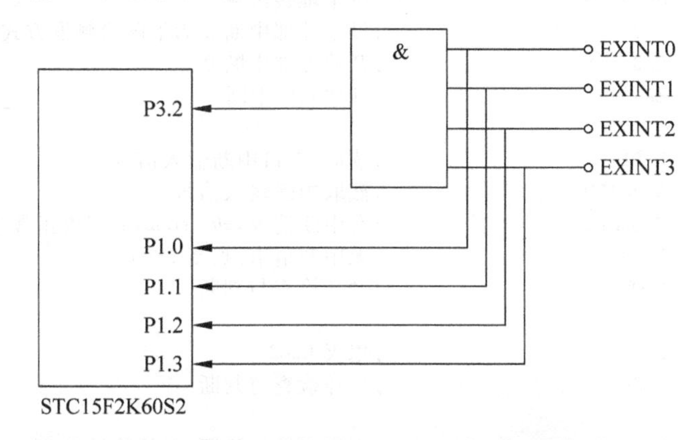

图 8.3 一个外中断扩展成多个外中断的原理图

由图 8.3 可知,4 个外部扩展中断源通过与门相与后再与 INT0(P3.2)引脚相连,4 个外部扩展中断源 EXINT0、EXINT1、EXINT2、EXINT3 中有一个或几个出现低电平时则输出为 0,使 INT0(P3.2)脚为低电平,从而发出中断请求。CPU 执行中断服务程序时,再依次查询 P1 口的中断源输入状态,然后,转入相应的中断服务程序,4 个扩展中断源的优先级顺序由软件查询顺序决定,即最先查询的优先级最高,最后查询的优先级最低。

例 8.4 如图 8.4 所示为一个 3 机器故障检测与指示系统,当无故障时,LED3 灯亮;当有故障时,LED3 灯灭,0 号故障时,LED0 灯亮,1 号故障时,LED1 灯亮,2 号故障时,LED2 灯亮。

解:由图 8.4 可知,3 个故障信号分别为 0、1、2,故障信号为高电平有效,0、1、2 号中有

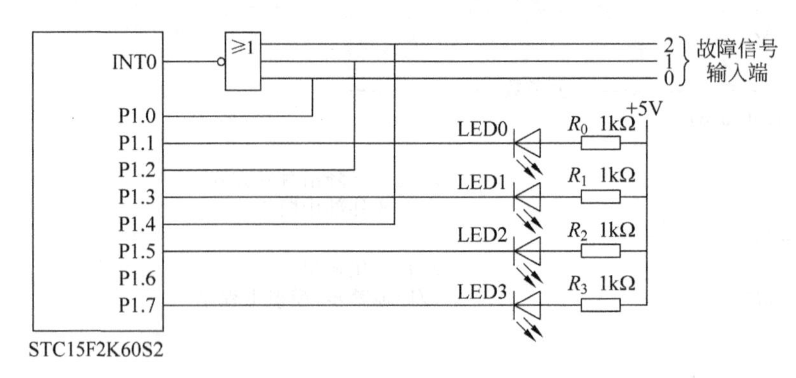

图 8.4　机器故障检测与指示系统

1 个或以上为高电平时，经或非门后输出低电平，产生下降沿信号，向 CPU 发出中断请求。

汇编语言参考程序如下：

```
        ORG     0000H
        LJMP    MAIN
        ORG     00003H
        LJMP    INT0_ISR
        ORG     0100H
MAIN:
        MOV     SP,#60H              ;设定堆栈区域
        SETB    IT0                  ;设定外部中断 0 为下降沿触发方式
        SETB    EX0                  ;开放外部中断 0
        SETB    EA                   ;开放 CPU 中断
LOOP:
        MOV     A,P1                 ;读取 P1 口中断输入信号
        ANL     A,#15H               ;截取中断输入信号
        JNZ     Trouble              ;有中断请求,转 Trouble,熄灭正常工作指示灯 LED3
        CLR     P1.7                 ;无中断请求,点亮 LED3
        SJMP    LOOP                 ;循环检查与判断
Trouble:
        SETB    P1.7                 ;熄灭 LED3
        SJMP    LOOP                 ;循环检查与判断
INT0_ISR:
        JNB     P1.0,No_Trouble_0    ;查询 0 号故障源,无故障转 No_Trouble_0,熄灭 LED0
        CLR     P1.1                 ;有 0 号故障,点亮 LED0
        SJMP    Check_Trouble_1      ;继续查询 1 号故障
No_Trouble_0:
        SETB    P1.1
Check_Trouble_1:
        JNB     P1.2,No_Trouble_1    ;查询 1 号故障源,无故障转 No_Trouble_1,熄灭 LED1
        CLR     P1.3                 ;有 1 号故障,点亮 LED1
        SJMP    Check_Trouble_2      ;继续查询 2 号故障
No_Trouble_1:
        SETB    P1.3
Check_Trouble_2:
        JNB     P1.4,No_Trouble_2    ;查询 2 号故障源,无故障转 No_Trouble_2,熄灭 LED2
        CLR     P1.5                 ;有 2 号故障,点亮 LED1
        SJMP    Exit_INT0_ISR        ;转中断返回
```

```
No_Trouble_2:
        SETB    P1.5
Exit_INT0_ISR:
        RETI                                ;查询结束,中断返回
        END
```

C51 参考程序如下:

```
#include <stc15f2k60s2.h>                   //包含 STC15F2K60S2 单片机的头文件
#include <intrins.h>
#define uchar unsigned char
#define uint  unsigned int
sbit  P10 = P1^0;
sbit  P11 = P1^1;
sbit  P12 = P1^2;
sbit  P13 = P1^3;
sbit  P14 = P1^4;
sbit  P15 = P1^5;
sbit  P16 = P1^6;
sbit  P17 = P1^7;
/*--------------外部中断 0 中断函数---------------*/
void  x0_isr(void)interrupt 0
{
    P11 = ~P10;                             //故障指示灯状态与故障信号状态相反
    P13 = ~P12;
    P15 = ~P14;
}
/*--------------主函数---------------*/
void main(void)
{
    unsigned  char  i;
    IT0 = 1;                                //外部中断 0 为下降沿触发方式
    EX0 = 1;                                //允许外部中断 0
    EA = 1;                                 //总中断允许
    while(1)
    {
        i = P1;
        if(!(i&=0x15))                      //若没有故障,点亮工作指示灯 LED3
        P17 = 0;
        else
        P17 = 1;                            //若有故障,熄灭工作指示灯 LED3
    }
}
```

2. 利用定时中断

当定时/计数器不用时,可用来扩展外部中断。将定时/计数器设置在计数状态,初始值设置为全“1”,这时的定时/计数器中断即为由计数脉冲输入引脚引发的外部中断。

3. PCA 中断扩展外部中断

当 PCA 不用时,也可扩展为下降沿触发的外部中断,具体内容见第 11 章。

本章小结

中断的概念是在20世纪50年代中期提出的，是计算机中一个很重要的技术，它既和硬件有关，也和软件有关。正是因为有了中断技术，才使得计算机的工作更加灵活、效率更高。现代计算机中操作系统实现的管理调度，其物质基础就是丰富的中断功能和完善的中断系统。一个CPU资源要面向多个任务，出现资源竞争，而中断技术实质上是一种资源共享技术。中断技术的出现使计算机的发展和应用大大地推进了一步。所以，中断功能的强弱已成为衡量一台计算机功能完善与否的重要指标。

中断处理一般包括中断请求、中断响应、中断服务和中断返回4个过程。

STC15F2K60S2单片机的中断系统有14个中断源，2个优先级，可实现2级中断服务嵌套。由片内特殊功能寄存器中的中断允许寄存器IE、IE2、INT_CLKO控制CPU是否响应中断请求；由中断优先级寄存器IP、IP2安排各中断源的优先级；同一优先级内中断同时提出中断请求时，由内部的查询逻辑确定其响应次序。

习题与思考题

1. STC15F2K60S2单片机有哪几个中断源？各中断标志是如何产生的？当中断响应后，中断标志是如何清除的？当CPU响应各中断时，其中断向量地址以及中断号各是多少？

2. 外部中断0和外部中断1有哪两种触发方式？这两种触发方式所产生的中断过程有何不同？怎样设定？

3. STC15F2K60S2单片机的中断系统中有几个优先级？如何设定？当中断优先级相同时，其自然优先权顺序是怎样的？

4. 简述STC15F2K60S2单片机中断响应的过程。

5. CPU响应中断有哪些条件？在什么情况下中断响应会受阻？

6. STC15F2K60S2单片机中断响应时间是否固定不变？为什么？

7. 简述STC15F2K60S2单片机扩展外部中断源的方法。

8. 简述STC15F2K60S2单片机中断嵌套的规则。

9. STC15F2K60S2单片机的INT0、INT1引脚分别输入压力超限、温度超限中断请求信号，定时/计数器0作定时检测的实时时钟，用户规定的中断优先权排队次序为压力超限→温度超限→定时检测，试确定IE、IP的内容，以实现上述要求。

10. 某系统有3个外部中断源1、2、3，当某一中断源变低电平时便要求CPU处理，它们的优先处理次序由高到低为3、2、1，处理程序的入口地址分别为1000H、1200H、1600H。试画出电路图，编写主程序及中断服务程序(转至相应的入口即可)。

11. 将例7.2程序功能改为用T2实现。

12. 将例7.3程序功能改为用T2实现。

13. 将例7.4程序功能中的T0改用T2实现。

CHAPTER 9 第 9 章

STC15F2K60S2 单片机的串行口

9.1 串行通信基础

通信是人们传递信息的方式。计算机通信是将计算机技术和通信技术相结合,完成计算机与外部设备或计算机与计算机之间的信息交换。这种信息交换可分为两种方式:并行通信与串行通信。

并行通信是将数据字节的各位用多条数据线同时进行传送,如图 9.1(a)所示。并行通信的特点是:控制简单,传送速度快。但由于传输线较多,长距离传送时成本较高,因此仅适用于短距离传送。

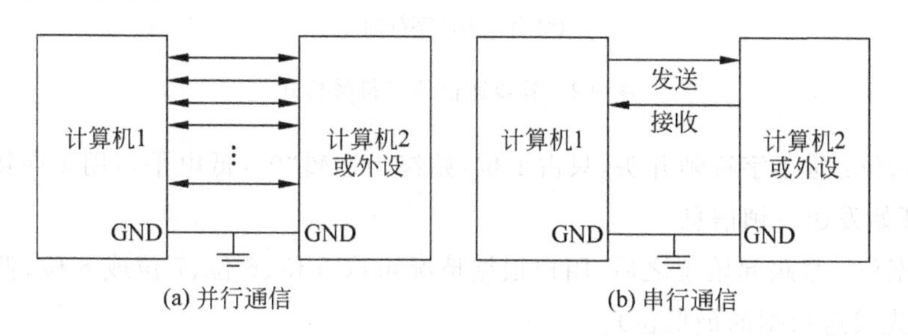

图 9.1 两种通信方式的示意图

串行通信是将数据字节分成一位一位的形式在一条传输线上逐个地传送,如图 9.1(b)所示。串行通信的特点是:传送速度慢。但传输线少,长距离传送时成本较低,因此,串行通信适用于长距离传送。

1. 串行通信的分类

按照串行通信数据的时钟控制方式,串行通信可分为异步通信和同步通信两类。

1) 异步通信(Asynchronous Communication)

在异步通信中,数据通常是以字符(或字节)为单位组成字符帧传送的。字符帧由发送端一帧一帧地发送,通过传输线为接收设备一帧一帧地接收。发送端和接收端可以有各自的时钟来控制数据的发送和接收,这两个时钟源彼此独立,互不同步,但要求传送速率一致。在异步通信中,两个字符之间的传输间隔是任意的,所以,每个字符的前后都要用一些数位来作为分隔位。

发送端和接收端依靠字符帧格式来协调数据的发送和接收，在通信线路空闲时，发送线为高电平(逻辑“1”)，当接收端检测到传输线上发送过来的低电平逻辑“0”(字符帧中的起始位)时，就知道发送端已开始发送，当接收端接收到字符帧中停止位(实际上是按一个字符帧约定的位数来确定的)时，就知道一帧字符信息已发送完毕。

在异步通信中，字符帧格式和波特率是两个重要指标，可由用户根据实际情况选定。

(1) 字符帧(Character Frame)

字符帧也叫数据帧，由起始位、数据位(纯数据或数据加校验位)和停止位3部分组成，如图9.2所示。

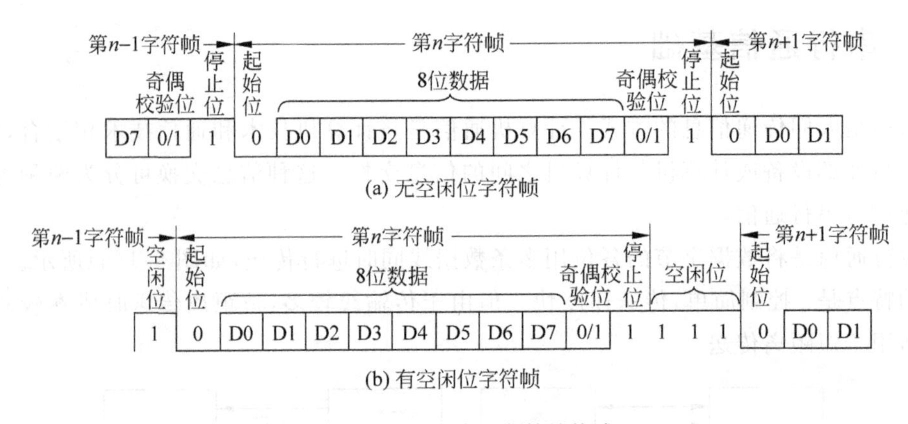

图 9.2 异步通信的字符帧格式

① 起始位：位于字符帧开头，只占1位，始终为逻辑“0”(低电平)，用于向接收设备表示发送端开始发送一帧信息。

② 数据位：紧跟起始位之后，用户根据情况可取5位、6位、7位或8位，低位在前高位在后(即先发送数据的最低位)。

③ 奇偶校验位：位于数据位后，仅占1位，通常用于对串行通信数据进行奇偶校验。可以由用户定义为其他控制含义，也可以没有。

④ 停止位：位于字符帧末尾，为逻辑“1”(高电平)，通常可取1位、1.5位或2位，用于向接收端表示一帧字符信息已发送完毕，也为发送下一帧字符做准备。

在串行通信中，发送端一帧一帧发送信息，接收端一帧一帧接收信息。两相邻字符帧之间可以无空闲位，也可以有若干空闲位，这由用户根据需要决定。如图9.2(b)所示为有3个空闲位时的字符帧格式。

(2) 波特率(Baud Rate)

异步通信的另一个重要指标为波特率。

波特率为每秒钟传送二进制数码的位数，也叫比特数，单位为b/s，即位/秒。波特率用于表征数据传输的速度，波特率越高，数据传输速度越快。但波特率和字符的实际传输速率不同，字符的实际传输速率是每秒内所传字符帧的帧数，而字符的实际传送速率和字符帧格式有关。例如，波特率为 1200b/s 的通信系统，若采用图 9.2(a)的字符帧，每一字符帧包含 11 位数据，则字符的实际传输速率为 1200/11＝109.09(帧/秒)；若改用图 9.2(b)的字符帧，每一字符帧包含 14 位数据，其中含 3 位空闲位，则字符的实际传输速率为 1200/14＝85.71(帧/秒)。

异步通信的优点是不需要传送同步时钟，字符帧长度不受限制，故设备简单。缺点是字符帧中因包含起始位和停止位而降低了有效数据的传输速率。

2) 同步通信(Synchronous Communication)

同步通信是一种连续串行传送数据的通信方式，一次通信传输一组数据(包含若干个字符数据)。同步通信时要建立发送方时钟对接收方时钟的直接控制，使双方达到完全同步。在发送数据前先要发送同步字符，再连续地发送数据。同步字符有单同步字符和双同步字符之分，如图 9.3(a)和图 9.3(b)所示。同步通信的字符帧结构，是由同步字符、数据字符和校验字符 CRC 3 部分组成。在同步通信中，同步字符可以采用统一的标准格式，也可以由用户约定。

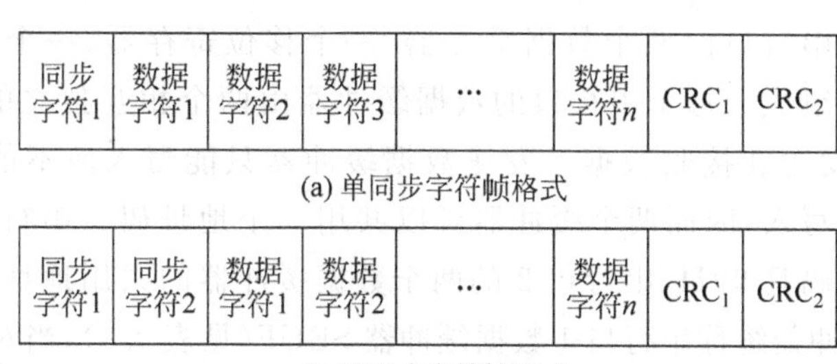

图 9.3 同步通信的字符帧格式

同步通信的数据传输速率较高，通常可达 56000b/s 或更高，其缺点是要求发送时钟和接收时钟必须保持严格同步，硬件电路较为复杂。

2. 串行通信的传输方向

在串行通信中，数据是在两个站之间进行传送的，按照数据传送方向及时间关系，串行通信可分为单工(Simplex)、半双工(Half Duplex)和全双工(Full Duplex)3 种制式，如图 9.4 所示。

单工制式：通信线的一端接发送器，一端接接收器，数据只能按照一个固定的方向传送，如图 9.4(a)所示。

半双工制式：系统的每个通信设备都由一个发送器和一个接收器组成，如图 9.4(b)所示。在这种制式下，数据能从 A 站传送到 B 站，也可以从 B 站传送到 A 站，但是不能同时在两个方向上传送，即只能一端发送，一端接收。其收发开关一般是由软件控制的电子开关。

全双工制式：通信系统的每端都有发送器和接收器，且可以同时发送和接收，即数据可以在两个方向上同时传送，如图 9.4(c)所示。

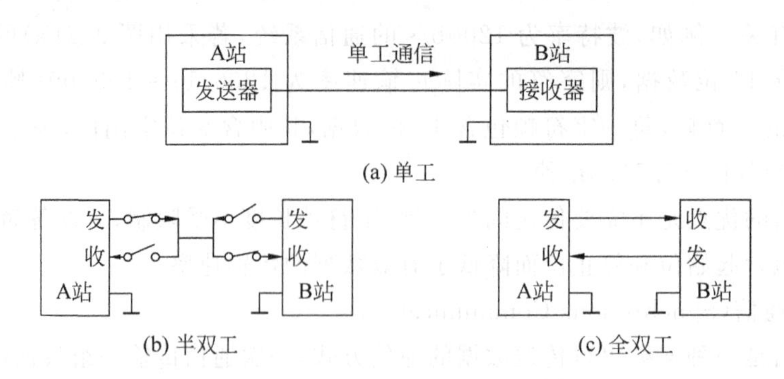

(a) 单工

(b) 半双工

(c) 全双工

图 9.4 单工、半双工和全双工三种传输方向

9.2 STC15F2K60S2 单片机串行口 1

STC15F2K60S2 单片机内部有 2 个可编程全双工串行通信接口,它们具有 UART 的全部功能。每个串行口由两个数据缓冲器、一个移位寄存器、一个串行控制器和一个波特率发生器等组成。每个串行口的数据缓冲器由两个相互独立的接收、发送缓冲器构成,可以同时发送和接收数据。发送数据缓冲器只能写入而不能读出,接收缓冲器只能读出而不能写入,因而两个缓冲器可以共用一个地址码。串行口 1 的两个数据缓冲器的共用地址码是 99H,串行口 2 的两个数据缓冲器的共用地址码是 9BH。串行口 1 的两个数据缓冲器统称串行口 1 数据缓冲器 SBUF(见表 9.1),当对 BSUF 进行读操作(MOV A,SBUF 或 x＝SBUF;)时,操作对象是串行口 1 的接收数据缓冲器;当对 SBUF 进行写操作(MOV SBUF,A 或 SBUF＝x;)时,操作对象是串行口 1 的发送数据缓冲器。串行口 2 的两个数据缓冲器统称串行口 2 数据缓冲器 S2BUF,当对 S2BUF 进行读操作(MOV A,S2BUF 或 x＝S2BUF;)时,操作对象是串行口 2 的接收数据缓冲器;当对 B2BUF 进行写操作(MOV S2BUF,A 或 S2BUF＝x;)时,操作对象是串行口 2 的发送数据缓冲器。

STC15F2K60S2 单片机串行口 1 缺省对应的发送、接收引脚是:TxD/P3.1、RxD/P3.0,通过设置 P_SW1 中的 S1_S1、S1_S0 控制位,串行口 1 的 TxD、RxD 硬件引脚可切换为 P1.7、P1.6 或 P3.7、P3.6。

STC15F2K60S2 单片机串行口 2 缺省对应的发送、接收引脚是 TxD2/P1.1、RxD2/P1.0,通过设置 P_SW 中的 S2_S 控制位,串行口 2 的 TxD2、RxD2 硬件引脚可切换为 P4.7、P4.6。

9.2.1 串行口 1 的控制寄存器

与单片机串行口 1 有关的特殊功能寄存器有:单片机串行口 1 的控制寄存器、与波特率设置有关的定时/计数器 T1/T2 的相关寄存器、与中断控制相关的寄存器,详见表 9.1。

表 9.1 与单片机串行口 1 有关的特殊功能寄存器

	地址	B7	B6	B5	B4	B3	B2	B1	B0	复位值
SCON	98H	SM0/FE	SM1	SM2	REN	TB8	RB8	TI	RI	00000000
SBUF	99H	串行口 1 数据缓冲器								
PCON	87H	SMOD	SMOD0	LVDF	POF	GF1	GF0	PD	IDL	00110000
AUXR	8EH	T0x12	T1x12	UART_M0x6	T2R	T2_C/$\overline{T}$	T2x12	EXTRAM	S1ST2	00000000
TL1	8AH	T1 的低 8 位								00000000
TH1	8BH	T1 的高 8 位								00000000
T2L	D7H	T2 的低 8 位								00000000
T2H	D6	T2 的高 8 位								00000000
TMOD	89H	GATE	C/$\overline{T}$	M1	M0	GATE	C/$\overline{T}$	M1	M0	00000000
TCON	88H	TF1	TR1	TF0	TR0	IE1	IT1	IE0	IT0	00000000
IE	A8H	EA	ELVD	EADC	ES	ET1	EX1	ET0	EX0	00000000
IP	B8H	PPCA	PLVD	PADC	PS	PT1	PX1	PT0	PX0	00000000
P_SW1 (AUXR1)	A2H	S1_S1	S1_S0	CCP_S1	CCP_S0	SPI_S1	SPI_S0	0	DPS	00000000

1. 串行口 1 控制寄存器 SCON

串行口 1 控制寄存器 SCON 用于设定串行口 1 的工作方式、允许接收以及设置状态标志。字节地址为 98H，可进行位寻址，单片机复位时，所有位全为 0，其格式如下：

	地址	B7	B6	B5	B4	B3	B2	B1	B0	复位值
SCON	98H	SM0/FE	SM1	SM2	REN	TB8	RB8	TI	RI	00000000

对各位的说明如下。

SM0/FE、SM1：

(1) PCON 寄存器中的 SMOD0 位为 1 时，SM0/FE 用于帧错误检测，当检测到一个无效停止位时，通过 UART 接收器设置该位，它必须由软件清零。

(2) PCON 寄存器中的 SMOD0 为 0 时，SM0/FE 和 SM1 一起指定串行通信的工作方式，如表 9.2 所示(其中，f_{SYS}为系统时钟频率)。

表 9.2 串行方式选择位

SM0	SM1	工作方式	功　能	波 特 率
0	0	方式 0	8 位同步移位寄存器	$f_{SYS}/12$ 或 $f_{SYS}/2$
0	1	方式 1	10 位 UART	可变，取决于 T1 或 T2 的溢出率
1	0	方式 2	11 位 UART	$f_{SYS}/64$ 或 $f_{SYS}/32$
1	1	方式 3	11 位 UART	可变，取决于 T1 或 T2 的溢出率

SM2：多机通信控制位，用于方式 2 和方式 3 中。在方式 2 和方式 3 处于接收时，若(SM2)=1，且接收到的第 9 位数据 RB8 为 0 时，不激活 RI；若(SM2)=1，且(RB8)=1

时，则置位 RI 标志。在方式 2、3 处于接收方式，若(SM2)=0，不论接收到第 9 位 RB8 为 0 还是为 1，RI 都以正常方式被激活。

REN：允许串行接收控制位。由软件置位或清零。(REN)=1 时，启动接收；(REN)=0 时，禁止接收。

TB8：在方式 2 和方式 3 中，串行发送数据的第 9 位，由软件置位或复位。可做奇偶校验位，在多机通信中，可作为区别地址帧或数据帧的标识位，一般约定地址帧时，TB8 为 1，数据帧时，TB8 为 0。

RB8：在方式 2 和方式 3 中，RB8 是串行接收到的第 9 位数据，作为奇偶校验位或地址帧、数据帧的标识位。

TI：发送中断标志位。在方式 0 中，发送完 8 位数据后，由硬件置位；在其他方式中，在发送停止位之初由硬件置位。TI 是发送完一帧数据的标志，既可以用查询的方法，也可以用中断的方法来响应该标志，然后在相应的查询服务程序或中断服务程序中，由软件清除 TI。

RI：接收中断标志位。在方式 0 中，接收完 8 位数据后，由硬件置位；在其他方式中，在接收停止位的中间由硬件置位。RI 是接收完一帧数据的标志，同 TI 一样，既可以用查询的方法，也可以用中断的方法来响应该标志，然后在相应的查询服务程序或中断服务程序中，由软件清除 RI。

2. 电源及波特率选择寄存器 PCON

PCON 主要是为单片机的电源控制而设置的专用寄存器，不可以位寻址，字节地址为 87H，复位值为 30H。其中，SMOD、SMOD0 与串口控制有关，其格式与说明如下。

	地址	B7	B6	B5	B4	B3	B2	B1	B0	复位值
PCON	87H	SMOD	SMOD0	LVDF	POF	GF1	GF0	PD	IDL	00110000

SMOD：SMOD 为波特率倍增系数选择位。在方式 1、2 和 3 时，串行通信的波特率与 SMOD 有关。当(SMOD)=0 时，通信速度为基本波特率；当(SMOD)=1 时，通信速度为基本波特率乘 2。

SMOD0：帧错误检测有效控制位。(SMOD0)=1，SCON 寄存器中的 SM0/FE 用于帧错误检测(FE)；(SMOD0)=0，SCON 寄存器中的 SM0/FE 用于 SM0 功能，与 SM1 一起指定串行口的工作方式。

3. 辅助寄存器 AUXR

辅助寄存器 AUXR 的格式与说明如下。

	地址	B7	B6	B5	B4	B3	B2	B1	B0	复位值
AUXR	8EH	T0x12	T1x12	UART_M0x6	T2R	$T2\_C/\overline{T}$	T2x12	EXTRAM	S1ST2	00000000

UART_M0x6：串行口方式 0 通信速度设置位。(UART_M0x6)=0，串行口方式 0 的通信速度与传统 8051 单片机一致，波特率为系统时钟频率的 12 分频，即 $f_{SYS}/12$；

(UART_M0x6)=1,串行口方式 0 的通信速度是传统 8051 单片机通信速度的 6 倍,波特率为系统时钟频率的 2 分频,即 $f_{SYS}/2$。

S1ST2:当串行口 1 工作在方式 1、3 时,S1ST2 为串行口 1 波特率发生器选择控制位,(S1ST2)=0 时,选择定时器 T1 为波特率发生器;(S1ST2)=1 时,选择定时器 T2 为波特率发生器。

T1x12、T2R、T2_C/$\overline{T}$、T2x12:与定时器 T1、T2 有关的控制位,相关控制功能在 T1、T2 的学习中已有详细介绍,在此不予赘述。

9.2.2 串行口 1 的工作方式

STC15F2K60S2 单片机串行通信有 4 种工作方式,当(SMOD0)=0 时,通过设置 SCON 中的 SM1、SM0 位来选择。

1. 方式 0

在方式 0 下,串行口作同步移位寄存器用,其波特率为 $f_{OSC}/12$(UART_M0x6 为 0 时)或 $f_{OSC}/2$(UART_M0x6 为 1 时)。串行数据从 RxD(P3.0)端输入或输出,同步移位脉冲由 TxD(P3.1)送出。这种方式常用于扩展 I/O 端口。

(1) 发送

当(TI)=0,一个数据写入串行口发送缓冲器 SBUF 时,串行口将 8 位数据以 $f_{SYS}/12$ 或 $f_{SYS}/2$ 的波特率从 RxD 引脚输出(低位在前),发送完毕置位中断请求标志 TI,并向 CPU 请求中断。在再次发送数据之前,必须由软件清零 TI 标志。方式 0 发送时序如图 9.5 所示。

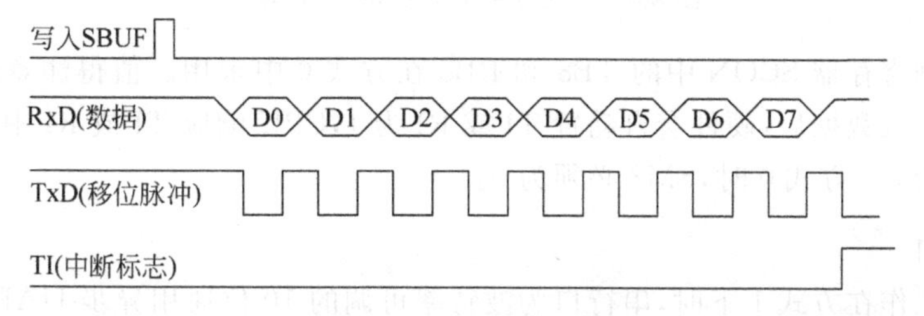

图 9.5 方式 0 发送时序

方式 0 发送时,串行口可以外接串行输入并行输出的移位寄存器,如 74LS164、CD4094、74HC595 等芯片,用来扩展并行输出口,其逻辑电路如图 9.6 所示。

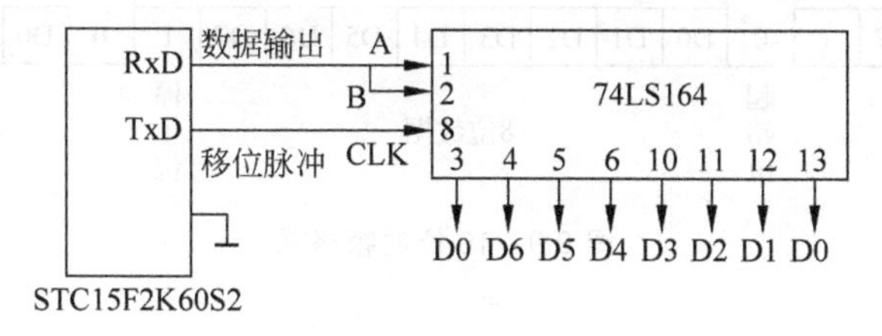

图 9.6 方式 0 用于扩展 I/O 端口输出

(2) 接收

当(RI)=0时,置位REN,串行口即开始从RxD端以$f_{SYS}/12$或$f_{SYS}/2$的波特率输入数据(低位在前),当接收完8位数据后,置位中断请求标志RI,并向CPU请求中断。在再次接收数据之前,必须由软件清零RI标志。方式0接收时序如图9.7所示。

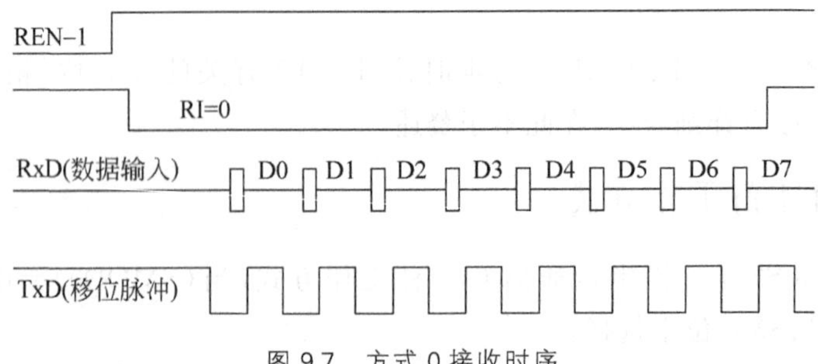

图9.7 方式0接收时序

方式0接收时,串行口可以外接并行输入串行输出的移位寄存器,如74LS165芯片,用来扩展并行输入口,其逻辑电路如图9.8所示。

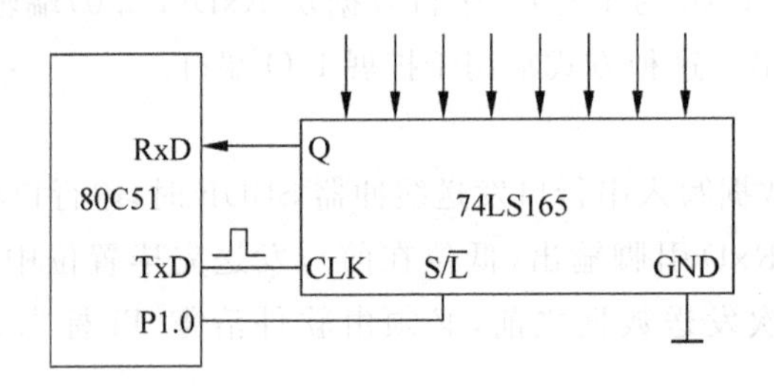

图9.8 方式0用于扩展I/O端口输入

串行控制寄存器SCON中的TB8和RB8在方式0中未用。值得注意的是,每当发送或接收完8位数据后,硬件会自动置TI或RI为1,CPU响应TI或RI中断后,必须由用户用软件清0。方式0时,SM2必须为0。

2. 方式1

串行口工作在方式1下时,串行口为波特率可调的10位通用异步UART,一帧信息包括1位起始位(0)、8位数据位和1位停止位(1)。其帧格式如图9.9所示。

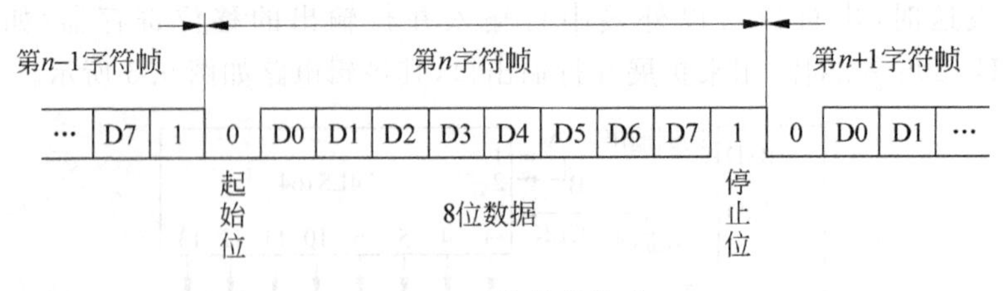

图9.9 10位的帧格式

(1) 发送

当(TI)=0时,数据写入发送缓冲器SBUF后,就启动了串行口发送过程。在发送移位时钟的同步下，从 TxD 引脚先送出起始位，然后是 8 位数据位，最后是停止位。一帧 10 位数据发送完后，中断请求标志 TI 置 1。方式 1 的发送时序如图 9.10 所示。方式 1 数据传输的波特率取决于定时器 T1 的溢出率或 T2 的溢出率。

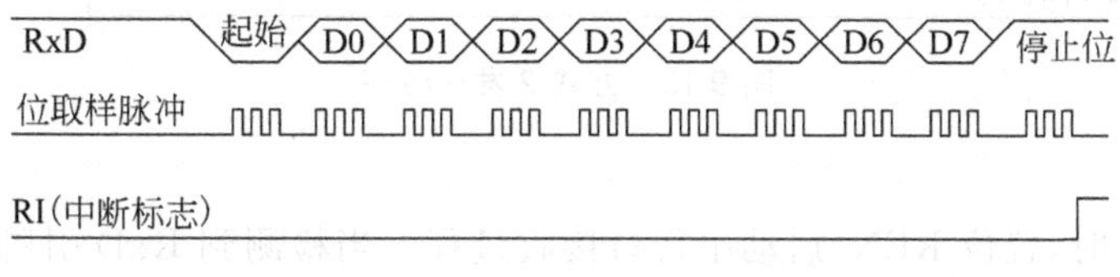

图 9.10　方式 1 发送时序

(2) 接收

当(RI)＝0 时，置位 REN，启动串行口接收过程。当检测到 RxD 引脚输入电平发生负跳变时，接收器以所选择波特率的 16 倍速率采样 RxD 引脚电平，以 16 个脉冲中的 7、8、9 三个脉冲为采样点，取两个或两个以上相同值为采样电平，若检测电平为低电平，则说明起始位有效，并以同样的检测方法接收这一帧信息的其余位。接收过程中，8 位数据装入接收 SBUF，接收到停止位时，置位 RI，向 CPU 请求中断。方式 1 的接收时序如图 9.11 所示。

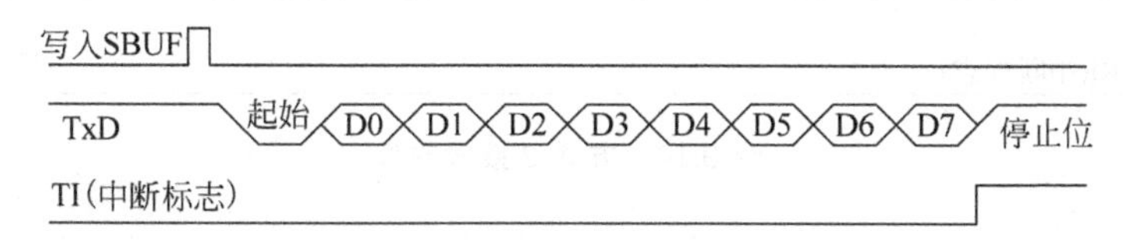

图 9.11　方式 1 接收时序

3. 方式 2

串行口工作在方式 2，串行口为 11 位 UART。一帧数据包括 1 位起始位(0)、8 位数据位、1 位可编程位(如用于奇偶校验)和 1 位停止位(1)，其帧格式如图 9.12 所示。

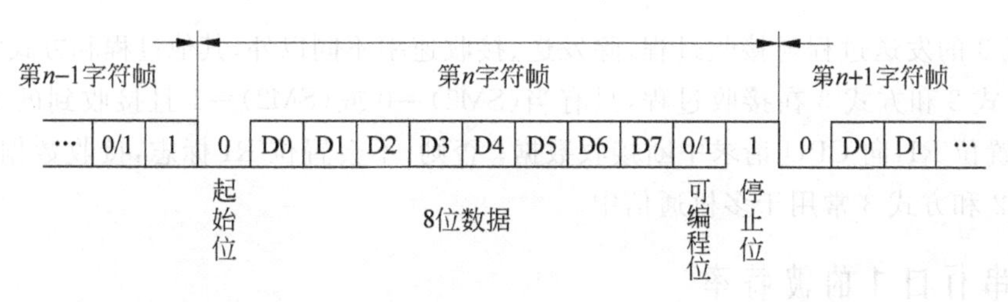

图 9.12　11 位的帧格式

(1) 发送

发送前，先根据通信协议由软件设置好 TB8。当(TI)＝0 时，用指令将要发送的数据写入 SBUF，则启动发送器的发送过程。在发送移位时钟的同步下，从 TxD 引脚先送出起始位，依次是 8 位数据位和 TB8，最后是停止位。一帧 11 位数据发送完毕后，置位中断标志 TI，并向 CPU 发出中断请求。在发送下一帧信息之前，TI 必须由中断服务程序或查询程序清零。方式 2 的发送时序如图 9.13 所示。

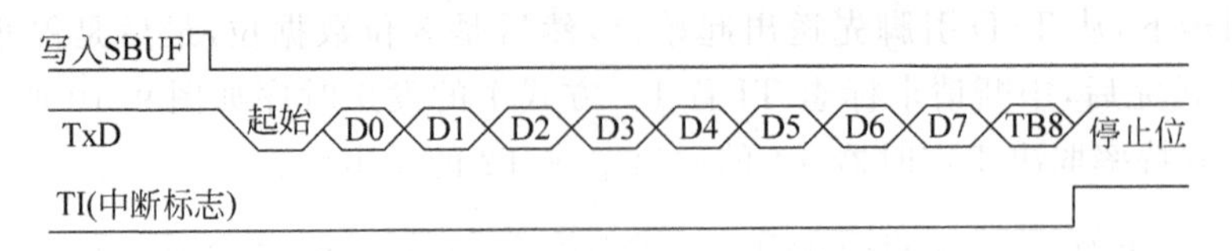

图 9.13 方式 2 发送时序

(2) 接收

当(RI)=0 时,置位 REN,启动串行口接收过程。当检测到 RxD 引脚输入电平发生负跳变时,接收器以所选择波特率的 16 倍速率采样 RxD 引脚电平,以 16 个脉冲中的 7、8、9 三个脉冲为采样点,取两个或两个以上相同值为采样电平,若检测电平为低电平,则说明起始位有效,并以同样的检测方法接收这一帧信息的其余位。接收过程中,8 位数据装入接收 SBUF,第 9 位数据装入 RB8,接收到停止位时,若(SM2)=0 或(SM2)=1 且接收到的 RB8 为 1,则置位 RI,向 CPU 请求中断;否则,不置位 RI 标志,接收数据丢失。方式 2 的接收时序如图 9.14 所示。

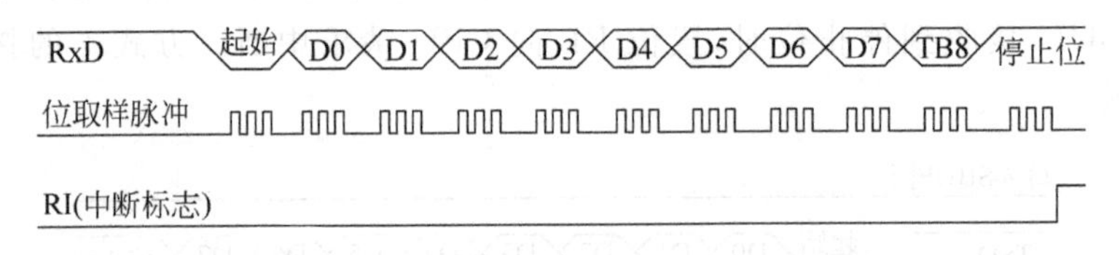

图 9.14 方式 2 接收时序

4. 方式 3

串行口工作在方式 3,串行口同方式 2 一样为 11 位 UART。方式 2 与方式 3 的区别在于波特率的设置方法不同,方式 2 的波特率为 $f_{SYS}/64$(SMOD 为 0)或 $f_{SYS}/32$(SMOD 为 1);方式 3 数据传输的波特率同方式 1 一样取决于定时器 T1 的溢出率或 T2 的溢出率。

方式 3 的发送过程与接收过程,除发送、接收速率不同以外,其他过程和方式 2 完全一致。因方式 2 和方式 3 在接收过程,只有当(SM2)=0 或(SM2)=1 且接收到的 RB8 为 1 时,才会置位 RI,向 CPU 请求中断接收数据;否则,不会置位 RI 标志,接收数据丢失,因此,方式 2 和方式 3 常用于多机通信中。

9.2.3 串行口 1 的波特率

在串行通信中,收发双方对传送数据的速率(即波特率)要有一定的约定,才能进行正常的通信。单片机的串行口 1 通信有 4 种工作方式。其中,方式 0 和方式 2 的波特率是固定的;方式 1 和方式 3 的波特率可变,其波特率由定时器 T1 的溢出率决定,或由定时器 T2 的溢出率决定。

(1) 方式 0 和方式 2

在方式 0 中,波特率为 $f_{SYS}/12$(UART_M0x6 为 0 时)或 $f_{SYS}/2$(UART_M0x6 为 1 时)。

在方式 2 中，波特率取决于 PCON 中的 SMOD 值，当(SMOD)＝0 时，波特率为 $f_{SYS}/64$；当(SMOD)＝1 时，波特率为 $f_{SYS}/32$。即

$$波特率 = \frac{2^{SMOD}}{64} \cdot f_{SYS}$$

(2) 方式 1 和方式 3

在方式 1 和方式 3 下，由定时器 T1 或定时器 T2 的溢出率决定。

① 当(S1ST2)＝0 时，定时器 T1 为波特率发生器。

波特率由定时器 T1 的溢出率和 SMOD 共同决定。即

$$方式 1 和方式 3 的波特率 = \frac{2^{SMOD}}{32} \cdot T1 的溢出率$$

其中，T1 的溢出率为 T1 定时时间的倒数，取决于单片机定时器 T1 的计数速率和定时器的预置值。计数速率与 TMOD 寄存器中的 $C/\overline{T}$ 位有关，当($C/\overline{T}$)＝0 时，计数速率为 $f_{SYS}/12$(T1x12＝0 时)或 f_{SYS}(T1x12＝1 时)；当($C/\overline{T}$)＝1 时，计数速率为外部输入时钟频率。

实际上，当定时器 T1 做波特率发生器使用时，通常是工作在方式 0 或方式 2，即自动重装载的 16 位或 8 位定时器，为了避免溢出而产生不必要的中断，此时应禁止 T1 中断。

② 当(S1ST2)＝1 时，定时器 T2 为波特率发生器。

波特率为定时器 T2 溢出率(定时时间的倒数)的 1/4。

表 9.3 列出了方式 1 和方式 3 常用的波特率及获得办法。

表 9.3 定时器 T1 产生的常用波特率

波特率/(Kb/s)	f_{OSC}/MHz	SMOD	定时/计数器 T1(T1x12＝0)		
			$C/\overline{T}$	模式	初始值
62.5	12	1	0	2	FFH
19.2	11.059	1	0	2	FDH
9.6	11.059	0	0	2	FDH
4.8	11.059	0	0	2	FAH
2.4	11.059	0	0	2	F4H
1.2	11.059	0	0	2	E8H

例 9.1 设单片机采用 11.059MHz 的晶振，串行口工在方式 1，波特率为 2400b/s。请编程设置相关寄存器。

解：从表 9.1 可知，当波特率为 2400b/s 时，(T1x12)＝0，(SMOD)＝0，(TH1)＝(TL1)＝F4H。

单片机复位时，(T1x12)＝0，(SMOD)＝0，故不需对 T1x12 和 SMOD 操作。编程如下：

```
MOV  TMOD,＃20H              ;T1 设置为方式 2 定时模式
MOV  TL1,＃0F4H
MOV  TH1,＃0F4H              ;设置定时/计数器 T1 的初始值
```

```
SETB  TR1                         ;启动T1,产生波特率为2400b/s的移位脉冲信号
```

温馨提示：可利用STC-ISP在线编程软件中的波特率工具，自动导出相应波特率所对应的C语言程序或汇编语言程序。

9.2.4 串行口1的应用举例

1. 方式0的编程和应用

串行口方式0是同步移位寄存器方式。应用方式0可以扩展并行I/O端口，如在键盘、显示器接口中，外扩串行输入并行输出的移位寄存器(如74164、74HC595)，每扩展一片移位寄存器可扩展一个8位并行输出口。可以用来连接一个LED显示器作静态显示或用作键盘中的8根列线使用。

例9.2 使用2块74HC595芯片扩展16位并行口，外接16只发光二极管，电路连接图如图9.15所示。利用它的串入并出功能以及锁存输出功能，把发光二极管从右向左依次点亮，并不断循环之(16位流水灯)。

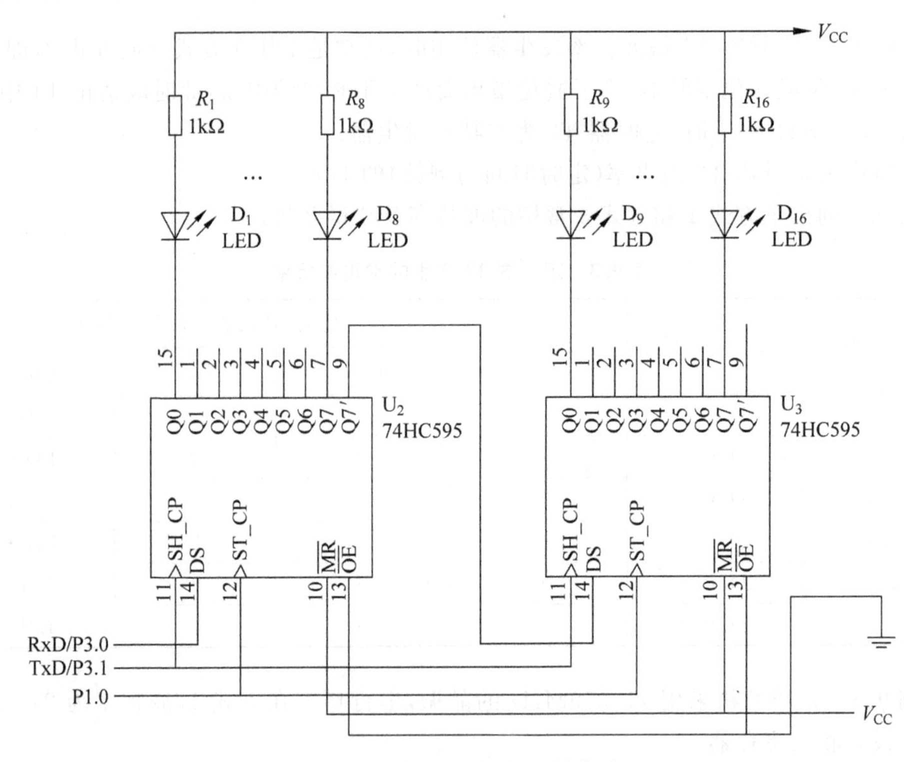

图9.15 串口方式0扩展输出口

解：74HC595和74164功能相仿，都是8位串行输入并行输出移位寄存器。74164的驱动电流(25mA)比74HC595(35mA)的要小。74HC595的主要优点是具有数据存储寄存器，在移位过程中，输出端的数据可以保持不变。这在串行速度慢的场合很有用处，数码管没有闪烁感。而且74HC595具有级联功能，通过级联能扩展更多的输出口。

Q0～Q7是并行数据输出口，即存储寄存器的数据输出口，Q7′是串行输出口用于连

接级联芯片的串行数据输入端 DS,ST_CP 是存储寄存器的时钟脉冲输入端(低电平锁存),SH_CP 是移位寄存器的时钟脉冲输入端(上升沿移位),$\overline{OE}$是三态输出使能端,$\overline{MR}$是芯片复位端(低电平有效,低电平时移位寄存器复位),DS 是串行数据输入端。

(1) 设 16 位流水灯数据存放在 R2 和 R3 中,汇编参考程序

```
        ORG  0000H
        MOV   SCON,#00H         ;设置串行口 1 为同步移位寄存器方式
        CLR   ES                ;禁止串口 1 中断
        CLR   P1.0
        SETB  C
        MOV  R2,#0FFH           ;设置流水灯初始数据
        MOV  R3,#0FEH           ;设置最右边的 LED 灯亮
        MOV  R4,#16
LOOP:
        MOV  A,R3
        MOV  SBUF,A             ;启动串行发送
        JNB  TI,$               ;等待发送结束信号
        CLR  TI                 ;清除 TI 标志,为下一字节发送做准备
        MOV  A,R2
        MOV  SBUF,A             ;启动串行发送
        JNB  TI,$               ;等待发送结束信号
        CLR  TI                 ;清除 TI 标志,为下一次发送做准备
        SETB  P1.0              ;移位寄存器数据送存储锁存器
        NOP
        CLR  P1.0
        MOV  A,R3               ;设置下一状态的 16 位流水灯数据
        RLC  A
        MOV  R3,A
        MOV  A,R2
        RLC  A
        MOV  R2,A
        LCALL  DELAY            ;插入轮显间隔
        DJNZ  R4,LOOP1
        SETB  C
        MOV  R2,#0FFH           ;设置流水灯初始数据
        MOV  R3,#0FEH           ;设置最右边的 LED 灯亮
        MOV  R4,#16
LOOP1:
        SJMP  LOOP              ;循环
DELAY:
        …                       ;延时程序,具体由学生自己确定延时时间及编程
        GND
```

(2) C 语言源程序

```
#include<stc15f2k60s2.h>   //包含 STC15F2K60S2 单片机的头文件
#include<intrins.h>
#define uchar unsigned char
#define uint  unsigned int
sbit P10 = P1^0;
```

```
uchar x;
uint y = 0xfffe;
void main(void)
{
    uchar i;
    P10 = 0;
    SCON = 0x00;
    while(1)
    {
        for(i = 0;i < 16;i++)
        {
            x = y&0x00ff;
            SBUF = x;
            while(TI == 0);
            TI = 0;
            x = y >> 8;
            SBUF = x;
            while(TI == 0);
            TI = 0;
            P10 = 1;            //移位寄存器数据送存储锁存器
            Delay50us;          //50μs 的延时函数,建议从 STC_ISP 在线编程工具中获得,
                                //并放在主函数的前面位置
            P10 = 0;
            Delay500ms;         //500ms 的延时函数,建议从 STC_ISP 在线编程工具中获得,
                                //并放在主函数的前面位置
            y = _crol_(y,1);
        }
        y = 0xfffe;
    }
}
```

思考：如图 9.16 所示为用串口以及 74HC595 驱动数码管的电路，定义一个无符号数 8 个数据的数组，即数码管显示数据缓冲区。试编程在 8 位数码管上依次显示数据缓冲区的 8 个数据。

2. 双机通信

双机通信用于单片机和单片机之间交换信息。对于双机异步通信的程序通常采用两种方法：查询方式和中断方式。但在很多应用中，双机通信的接收方都采用中断的方式来接收数据，以提高 CPU 的工作效率；发送方仍然采用查询方式发送。

双机通信的两个单片机的硬件连接可直接连接，如图 9.17 所示，甲机的 TxD 接乙机的 RxD，甲机的 RxD 接乙机的 TxD，甲机的 GND 接乙机的 GND。但单片机的通信是采用 TTL 电平传输信息，其传输距离一般不超过 5m，所以实际应用中通常采用 RS-232C 标准电平进行点对点的通信连接，如图 9.18 所示，MA232 是电平转换芯片。RS-232C 标准电平是 PC 串行通信标准，详细内容见下节。

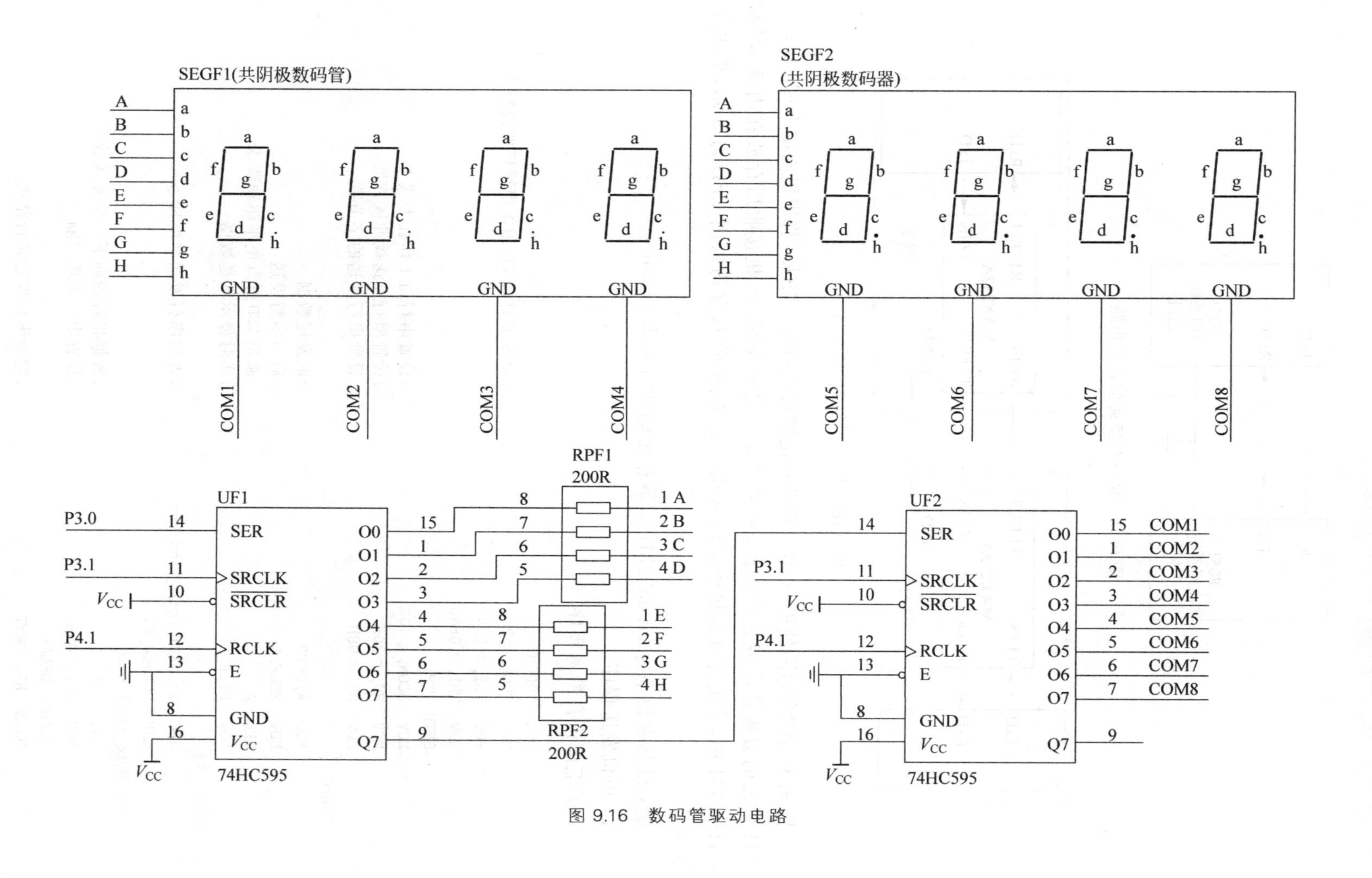

图 9.16 数码管驱动电路

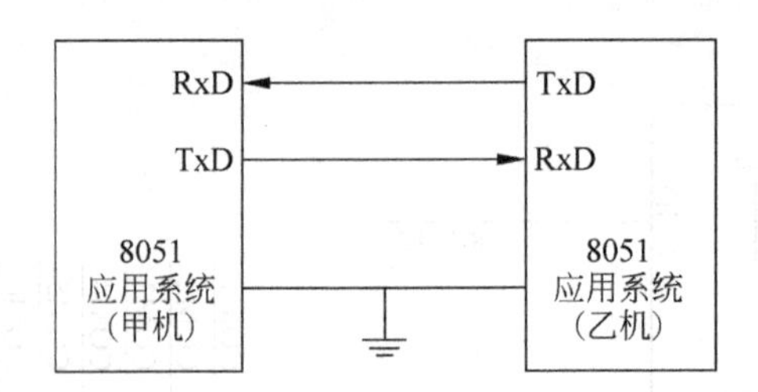

图 9.17 双机异步通信接口电路

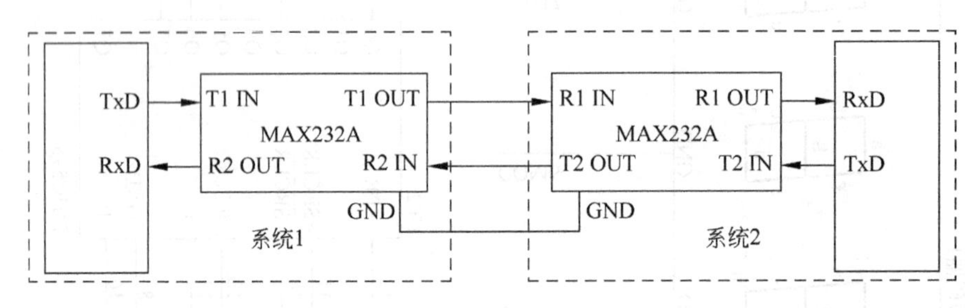

图 9.18 点对点通信接口电路

例 9.3 编制程序,使甲、乙双方单片机能够进行通信。要求:将甲机内部 RAM 20H～27H 单元的数据依次发送给乙机,并实时显示发送数据;乙机接收后存放在内部 RAM 70H～77H 中,并实时显示接收到的数据。发送、接收双方均采用 LED 灯显示,低电平驱动。

解:设晶振频率为 11.0592MHz,数据传输波特率为 2400b/s。

1) 甲机发送程序

(1) 汇编语言参考程序

```
        ORG   0000H
        MOV   TMOD, #20H                      ;设置定时器 T1,用作串行口的波特率
        MOV   TL1, #0F4H
        MOV   TH1, #0F4H
        SETB  TR1
        MOV   SCON, #40H                      ;设置串行口工作在方式 1
        MOV   R0, #20H                        ;设置串行发送缓冲区首址
        MOV   R7, #08H                        ;设置串行发送的字节数
START:
        MOV   A,@R0                           ;取发送数据
        MOV   SBUF,A                          ;启动串行发送
        CPL   A                               ;满足 LED 灯低电平驱动要求
        MOV   P1,A                            ;实时显示发送数据
Check_TI:
        JBC   TI,UART_Byte_Send_End           ;查询串行发送结束标志
        LJMP  Check_TI
UART_Byte_Send_End:
        INC   R0                              ;数据指针指向下一个发送数据
        MOV   R3, #05H                        ;设置串行发送间隔
        LCALL DELAY
        DJNZ  R7,START                        ;判断串行发送是否结束
```

```
        SJMP   $
DELAY:
        MOV   R4,#100                  ;延时子程序,延时时间 = (R3) × 10ms
DELAY1:
        MOV   R5,#200
DELAY2:
        NOP
        NOP
        DJNZ  R5,DELAY2
        DJNZ  R4,DELAY1
        DJNZ  R3,DELAY
        RET
        END
```

注意：调试时，自行编程设置甲机内部 RAM 20H～27H 单元的数据。

(2) C51 参考程序

```
#include <stc15f2k60s2.h>                    //包含 STC15F2K60S2 单片机的头文件
#include <intrins.h>
#define uchar unsigned char
#define uint  unsigned int
uchar bdata inter_ram[8] = {0,1,2,3,4,5,6,7}  //设置发送单元的数据
/*-------------延时子函数-------------*/
void Delay1ms()                              //@11.0592MHz,从 STC-ISP 的软件延时工具
                                             //中获得
{
    unsigned char i,j;
    _nop_();
    _nop_();
    _nop_();
    i = 11;
    j = 190;
    do
    {
        while (--j);
    } while (--i);
}
void delay(uchar x)                          //x ms 延时函数
{
    uchar i;
    for(i = 0; i<x; k++)
    {
        Delay1ms();
    }
}
/*-------------串行口中断子函数-------------*/
void serial_initial(void)                    //串口初始化程序
{
    TMOD = 0x20;                             //8 位定时器,自动重装计数值
    TH1 = 0xf4;
    TL1 = 0xf4;                              //设置 TH1 和 TL1 为 0xf4,波特率是 2400b/s
    TR1 = 1;
    SCON = 0x40;                             //设定串口为方式 1
```

```
}
void Send_Byte(uchar x)                          //串口发送一个字节的程序
{
    SBUF = x;                                    //启动串口发送
    P1 = ~x;                                     //实时显示发送数据
    while(TI == 0);
    TI = 0;
}
/*-------------主函数-------------*/
void main(void)
{
    uchar count;
    serial_initial();
    for(count = 0; count < 8; count++)           //把指定片内 RAM 数值发送到目标单片机
    {
        Send_Byte(inter_ram[count]);
        delay(200);                              //发送间隔,以便看清楚数据
    }
    while(1);
}
```

2）乙机接收程序

(1) 汇编语言参考源程序

```
        ORG     0000H
        MOV     TMOD, #20H                       ;设置定时器 T1,用作串行口的波特率
        MOV     TL1, #0F4H
        MOV     TH1, #0F4H
        SETB    TR1
        MOV     SCON, #40H                       ;设置串行口的工作方式
        MOV     R0, #70H                         ;设置串行接收缓冲区首址
        MOV     R7, #08H                         ;设置串行接收的字节数
        SETB    REN                              ;启动串行接收
Check_RI:
        JBC     RI,UART_Byte_Receive_End         ;查询串行接收结束标志
        LJMP    Check_RI
UART_Byte_Receive_End:
        MOV     A,SBUF                           ;取串行接收数据
        MOV     @R0,A                            ;存串行接收数据
        CPL     A
        MOV     P0,A                             ;串行接收数据送显示
        INC     R0
        DJNZ    R7,Check_RI                      ;判断串行发送是否结束
        SJMP    $
        END
```

(2) C 语言参考源程序

```
#include <stc15f2k60s2.h>                        //包含 STC15F2K60S2 单片机的头文件
#include <intrins.h>
#define uchar unsigned char
#define uint  unsigned int
uchar data recdata[8];                           //定义接收存储数组
uchar *mydata;
```

```
/*------------串行口中断子函数------------*/
void serial_initial(void)                 //串口初始化程序
{
    TMOD = 0x20;                          //8 位定时器,自动重装计数值
    TH1 = 0xf4;
    TL1 = 0xf4;                           //设置 TH1 和 TL1 为 0xf4,波特率是 2400b/s
    TR1 = 1;
    SCON = 0x40;                          //设定串口为方式 1
    REN = 1;                              //允许串行接收数据
}
/*------------主函数------------*/
void main(void)
{
    uchar i;
    serial_initial();                     //调用串口初始化函数
    mydata = recdata;
    for(i = 0; i<8; i++)
    {
        while(RI == 0);
        RI = 0;                           //清空接收标志
        *mydata = SBUF;                   //存储接收数据
        P1 = ~SBUF;                       //取反,送往 P1 口显示
        mydata++;                         //指向下一个存储单元
        _nop_();
        _nop_();
        _nop_();
    }
    while(1);
}
```

例 9.4 编程将甲机片内 60H～6FH 单元的数据块从串行口发送,在发送之前将数据块长度发送给乙机,当发送完 16 个字节后,再发送一个累加校验和。乙机接收甲机发送的数据,并存入以 0000H 开始的扩展 RAM 数据存储器中,首先接收数据长度,接着接收数据,当接收完 16 个字节后,接收累加和校验码,进行校验。数据传送结束后,根据校验结果向甲机发送一个状态字,00H 表示正确,FFH 表示出错,出错则甲机重发。

解:定义双机串行口方式 1 工作,晶振为 11.059MHz,波特率是 2400b/s。定时器 T1 按方式 2 工作,经计算或查表,得到定时器预置值为 0F4H,(SMOD)=0,(T1x12)=0。

(1) 发送子程序

```
        ORG     0000H
        MOV     TMOD,#20H               ;设置定时器 1 为方式 2 定时
        MOV     TL1,#0F4H               ;设置预置值
        MOV     TH1,#0F4H
        SETB    TR1                     ;启动定时器 1
        MOV     SCON,#50H               ;设置串行口为方式 1,允许接收
START:
        MOV     R0,#60H                 ;设置数据指针
        MOV     R5,#10H                 ;设置数据长度
        MOV     R4,#00H                 ;累加校验和初始化
        MOV     SBUF,R5                 ;发送数据长度
Check_TI_0:
```

```
        JBC     TI,UART_Send_Data_LOOP          ;等待发送
        LJMP    Check_TI_0
UART_Send_Data_LOOP:
        MOV     A,@R0                           ;读取数据
        MOV     SBUF,A                          ;发送数据
        ADD     A,R4
        MOV     R4,A                            ;形成累加和
        INC     R0                              ;修改数据指针
Check_TI_1:
        JBC     TI,UART_Send_Data_Byte_End      ;等待发送一帧数据
        LJMP    Check_TI_1
UART_Send_Data_Byte_End:
        DJNZ    R5,UART_Send_Data_LOOP          ;判断数据块是否发送完
        MOV     SBUF,R4                         ;发送累加校验和
Check_TI_2:
        JBC     TI,Check_RI                     ;等待发送
        LJMP    Check_TI_2
Check_RI:
        JBC     RI,UART_Receive_End             ;等待乙机回答
        LJMP    Check_RI
UART_Receive_End:
        MOV     A,SBUF                          ;接收乙机数据
        JZ      Right                           ;00H,发送正确,返回
        AJMP    START                           ;发送出错,重发
Right:
        RET
```

(2) 接收子程序

接收采用中断方式。设置两个标志位(7FH、7EH位)来判断接收到的信息是数据块长度、数据还是累加校验和。

接收参考程序如下:

```
        ORG     0000H
        LJMP    MAIN                            ;转主程序
        ORG     0023H
        LJMP    Serial_ISR                      ;转串行口中断服务程序
        ORG     0100H
MAIN:
        MOV     TMOD,#20H                       ;设置定时器1为方式2定时
        MOV     TL1,#0F4H                       ;设置预置值
        MOV     TH1,#0F4H
        SETB    TR1                             ;启动定时器1
        MOV     SCON #50H                       ;串行口初始化
        SETB    7FH                             ;置长度标志位为1
        SETB    7EH                             ;置数据块标志位为1
        MOV     31H,#00H                        ;规定扩展RAM的起始地址,31H存高8位
        MOV     30H,#00H                        ;30H存低8位
        MOV     40H,#00H                        ;清累加和寄存器
        SETB    EA                              ;开放串行口1中断
        SETB    ES
        SJMP    $                               ;模拟一个用户程序
Serial_ISR:
```

```
        CLR     EA                          ;关中断
        CLR     RI                          ;清中断标志
        PUSH    ACC                         ;保护现场
        PUSH    DPH
        PUSH    DPL
        JB      7FH,Data_Length             ;判断是数据块长度吗
        JB      7EH,Data                    ;判断是数据块吗
SUM:
        MOV     A,SBUF                      ;接收校验和
        CJNE    A,40H,Error_Mark            ;判断接收是否正确
        MOV     A,#00H                      ;二者相等,正确,向甲机发送 00H
        MOV     SBUF,A
Check_TI_Ok:
        JNB     TI,Check_TI_Ok
        CLR     TI
        SJMP    Exit_Serial_ISR             ;发送完,转到退出中断
Error_Mark:
        MOV     A,#0FFH                     ;二者不相等,错误,向甲机发送 FFH
        MOV     SBUF,A
Check_TI_Error:
        JNB     TI,Check_TI_Error
        CLR     TI
        SJMP    Again_Receive               ;接收有错,转重新开始
Data_Length:
        MOV     A,SBUF                      ;接收长度
        MOV     41H,A                       ;长度存入 41H 单元
        CLR     7FH                         ;清长度标志位
        SJMP    Exit_Serial_ISR             ;退出中断
Data:
        MOV     A,SBUF                      ;接收数据
        MOV     DPH,31H                     ;存入片外 RAM
        MOV     DPL,30H
        MOVX    @DPTR,A
        INC     DPTR                        ;修改片外 RAM 的地址
        MOV     31H,DPH
        MOV     30H,DPL
        ADD     A,40H                       ;形成累加和,放在 40H 单元
        MOV     40H,A
        DJNZ    41H,Exit_Serial_ISR         ;判断数据块是否接收完
        CLR     7EH                         ;接收完,清数据块标志位
        SJMP    Exit_Serial_ISR
Again_Receive:
        SETB    7FH                         ;接收出错,恢复标志位,重新开始接收
        SETB    7EH
        MOV     31H,#00H                    ;恢复扩展 RAM 起始地址
        MOV     30H,#00H
        MOV     40H,#00H                    ;累加和寄存器清零
Exit_Serial_ISR:
        POP     DPL                         ;恢复现场
        POP     DPH
        POP     ACC
        SETB    EA                          ;开中断
        RETI                                ;返回
```

思考：试改用C语言编程实现，且波特率发生器改用T2。建议T2的波特率程序从STC-ISP工具中获得。

3. 多机通信

STC15F2K60S2单片机串行口的方式2和方式3有一个专门的应用领域，即多机通信。这一功能通常采用主从式多机通信方式，在这种方式中，用一台主机和多台从机。主机发送的信息可以传送到各个从机或指定的从机，各从机发送的信息只能被主机接收，从机与从机之间不能进行通信。图9.19是多机通信的连接示意图。

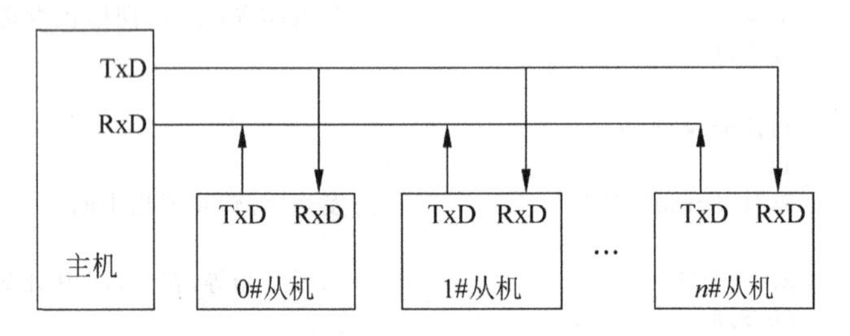

图 9.19 多机通信连接示意图

多机通信的实现主要依靠主、从机之间正确地设置与判断SM2以及发送或接收的第9位数据来(TB8或RB8)完成。在单片机串行口以方式2或方式3接收时，有两种情况。

(1) 若(SM2)=1，表示允许多机通信功能，当接收到的第9位数据(RB8)为1时，会置位RI标志，向CPU发出中断请求；当接收到第9位数据为0，即不会置位RI标志，不产生中断，信息将被丢失，即不能接收数据。

(2) 若(SM2)=0，则接收到的第9位信息无论是1还是0，都会置位RI中断标志，即接收数据。

在编程前，首先要给各从机定义地址编号，系统中允许接有256台从机，地址编码为00H～FFH。在主机想发送一个数据块给某个从机时，它必须先送出一个地址字节，以辨认从机。多机通信的过程简述如下：

(1) 主机发送一帧地址信息，与所需的从机联络。主机应置TB8为1，表示发送的是地址帧。例如：

```
MOV   SCON,#0D8H                      ;设串行口为方式3,(TB8)=1,允许接收
```

(2) 所有从机的(SM2)=1，处于准备接收一帧地址信息的状态。例如：

```
MOV   SCON,#0F0H                      ;设串行口为方式3,(SM2)=1,允许接收
```

(3) 各从机都能接收到地址信息，因为(RB8)=1，则置位中断标志RI。中断后，首先判断主机送过来的地址信息与自己的地址是否相符。对于地址相符的从机，清零SM2，以接收主机随后发来的所有信息。对于地址不相符的从机，保持SM2为1的状态，对主机随后发来的信息不理睬，直到发送新的一帧地址信息。

(4) 主机发送控制指令和数据信息给被寻址的从机。其中，主机置TB8为0，表示发送的是数据或控制指令。对于没选中的从机，因为(SM2)=1，(RB8)=0，所以不会产生中断，对主机发送的信息不接收。

例 9.5 设系统晶振频率为 11.0592MHz，以 4800b/s 的波特率进行通信。主机：向指定从机（如 10＃从机）发送指定位置为起始地址（如扩展 RAM 0000H）的若干个（如 10 个）数据，发送空格（20H）作为结束；从机：接收主机发来的地址帧信息，并与本机的地址号相比较，若不符合，仍保持（SM2）＝1 不变；若相等，则使 SM2 清零，准备接收后续的数据信息，直至接收完到空格数据信息位置，并置位 SM2。

解：主机和从机的程序流程图如图 9.20 所示。

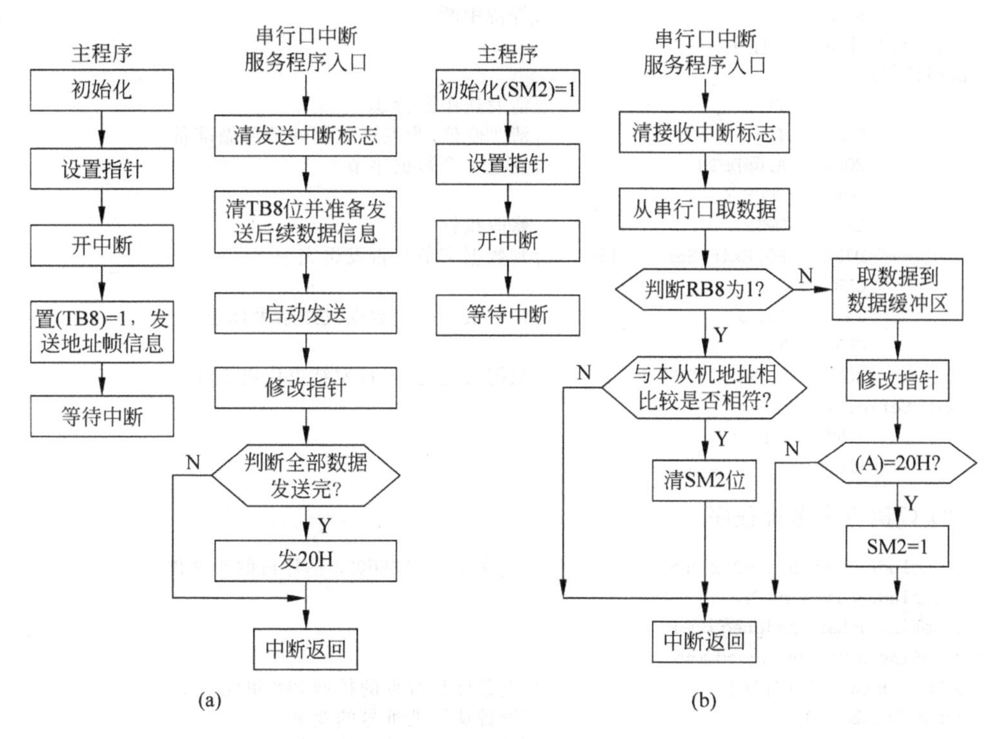

图 9.20 例 9.5 主机与从机程序流程图

1）主机程序

（1）汇编语言参考源程序

```
ADDRT     EQU     0000H
SLAVE     EQU     10                    ;从机地址号
NUMBER    EQU     10
          ORG     0000H
          LJMP    Main_Send             ;主程序入口地址
          ORG     0023H
          LJMP    Serial_ISR            ;串行口中断入口地址
          ORG     0100H
Main_Send:
          MOV     SP, #60H
          MOV     SCON, #0C0H           ;串行口方式 3
          MOV     TMOD, #20H            ;置 T1 工作方式 2
          MOV     TH1, #0FAH            ;置 4800b/s 波特率的时间常数
          MOV     TL1, #0FAH
          MOV     DPTR, #ADDRT          ;置数据地址指针
```

```
        MOV     R0,#NUMBER              ;设置发送数据字节数
        MOV     R2,#SLAVE               ;从机地址号→R2
        SETB    TR1                     ;启动 T1
        SETB    ES                      ;开放串行口 1 中断
        SETB    EA
        SETB    TB8                     ;置位 TB8,作为地址帧信息特征
        MOV     A,R2                    ;发送地址帧信息
        MOV     SBUF,A
        SJMP    $                       ;等待中断
 ;串行口中断服务程序:
Serial_ISR:
        CLR     TI                      ;清发送中断标志
        CLR     TB8                     ;清 TB8 位,为发送数据帧信息做准备
        MOVX    A,@DPTR                 ;发送一个数据字节
        MOV     SBUF,A
        INC     DPTR                    ;修改指针
        DJNZ    R0,Exit_Serial_ISR      ;判数据字节是否发送完
        CLR     ES
        JNB     TI, $                   ;检测最后一个数据发送结束标志
        CLR     TI
        MOV     SBUF,#20H               ;数据发送完毕后,发结束代码 20H
Exit_Serial_ISR:
        RETI
        END
```

(2) C 语言参考源程序

```
#include<stc15f2k60s2.h>              //包含 STC15F2K60S2 单片机的头文件
#include<intrins.h>
#define uchar unsigned char
#define uint  unsigned int
uchar xdata  ADDRT[10];               //设置保存数据的扩展 RAM 单元
uchar SLAVE = 10;                     //设置从机地址号的变量
uchar num = 10, * mypdata;            //设置要传送数据的字节数
/*-----------------------发送中断服务子函数----------------------------*/
void Serial_ISR(void) interrupt 4
{
        TI = 0;
        TB8 = 0;
        SBUF = * mypdata;             //发送数据
        mypdata++;                    //修改指针
        num--;
        if(num == 0)
        {
            ES = 0;
            while(TI == 0) ;
            TI = 0;
            SBUF = 0x20;
        }
}
/*-----------------------主函数----------------------------*/
void main (void)
{
```

```
        SCON = 0xC0;
        TMOD = 0x20;
        TH1 = 0xFA;
        TL1 = 0xFA;
        mypdata = ADDRT;
        TR1 = 1;
        ES = 1;
        EA = 1;
        TB8 = 1;
        SBUF = SLAVE;                   //发送从机地址
        while(1);                       //等待中断
}
```

2）从机程序

（1）汇编语言参考程序

```
ADDRR   EQU     0000H
SLAVE   EQU     10                      ;从机地址号,依各从机的地址号进行设置
        ORG     0000H
        LJMP    Main_Receive            ;从机主程序入口地址
        ORG     0023H
        LJMP    Serial_ISR              ;串行口中断入口地址
        ORG     0100H
Main_Receive:
        MOV     SP, #60H
        MOV     SCON, #0F0H             ;串行口方式 3,(SM2) = 1,(REN) = 1,接收状态
        MOV     TMOD, #20H              ;置 T1 为工作方式 2 定时
        MOV     TH1, #0FAH              ;置 4800b/s 波特率相应的时间常数
        MOV     TL1, #0FAH
        MOV     DPTR, #ADDRR            ;置数据地址指针
        SETB    TR1                     ;启动 T1
        SETB    ES                      ;开放串行口中断 1
        SETB    EA
        SJMP    $                       ;等待中断
  ;从机接收中断服务程序
Serial_ISR:
        CLR     RI                      ;清接收中断标志
        MOV     A,SBUF                  ;取接收信息
        MOV     C,RB8                   ;取 RB8(信息特征位)→C
        JNC     UAR_Receive_Data        ;RB8 = 0 为数据帧信息,转 UAR_Receive_Data
        XRL     A, #SLAVE               ;(RB8) = 1 为地址帧信息,与本机地址号 SLAVE 相异或
        JZ      Address_Ok              ;地址相等,则转 Address_Ok
        LJMP    Exit_Serial_ISR         ;地址不相等,则转中断返回
Address_Ok:
        CLR     SM2                     ;清 SM2,为后面接收数据帧信息做准备
        LJMP    Exit_Serial_ISR         ;中断返回
UAR_Receive_Data:
        MOVX    @DPTR,A                 ;接收的数据→数据缓冲区
        INC     DPTR                    ;修改地址指针
        CJNZ    A, #20H,Exit_Serial_ISR ;判断接收数据是否为结束代码 20H,不等继续
        SETB    SM2                     ;全部接收完,置位 SM2
```

```
Exit_Serial_ISR:
        RETI                            ;中断返回
        END
```

(2) C语言参考源程序

```
#include<stc15f2k60s2.h>     //包含STC15F2K60S2单片机的头文件
#include<intrins.h>
#define uchar unsigned char
#define uint  unsigned int
uchar  xdata  ADDRR[10];
uchar  SLAVE = 10,rdata, *mypdata;
/*------------------------接收中断服务子函数----------------------------*/
void Serial_ISR(void) interrupt 4
{
    RI = 0;
    rdata = SBUF;              //将接收缓冲区的数据保存到rdata变量中
    if(RB8)                    //RB8为1说明收到的信息是地址
    {
        if(rdata == SLAVE)     //如果地址相等,则(SM2) = 0
            SM2 = 0;
    }
    else                       //接收到的信息是数据
    {
        *mypdata = rdata;
        mypdata++;
        if(rdata == 0x20)     //所有数据接收完毕,令(SM2) = 1,为下一次接收地址信息做准备
            SM2 = 1;
    }
}
/*------------------------主函数----------------------------*/
void main (void)
{
    SCON = 0xF0;
    TMOD = 0x20;
    TH1 = 0xFA;
    TL1 = 0xFA;
    mypdata  = ADDRR;
    TR1 = 1;
    ES = 1;
    EA = 1;
    while(1);                  //等待中断
}
```

9.3 STC15F2K60S2单片机串行口2

STC15F2K60S2单片机串行口2缺省对应的发送、接收引脚是：TxD2/P1.1、RxD2/P1.0，通过设置P_SW2中的S2_S控制位，串行口2的TxD2、RxD2硬件引脚可切换为P4.7、P4.6。

9.3.1 STC15F2K60S2单片机串行口2控制寄存器

与单片机串行口2有关的特殊功能寄存器有：单片机串行口2控制寄存器、与波特率

设置有关的定时/计数器 T1/T2 的相关寄存器、与中断控制相关的寄存器,详见表 9.4。

表 9.4 与单片机串行口 2 有关的特殊功能寄存器

	地址	B7	B6	B5	B4	B3	B2	B1	B0	复位值
S2CON	9AH	S2SM0	—	S2SM2	S2REN	S2TB8	S2RB8	S2TI	S2RI	00000000
S2BUF	9BH	串行口 2 数据缓冲器								xxxxxxxx
T2L	D7H	T2 的低 8 位								00000000
T2H	D6H	T2 的高 8 位								00000000
AUXR	8EH	T0x12	T1x12	UART_M0x6	T2R	T2_C/$\overline{T}$	T2x12	EXTRAM	S1ST2	00000000
IE2	AFH	—	—	—	—	—	—	ESPI	ES2	xxxxxx00
IP2	B5H	—	—	—	—	—	—	PSPI	PS2	00000000
P_SW2	BAH	—	—	—	—	—	—	—	S2_S	xxxxxxx0

1. 串行口 2 控制寄存器 S2CON

串行控制寄存器 S2CON 用于设定串行口 2 的工作方式、允许接收以及设置状态标志。字节地址为 98H,可进行位寻址,单片机复位时,所有位全为 0,其格式如下:

	地址	B7	B6	B5	B4	B3	B2	B1	B0	复位值
S2CON	9AH	S2SM0	—	S2SM2	S2REN	S2TB8	S2RB8	S2TI	S2RI	0x000000

对各位的说明如下。

S2SM0:S2SM0 指定串行通信的工作方式,如表 9.5 所示。

表 9.5 串行口 2 工作方式选择

S2SM0	工作方式	功　能	波 特 率
0	方式 0	8 位 UART	T2 溢出率/4
1	方式 1	9 位 UART	

S2SM2:多机通信控制位,用于方式 1 中。在方式 1 处于接收时,若(S2SM2)=1,且接收到的第 9 位数据 S2RB8 为 0 时,不激活 S2RI;若(S2SM2)=1,且(S2RB8)=1 时,则置位 S2RI 标志。在方式 1 处于接收方式,若(S2SM2)=0,不论接收到第 9 位 S2RB8 为 0 还是为 1,S2RI 都以正常方式被激活。

S2REN:允许串行接收控制位。由软件置位或清零。(S2REN)=1 时,启动接收;(S2REN)=0 时,禁止接收。

S2TB8:串行发送数据的第 9 位。在方式 1 中,由软件置位或复位,可做奇偶校验位。在多机通信中,可作为区别地址帧或数据帧的标识位,一般约定地址帧时,S2TB8 为 1,数据帧时,S2TB8 为 0。

S2RB8:在方式 1 中,是串行接收到的第 9 位数据,作为奇偶校验位或地址帧或数据帧的标识位。

S2TI:发送中断标志位。在发送停止位之初由硬件置位。S2TI 是发送完一帧数据的标志，既可以用查询的方法，也可以用中断的方法来响应该标志，然后在相应的查询服务程序或中断服务程序中，由软件清除 S2TI。

S2RI：接收中断标志位。在接收停止位的中间由硬件置位。S2RI 是接收完一帧数据的标志，同 S2TI 一样，既可以用查询的方法，也可以用中断的方法来响应该标志，然后在相应的查询服务程序或中断服务程序中，由软件清除 S2RI。

2. 串行口 2 数据缓冲器 S2BUF

S2BUF 是串行口 2 的数据缓冲器，同 SBUF 一样，一个地址对应两个物理上的缓冲器，当对 S2BUF 写操作时，对应的是串行口 2 的发送缓冲器，同时写缓冲器操作又是串行口 2 的启动发送命令；当对 S2BUF 读操作时，对应的是串行口 2 的接收缓冲器，用于读取串行口 2 串行接收进来的数据。

3. 串行口 2 的中断控制 IE2、IP2

IE2 的 ES2 位是串行口 2 的中断允许位，"1"允许，"0"禁止；IP2 的 PS2 位是串行口 2 的中断优先级的设置位，"1"为高级，"0"为低级。

9.3.2 STC15F2K60S2 单片机串行口 2 的工作方式与波特率

STC15F2K60S2 单片机串行口 2 只有两种工作方式：8 位 UART 和 9 位 UART，波特率为定时器 T2 溢出率的 1/4，同样可用 STC 波特率计算器自动生成汇编或 C 语言的波特率发生器的代码。

9.4 STC15F2K60S2 单片机与 PC 的通信

9.4.1 单片机与 PC 的 RS-232C 串行通信接口设计

在单片机应用系统中，与上位机的数据通信主要采用异步串行通信。在设计通信接口时，必须根据需要选择标准接口，并考虑传输介质、电平转换等问题。采用标准接口后，能够方便地把单片机和外设、测量仪器等有机地连接起来，从而构成一个测控系统。例如，当需要单片机和 PC 通信时，通常采用 RS-232C 接口进行电平转换。

异步串行通信接口主要有 3 类：RS-232C 接口；RS-449C、RS-422C 和 RS-485C 接口以及 20mA 电流环。

1. RS-232C 接口

RS-232C 是使用最早、应用最多的一种异步串行通信总线标准。它是美国电子工业协会（EIA）1962 年公布、1969 年最后修订而成的。其中，RS 表示 Recommended Standard；232 是该标准的标识号；C 表示最后一次修订。

RS-232C 主要用来定义计算机系统的一些数据终端设备（DTE）和数据电路终接设备（DCE）之间的电气性能。STC15F2K60S2 单片机与 PC 的通信通常采用该种类型的接口。

RS-232C 串行接口总线适用于设备之间的通信距离不大于 15m，传输速率最大为 20Kb/s 的应用场合。

(1) RS-232C 信息格式标准

RS-232C 采用串行格式，如图 9.21 所示。该标准规定：信息的开始为起始位，信息的结束为停止位；信息本身可以是 5、6、7、8 位再加 1 位奇偶位。如果两个信息之间无信息，则写"1"，表示空。

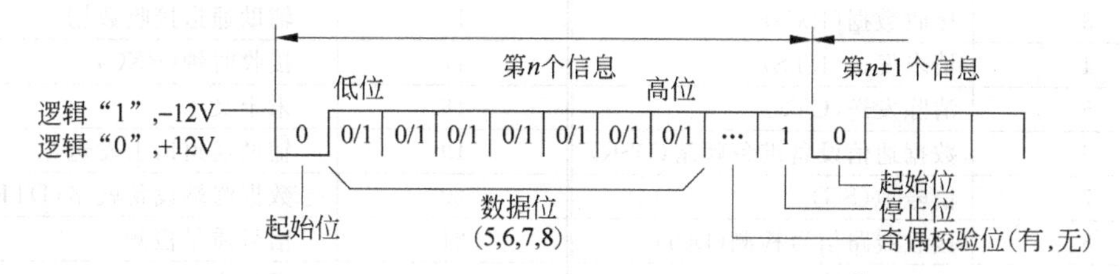

图 9.21 RS-232C 信息格式

(2) RS-232C 电平转换器

RS-232C 规定了自己的电气标准，由于它是在 TTL 电路之前研制的，所以它的电平不是＋5V 和地，而是采用负逻辑，即

逻辑"0"：＋5～＋15V

逻辑"1"：－5～－15V

因此，RS-232C 不能和 TTL 电平直接相连，使用时必须进行电平转换，否则将使 TTL 电路烧坏，实际应用时必须注意。

目前，常用的电平转换电路是 MAX232 或 STC232，MAX232 的逻辑结构图如图 9.22 所示。

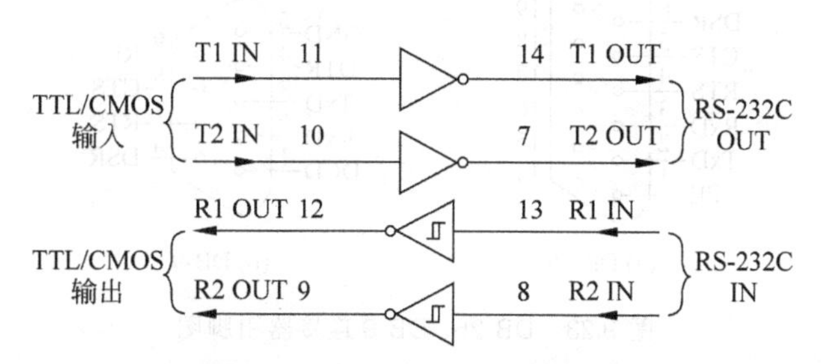

图 9.22 MAX232 功能引脚图

(3) RS-232C 总线规定

RS-232C 标准总线为 25 根，使用 25 个引脚的连接器，各信号引脚的定义如表 9.6 所示。

由于 RS-232C 并未定义连接器的物理特性，因此，出现了 DB-25、DB-15 和 DB-9 各种类型的连接器，其引脚的定义也各不相同。下面分别介绍两种连接器。

① DB-25。DB-25 型连接器的外形及信号线分配如图 9.23(a)所示，各引脚功能与表 9.6 一致。

② DB-9 连接器。DB-9 连接器只提供异步通信的 9 个信号，如图 9.23(b)所示。DB-9 型连接器的引脚分配与 DB-25 型引脚信号完全不同。因此，若与配接 DB-25 型连接器的 DCE 设备连接，必须使用专门的电缆线。

表 9.6 RS-232C 标准总线

引脚	定 义	引脚	定 义
1	保护地(PE)	14	辅助通道发送数据
2	发送数据(TxD)	15	发送时钟(TXC)
3	接收数据(RxD)	16	辅助通道接收数据
4	请求发送(RTS)	17	接收时钟(RXC)
5	清除发送(CTS)	18	未定义
6	数据通信设备准备就绪(DSR)	19	辅助通道请求发送
7	信号地(SG)	20	数据终端设备就绪(DTR)
8	接收线路信号检测(DCD)	21	信号质量检测
9	接收线路建立检测	22	音响指示
10	线路建立检测	23	数据速率选择
11	未定义	24	发送时钟
12	辅助通道接收线信号检测	25	未定义
13	辅助通道清除发送		

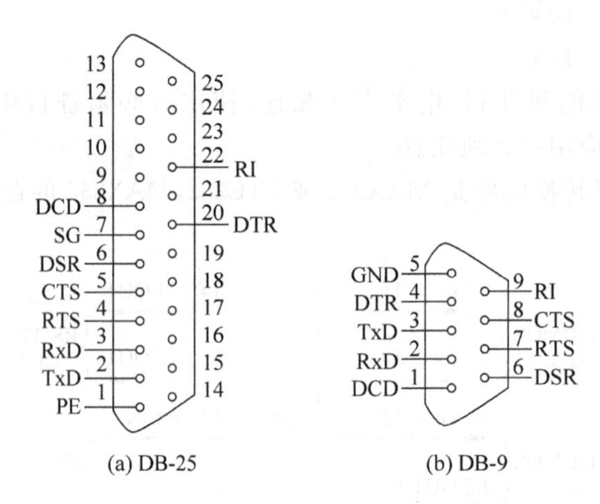

图 9.23 DB-25、DB-9 连接器引脚图

在通信速率低于 20Kb/s 时,RS-232C 所直接连接的最大物理距离为 15m(50 英尺)。

2. RS-232C 接口与 STC15F2K60S2 的通信接口设计

在 PC 系统内都装有异步通信适配器,利用它可以实现异步串行通信。该适配器的核心元件是可编程的 Intel 8250 芯片,它使 PC 有能力与其他具有标准的 RS-232C 接口的计算机或设备进行通信。STC15F2K60S2 单片机本身具有一个全双工的串行口,因此只要配以电平转换的驱动电路、隔离电路就可组成一个简单可行的通信接口。同样,PC 和单片机之间的通信也分为双机通信和多机通信。

PC 和单片机进行串行通信的硬件连接,最简单的连接是零调制三线经济型,这是进行全双工通信所必需的最少线路,计算机的 9 针串口只连接其中的 3 根线:第 5 脚的 GND,第 2 脚的 RxD,第 3 脚的 TxD,如图 9.24 所示。这也是 STC15F2K60S2 单片机的程序下载电路。

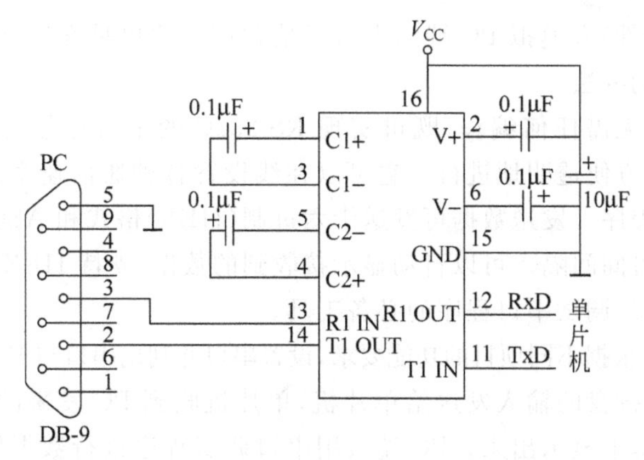

图 9.24 PC和单片机串行通信的三线制连接电路

9.4.2 单片机与PC的USB总线通信接口设计

目前,PC常用串行通信接口是USB接口,绝大多数已不再将RS-232C串行接口作为标配了。为此,为了现代PC能与STC15F2K60S2单片机进行串行通信,采用CH340G将USB总线转串口UART,采用USB总线模拟UART通信。USB总线转UART电路如图9.25所示。

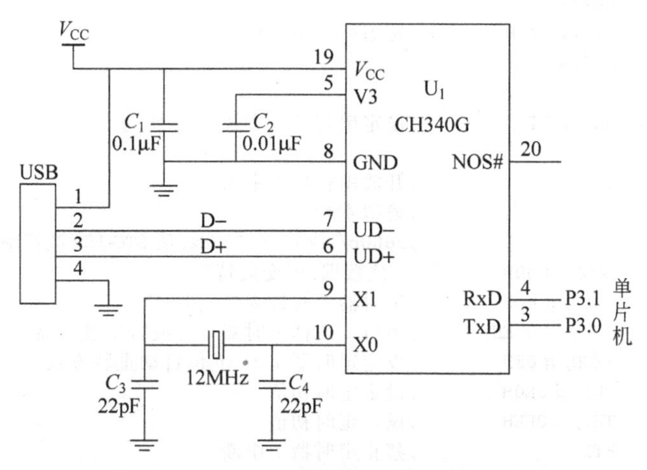

图 9.25 USB转串口(TTL)电路

注意:使用时,先安装USB转串口的驱动程序,安装成功后在计算机的资源管理的设备管理器中查看USB转串口的串口号,以后就可以采用此串口号按与RS-232C串口一样的方法进行串口通信了。

9.4.3 单片机与PC串行通信的程序设计

通信程序设计分为计算机(上位机)程序设计与单片机(下位机)程序设计。

为了实现单片机与PC的串口通信,PC端需要开发相应的串口通信程序,这些程序通常是用各种高级语言来开发,如VC、VB等。在实际开发调试单片机端的串口通信程序时,也可以使用STC系列单片机下载程序中内嵌的串口调试程序或其他串口调试软件

(如串口调试精灵软件)来模拟 PC 端的串口通信程序。这也是在实际工程开发中,特别是团队开发时常用的办法。

串口调试程序,无需任何编程,既可实现 RS-232C 的串口通信,能有效提高工作效率,使串口调试能够方便透明地进行。它可以在线设置各种通信速率、奇偶校验、通信端口而无需重新启动程序。发送数据可发送十六进制(HEX)格式和 ASCII 码,可以设置定时发送的数据以及时间间隔。可以自动显示接收到的数据,支持 HEX 或 ASCII 码显示,是工程技术人员监视、调试串口程序的必备工具。

单片机程序设计根据不同项目的功能要求,设置串口并利用串口与 PC 进行数据通信。

例 9.6 将 PC 键盘的输入发送给单片机,单片机收到 PC 发来的数据后,回送同一数据给 PC,并在屏幕上显示出来。PC 端采用串口调试程序进行数据发送与接收数据并显示,请编写单片机通信程序。

解:通信双方约定:波特率为 9600b/s;信息格式为 8 个数据位,1 个停止位,无奇偶校验位。设系统晶振频率为 11.0592MHz。

(1) 汇编语言参考源程序

```
AUXR EQU 8EH
        ORG     0000H
        LJMP    MAIN                ;转主程序
        ORG     0023H
        LJMP    Sirial_ISR          ;转串行口中断程序
        ORG     0050H
MAIN:
        LCALL   UARTINIT            ;设定串行口为方式 1,并启动
        SETB    ES
        SETB    EA                  ;开放串行口 1 中断
        SJMP    $                   ;模拟主程序
UARTINIT:                           ;9600b/s@11.0592MHz,从 STC-ISP 波特率工具中获得
        MOV     SCON,#50H           ;8 位数据,可变波特率
        ORL     AUXR,#40H           ;定时器 1 时钟为 fosc,即 1T
        ANL     AUXR,#0FEH          ;串口 1 选择定时器 1 为波特率发生器
        ANL     TMOD,#0FH           ;设定定时器 1 为 16 位自动重装方式
        MOV     TL1,#0E0H           ;设定定时初值
        MOV     TH1,#0FEH           ;设定定时初值
        CLR     ET1                 ;禁止定时器 1 中断
        SETB    TR1                 ;启动定时器 1
        RET
;串口中断服务子程序
Sirial_ISR:
        CLR     EA                  ;关中断
        CLR     RI                  ;清串行口中断标志
        PUSH    DPL                 ;保护现场
        PUSH    DPH
        PUSH    ACC
        MOV     A,SBUF              ;接收 PC 发送的数据
        MOV     SBUF,A              ;将数据回送给 PC
Check_TI:
        JNB     TI,Check_TI         ;等待发送结束
        CLR     TI
```

```
        POP     ACC                 ;发送完,恢复现场
        POP     DPH
        POP     DPL
        SETB    EA                  ;开中断
        RETI                        ;返回
        END
```

(2) C语言参考源程序

```
#include <stc15f2k60s2.h>           //包含 STC15F2K60S2 单片机的头文件
#include <intrins.h>
#define uchar unsigned char
#define uint  unsigned int
uchar  temp;
/*-----------------串行口波特率函数------------------*/
void UartInit(void)                 //9600b/s@11.0592MHz,从 STC-ISP 波特率工具中获得
{
    SCON = 0x50;                    //8 位数据,可变波特率
    AUXR |= 0x40;                   //定时器 1 时钟为 fSYS,即 1T
    AUXR &= 0xFE;                   //串口 1 选择定时器 1 为波特率发生器
    TMOD &= 0x0F;                   //设定定时器 1 为 16 位自动重装方式
    TL1 = 0xE0;                     //设定定时初值
    TH1 = 0xFE;                     //设定定时初值
    ET1 = 0;                        //禁止定时器 1 中断
    TR1 = 1;                        //启动定时器 1
}
/*-----------------中断服务子函数------------------*/

void Serial_ISR(void) interrupt 4
{
    RI = 0 ;                        //清串行接收标志
    temp = SBUF;                    //接收数据
    SBUF = temp;                    //发送接收到的数据
    while(TI == 0);                 //等待发送结束
    TI = 0;                         //清零 TI
}

/*-----------------主函数------------------*/
void main(void)
{
    UartInit();                     //调用串行口波特率函数
    ES = 1;                         //开放串行口 1 中断
    EA = 1;
    while(1);
}
```

9.5 STC15F2K60S2 单片机串行口 1 的中继广播方式

串行口的中继广播方式指单片机串行口发送引脚(TxD)的输出可以实时反映串行口接收引脚(RxD)输入的电平状态。

STC15F2K60S2 单片机串行口 1 具有中继广播方式功能,它是通过设置 CLK_DIV

特殊功能寄存器的 B4 位来实现的。CLK_DIV 的格式如下所示。

	地址	B7	B6	B5	B4	B3	B2	B1	B0	复位值
CLK_DIV	97H	MCKO_S1	MCKO_S0	ADRJ	Tx_Rx	—	CLKS2	CLKS1	CLKS0	0000x000

Tx_Rx：串行口 1 中继广播方式设置位。(Tx_Rx)=0，串行口 1 为正常工作方式；(Tx_Rx)=1，串行口 1 为中继广播方式。

串行口 1 中继广播方式除可以通过设置 Tx_Rx 来选择外，还可以在 STC_ISP 下载编程软件中设置。

当单片机的工作电压低于上电复位门槛电压(3V 单片机在 1.9V 附近，5V 单片机在 3.3V 附近)时，Tx_Rx 默认为 0，即串行口默认为正常工作方式；当单片机的工作电压高于上电复位门槛电压时，单片机首先读取用户在 STC_ISP 下载编程软件中的设置，如果用户允许了"单片机 TxD 管脚的对外输出实时反映 RxD 端口输入的电平状态"，即中继广播方式，则上电复位后 TxD 管脚的对外输出实时反映 RxD 端口输入的电平状态；如果用户未选择"单片机 TxD 管脚的对外输出实时反映 RxD 端口输入的电平状态"，则上电复位后串行口 1 为正常工作方式。

若在 STC_ISP 下载编程软件中设置了中继广播方式，单片机上电后就可以执行；当用户在用户程序中的设置与 STC_ISP 下载编程软件中的设置不一致时，当执行到相应的用户程序时，就会覆盖原来 STC_ISP 下载编程软件中的设置。

9.6 STC15F2K60S2 单片机串行口硬件引脚的切换

通过对特殊功能寄存器 P_SW1 中的 S1_S1、S1_S0 位和 P_SW2 中的 S2_S 位的控制，可实现串行口 1、串行口 2 的发送与接收硬件引脚在不同口进行切换。P_SW1、P_SW2 的数据格式如下：

	地址	D7	D6	D5	D4	D3	D2	D1	D0	复位值
P_SW1	A2H	S1_S1	S1_S0	CCP_S1	CCP_S0	SPI_S1	SPI_S0	0	DPS	000000x0
P_SW2	BAH	—	—	—	—	—	—	—	S2_S	000xxxxx

1. 串行口 1 硬件引脚切换

串行口 1 硬件引脚切换由 S1_S1、S1_S0 进行控制，具体切换情况见表 9.7。

2. 串行口 2 硬件引脚切换

串行口 2 硬件引脚切换由 S2_S0 进行控制，具体切换情况见表 9.8。

一般建议，用户可将自己的工作串口设置在 P1.0(RxD2)与 P1.1(TxD2)，而将 P3.0(RxD)与 P3.1(TxD)作为 ISP 下载的专用通信口。

表 9.7 串行口 1 硬件引脚切换

S1_S1	S1_S0	串行口 1	
		TxD	RxD
0	0	P3.1	P3.0
0	1	P3.7(TxD_2)	P3.6(RxD_2)
1	0	P1.7(TxD_3)	P1.6(RxD_3)
1	1	无效	

表 9.8 串行口 2 硬件引脚切换

S2_S	串行口 2	
	TxD2	RxD2
0	P1.1	P1.0
1	P4.7(TxD2_2)	P4.6(RxD2_2)

本章小结

集散控制和多微机系统以及现代测控系统中信息的交换经常采用串行通信。串行通信有异步通信和同步通信两种方式。异步通信是按字符传输的,每传送一个字符,就用起始位来进行收发双方的同步;同步串行通信是按数据块传输的,在进行数据传送时是通过发送同步脉冲来进行同步的,发送和接收双方要保持完全的同步,因此要求接收和发送设备必须使用同一时钟。同步传送的优点是可以提高传送速率,但硬件电路比较复杂。

串行通信中,按照在同一时刻数据流的方向可分成单工、半双工和全双工 3 种传输模式。

STC15F2K60S2 单片机有 2 个可编程串行口:串行口 1 和串行口 2。

串行口 1 有 4 种工作方式:同步移位寄存器输入/输出方式、8 位异步通信方式及波特率不同的两种 9 位的异步通信方式。方式 0 和方式 2 的波特率是固定的,而方式 1 和方式 3 的波特率是可变的,由定时器 T1 的溢出率或 T2 的溢出率来决定。方式 0 主要用于扩展 I/O 端口,方式 1 实现 8 位 UART,方式 2、3 可实现 9 位 UART。

串行口 2 有两种工作方式:8 位异步通信方式及 9 位异步通信方式,波特率为定时器 T2 溢出率的 1/4。

串行口 1 和串行口 2 的发送、接收引脚都可以通过软件设置,将串行口 1 和串行口 2 的发送端与接收端切换到其他端口上。

利用单片机的串口通信,可以实现单片机与单片机之间的双机或多机通信,也可实现单片机与 PC 之间的双机或多机通信。

STC15F2K60S2 单片机串行口 1 具有中继广播功能,即线传播功能,串行口的串行发送引脚输出能实时反映串行接收引脚输入的电平状态,可以将对各单片机的串行口构成一个线移位寄存器,可大大地节省利用串行口接收再发送方式所需要的时间。

RS-232C 通信接口是一种广泛使用的标准串行接口,信号线根数少,有多种可供选择的数据传送速率,但信号传输距离仅为几十米。RS-422A、RS-485 通信接口采用差分电路传输,具有较好的传输速率与传输距离。

在工控系统(尤其是多点现场工控系统)设计实践中,单片机与 PC 组合构成分布式控制系统是一个重要的发展方向。

习题与思考题

1. 简述异步串行通信的工作原理。

2. STC15F2K60S2 单片机串行口 1 有几种工作方式? 如何选择? 简述其特点。

3. 何谓波特率? STC15F2K60S2 单片机串行口 1 的波特率是如何选择的?

4. 串行通信的接口标准有哪几种?

5. 在串行通信中,通信速率与传输距离之间的关系如何?

6. 如何实现多机通信?

7. 如何实现单片机与 PC 间的通信?

8. 利用 STC15F2K60S2 单片机串行口 1 扩展 I/O 端口控制 24 个发光二极管,要求画出电路图并编写程序,使 24 个发光二极管按照不同的顺序发光(发光的时间间隔为 0.5s)。

9. 串行口 2 有几种工作方式? 其波特率是如何选择的?

10. 试编程实现 STC15F2K60S2 单片机双机通信程序,要求甲机(利用串口 1)从 P1 口读取的数据传输到乙机的 P2 口输出,同时乙机(利用串口 2)从 P1 口读取的数据传输到甲机的 P2 口输出。画出电路图,编写程序并调试。

CHAPTER 10

第10章

STC15F2K60S2 单片机的 A/D 转换模块

10.1 STC15F2K60S2 单片机 A/D 模块的结构

STC15F2K60S2 单片机集成有 8 通道 10 位高速电压输入型模拟数字转换器(ADC),采用逐次比较方式进行 A/D 转换,速度可达到 300kHz(30 万次/秒),可将连续变化的模拟电压转化成相应的数字信号,可应用于温度检测、电池电压检测、距离检测、按键扫描、频谱检测等。

1. 模数转换器 ADC 的结构

STC15F2K60S2 单片机 ADC 输入通道与 P1 口复用,上电复位后 P1 口为弱上拉型 I/O 端口,用户可以通过程序设置 P1ASF 特殊功能寄存器将 8 路中的任何一路设置为 ADC 功能,不作为 ADC 功能的仍可作为普通 I/O 端口使用。

STC15F2K60S2 单片机 ADC 的结构如图 10.1 所示。

STC15F2K60S2 单片机的 ADC 由多路选择开关、比较器、逐次比较寄存器、10 位数模转换 DAC、转换结果寄存器(ADC_RES 和 ADC_RESL)以及 ADC 控制寄存器 ADC_CONTR 构成。

STC15F2K60S2 单片机的 ADC 是逐次比较型模数转换器,由一个比较器和 D/A 转换器构成,通过逐次比较逻辑,从最高位(MSB)开始,顺序对每一输入电压模拟量与内置 D/A 转化器输出进行比较,经过多次比较,使转换所得的数字量逐次逼近输入模拟量对应值,直至 A/D 转换结束,将最终的转换结果保存在 ADC 转换结果寄存器 ADC_RES 和 ADC_RESL,同时,置位 ADC 控制寄存器 ADC_CONTR 中的 A/D 转换结束标志位 ADC_FLAG,供程序查询或发出中断请求。

2. ADC 的参考电压源

STC15F2K60S2 单片机 ADC 模块的参考电压源(V_{REF})就是输入工作电压 V_{CC},无专门的 ADC 参考电压输入通道。

如果在电池供电 V_{CC} 不稳定的系统中,电池电压可能在 5.3～4.2V 漂移,则可以在 8 路 A/D 转换通道的任一通道上外接一个稳定的基准参考电压源(如 1.25V 或者 2.5V

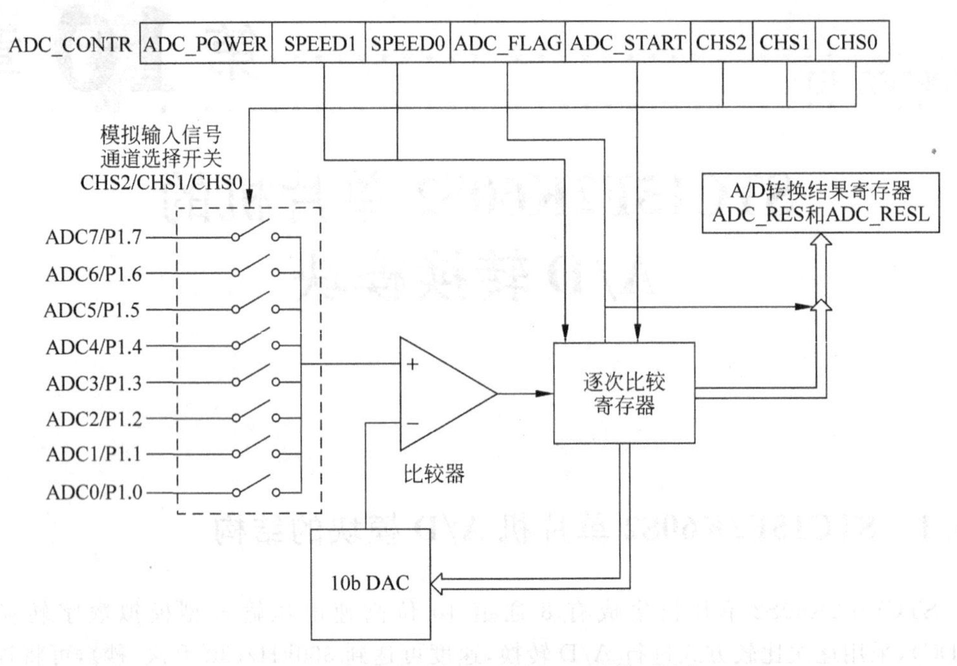

图 10.1　STC15F2K60S2 单片机 ADC 转换器结构图

的基准电压),计算出此时的工作电压 V_{CC},再计算其他输入通道的模拟输入电压。

10.2　STC15F2K60S2 单片机 A/D 模块的控制

STC15F2K60S2 单片机的 A/D 模块主要由 P1ASF、ADC_CONTR、ADC_RES 和 ADC_RESL 4 个特殊功能寄存器进行控制与管理的,下面分别详细介绍。

1. P1 口模拟输入通道功能控制寄存器 P1ASF

P1ASF 的 8 个控制位与 P1 口的 8 个口线是一一对应的。若将 P1ASF 的相应位置为 1,对应 P1 口的口线为 ADC 功能,可作为当前 ADC 输入通道;若将相应位置为 0,对应 P1 口的口线为普通 I/O 功能,单片机硬件复位后 P1 默认是普通 I/O 功能。

P1ASF(地址为 9DH,复位值为 00H)各位的定义如表 10.1 所示。

表 10.1　模拟输入通道功能控制寄存器 P1ASF 各位定义

位号	B7	B6	B5	B4	B3	B2	B1	B0
位名称	P17ASF	P16ASF	P15ASF	P14ASF	P13ASF	P12ASF	P11ASF	P10ASF

P1ASF 寄存器不能位寻址,可以采用字节操作。例如,要使用 P1.0 作为模拟输入通道,可采用控制位与 1 相或从而实现置 1 的原理,C 语言语句可执行 P1ASF |= 0x01 实现。

2. ADC 控制寄存器 ADC_CONTR

ADC 控制寄存器 ADC_CONTR 主要用于设置 ADC 转换输入通道、设置转换速度以及 ADC 的启动、转换结束标志等。

ADC_CONTR(地址为BCH,复位值为00H)各位的定义如表10.2所示。

表10.2　ADC控制寄存器ADC_CONTR各位定义

位号	B7	B6	B5	B4	B3	B2	B1	B0
位名称	ADC_POWER	SPEED1	SPEED0	ADC_FLAG	ADC_START	CHS2	CHS1	CHS0

(1) ADC_POWER：ADC电源控制位。(ADC_POWER)=0,关闭ADC电源；(ADC_POWER)=1,打开ADC电源。

启动A/D转换前,一定要确认ADC电源已打开,A/D转换结束后,关闭A/D电源可降低功耗,也可不关闭。初次打开内部ADC电源时,需适当延时,等内部相关电路稳定后再启动A/D转换。

建议启动A/D转换后,在A/D转换结束之前,不改变任何I/O端口的状态,有利于高精度A/D的转换。

建议进入空闲模式前,将ADC电源关闭,即清"0"ADC_POWER,可降低功耗。

(2) SPEED1、SPEED0：A/D转换速度控制位。A/D转换速度设置如表10.3所示。

表10.3　A/D转换速度设置

SPEED1	SPEED0	A/D转换一次所需时间
1	1	90个系统时钟周期
1	0	180个系统时钟周期
0	1	360个系统时钟周期
0	0	540个系统时钟周期

(3) ADC_FLAG：A/D转换结束标志位。A/D转换完成后,(ADC_FLAG)=1。此时程序中如果允许A/D转换中断,即(EADC)=1,(EA)=1,则由该位请求产生中断；如果由程序查询该标志位来判断A/D转换的状态,则查询该位可判断A/D转换是否结束。不管A/D转换是工作于中断方式,还是工作于查询方式,ADC_FLAG标志都需要用软件清"0"。

(4) ADC_START：A/D转换启动控制位。(ADC_START)=1,启动转换；(ADC_START)=0,不转换。

(5) CHS2、CHS1、CHS0：模拟输入通道选择控制位,其选择情况如表10.4所示。

表10.4　模拟输入通道选择

CHS2	CHS1	CHS0	模拟输入通道选择
0	0	0	选择ADC0(P1.0)作为A/D输入
0	0	1	选择ADC1(P1.1)作为A/D输入
0	1	0	选择ADC2(P1.2)作为A/D输入
0	1	1	选择ADC3(P1.3)作为A/D输入
1	0	0	选择ADC4(P1.4)作为A/D输入
1	0	1	选择ADC5(P1.5)作为A/D输入
1	1	0	选择ADC6(P1.6)作为A/D输入
1	1	1	选择ADC7(P1.7)作为A/D输入

ADC_CONTR 寄存器不能位寻址，对其操作时，建议直接用赋值语句，不要用 AND（与）和 OR（或）操作指令。

3. ADC 转换结果存储格式控制与 A/D 转换结果寄存器 ADC_RES 和 ADC_RESL

特殊功能寄存器 ADC_RES、ADC_RESL 用于保存 A/D 转换结果，A/D 转换结果的存储格式由 CLK_DIV 寄存器的 B5 位 ADRJ 进行控制。C 语言语句执行 CLK_DIV |= 0x20 即可设置 ADRJ 为 1，单片机硬件复位后默认 ADRJ 为 0。

当(ADRJ)= 0 时，10 位 A/D 转换结果的高 8 位存放在 ADC_RES 寄存器中，低 2 位存放在 ADC_RESL 寄存器的低 2 位中。其中，ADC_RES 的地址为 BDH，复位值为 00H，存储 10 位 A/D 值的高 8 位；ADC_RESL 的地址为 BEH，复位值为 00H，存储 10 位 A/D 值的低 2 位。此时 ADC_RES、ADC_RESL 存储格式如表 10.5 所示。

表 10.5 (ADRJ)= 0 时 ADC_RES 和 ADC_RESL 存储格式

位号	B7	B6	B5	B4	B3	B2	B1	B0
ADC_RES	ADC_RES9	ADC_RES8	ADC_RES7	ADC_RES6	ADC_RES5	ADC_RES4	ADC_RES3	ADC_RES2
ADC_RESL							ADC_RES1	ADC_RES0

当(ADRJ)= 1 时，10 位 A/D 转换结果的最高 2 位存放在 ADC_RES 寄存器的低 2 位，转换结果的低 8 位存放在 ADC_RESL 寄存器中。此时 ADC_RES、ADC_RESL 存储格式如表 10.6 所示。

表 10.6 (ADRJ)= 1 时 ADC_RES 和 ADC_RESL 存储格式

位号	B7	B6	B5	B4	B3	B2	B1	B0
ADC_RES							ADC_RES9	ADC_RES8
ADC_RESL	ADC_RES7	ADC_RES6	ADC_RES5	ADC_RES4	ADC_RES3	ADC_RES2	ADC_RES1	ADC_RES0

A/D 转换结果换算公式如下：

(ADRJ) = 0，取 10 位结果(ADC_RES[7:0]，ADC_RESL[1:0]) = $1024\times V_{in}/V_{CC}$

(ADRJ) = 0，取 8 位结果(ADC_RES[7:0]) = $256\times V_{in}/V_{CC}$

(ADRJ) = 1，取 10 位结果(ADC_RES[1:0]，ADC_RESL[7:0]) = $1024\times V_{in}/V_{CC}$

式中：V_{in}为模拟输入电压；V_{CC}为 ADC 的参考电压，即单片机的实际工作电源电压。

4. 与 A/D 转换中断有关的寄存器

中断允许控制寄存器 IE 中的 B7 位 EA 是 CPU 总中断控制端，B5 位 EADC 是 ADC 使能控制端。当(EA)=1，(EADC)=1 时，A/D 转换结束中断允许，ADC 控制寄存器 ADC_CONTR 中的 B4 位 ADC_FLAG 是 A/D 转换结束标志，又是 A/D 转换结束的中断请求标志，中断服务程序中，要使用软件将 ADC_FLAG 清 0；当(EADC)=0 时，A/D 转换中断禁止，ADC 可以采用查询方式工作。

STC15F2K60S2 单片机的中断有 2 个优先等级，由中断优先寄存器 IP 设置，A/D 转换中断的中断优先级由 IP 的 B5 位 PADC 设置。A/D 转换中断的中断矢量地址为 002BH，中断号为 5。

10.3 STC15F2K60S2 单片机 A/D 转换的应用

STC15F2K60S2 单片机 ADC 模块的应用编程要点如下：

(1) 设置 ADC_CONTR 中的 ADC_POWER 为 1，打开 ADC 工作电源。

(2) 一般延时 1ms 左右，等 ADC 内部模拟电源稳定。

(3) 设置 P1ASF 寄存器，选择 P1 口中的相应口线作为 A/D 转换模拟量输入通道。

(4) 设置 ADC_CONTR 寄存器中的 CHS2～CHS0，选择 ADC 输入通道。

(5) 根据需要设置 CLK_DIV 寄存器中的 ADRJ，选择转换结果存储格式，ADRJ 的默认值为 0。

(6) 查询 A/D 转换结束标志 ADC_FLAG，判断 A/D 转换是否完成，若完成，则读出 A/D 转换结果(结果保存在 ADC_RES 和 ADC_RESL 寄存器中)，并进行数据处理。如果是多通道模拟量进行转换，则更换 A/D 转换通道后要适当延时，使输入电压稳定，延时量取 20～200μs 即可，与输入电压源的内阻有关。如果输入电压信号源的内阻在 10kΩ 以下，可不加延时；如果是单通道模拟量输入，则不需要更换 A/D 转换通道，也就不需要加延时。

(7) 若采用中断方式，还需进行中断设置(中断允许 EADC 置 1，EA 置 1 和中断优先级)。

(8) 在中断服务程序中读取 A/D 转换结果，并将 ADC 中断请求标志 ADC_FLAG 清“0”。

1. A/D 数据的采集

STC15F2K60S2 单片机集成有 8 通道 10 位 A/D 转换器，可以根据需要选择 1～8 任意通道进行 A/D 转换；A/D 转换的结果可以是 10 位精度，对应十进制是 0～1023，对应十六进制是 00H～3FFH，也可以是 8 位精度，对应十进制是 0～255，对应十六进制是 00H～FFH；A/D 转换工作方式可以采用查询方式，也可以是中断方式。下面给出 2 个典型的应用例子。

例 10.1 利用 STC15F2K60S2 单片机编程实现，ADC 通道 0 接外部模拟电压 0～5V 直流电压，8 位精度，采用查询方式循环进行转换，并将转换结果保存于整型变量 adc_value 中。

解：要求 8 位精度，如果(ADRJ)＝0，则可以直接使用转换结果寄存器 ADC_RES 的值。根据 ADC 的编程要点进行初始化后，直接查询判断 ADC_FLAG 标志是否为 1，若为 1，则读出 ADC_RES 寄存器的值，并赋予整型变量 adc_value 中即可；若为 0，则继续等待。

C 语言源程序代码如下：

```
#include "STC15F2K60S2.h"                  //包含 STC15F2K60S2 单片机头文件
unsigned char adc_value;                   //定义无符号字符型变量 adc_value 用于保存 ADC 值
void main(void)                            //主程序
{
    unsigned int i;                        //定义整型变量 i 用于适当延时
    unsigned char status;                  //定义字符型变量 status 用于保存 A/D 转换状态
    ADC_CONTR| = 0x80;                     //打开 A/D 转换电源
    for(i = 0;i<1000;i++);                 //适当延时
    P1ASF = 0x01;                          //设置 ADC0(P1.0)为模拟量输入功能 P1ASF = 0x01
    ADC_CONTR = 0x88;                      //选择选择输入通道 ADC0(P1.0)并启动 A/D 转换
    while(1)
    {
        ADC_CONTR| = 0x08;                 //重新启动 A/D 转换
        status = 0;                        // A/D 转换状态初始为 0
        while(status == 0)                 //等待 A/D 转换结束
        {
            status = ADC_CONTR&0x10;       //读取 ADC_FLAG 状态赋予变量 status 保存
        }
        ADC_CONTR& = 0xE7;                 //将 ADC_FLAG 清 0
        adc_value = ADC_RES;               //保存 8 位 A/D 转换结果,范围为 0～255
    }
}
```

例 10.2 利用 STC15F2K60S2 单片机编程实现,ADC 通道 1 接外部模拟电压 0～5V 直流电压,10 位精度,采用中断方式进行转换,并将转换结果保存于整型变量 adc_value 中。

解:要求 10 位精度,如果 ADRJ=1,则 A/D 转换结果的最高 2 位存放在 ADC_RES 寄存器的中低 2 位,低 8 位存放在 ADC_RESL 寄存器中。因此,可以在中断服务程序中读出 ADC_RESL 和 ADC_RES 寄存器的值,并合并成 10 位的 A/D 转换结果赋予整型变量 adc_value 中即可。

C 语言源程序代码如下:

```
#include "stc15f2k60s2.h"                  //包含 STC15F2K60S2 单片机头文件
unsigned int adc_value;                    //定义无符号字符型变量 adc_value 用于保存 ADC 值
void main(void)                            //主程序
{
    unsigned int i;                        //定义整型变量 i 用于适当延时
    ADC_CONTR| = 0x80;                     //打开 A/D 转换电源
    for(i = 0;i<1000;i++);                 //适当延时
    P1ASF = 0x02;                          //设置 ADC1(P1.1)为模拟量输入功能
    CLK_DIV| = 0x20;                       //ADRJ = 1,设置 A/D 转换结果的存储格式
    ADC_CONTR = 0x89;                      //选择选择输入通道 ADC1(P1.1)并启动 A/D 转换
    EADC = 1;                              //打开 ADC 中断
    EA = 1;                                //打开 CPU 总中断
    while(1)
    {
    }
}
```

```
void ADC_int(void) interrupt 5         //ADC中断服务子程序
{
    ADC_CONTR = 0x81;                  //将ADC_FLAG清0
    adc_value = ADC_RES * 256 + ADC_RESL;  //保存10位A/D转换结果,范围为0～1023
    ADC_CONTR = 0x89;                  //重新启动A/D转换
}
```

从以上例子可以看出,不管ADRJ是0或者1,所决定的A/D转换结果的存储格式是哪一种,都可以分别得到8位或10位精度的数据。

当(ADRJ)=0时,8位精度ADC值adc_value= ADC_RES;10位精度ADC值adc_value= ADC_RES*4+ADC_RESL。当(ADRJ)=1时,8位精度ADC值adc_value=ADC_RES*64+(ADC_RESL&0xFC)/4;10位精度ADC值adc_value= ADC_RES*256+ADC_RESL。

2. A/D数据的处理及应用

1) ADC值的显示及应用

STC15F2K60S2单片机集成的10位A/D转换器的转换结果既可以是10位精度,也可以是8位精度。ADC采样到的数据主要有通过串行口发送到上位机显示、LED数码管显示、LCD液晶显示模块显示等方式。

(1) 通过串行口发送到上位机显示

由于串行口每次只能发送8位的数据,所以如果A/D转换是8位精度,则A/D转换结果可以直接通过串行口发送到上位机进行显示;如果A/D转换是10位精度,则A/D转换结果分成高位和低位2个独立的数据,这样分别通过串行口发送到上位机处理即可。

(2) LED数码管显示和LCD液晶显示模块显示

A/D转换的结果可以是10位精度,对应十进制是0～1023,也可以是8位精度,对应十进制是0～255,通过LED数码管显示和LCD液晶显示模块显示,则需要先将十进制的数据通过分别运算得到个、十、百、千位的数据,再逐个进行显示即可。

已知A/D转换结果保存于整型变量adc_value中,通过分别运算得到个、十、百、千位对应的数据g、s、b、q。

千位显示数据q=adc_value/1000。

百位显示数据b=adc_value%1000/100。

十位显示数据s=adc_value%1000%100/10。

个位显示数据g=adc_value%1000%100%10。

2) ADC做电压、电流、温度等物理量的数据处理及应用

输入的模拟电压经过A/D转换后得到的只是一个对应大小的数字信号而已,当需要用来表示具有实际意义的物理量时,数据还需要经过一定处理才能满足实际的应用。这部分数据的处理主要有查表法和运算法。查表法主要是指建立一个数组,再查找得到相应的数据的方法。运算法则是经过CPU运算得到相应的数据,具体应用如下。

例10.3 通过ADC测量温度并进行LED数码管显示,假设ADC输入端电压变化

范围为 0.0～5.0V，要求数码管显示范围为 0～100。

解：ADC 输入端电压 0～5V，8 位精度 A/D 采样值就是 0～255，转换成 0～100 进行显示，需要线性的转换，实际乘以一个系数就可以了，该系数是 100.0/255.0＝0.3921…，但为了避免使用浮点数，可以先乘以一个定点数 100，再去掉低位字节(即除以 255)，取高位字节即可。

类似地，ADC 输入端电压 0～5V，10 位精度 A/D 采样值就是 0～1023，转换成 0～100 进行显示，需要线性的转换，可以先乘以 100，再去掉低位字节(即除以 255)，再将数据右移 2 位即除以 4 即可。

例 10.4 STC15F2K60S2 单片机工作电压为 5V，设计一个数字电压表，对输入电压为 0～5V 进行测量，用 LED 数码管显示。

解：(1) ADC 输入端电压 0～5V，测量精度是 8 位，则 A/D 转换值是 0～255，需要相对应的 LED 数码管显示是 0～5V，所以对数据进行线性的转换，乘以系数 5/255 即可。

(2) ADC 输入端电压 0～5V，测量精度是 10 位，则 A/D 转换值是 0～1023，需要相对应的 LED 数码管显示是 0～5V，所以对数据进行线性的转换，先乘以系数 5，再除以 255 去掉低位字节，再除以 4 将数据右移 2 位即可。

(3) 相应地，如果需要测量的电压范围为 0～30V 直流电压，测量精度是 10 位，则硬件上 STC15F2K60S2 单片机 A/D 输入端需要加入相应的分压电阻调理电路，使输入的 0～30V 变成 0～5V 输入 A/D 输入端口，需要相对应的 LED 数码管显示是 0～30V，所以对数据进行线性的转换，先乘以系数 30，再除以 255 去掉低位字节，再除以 4 将数据右移 2 位即可。

3) ADC 做按键扫描识别的数据处理及应用

利用 ADC 转换功能，按键连接不同的分压电阻，从而得到不同的模拟电压值并进行转换和相应的按键控制，这就是 AD 键盘。

例 10.5 利用 STC15F2K60S2 单片机 A/D 转换设计 4 个按键的键盘，实现分别对 4 个 LED 亮和灭的控制。

解：通过不同的电阻分压组合，利用 AD 转换功能，将键盘输出的模拟电压值进行转换，然后将转换后的数字量传送给单片机进行相应的控制。

硬件电路原理图如图 10.2 所示。图中电阻组成分压电路，当不同的按键按下时，分压电阻是不一样的，所以键盘输出的模拟电压也是不一样的。

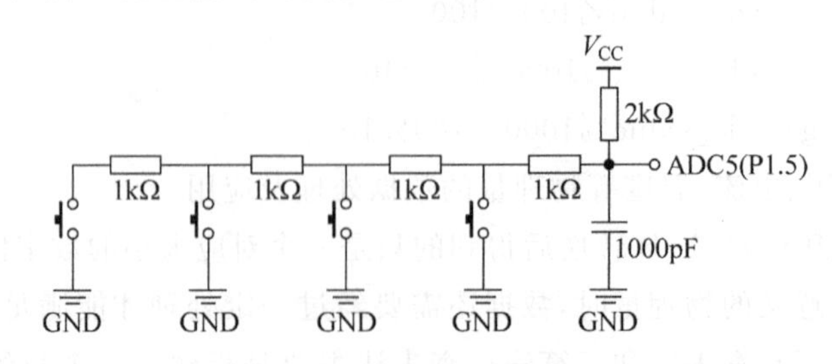

图 10.2 AD 键盘电路原理图

C 语言源程序如下：

```
#include "stc15f2k60s2.h"              //包含 STC15F2K60S2 单片机头文件
unsigned int adc_value;                //定义无符号字符型变量 adc_value 用于保存 ADC 值
sbit LED0 = P0^0;
sbit LED1 = P0^1;
sbit LED2 = P0^2;
sbit LED3 = P0^3;
void Delay(unsigned int n)             //延时子程序
{
    unsigned int x;
    while (n--)
    {
        x = 5000;
        while (x--);
    }
}
void main(void)                        //主程序
{
    unsigned int i;                    //定义整型变量 i 用于适当延时
    ADC_CONTR| = 0x80;                 //打开 A/D 转换电源
    for(i = 0;i<10000;i++);            //适当延时
    P1ASF = 0x20;                      //设置 ADC5(P1.5)为模拟量输入功能
    CLK_DIV| = 0x20;                   //ADRJ = 1,设置 A/D 转换结果的存储格式
    ADC_CONTR = 0x8D;                  //选择输入通道 ADC5(P1.5)并启动 A/D 转换
    EADC = 1;                          //打开 ADC 中断
    EA = 1;                            //打开 CPU 总中断
    while(1)
    {
        if(adc_value<165&&adc_value>200) {LED3 = ~LED3;adc_value = 0xFF;Delay(10);}
        if(adc_value<143&&adc_value>166) {LED2 = ~LED2;adc_value = 0xFF;Delay(10);}
        if(adc_value<110&&adc_value>144) {LED1 = ~LED1;adc_value = 0xFF;Delay(10);}
        if(adc_value<70&&adc_value>111) {LED0 = ~LED0;adc_value = 0xFF;Delay(10);}
        Delay(15);
    }
}
void ADC_int(void) interrupt 5                    //ADC 中断服务子程序
{
    ADC_CONTR = 0x85;                             //将 ADC_FLAG 清 0
    adc_value = ADC_RES * 64 + (ADC_RESL&0xfc)/4; //读取 AD 值
    ADC_CONTR = 0x8D;                             //重新启动 A/D 转换
}
```

3. A/D 综合应用

例 10.6 用单片机 STC15F2K60S2 设计一个 ADC 采集话筒输入的声音信号，并实

现带有峰值保持的 16 段 LED 电平显示电路。

解：这是一个综合运用 ADC 的例子。硬件电路需要实现话筒输入的声音信号经过放大并变成电压信号，输入单片机 ADC。软件程序需要启动 ADC 转换，得到当前的 AD 值对应驱动相应的 LED 显示，同时需要定时器控制峰值保持的 LED 显示效果。

硬件电路原理图如图 10.3 所示。图中 MIC 将声音信号转换成电信号，经过放大后进入单片机 ADC 进行模数转换。

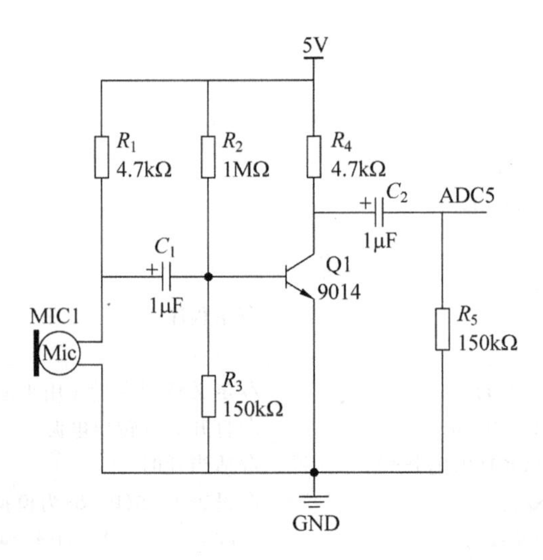

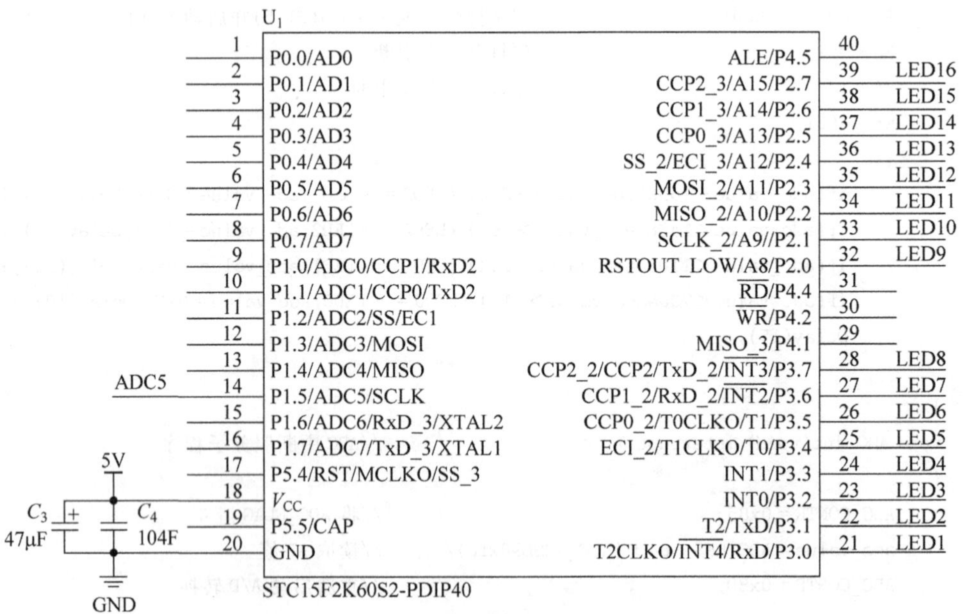

图 10.3 LED 电平显示电路原理图

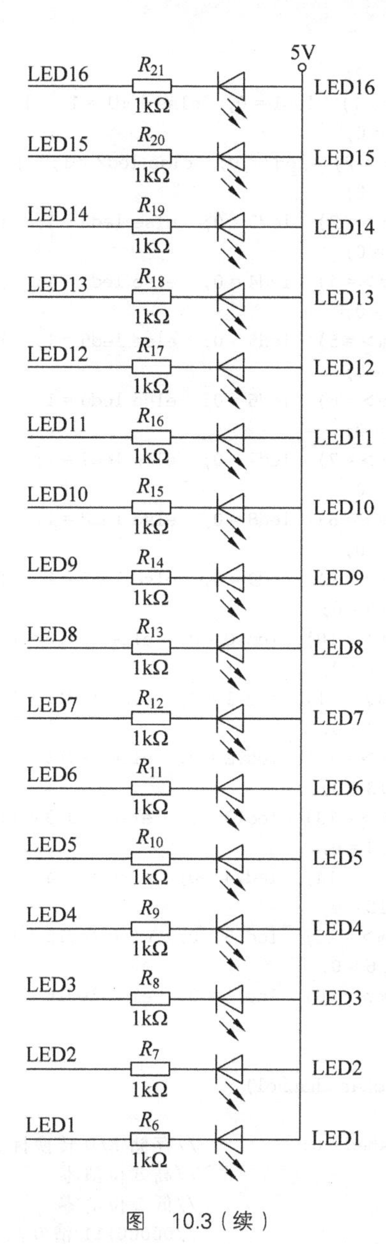

图 10.3（续）

C语言源程序如下：

```
#include "stc15f2k60s2.h"                        //12MHz 工作于 12T(fosc/12)
#include <intrins.h>
sbit led16 = P2^7;sbit led15 = P2^6;sbit led14 = P2^5;sbit led13 = P2^4;
sbit led12 = P2^3;sbit led11 = P2^2;sbit led10 = P2^1;sbit led9 = P2^0;
sbit led8 = P3^7;sbit led7 = P3^6;sbit led6 = P3^5;sbit led5 = P3^4;
sbit led4 = P3^3;sbit led3 = P3^2;sbit led2 = P3^1;sbit led1 = P3^0;
unsigned int ADC_result,vo;
unsigned char num,tt0,tt,biaozhi,xuanting,piaofu;
#define AD_SPEED    0x60                         //90 个时钟周期转换一次
void display()                                   //显示子程序
```

```
{
    if(piaofu == 1)  led1 = 0;
        else  {  if(num >= 1)  led1 = 0;  else led1 = 1;  }
    if(piaofu == 2)  led2 = 0;
        else  {  if(num >= 2)  led2 = 0;  else led2 = 1;  }
    if(piaofu == 3)  led3 = 0;
        else  {  if(num >= 3)  led3 = 0;  else led3 = 1;  }
    if(piaofu == 4)  led4 = 0;
        else  {  if(num >= 4)  led4 = 0;  else led4 = 1;  }
    if(piaofu == 5)  led5 = 0;
        else  {  if(num >= 5)  led5 = 0;  else led5 = 1;  }
    if(piaofu == 6)  led6 = 0;
        else  {  if(num >= 6)  led6 = 0;  else led6 = 1;  }
    if(piaofu == 7)  led7 = 0;
        else  {  if(num >= 7)  led7 = 0;  else led7 = 1;  }
    if(piaofu == 8)  led8 = 0;
        else  {  if(num >= 8)  led8 = 0;  else led8 = 1;  }
    if(piaofu == 9)  led9 = 0;
        else  {  if(num >= 9)  led9 = 0;  else led9 = 1;  }
    if(piaofu == 10)  led10 = 0;
        else  {  if(num >= 10)  led10 = 0;  else led10 = 1;  }
    if(piaofu == 11)  led11 = 0;
        else  {  if(num >= 11)  led11 = 0;  else led11 = 1;  }
    if(piaofu == 12)  led12 = 0;
        else  {  if(num >= 12)  led12 = 0;  else led12 = 1;  }
    if(piaofu == 13)  led13 = 0;
        else  {  if(num >= 13)  led13 = 0;  else led13 = 1;  }
    if(piaofu == 14)  led14 = 0;
        else  {  if(num >= 14)  led14 = 0;  else led14 = 1;  }
    if(piaofu == 15)  led15 = 0;
        else  {  if(num >= 15)  led15 = 0;  else led15 = 1;  }
    if(piaofu == 16)  led16 = 0;
        else  {  if(num >= 16)  led16 = 0;  else led16 = 1;  }
}

unsigned int adc(unsigned char channel)
{
    unsigned char AD_finished = 0;          //存储 A/D 转换标志
    ADC_RES = 0;                            //高 8 位清零
    ADC_RESL = 0;                           //低 2 位清零
    channel &=  0x07;                       //00000111 清 0 高 5 位
    ADC_CONTR = AD_SPEED;
    _nop_();
    ADC_CONTR |=  channel;                  //选择 A/D 当前通道
    _nop_();
    ADC_CONTR |=  0x80;                     //启动 A/D 电源
    _nop_();_nop_();_nop_();_nop_();
    ADC_CONTR |=  0x08;                     //00001000 令 ADCS = 1,启动 A/D 转换
    while (AD_finished  == 0 )              //等待 A/D 转换结束
    {
        AD_finished = (ADC_CONTR & 0x10);   //00010000 测试 A/D 转换结束否
    }
    ADC_CONTR &=  0xE7;                     //11110111 清 ADC_FLAG 位,关闭 A/D 转换
```

```
    return (ADC_RES * 4 + ADC_RESL);          //返回 A/D 转换结果 10 位精度
}
void main()                                    //主程序
{
    TMOD = 0x11;                               //设定定时器 0、1 工作方式
    EA = 1;                                    //开总中断
    TH0 = 0xB1;                                //高 8 位装初值 TH0 = (65536-20000)/256;
    TL0 = 0xE0;                                //低 8 位装初值 TL0 = (65536-20000) % 256;
    ET0 = 1;                                   //开定时器 0
    TR0 = 1;                                   //启动定时器 0
    TH1 = 0xB1;                                //高 8 位装初值 TH1 = (65536-20000)/256;
    TL1 = 0xE0;                                //低 8 位装初值 TL1 = (65536-20000) % 256;
    ET1 = 1;                                   //开定时器 1
    TR1 = 1;                                   //启动定时器 1
    ADC_CONTR |= 0x80;                         //10000000 打开 A/D 转换电源,启动 AD 转换
    P1ASF = 0x20;
    while(1)
    {
        vo = ADC_result * 10.0;                //AD 值放大一定倍数
        if(vo>1800) num = 15;
        else if(vo>1650) num = 14;
        else if(vo>1500) num = 13;
        else if(vo>1350) num = 12;
        else if(vo>1200) num = 11;
        else if(vo>1100) num = 10;
        else if(vo>1010) num = 9;
        else if(vo>930) num = 8;
        else if(vo>840) num = 7;
        else if(vo>740) num = 6;
        else if(vo>630) num = 5;
        else if(vo>510) num = 4;
        else if(vo>380) num = 3;
        else if(vo>240) num = 2;
        else if(vo>90) num = 1;
        else num = 0;
        if(piaofu<= num)
        {
            piaofu = num + 1;
            biaozhi = 0;
            xuanting = 3;                      //设定峰值停留时间
        }
        else
        {
            biaozhi = 1;
        }
        display();
    }
}
void timer0() interrupt 1                      //定时器 0 中断程序
{
    TH0 = 0xB1;                                //再装一次初值
    TL0 = 0xE0;                                //20ms 一次
    tt0++;
```

```
    if (tt0>=2)                     //转换一次
    {
        tt0=0;
        ADC_result=adc(5);          //P1.5 为 A/D 当前通道,测量结果存 ADC_result
    }
}
void timer1() interrupt 3           //定时器 1 中断程序
{
    TH1=0xB1;                       //再装一次初值
    TL1=0xE0;                       //20ms 一次
    if(biaozhi)
    {
        tt++;
        if(tt>5)                    //设定峰值下降速度
        {
            if(xuanting==0)
              piaofu--;
            else if(xuanting>0)
              xuanting--;
            tt=0;
        }
    }
}
```

本章小结

STC15F2K60S2 单片机集成有 8 通道 10 位高速电压输入型模拟数字转换器(ADC),采用逐次比较方式进行 A/D 转换,速度可达到 300kHz(30 万次/秒)。STC15F2K60S2 单片机 ADC 输入通道与 P1 口复用,上电复位后 P1 口为弱上拉型 I/O 端口,用户可以通过程序设置 P1ASF 特殊功能寄存器将 8 路中的任何一路设置为 ADC 功能,不作为 ADC 功能的仍可作为普通 I/O 端口使用。

STC15F2K60S2 单片机的 A/D 模块主要由模拟输入通道功能控制寄存器 P1ASF、ADC 控制寄存器 ADC_CONTR、ADC 转换结果存储格式控制寄存器 CLK_DIV 的 B5 位 ADRJ 进行设置、A/D 转换结果寄存器 ADC_RES 和 ADC_RESL 等 5 个特殊功能寄存器进行控制与管理。

习题与思考题

1. STC15F2K60S2 单片机的 A/D 模块的输入通道以及转换位数分别是多少?
2. STC15F2K60S2 单片机的 A/D 输入端口最大电压输入是多少?
3. STC15F2K60S2 单片机的 A/D 模块的基准电压是什么?是多少?当工作电压不稳定时,应如何处理?
4. 利用 STC15F2K60S2 单片机 A/D 模块设计一个 8 通道数据采集系统,能够依次轮流显示每一路的电压数据,能够显示当前是哪一路数据,每一路显示停留时间 1s。

CHAPTER 11

第11章 STC15F2K60S2 单片机 CCP/PCA/PWM 模块

11.1 STC15F2K60S2 单片机的 CCP/PCA/PWM 模块的结构

STC15F2K60S2 单片机集成了 3 路可编程计数器阵列(PCA)模块,可实现软件定时器、外部脉冲的捕捉、高速输出以及脉宽调制(PWM)输出等功能。

PCA 模块含有一个特殊的 16 位定时器,有 3 个 16 位的捕获/比较模块与之相连,如图 11.1 所示。

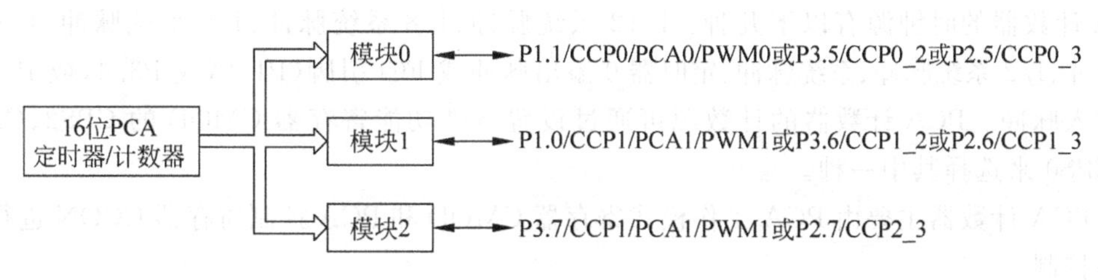

图 11.1 PCA 模块结构

模块 0 连接到 P1.1,通过设置 P_SW1 中的 CCP_S1、CCP_S0 可将模块 0 连接到 P3.5,或 P2.5。

模块 1 连接到 P1.0,通过设置 P_SW1 中的 CCP_S1、CCP_S0 可将模块 1 连接到 P3.6,或 P2.6。

模块 2 连接到 P3.7,通过设置 P_SW1 中的 CCP_S1、CCP_S0 可将模块 2 连接到 P2.7。

每个模块可编程工作在以下 4 种模式。

(1) 上升/下降沿捕获。

(2) 软件定时器。

(3) 高速输出。

(4) 可调制脉冲输出。

16 位 PCA 定时器/计数器是 3 个模块的公共时间基准,其结构如图 11.2 所示。

寄存器 CH 和 CL 构成 16 位 PCA 的自动递增计数器,CH 是高 8 位,CL 是低 8 位。

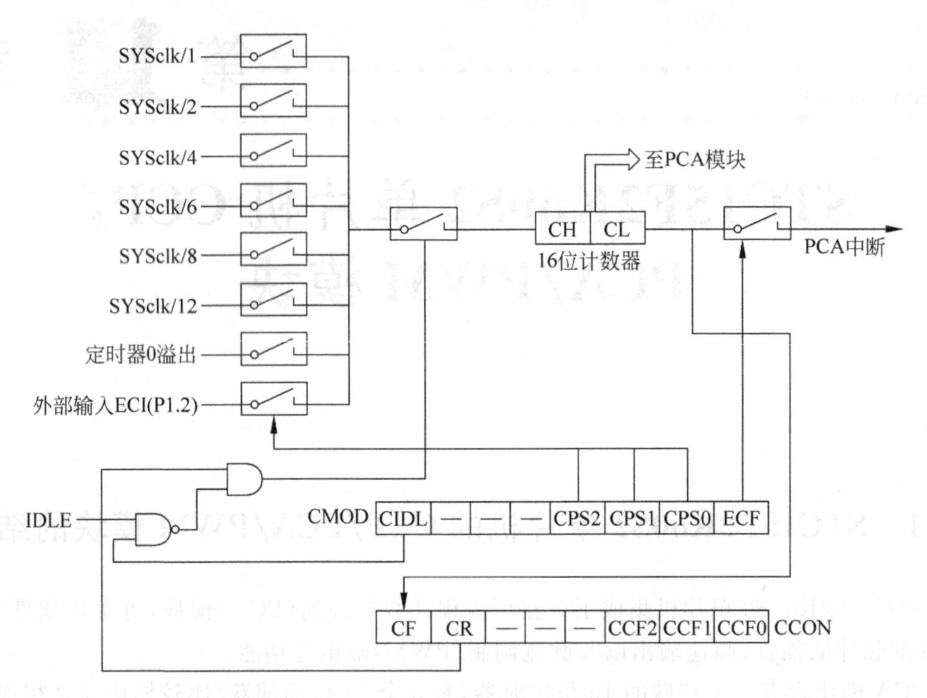

图 11.2 16 位 PCA 定时器/计数器结构

PCA 计数器的时钟源有以下几种：1/12 系统脉冲、1/8 系统脉冲、1/6 系统脉冲、1/4 系统脉冲、1/2 系统脉冲、系统脉冲、定时器 0 溢出脉冲或 ECI 引脚(P1.2，或 P3.4，或 P2.4)的输入脉冲。PCA 计数器的计数源可通过设置特殊功能寄存器 CMOD 的 CPS2、CPS1 和 CPS0 来选择其中一种。

PCA 计数器主要由 PCA 工作模式寄存器 CMOD 和 PCA 控制寄存器 CCON 进行管理与控制。

11.2 PCA 模块的特殊功能寄存器

1. PCA16 位计数器工作模式寄存器 CMOD

CMOD 用于选择 PCA16 位计数器的计数脉冲源与计数中断管理，具体格式与说明如下。

	地址	B7	B6	B5	B4	B3	B2	B1	B0	复位值
CMOD	D9H	CIDL	—	—	—	CPS2	CPS1	CPS0	ECF	0xxx0000

CIDL：空闲模式下是否停止 PCA 计数的控制位。(CIDL)＝0 时，空闲模式下 PCA 计数器继续计数；(CIDL)＝1 时，空闲模式下 PCA 计数器停止计数。

CPS2、CPS1、CPS0：PCA 计数器计数脉冲源选择控制位。PCA 计数器计数脉冲源的选择如表 11.1 所示。

ECF：PCA 计数器计满溢出中断允许位。(ECF)＝1 时，PCA 计数器计满溢出中断允许；(ECF)＝0 时，PCA 计数器计满溢出中断禁止。

表 11.1 PCA 计数器计数脉冲源的选择

CPS2	CPS1	CPS0	PCA 计数器的计数脉冲源
0	0	0	系统时钟/12
0	0	1	系统时钟/2
0	1	0	定时/计数器 0 溢出脉冲
0	1	1	ECI 引脚(P1.2)输入脉冲(最大速率=系统时钟/2)
1	0	0	系统时钟
1	0	1	系统时钟/4
1	1	0	系统时钟/6
1	1	1	系统时钟/8

2. PCA16 位计数器控制寄存器 CCON

CCON 用于控制 PCA16 位计数器的运行计数脉冲源与记录 PCA/PWM 模块的中断请求标志，具体格式与说明如下。

	地址	B7	B6	B5	B4	B3	B2	B1	B0	复位值
CCON	D8H	CF	CR	—	—	—	CCF2	CCF1	CCF0	00xxx000

CF：PCA 计数器计满溢出标志位。当 PCA 计数器计数溢出时，CF 由硬件置位。如果 CMOD 的 ECF 为 1，则 CF 为计数器计满溢出中断标志，会向 CPU 发出中断请求。CF 位可通过硬件或软件置位，但只能通过软件清零。

CR：PCA 计数器的运行控制位。(CR)=1 时，启动 PCA 计数器计数；(CR)=0 时，PCA 计数器停止计数。

CCF2、CCF1、CCF0：PCA/PWM 模块的中断请求标志。CCF0 对应模块 0，CCF1 对应模块 1，CCF2 对应模块 2，当发生匹配或捕获时由硬件置位。但同 CF 一样，只能通过软件清零。

3. PCA 模块比较/捕获寄存器 CCAPMn(n= 0, 1, 2)

CCAPMn 指 CCAPM2、CCAPM1、CCAPM0 3 个特殊功能寄存器，CCAPM2 对应模块 2、CCAPM1 对应模块 1，CCAPM0 对应模块 0。CCAPMn 的格式与说明如下。

	地址	B7	B6	B5	B4	B3	B2	B1	B0	复位值
CCAPMn	DAH/DBH /DCH	—	ECOMn	CAPPn	CAPNn	MATn	TOGn	PWMn	ECCFn	x0000000

ECOMn：比较器功能允许控制位。(ECOMn)=1，允许比较器功能。

CAPPn：正捕获控制位。(CAPPn)=1，允许上升沿捕获。

CAPNn：负捕获控制位。(CAPNn)=1，允许下降沿捕获。

MATn：匹配控制位。如果(MATn)=1，则 PCA 计数值(CH、CL)与模块的比较/捕获寄存器值(CCAPnH、CCAPnL)匹配时将置位 CCON 寄存器中的中断请求标志位

CCFn。

TOGn：翻转控制位。当(TOGn)=1时，PCA模块工作于高速输出模式。PCA计数值(CH、CL)与模块的比较/捕获寄存器值(CCAPnH、CCAPnL)匹配时，PCAn引脚输出翻转。

PWMn：脉宽调制模式控制位。当(PWMn)=1时，PCA模块工作于脉宽调制输出模式，PCAn引脚用作脉宽调制输出。

ECCFn：PCA模块中断(CCFn)的中断允许控制位。(ECCFn)=1，允许；(ECCFn)=0，禁止。

PCA模块工作模式设定如表11.2所示。

表11.2 PCA模块的工作模式(CCAPMn，n=0,1,2)

ECOMn	CAPPn	CAPNn	MATn	TOGn	PWMn	ECCFn	可设定值	模块功能
0	0	0	0	0	0	0	00H	无操作
1	0	0	0	0	1	0	42H	PWM，无中断
1	1	0	0	0	1	1	63H	PWM，由低变高产生中断
1	0	1	0	0	1	1	53H	PWM，由高变低产生中断
1	1	1	0	0	1	1	73H	PWM，由高变低或由低变高均可产生中断
x	1	0	0	0	0	x	21H	16位捕获模式，由PCAn的上升沿触发
x	0	1	0	0	0	x	11H	16位捕获模式，由PCAn的下降沿触发
x	1	1	0	0	0	x	31H	16位捕获模式，由PCAn的跳变(上升沿和下降沿)触发
1	0	0	1	0	0	x	49H	16软件定时器
1	0	0	1	1	0	x	4DH	16位高速输出

4. PCA模块PWM寄存器PCA_PWMn(n= 0, 1, 2)

PCA_PWMn指PCA_PWM2、PCA_PWM1、PCA_PWM0 3个特殊功能寄存器，PCA_PWM2对应模块2、PCA_PWM1对应模块1，PCA_PWM0对应模块0。PCA_PWMn的格式说明如下。

	地址	B7	B6	B5	B4	B3	B2	B1	B0	复位值
PCA_PWMn	F2H/F3H/F4H	EBSn_1	EBSn_0	—	—	—	—	EPCnH	EPCnL	00xxxx00

EPCnH：在PWM模式下，与CCAPnH组成9位数。

EPCnL：在PWM模式下，与CCAPnL组成9位数。

EBSn_1、EBSn_0：用于选择PWM的位数，见表11.3。

表 11.3　PWM 位数的选择

EBSn_1	EBSn_0	PWM 的位数
0	0	8
0	1	7
1	0	6
1	1	无效，仍为 8 位

5. PCA 的 16 位计数器 CH、CL

PCA 的 16 位计数器 CH、CL 格式如下。

	地址	B7	B6	B5	B4	B3	B2	B1	B0	复位值
CH	F9H	PCA16 位计数器的高 8 位								00000000
CL	E9H	PCA16 位计数器的低 8 位								00000000

6. PCA 模块捕捉/比较寄存器 CCAPnH、CCAPnL

当 PCA 模块用于捕获或比较时，它们用于保存各个模块的 16 位捕捉计数值；当 PCA 模块用于 PWM 模式时，它们用于控制输出的占空比。格式如下。

	地址	B7	B6	B5	B4	B3	B2	B1	B0	复位值
CCAP2H	FCH	PCA 模块 2 捕捉/比较寄存器的高 8 位								00000000
CCAP2L	ECH	PCA 模块 2 捕捉/比较寄存器的低 8 位								00000000
CCAP1H	FBH	PCA 模块 1 捕捉/比较寄存器的高 8 位								00000000
CCAP1L	EBH	PCA 模块 1 捕捉/比较寄存器的低 8 位								00000000
CCAP0H	FAH	PCA 模块 0 捕捉/比较寄存器的高 8 位								00000000
CCAP0L	EAH	PCA 模块 0 捕捉/比较寄存器的低 8 位								00000000

11.3　CCP/PCA 模块的工作模式与应用举例

1. 捕获模式

当 CCAPMn 寄存器中的两位(CAPPn、CAPNn)中至少一位为"1"时，PCA 模块工作在捕捉模式，其结构如图 11.3 所示。

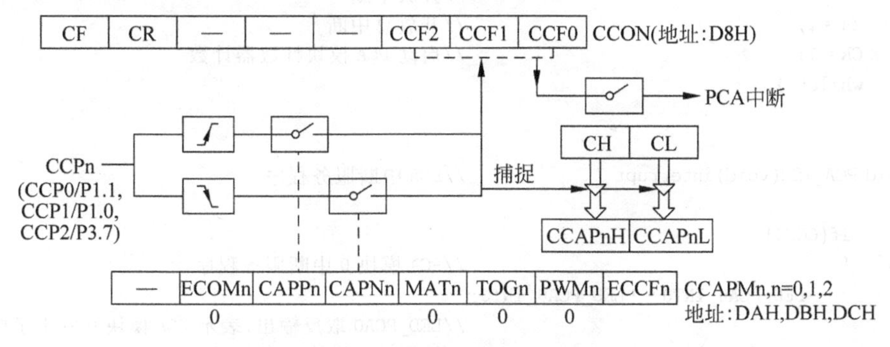

图 11.3　PCA 模块捕捉模式结构图

PCA模块工作在捕获模式时，对外部输入引脚PCAn(P1.1、P1.0或P3.7)的跳变进行采样。当采样到有效跳变时，PCA硬件将PCA16位计数器(CH、CL)的值装载到PCA模块的捕获寄存器(CCAPnH、CCAPnL)中，置位CCFn。如果中断允许(CCFn为1)，则可向CPU申请中断，再在PCA中断服务程序中判断是哪一个模块申请了中断，并注意在退出中断前务必清除对应的标志位。

例11.1 利用PCA模块扩展外部中断。将PCA0(P1.1)引脚扩展为下降沿触发的外部中断，将PCA1(P1.0)引脚扩展为上升沿/下降沿都可触发的外部中断。当P1.1出现下降沿产生中断时，对P1.5取反；当P1.0出现下降沿或上升沿时都会产生中断，对P1.6取反。P1.7输出驱动工作指示灯。

解：与定时器的使用方法类似，PCA模块的应用编程主要有两点：一是正确初始化，包括写入控制字、捕捉常数的设置等；二是中断服务程序的编写，在中断服务程序中编写需要完成的任务的程序代码。PCA模块的初始化部分大致如下：

(1) 设置PCA模块的工作方式，将控制字写入CMOD、CCON和CCAPMn寄存器。

(2) 设置捕捉寄存器CCAPnL(低位字节)和CCAPnH(高位字节)初值。

(3) 根据需要，开放PCA中断，包括PCA定时器溢出中断(ECF)、PCA模块0中断(ECCF0)和PCA模块1中断(ECCF1)，并将EA置1。

(4) 置位CR，启动PCA定时器计数(CH、CL)计数。

C51参考源程序如下：

```
#include "stc15f2k60s2.h"                 //包含 STC15F2K60S2 寄存器定义文件
sbit LED_PCA0_INT0 = P1^5;
sbit LED_PCA1_INT1 = P1^6;
sbit LED_START = P1^7;
void main(void)
{
    LED_START = 0;
    CMOD = 0x80;                          //空闲模式下停止 PCA 模块计数,时钟源为 fSYS/12,
                                          //禁止 PCA 计数器溢出中断
    CCON = 0;                             //禁止 PCA 计数器计数
    CL = 0;
    CH = 0;
    CCAPM0 = 0x11;                        //设置 PCA 模块 0 下降沿触发捕捉功能,并开放中断
    CCAPM1 = 0x31;                        //设置 PCA 模块 0 下降沿和上升沿触发捕捉功能,并
                                          //开放中断
    EA = 1;                               //开放总中断
    CR = 1;                               //启动 PCA 模块计数器计数
    while(1);
}

void PCA_ISR(void)interrupt 7             //PCA 中断服务程序
{
     if(CCF0)
     {                                    //PCA 模块 0 中断服务程序
         LED_PCA0_INT0 = !LED_PCA0_INT0;
                                          //LED_PCA0 取反输出,表示 PCA 模块 0 发生了中断
         CCF0 = 0;                        //清零 PCA 模块 0 中断标志
```

```
    }
    else if(CCF1)
    {                                   //PCA 模块 0 中断服务程序
        LED_PCA1_INT1 = !LED_PCA1_INT1;
                                        //LED_PCA1 取反输出，表示 PCA 模块 1 发生了中断
        CCF1 = 0;                       //清零 PCA 模块 1 中断标志
    }
}
```

2. 16位软件定时器模式

当 CCAPMn 寄存器中的 ECOMn 和 MATn 位置位时，PCA 模块用作 16 位软件定时器，其结构图如图 11.4 所示。

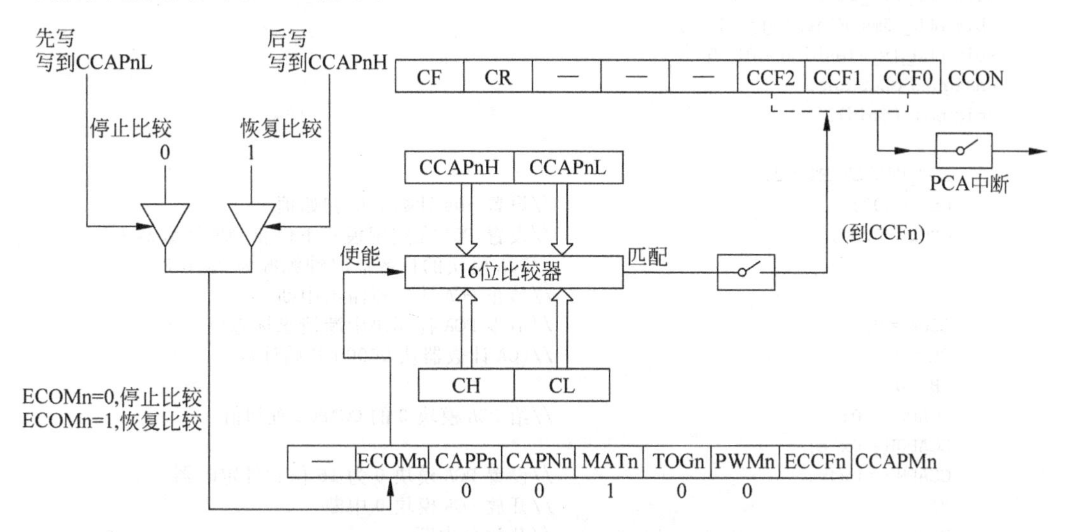

图 11.4 16 位软件定时器模式/PCA 比较模式结构图

当 PCA 模块用作软件定时器时，PCA 计数器（CH、CL）的值与模块捕获寄存器（CCAPnH、CCAPnL）的值相比较，当二者相等时，自动置位 PCA 模块中断请求标志 CCFn。如果中断允许（ECCFn 为 1），则可向 CPU 申请中断，再在 PCA 中断服务程序中判断是哪一个模块申请了中断，并注意在退出中断前务必清除对应的标志位。

通过设置 PCA 模块捕获寄存器（CCAPnH、CCAPnL）的值与 PCA 计数器的时钟源，可调整定时时间。PCA 计数器计数值与定时时间的计算公式如下：

$$\text{PCA 计数器计数值(CCAPnH、CCAPnL 设置值或递增步长值)} = \frac{\text{定时时间}}{\text{计数脉冲源周期}}$$

例 11.2 利用 PCA 模块的软件定时功能，在 P1.5 引脚输出周期为 2s 的方波。设晶振频率为 18.432MHz。

解：通过置位 CCAPM0 寄存器的 ECOM0 位和 MAT0 位，使 PCA 模块 0 工作于软件定时器模式。定时时间的长短取决于 PCA 模块捕获寄存器（CCAPnH、CCAPnL）的值与 PCA 计数器的时钟源。本例中，系统频率不分频，即系统时钟频率等于晶振频率，所以 f_{SYS}=18.432MHz，可以选择 PCA 模块的时钟源为 $f_{SYS}/12$，基本定时时间单位 T 为

5ms。对5ms计数200次，即可实现1s的定时，1s时间到，对P1.5输出取反，即可实现在P1.5引脚输出周期为2s的方波。通过计算，5ms对应的PCA计数器计数值为1E00H，在初始化时，CH、CL从0000H开始计数，将1E00H直接传送给PCA模块捕获寄存器(CCAPnH、CCAPnL)，每次5ms时间到的中断服务程序中将该值加给(CCAPnH、CCAPnL)。

P1.7连接开始工作指示灯，P1.6连接5ms闪烁指示灯，P1.5连接1s闪烁指示灯，所有LED灯都是低电平驱动。

C语言参考源程序如下：

```
#include "stc15f2k60s2.h"                  //包含 STC15F2K60S2 寄存器定义文件
sbit LED_MCU_START = P1^7;
sbit LED_ 5ms_Flashing = P1^6;
sbit LED_1s_Flashing = P1^5;
unsigned char cnt;
void main(void)
{
    LED_MCU_START = 0;
    cnt = 200;                             //设置 5ms 计数器的初始值
    CMOD = 0x80;                           //设置 PCA 在空闲模式下停止 PCA 计数器工作
                                           //PCA 模块的计数器时钟源源为 fSYS/12
                                           //禁止 PCA 计数器溢出中断
    CCON = 0;                              //清零 PCA 各模块中断请求标志位 CCFn
    CL = 0;                                //PCA 计数器从 0000H 开始计数
    CH = 0;
    CCAP0L = 0;                            //给 PCA 模块 0 的 CCAP0L 置初值
    CCAP0H = 0x1e;
    CCAPM0 = 0x49;                         //设置 PCA 模块 0 为 16 位软件定时器
                                           //开放 PCA 模块 0 中断
    EA = 1;                                //开放总中断
    CR = 1;                                //启动 PCA 计数器计数
    while(1);                              //原地踏步,等待中断
}

void PCA_ISR(void)interrupt 7              //PCA 中断服务程序
{
    union                                  //定义一个联合体
    {
        unsigned int num;
        struct
        {                                  //在联合体中定义一个结构
            unsigned char Hi, Lo;
        }Result;
    }temp;
    temp. Num = (unsigned int)(CCAP0H << 8) + CCAP0L + 0x1e00;     //增加步长值
    CCAP0L = temp. Result. Lo;             //取计算结果的低 8 位
    CCAP0H = temp. Result. Hi;             //取计算结果的低 8 位
    CCF0 = 0;                              //清零 PCA 模块 0 中断请求标志
    LED_ 5ms_Flashing = !LED_ 5ms_Flashing;
    cnt--;                                 //中断次数计数器减 1
    if(cnt == 0)                           //如果 cnt 为 0,说明 1s 时间到
```

```
    {
        cnt = 200;                                     //恢复中断计数初值
        LED_1s_Flashing = !LED_1s_Flashing;            //在 P1.6 输出脉冲宽度为 1s 的方波
    }
}
```

3. 高速输出模式

当 CCAPMn 寄存器中的 ECOMn、MATn 和 TOGn 位置位时，PCA 模块工作在高速输出模式，其结构图如图 11.5 所示。

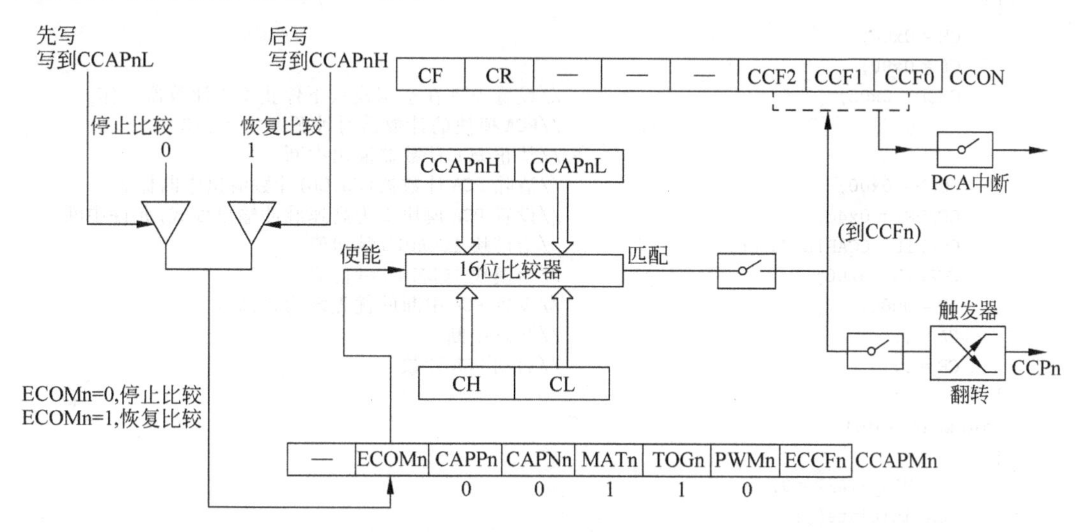

图 11.5 PCA 模块输出模式结构图

当 PCA 模块工作在高速输出时，PCA 计数器(CH、CL)的值与模块捕获寄存器(CCAPnH、CCAPnL)的值相匹配时，PCA 模块的输出 PCAn 将发生翻转。

高速输出周期 = PCA 计数器时钟源周期 × 计数次数([CCAPnH:CCAPnL] − [CH:CL]) × 2

计数次数(取整数) = 高速输出周期/(PCA 计数器时钟源周期×2)
= PCA 计数器时钟源频率/(高速输出频率×2)

例 11.3 利用 PCA 模块 1 进行高速输出，从 P1.6 输出频率 f 为 105kHz 的方波信号。设晶振频率为 18.432MHz。

解：通过置位 CCAPM1 寄存器的 ECOM1、MAT1 和 TOG1 位，使 PCA 模块 1 工作在高速输出模式。本例中，系统频率不分频，即系统时钟频率等于晶振频率，所以 f_{SYS} = 18.432MHz，设选择 PCA 模块的时钟源为 $f_{SYS}/2$，设高速输出所需的计数次数的用 CCAP1H_Value 和 CCAP1L_Value 表示，则计算如下：

$$\text{INT}(f_{SYS}/(4\times f)) = \text{INT}(18432000/(4\times 105000)) = 37 = 25\text{H}$$

CCAP1H_Value=0， CCAP1L_Value=25H

在初始化时，CH、CL 从 0000H 开始计数，将 0025H 直接传送给 PCA 模块捕获寄存器(CCAPnH、CCAPnL)，每次匹配时中断服务程序中将该值加给(CCAPnH、CCAPnL)。

P1.7 连接开始工作指示灯，LED 灯是低电平驱动；P1.4 输出可连接示波器进行观测。

C 语言参考源程序如下：

```
#include "stc15f2k60s2.h"                   //包含 STC15F2K60S2 寄存器定义文件
unsigned char CCAP1L_Value = 0x25;          //设置 PCA 模块 1 捕获寄存器加定时递增量
unsigned int x;
sbit LED_MCU_START = P1^7;
void PCA_initiate(void)
{
    CH = 0x00;
    CL = 0x00;
    CMOD = 0x02;                            //设置 PCA 在空闲模式下停止 PCA 计数器工作
                                            //PCA 模块的计数器时钟源源为 fSYS/2
                                            //禁止 PCA 计数器溢出中断
    CCON = 0x00;                            //清除 PCA 计数器(CH、CL)计数溢出中断标志
    CCAPM1 = 0x4d;                          //设置 PCA 模块 1 为高速脉冲输出模式，允许中断
    CCAP1L = CCAP1L_Value;                  //给模块 1CCAP1L 赋初值
    CCAP1H = 0x00;                          //给模块 1CCAP1H 赋初值
    IP = 0x80;                              //设置 PCA 中断的优先级为最高级
    EA = 1;                                 //开总中断
    CR = 1;                                 //启动 PCA 计数
}
void main(void)
{
    LED_MCU_START = 0;
    PCA_initiate();
    while(1);
}
void PCA_ISR(void) interrupt 7
{
    CCF1 = 0;
    x = CCAP1H * 256 + CCAP1L + CCAP1L_Value;
    CCAP1L = x;
    CCAP1H = x >> 8;
}
```

4. 脉宽调制模式

当 CCAPMn(n=0,1,2)寄存器中的 ECOMn 和 PWMn 位置位时，PCA 模块工作在脉宽调制模式(PWM)。

(1) 8 位 PWM

脉宽调制(Pulse Width Modulation，PWM)是一种使用程序来控制波形占空比、周期、相位波形的技术，在三相电机驱动、D/A 转换等场合有广泛的应用。

当(EBSn_1)/(EBSn_0)=0/0 时，PWM 的模式为 8 位 PWM，其结构如图 11.6 所示。

STC15F2K60S2 单片机所有 PCA 模块都可用作 PWM 输出，输出频率取决于 PCA 定时器的时钟源：

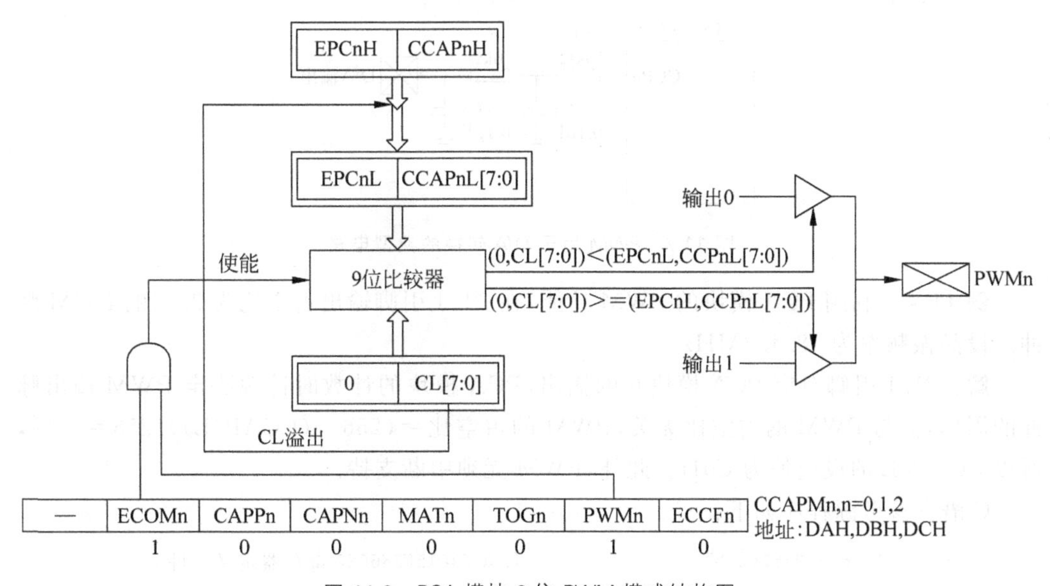

图 11.6　PCA 模块 8 位 PWM 模式结构图

8 位 PWM 的周期＝时钟源周期×256

PWM 的脉宽与捕获寄存器[EPCnL,CCAPnL]的设定值有关,当[0,CL]的值小于[EPCnL,CCAPnL]时,输出为低电平;当[0,CL]的值大于[EPCnL,CCAPnL]时,输出为高电平。当 CL 的值由 FFH 变为 00H 溢出时,[EPCnH,CCAPnH]的值装载到[EPCnL,CCAPnL],实现无干扰地更新 PWM。设定脉宽时,不仅是要对[EPCnL,CCAPnL]赋初始值,更重要的是对[EPCnH,CCAPnH]赋初始值,当然[EPCnH,CCAPnH]的初始值和[EPCnL,CCAPnL]是相等的。

PWM 的脉宽时间＝时钟源周期×(256－(CCAPnL))

如果要实现可调频率的 PWM 输出,可选择定时/计数器 0 的溢出或 ECI(P1.2)引脚输入作为 PCA 定时器的时钟源。

当(EPCnL)＝0 且(CCAPnL)＝00H 时,PWM 固定输出高电平。

当(EPCnL)＝1 且(CCAPnL)＝FFH 时,PWM 固定输出低电平。

当某个 I/O 端口作为 PWM 输出使用时,该口的状态如表 11.4 所示。

表 11.4　I/O 端口作为 PWM 使用时的状态

PWM 之前状态	PWM 输出时的状态
弱上拉/准双向口	强推挽输出/强上拉输出,要加输出限流电阻 1～10kΩ
强推挽输出/强上拉输出	强推挽输出/强上拉输出,要加输出限流电阻 1～10kΩ
仅为输入(高阻)	PWM 输出无效
开漏	开漏

利用 PWM 输出功能可实现 D/A 转换,典型应用电路如图 11.7 所示。其中,R1C1 和 R2C2 构成滤波电路,对 PWM 输出波形进行平滑滤波,从而在 D/A 输出端得到稳定的直流电压。

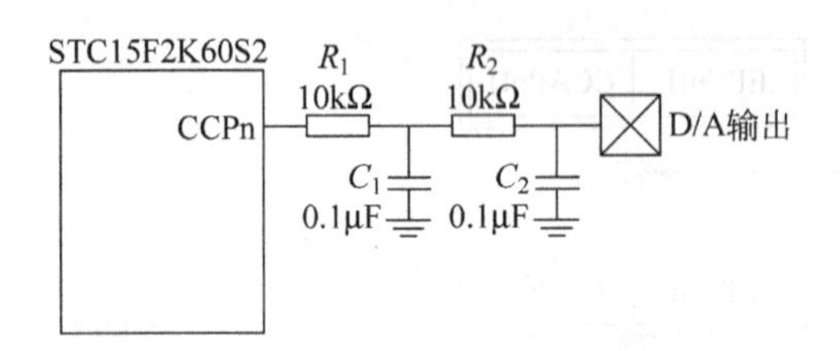

图 11.7 PWM 用于 D/A 转换的典型电路

例 11.4 利用 PCA 模块的 PWM 功能，在 P1.1 引脚输出占空比为 25%的 PWM 脉冲。设晶振频率为 18.432MHz。

解：P1.1 引脚对应 PCA 模块 0 的输出，PCA 模块的计数时钟源决定 PWM 输出脉冲的周期，但与 PWM 的占空比无关，PWM 的占空比＝(256－(CCAP0L))/256＝25%，所以 CCAP0L 的设定值为 C0H。此外，PWM 无须中断支持。

C 语言参考源程序如下：

```
#include "stc15f2k60s2.h"              //包含 STC15F2K60S2 寄存器定义文件
void main(void)
{
    CMOD = 0x02;                        //设置 PCA 计数时钟源
    CH = 0x00;                          //设置 PCA 计数初始值
    CL = 0x00;
    CCAPM0 = 0x42;                      //设置 PCA 模块为 PWM 功能
    CCAP0L = 0xC0;                      //设定 PWM 的脉冲宽度
    CCAP0H = 0xC0;                      //与 CCAP0L 相同，寄存 PWM 的脉冲宽度参数
    CR  = 1;                            //启动 PCA 计数器计数
    while(1);                           //PWM 功能启动完成，程序结束
}
```

例 11.5 利用 PCA 模块的 PWM 功能，利用 PCA 模块 0 的 PWM 输出控制 LED 灯的亮度，设置 2 个按键，一个用于增加占空比，一个用于减小占空比，设晶振频率为 18.432MHz。

解：选择 PCA 模块的计数时钟源为 $f_{SYS}/12$，且系统时钟不分频，即系统时钟为 RC 时钟或晶振时钟，则 PCA 模块的计数时钟源频率为 $f_{OSC}/12$。PWM 的占空比变化范围设定为 6.25%～93.75%，对应的 PWM 脉宽设定值为 F0H～10H。

C 语言参考源程序如下：

```
#include "stc15f2k60s2.h"                      //包含 STC15F2K60S2 寄存器定义文件
sbit key_0 = P2^0;
sbit key_1 = P2^1;
unsigned char pulse_width_MAX = 0xf0;          //PWM 脉宽设定值的最大值,对应最小占空比 6.25%
unsigned char pulse_width_MIN = 0x10;          //PWM 脉宽设定值的最小值,对应最小占空比 93.75%
unsigned char step = 0x38;                     //PWM 脉宽变化步长
unsigned char pulse_width = 0x30;              //定义 PWM 变量,并初始化
void PCA_initiate(void)
{
    CMOD = 0x80;                               //设置 PCA 在空闲模式下停止 PCA 计数器工作
                                               //PCA 模块的计数器时钟源为 fSYS/12
                                               //禁止 PCA 计数器溢出中断
```

```
    CCON = 0x00;                    //禁止 PCA 计数器工作,清除中断标志、计数器溢出标志
    CL = 0x00;                      //清 0 计数器
    CH = 0x00;
    CCAPM0 = 0x42;                  //设置模块 0PWM 输出模式,PWM 脉冲在 P1.3 引脚输出
    PCA_PWM0 = 00;                  //设置模块 0 为 8 位
    CR = 1;

}
void key_scon(void)
{
    if(key_0 == 0)
    {
        Delay10ms();                //从 STC-ISP 软件延时工具中获得,并放在 key_scon 函数之前
        while(key_0 == 0);          //键释放
        pulse_width = pulse_width + step;
        if(pulse_width > pulse_width_MAX)
        {
           pulse_width = pulse_width_MAX;
        }
    }
    if(key_1 == 0)
    {
        Delay10ms();                //从 STC-ISP 软件延时工具中获得,并放在 key_scon 函数之前
        while(key_1 == 0);          //键释放
        pulse_width = pulse_width-step;
        if(pulse_width < pulse_width_MIN)
        {
            pulse_width = pulse_width_MIN;
        }
    }
}
void main(void)
{
    PCA_initiate();
    while(1)
    {
        key_scon();
    }
}
```

(2) 7 位 PWM

当(EBSn_1)/(EBSn_0)＝0/1 时，PWM 的模式为 7 位 PWM，其结构如图 11.8 所示。

STC15F2K60S2 单片机所有 PCA 模块都可用作 PWM 输出，输出频率取决于 PCA 定时器的时钟源：

$$7\text{ 位 PWM 的周期} = \text{时钟源周期} \times 128$$

PWM 的脉宽与捕获寄存器[EPCnL，CCAPnL]的设定值有关，当[0，CL(6:0)]的值小于[EPCnL，CCAPnL(6:0)]时，输出为低电平；当[0，CL(6:0)]的值大于[EPCnL，CCAPnL(6:0)]时，输出为高电平。当 CL 的值由 7FH 变为 00H 溢出时，[EPCnH，

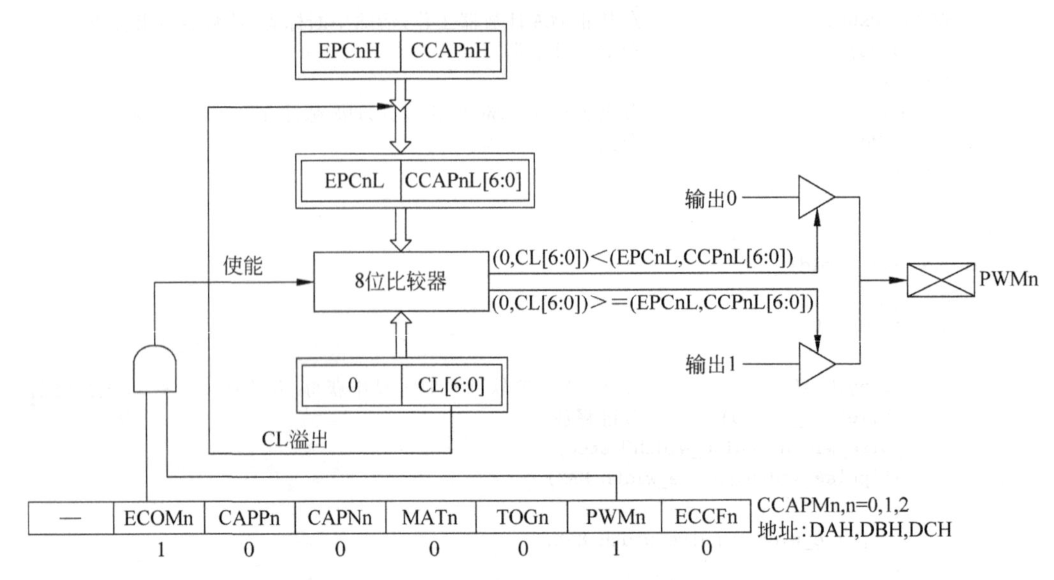

图 11.8 PCA 模块 7 位 PWM 模式结构图

CCAPnH(6:0)]的值装载到[EPCnL,CCAPnL(6:0)],实现无干扰地更新 PWM。设定脉宽时,不仅是要对[EPCnL,CCAPnL(6:0)]赋初始值,更重要的是对[EPCnH,CCAPnH(6:0)]赋初始值,当然[EPCnH,CCAPnH(6:0)]的初始值和[EPCnL,CCAPnL(6:0)]是相等的。

如果要实现可调频率的 PWM 输出,可选择定时/计数器 0 的溢出或 ECI(P1.2)引脚输入作为 PCA 定时器的时钟源。

当(EPCnL)=0 且(CCAPnL)=80H 时,PWM 固定输出高电平。

当(EPCnL)=1 且(CCAPnL)=FFH 时,PWM 固定输出低电平。

(3) 6 位 PWM

当(EBSn_1)/(EBSn_0)=1/0 时,PWM 的模式为 6 位 PWM,其结构如图 11.9 所示。

STC15F2K60S2 单片机所有 PCA 模块都可用作 PWM 输出,输出频率取决于 PCA 定时器的时钟源:

$$7\text{ 位 PWM 的周期}=\text{时钟源周期}\times 64$$

PWM 的脉宽与捕获寄存器[EPCnL,CCAPnL]的设定值有关,当[0,CL(5:0)]的值小于[EPCnL,CCAPnL(5:0)]时,输出为低电平;当[0,CL(5:0)]的值大于[EPCnL,CCAPnL(5:0)]时,输出为高电平。当 CL 的值由 3FH 变为 00H 溢出时,[EPCnH,CCAPnH(5:0)]的值装载到[EPCnL,CCAPnL(5:0)],实现无干扰地更新 PWM。设定脉宽时,不仅是要对[EPCnL,CCAPnL(5:0)]赋初始值,更重要的是对[EPCnH,CCAPnH(5:0)]赋初始值,当然[EPCnH,CCAPnH(5:0)]的初始值和[EPCnL,CCAPnL(5:0)]是相等的。

如果要实现可调频率的 PWM 输出,可选择定时/计数器 0 的溢出或 ECI(P1.2)引脚输入作为 PCA 定时器的时钟源。

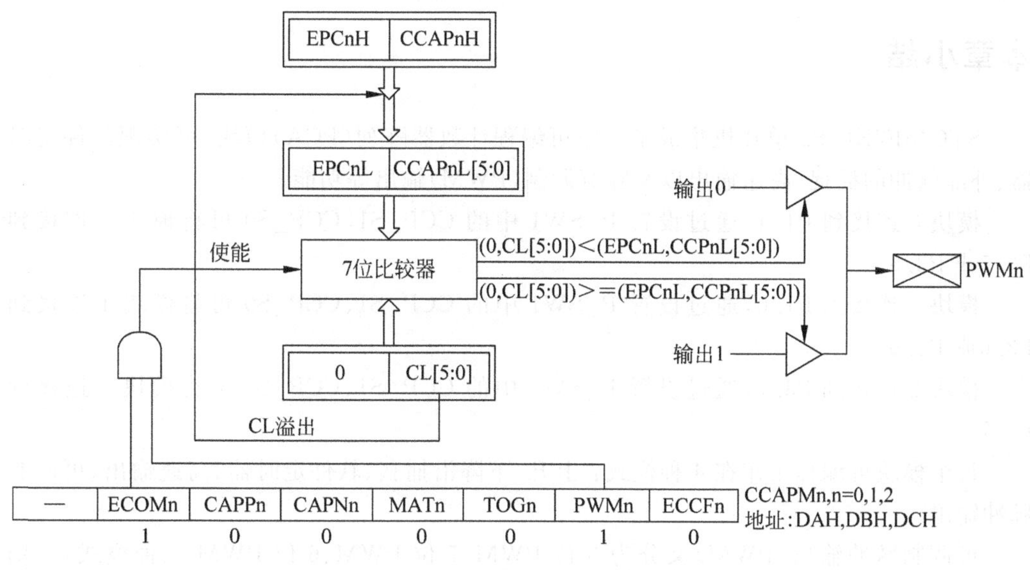

图 11.9 PCA 模块 6 位 PWM 模式结构图

当(EPCnL)=0 且(CCAPnL)=C0H 时,PWM 固定输出高电平。

当(EPCnL)=1 且(CCAPnL)=FFH 时,PWM 固定输出低电平。

11.4 PCA 模块功能引脚的切换

通过对特殊功能寄存器 P_SW1 中的 CCP_S0、CCP_S1 位的控制,可实现 PCA 模块功能引脚在不同端口进行切换。P_SW1 的数据格式如下:

	地址	B7	B6	B5	B4	B3	B2	B1	B0	复位值
P_SW1	A2H	S1_S1	S1_S0	CCP_S1	CCP_S0	SPI_S1	SPI_S0	0	DPS	00000000

PCA 模块功能引脚的切换关系见表 11.5。

表 11.5 PCA 模块功能引脚的切换关系表

CCP_S1	CCP_S0	PCA 模块功能引脚			
		ECI	CCP0	CCP1	CCP2
0	0	P1.2	P1.1	P1.0	P3.7
0	1	P3.4(ECI_2)	P3.5(CCP0_2)	P3.6(CCP1_2)	P3.7(CCP2_2)
1	0	P2.4(ECI_3)	P2.5(CCP0_3)	P2.6(CCP1_3)	P2.7(CCP2_3)
1	1	无效			

本章小结

STC15F2K60S2 单片机集成了 3 路可编程计数器阵列(PCA)模块,可实现软件定时器、外部脉冲的捕捉、高速输出以及脉宽调制(PWM)输出等功能。

模块 0 连接到 P1.1,通过设置 P_SW1 中的 CCP_S1、CCP_S0 可将模块 0 连接到 P3.5或 P2.5。

模块 1 连接到 P1.0,通过设置 P_SW1 中的 CCP_S1、CCP_S0 可将模块 1 连接到 P3.6或 P2.6。

模块 2 连接到 P3.7,通过设置 P_SW1 中的 CCP_S1、CCP_S0 可将模块 2 连接到 P2.7。

每个模块可编程工作在 4 种模式:上升/下降沿捕获、软件定时器、高速输出、可调制脉冲输出。

可调制脉冲输出(PWM)又分为 8 位 PWM、7 位 PWM、6 位 PWM 三种模式,利用 PWM 功能可实现 D/A 转换。

习题与思考题

1. 画出 STC15F2K60S2 的 PCA 模块的组成框图,分析各组成部分的作用。

2. STC15F2K60S2 的 PCA 模块有哪几种工作模式?如何设置?简述各工作模式的工作原理。

3. STC15F2K60S2 的 PCA 模块的定时功能与通用定时/计数器的定时功能有何不同?

4. 如何利用 STC15F2K60S2 PCA 模块的脉宽调制功能,实现全“1”输出和全“0”输出?

5. 如何利用 STC15F2K60S2 PCA 模块的脉宽调制功能,实现 D/A 转换功能?

6. 试编程,利用 STC15F2K60S2 的 PCA 模块的模块 0、1、2 分别实现 1s、2s、3s 的定时。

7. 利用 STC15F2K60S2 的 PCA 模块的定时功能,设计一个数字钟。画出电路原理图,编写程序并调试。

8. 利用 STC15F2K60S2 PCA 模块的脉宽调制功能,设计一个周期为 1s,占空比为 50%的 PWM 输出脉冲。

9. 利用 STC15F2K60S2 PCA 模块的脉宽调制功能,设计一个周期为 1~8s 8 挡可调,占空比为 20%~80% 4 挡可调的 PWM 输出脉冲。画出电路原理图,编写程序并调试。

CHAPTER 12

第12章

STC15F2K60S2 单片机的 SPI 接口

12.1 SPI 接口的结构

1. SPI 接口简介

STC15F2K60S2 单片机集成了串行外设接口(Serial Peripheral Interface,SPI)。SPI 接口既可以和其他微处理器通信,也可以与具有 SPI 兼容接口的器件(如存储器、A/D 转换器、D/A 转换器、LED 或 LCD 驱动器等)进行同步通信。SPI 接口有两种操作模式:主模式和从模式。在主模式支持高达 3Mb/s 的速率;从模式时速度无法太快,在 $f_{SYS}/4$ 以内较好。此外,SPI 接口还具有传输完成标志和写冲突标志保护功能。

2. SPI 接口的结构

STC15F2K60S2 单片机 SPI 接口功能方框图如图 12.1 所示。

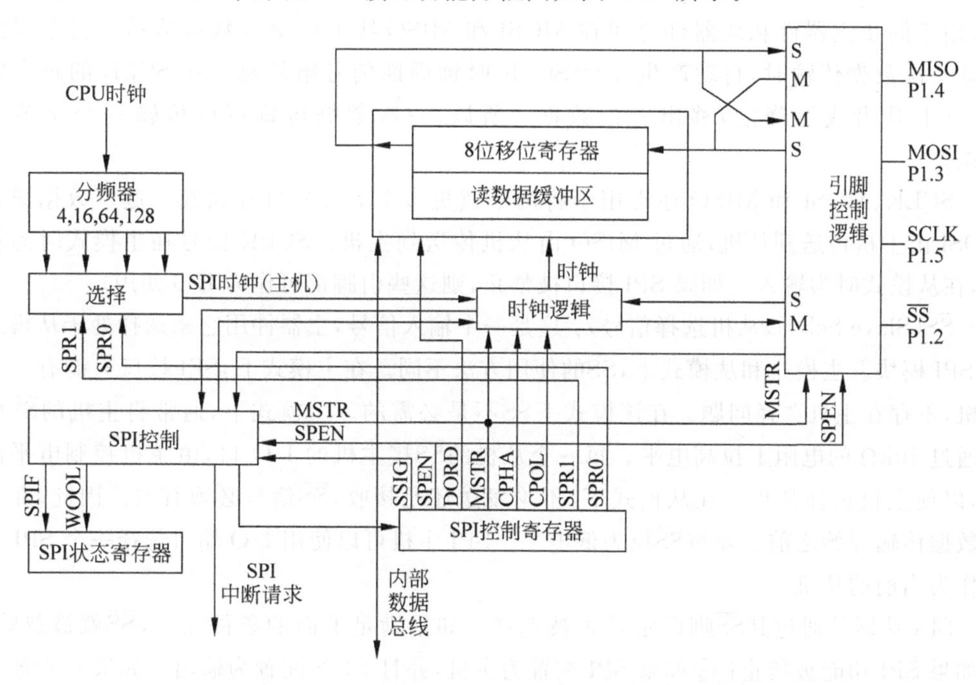

图 12.1 STC15F2K60S2 单片机 SPI 接口功能方框图

SPI 接口的核心是一个 8 位移位寄存器和数据缓冲器，数据可以同时发送和接收。在 SPI 数据的传输过程中，发送和接收的数据都存储在缓冲器中。

对于主模式，若要发送一个字节数据，只需将这个数据写到 SPDAT 寄存器中。主模式下$\overline{SS}$信号不是必须的，但在从模式下，必须在$\overline{SS}$信号变为有效并接收到合适的时钟信号后，方可进行数据传输。在从模式下，如果 1 个字节传输完成后，$\overline{SS}$信号变为高电平，这个字节立即被硬件逻辑标志为接收完成，SPI 接口准备接收下一个数据。

任何 SPI 控制寄存器的改变都将复位 SPI 接口，清除相关寄存器。

3. SPI 接口的信号

SPI 接口由 MISO(P1.4)、MOSI(P1.3)、SCLK(P1.5)和$\overline{SS}$(P1.2)4 根信号线构成，可通过设置 P_SW1 中 SPI_S1、SPI_S0 将 MISO、MOSI、SCLK 和$\overline{SS}$功能脚切换到 P2.2、P2.3、P2.1、P2.4，或 P4.1、P4.0、P4.3、P5.4。

MOSI(Master Out Slave In，主出从入)：主器件的输出和从器件的输入，用于主器件到从器件的串行数据传输。根据 SPI 规范，多个从机共享一根 MOSI 信号线。在时钟边界的前半周期，主机将数据放在 MOSI 信号线上，从机在该边界处获取该数据。

MISO(Master In Slave Out，主入从出)：从器件的输出和主器件的输入，用于实现从器件到主器件的数据传输。SPI 规范中，一个主机可连接多个从机，因此，主机的 MISO 信号线会连接到多个从机上，或者说，多个从机共享一根 MISO 信号线。当主机与一个从机通信时，其他从机应将其 MISO 引脚驱动置为高阻状态。

SCLK(SPI Clock，串行时钟信号)：串行时钟信号是主器件的输出和从器件的输入，用于同步主器件和从器件之间在 MOSI 和 MISO 线上的串行数据传输。当主器件启动一次数据传输时，自动产生 8 个 SCLK 时钟周期信号给从机。在 SCLK 的每个跳变处(上升沿或下降沿)移出一位数据。所以，一次数据传输可以传输一个字节的数据。

SCLK、MOSI 和 MISO 通常用于将两个或更多个 SPI 器件连接在一起。数据通过 MOSI 由主机传送到从机，通过 MISO 由从机传送到主机。SCLK 信号在主模式时为输出，在从模式时为输入。如果 SPI 接口被禁止，则这些引脚都可作为 I/O 使用。

$\overline{SS}$(Slave Select，从机选择信号)：这是一个输入信号，主器件用它来选择处于从模式的 SPI 模块。主模式和从模式下，$\overline{SS}$的使用方法不同。在主模式下，SPI 接口只能有一个主机，不存在主机选择问题。在该模式下$\overline{SS}$不是必需的。主模式下，通常将主机的$\overline{SS}$引脚通过 10kΩ 的电阻上拉高电平。每一个从机的$\overline{SS}$接主机的 I/O 口，由主机控制电平高低，以便主机选择从机。在从模式下，不论发送还是接收，$\overline{SS}$信号必须有效。因此，在一次数据传输开始之前必须将$\overline{SS}$拉为低电平。SPI 主机可以使用 I/O 端口选择一个 SPI 器件作为当前的从机。

SPI 从器件通过其$\overline{SS}$脚确定是否被选择。如果满足下面的条件之一，$\overline{SS}$就被忽略：①如果 SPI 功能被禁止；②如果 SPI 配置为主机，并且 P1.2 配置为输出。如果$\overline{SS}$脚被忽略，该脚配置用于 I/O 端口功能。

12.2 SPI接口的特殊功能寄存器

与SPI接口有关的特殊功能寄存器有SPI控制寄存器SPCTL、SPI状态寄存器SPSTAT和SPI数据寄存器SPDAT。下面将详细介绍各寄存器的功能含义。

1. SPI控制寄存器SPCTL

SPCTL寄存器的每一位都有控制含义，具体格式与说明如下。

	地址	D7	D6	D5	D4	D3	D2	D1	D0	复位值
SPCTL	CEH	SSIG	SPEN	DORD	MSTR	CPOL	CPHA	SPR1	SPR0	00000000

SSIG：$\overline{SS}$引脚忽略控制位。若(SSIG)=1，由MSTR确定器件为主机还是从机，$\overline{SS}$引脚被忽略，可配置为I/O功能；若(SSIG)=0，由$\overline{SS}$引脚的输入信号确定器件为主机还是从机。

SPEN：SPI使能位。若(SPEN)=1，SPI使能；若(SPEN)=0，SPI被禁止，所有SPI信号引脚用作I/O功能。

DORD：SPI数据发送与接收顺序的控制位。若(DORD)=1，SPI数据的传送顺序为由低到高；若(DORD)=0，SPI数据的传送顺序为由高到低。

MSTR：SPI主/从模式位。若(MSTR)=1，主机模式；若(MSTR)=0，从机模式。SPI接口的工作状态还与其他控制位有关，具体选择方法见表12.1所示。

表12.1 SPI接口的工作模式

SPEN	SSIG	$\overline{SS}$	MSTR	SPI模式	MISO	MOSI	SCLK	备注
0	X	P1.2	X	禁止	P1.4	P1.3	P1.5	SPI信号引脚作普通I/O使用
1	0	0	0	从机	输出	输入	输入	选择为从机
1	0	1	0	从机（未选中）	高阻	输入	输入	未被选中，MISO引脚处于高阻状态，以避免总线冲突
1	0	0	1→0	从机	输出	输入	输入	$\overline{SS}$配置为输入或准双向口，SSIG为0，如果选择$\overline{SS}$为低电平，则被选择为从机；当$\overline{SS}$变为低电平时，会自动清零MSTR控制位
1	0	1	1	主（空闲）	输入	高阻	高阻	当主机空闲时，MOSI和SCLK为高阻状态以避免总线冲突。用户必须将SCLK上拉或下拉（根据CPOL确定）以避免SCLK出现悬浮状态
				主（激活）		输出	输出	主机激活时，MOSI和SCLK为强推挽输出
1	1	P1.2	0	从机	输出	输入	输入	
			1	主机	输入	输出	输出	

CPOL：SPI时钟信号极性选择位。若(CPOL)=1,SPI空闲时SCLK为高电平,SCLK的前跳变沿为下降沿,后跳变沿为上升沿；若(CPOL)=0,SPI空闲时SCLK为低电平,SCLK的前跳变沿为上降沿,后跳变沿为下升沿。

CPHA：SPI时钟信号相位选择位。若(CPHA)=1,SPI数据由前跳变沿驱动到口线,后跳变沿采样；若(CPHA)=0,当$\overline{SS}$引脚为低电平(且SSIG为0)时,数据被驱动到口线,并在SCLK的后跳变沿被改变,在SCLK的前跳变沿被采样。注意：SSIG为1时操作未定义。

SPR1、SPR0：主模式时SPI时钟速率选择位。00：$f_{SYS}/4$；01：$f_{SYS}/16$；10：$f_{SYS}/64$；11：$f_{SYS}/128$。

2. SPI状态寄存器SPSATA

SPSATA寄存器记录了SPI接口的传输完成标志与写冲突标志,具体格式与说明如下。

	地址	D7	D6	D5	D4	D3	D2	D1	D0	复位值
SPSATA	CDH	SPIF	WCOL	—	—	—	—	—	—	00xxxxxx

SPIF：SPI传输完成标志。当一次传输完成时,SPIF置位。此时,如果SPI中断允许,则向CPU申请中断。当SPI处于主模式且(SSIG)=0时,如果$\overline{SS}$为输入且为低电平时,则SPIF也将置位,表示"模式改变"(由主机模式变为从机模式)。SPIF标志通过软件向其写"1"而清零。

WCOL：SPI写冲突标志。当一个数据还在传输,又向数据寄存器SPDAT写入数据时,WCOL被置位。WCOL标志通过软件向其写"1"而清零。

3. SPI数据寄存器SPDAT

SPDAT数据寄存器的地址是CFH,用于保存通信数据字节。

4. 与SPI中断管理有关的控制位

SPI中断允许控制位ESPI：位于IE2寄存器的B1位。"1"允许,"0"禁止。

SPI中断优先级控制位PSPI：PSPI位于IP2的B1位。利用PSPI可以将SPI中断设置为2个优先等级。

12.3 SPI接口的数据通信

1. SPI接口的数据通信方式

STC15F2K60S2单片机SPI接口的数据通信有3种方式：单主机-单从机方式、双器件方式(器件可互为主机和从机)和单主机-多从机方式。

(1) 单主机-单从机方式

单主机-单从机方式的连接如图12.2所示。

在图12.2中,从机的SSIG为0,$\overline{SS}$用于选择从机。SPI主机可使用任何端口位(包

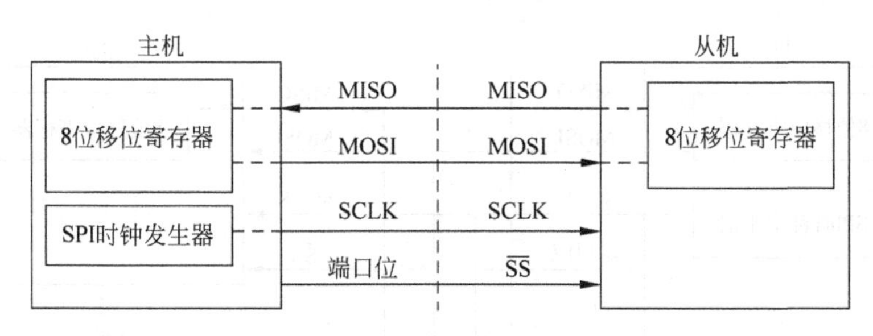

图 12.2 SPI 接口的单主机-单从机方式

括$\overline{SS}$)来控制从机的$\overline{SS}$脚。主机 SPI 与从机 SPI 的 8 位移位寄存器连接成一个循环的 16 位移位寄存器。当主机程序向 SPDAT 写入一个字节时，立即启动一个连续的 8 位移位通信过程：主机的 SCLK 引脚向从机的 SCLK 引脚发出一串脉冲，在这串脉冲的驱动下，主机 SPI 的 8 位移位寄存器中的数据移到了从机 SPI 的 8 位移位寄存器中。与此同时，从机 SPI 的 8 位移位寄存器中的数据移到主机 SPI 的 8 位移位寄存器中。因此，主机既可向从机发送数据，又可读取从机中的数据。

(2) 双器件方式

双器件方式也称为互为主/从方式，连接方式如图 12.3 所示。

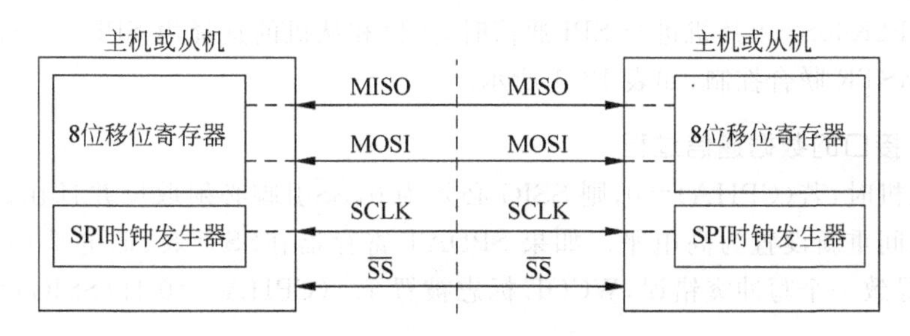

图 12.3 SPI 接口的双器件方式

在图 12.3 中可看出，两个器件可以互为主/从机。当没有发生 SPI 操作时，两个器件都可配置为主机，将 SSIG 清零，并将 P1.2($\overline{SS}$)配置为准双向模式。当其中一个器件启动传输时，可将 P1.2($\overline{SS}$)配置为输出并输出低电平，这样就强制另一个器件变为从机。

双方初始化时将自己设置成忽略$\overline{SS}$引脚的 SPI 从模式。当一方要主动发送数据时，先检测$\overline{SS}$引脚的电平，如果$\overline{SS}$引脚是高电平，就将自己设置成忽略$\overline{SS}$引脚的主模式。通过双方平时将 SPI 置成没有被选中的从模式。在该模式下，MISO、MOSI、SCLK 均为输入，当多个 MCU 的 SPI 接口以此模式并联时不会发生总线冲突。这种特性在互为主/从、一主多从等应用中很有用。

注意：互为主/从模式时，双方的 SPI 速率必须相同。如果使用外部晶体振荡器，双方的晶体频率也要相同。

(3) 单主机-多从机方式

单主机-多从机方式的连接如图 12.4 所示。

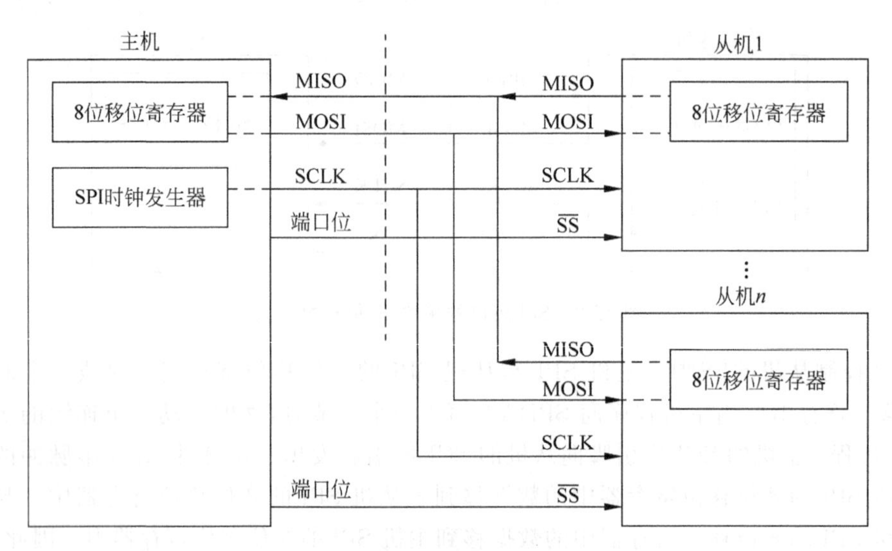

图 12.4　SPI 接口的单主机-多从机方式

在图 12.4 中，从机的 SSIG 为 0，从机通过对应的$\overline{\text{SS}}$信号被选中。SPI 主机可使用任何端口位（包括 P1.4）来控制从机的$\overline{\text{SS}}$输入。

STC15F2K60S2 单片机进行 SPI 通信时，主机和从机的选择由 SPEN、SSIG、$\overline{\text{SS}}$引脚（P1.2）和 MSTR 联合控制，如表 12.1 所示。

2. SPI 接口的数据通信过程

作为从机时，若(CPHA)=0，则 SSIG 必须为 0，$\overline{\text{SS}}$引脚必须取反并且在每个连续的串行字节之间重新设置为高电平。如果 SPDAT 寄存器在$\overline{\text{SS}}$有效（低电平）时执行写操作，那么将导致一个写冲突错误，WCOL 标志被置 1。(CPHA)=0 且(SSIG)=0 时的操作未定义。

当(CPHA)=1 时，SSIG 可以为 1 或 0。如果(SSIG)=0，则$\overline{\text{SS}}$引脚可在连续传输之间保持有效（即一直为低电平）。当系统中只有一个 SPI 主机和一个 SPI 从机时，这是首选配置。

在 SPI 中，传输总是由主机启动的。如果 SPI 使能（SPEN 为 1），主机对 SPI 数据寄存器的写操作将启动 SPI 时钟发生器和数据传输。在数据写入 SPDAT 之后的半个到一个 SPI 位时间后，数据将出现在 MOSI 引脚。

需要注意的是，主机可以通过将对应器件的$\overline{\text{SS}}$引脚驱动为低电平实现与之通信。写入主机 SPDAT 寄存器的数据从 MOSI 引脚移出发送到从机的 MOSI 引脚。同时，从机 SPDAT 寄存器的数据从 MISO 引脚移出发送到主机的 MISO 引脚。传输完一个字节后，SPI 时钟发生器停止，传输完成标志 SPIF 置位并向 CPU 申请中断（SPI 中断允许时）。主机和从机 SPI 的两个移位寄存器可以看作一个 16 位循环移位寄存器。当数据从主机移位传送到从机的同时，数据也以相反的方向移入。这意味着在一个移位周期中，主机和从机的数据相互交换。

接收数据时，接收到的数据传送到一个并行读数据缓冲区，从而释放移位寄存器以进行下一个数据的接收。但必须在下个字符完全移入之前从数据寄存器中读出接收到的数据，否则，前一个接收数据将丢失。

3. 通过$\overline{SS}$改变模式

如果(SPEN)=1、(SSIG)=0且(MSTR)=1，则SPI使能为主机模式。$\overline{SS}$引脚可配置为输入或准双向模式。这种情况下，另外一个主机可将该引脚驱动为低电平，从而将该器件选择为SPI从机并向其发送数据。

为了避免争夺总线，SPI系统执行以下动作。

(1) MSTR清零，强迫SPI就变成从机。MOSI和SCLK强制变为输入模式，而MISO则变为输出模式。

(2) SPSTAT的SPIF标志位置位。如果SPI中断已被允许，则向CPU申请中断。

用户程序必须一直对MSTR位进行检测，如果该位被一个从机选择所清零而用户想继续将SPI作为主机，就必须重新置位MSTR；否则，进入从机模式。

4. SPI中断

如果允许SPI中断，发生SPI中断时，CPU就会跳转到中断服务程序的入口地址004BH处执行中断服务程序。

注意：*在中断服务程序中，必须把SPI中断请求标志清零(通过写1实现)。*

5. 写冲突

SPI在发送时为单缓冲，在接收时为双缓冲。这样在前一次发送尚未完成之前，不能将新的数据写入移位寄存器。当发送过程中对数据寄存器进行写操作时，WCOL位将置位，以指示数据冲突。在这种情况下，当前发送的数据继续发送，而新写入的数据将丢失。

当对主机或从机进行写冲突检测时，主机发生写冲突的情况是很罕见的，因为主机拥有数据传输的完全控制权。但从机有可能发生写冲突，因为当主机启动传输时，从机无法进行控制。WCOL可通过软件向其写入1清零。

6. 数据格式

时钟相位控制位CPHA用于设置采样和改变数据的时钟边沿，时钟极性控制位CPOL用于设置时钟极性。对于不同的CPHA，主机和从机对应的数据格式如图12.5～图12.8所示。

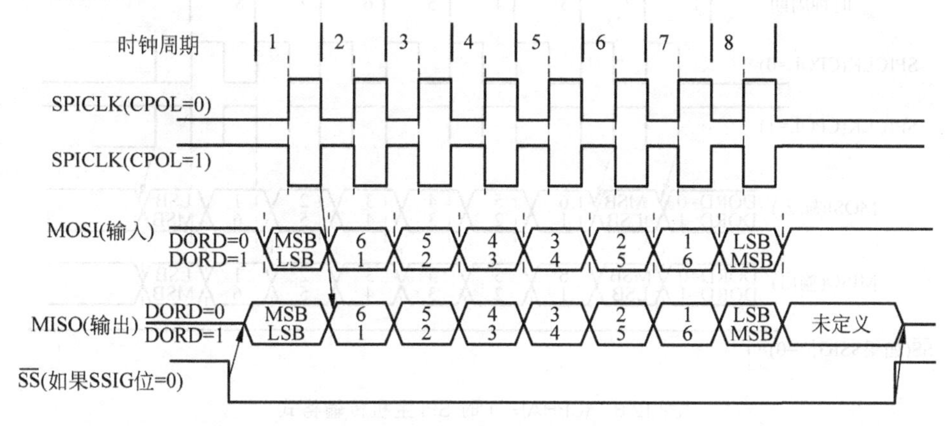

图12.5 (CPHA)=0时SPI从机传输格式

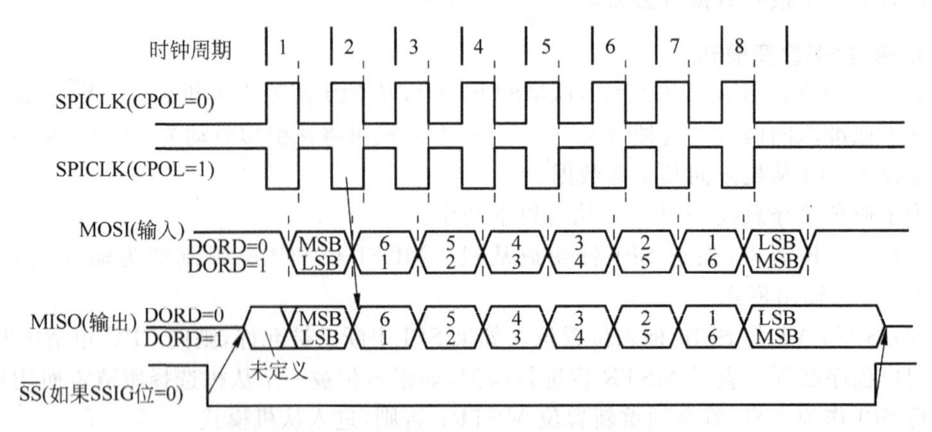

图 12.6 (CPHA)= 1 时 SPI 从机传输格式

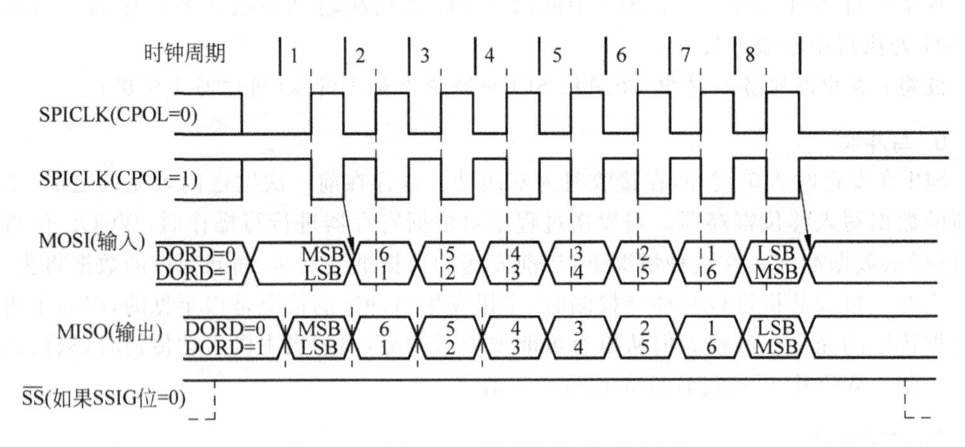

图 12.7 (CPHA)= 0 时 SPI 主机传输格式

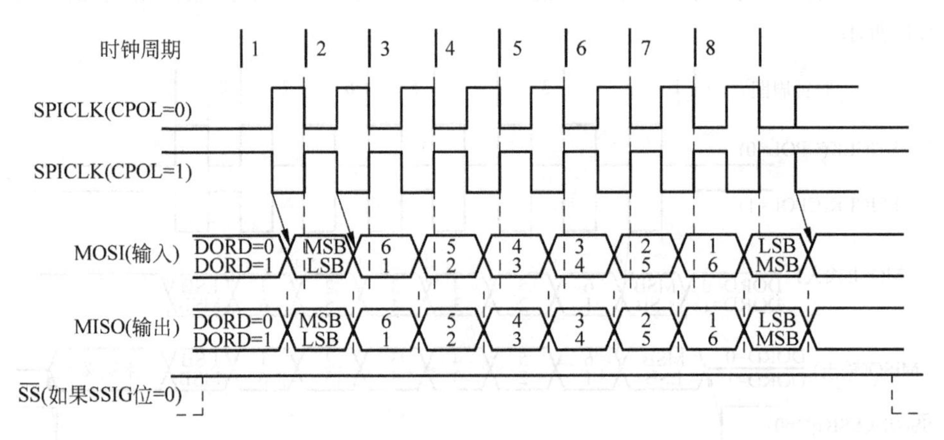

图 12.8 (CPHA)= 1 时 SPI 主机传输格式

12.4 SPI 接口的应用举例

1. 单主机-单从机模式

例 12.1 计算机通过 RS-232 串口向主单片机发送一串数据，主单片机的串口每收到一个字节就立刻将收到的字节通过 SPI 口发送到从单片机中；同时，主单片机收到从单片机发回的一个字节，并把收到的这个字节通过串口发送到计算机。可以使用串口助手观察结果。

从单片机的 SPI 口收到数据后，把收到的数据放到自己的 SPDAT 寄存器中，当下一次主单片机发送一个字节时把数据发回到主单片机。

单片机时钟频率为 18.432MHz，计算机 RS-232 串口波特率设置为 57600b/s。硬件连接如图 12-9 所示。

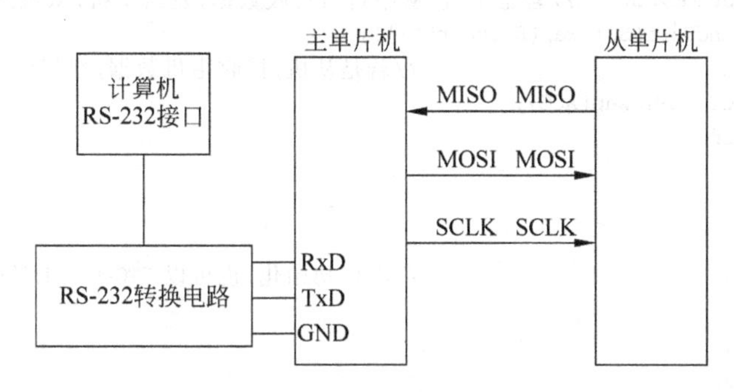

图 12.9 单主机-单从机通信实验电路图

解：当 CPU 时钟不分频，波特率倍增位 SMOD 取 0，波特率为 57600b/s 时的重装时间常数为 F6H。在主机程序中，使用查询方法查询 UART 是否接收到数据，采用查询方式接收 SPI 数据。

C 语言参考源程序如下：

```
#include "stc15f2k60s2.h"
#define MASTER
#define FOSC 18432000L
#define BAUD 0xf6
typedef unsigned char BYTE;
typedef unsigned int WORD;
typedef unsigned long DWORD;
/*-----------------定义 SPI 控制位----------------*/
#define SPIF    0x80                //SPSTAT.7
#define WCOL    0x40                //SPSTAT.6
#define SSIG    0x80                //SPCTL.7
#define SPEN    0x40                //SPCTL.6
#define DORD    0x20                //SPCTL.5
#define MSTR    0x10                //SPCTL.4
#define CPOL    0x08                //SPCTL.3
#define CPHA    0x04                //SPCTL.2
#define SPDHH   0x00                //fSYS/4
```

```
#define SPDH    0x01                //fSYS/16
#define SPDL    0x02                //fSYS/64
#define SPDLL   0x03                //fSYS/128
sbit SPISS = P1^6;                  //SPI 从机选择控制引脚
void InitUart();                    //UART 初始化
void InitSPI();                     //SPI 初始化
void SendUart(BYTE dat);            //串行口发送子函数
BYTE RecvUart();                    //串行口接收子函数
BYTE SPISwap(BYTE dat);             //SPI 主机与从机间的数据交换

void main()
{
    InitUart();
    InitSPI();
    while (1)
    {
        #ifdef MASTER    //若是主机,从串行口接收数据,发给从机,从机回转的数据发给串口
          SendUart(SPISwap(RecvUart()));
        #else                       //若是从机,接收主机数据,并将前一个数据发回主机
          ACC = SPISwap(ACC);
        #endif
    }
}

void InitUart()                     //串口初始化,也可以 STC-ISP 工具中自动获取
{
    SCON = 0x5a;
    TMOD = 0x20;
    AUXR = 0x40;
    TH1 = TL1 = BAUD;
    TR1 = 1;
}

void InitSPI()                      //SPI 接口初始化
{
    SPDAT = 0;
    SPSTAT = SPIF | WCOL;
    #ifdef MASTER
    SPCTL = SPEN | MSTR;            //主机模式
    #else
    SPCTL = SPEN;                   //从机模式
    #endif
}

void SendUart(BYTE dat)             //串口发送
{
    while (!TI);
    TI = 0;
    SBUF = dat;
}

BYTE RecvUart()                     //串口接收
{
```

```
    while (!RI);
    RI = 0;
    return SBUF;
}

BYTE SPISwap(BYTE dat)                  //SPI 主机与 SPI 从机数据交换
{
    #ifdef MASTER
        SPISS = 0;                      //拉低从机SS
    #endif
        SPDAT = dat;                    //启动 SPI 发送
        while (!(SPSTAT & SPIF));       //等待发送完成
        SPSTAT = SPIF | WCOL;           //清除 SPI 状态
    #ifdef  MASTER
        SPISS = 1;                      //拉高从机SS
    #endif
        return SPDAT;                   //返回接收到 SPI 数据
}
```

2. 互为主从通信模式

例 12.2　甲机与乙机互为主从，甲机与乙机通过串口与 PC 相接，哪个单片机接收到 PC 发来的数据，就设置为主机，并选择对方为从机和发送数据给从机，从机回转的数据发回 PC。

单片机时钟频率为 18.432MHz，计算机 RS-232 串口波特率设置为 57600b/s。

解：甲机与乙机的 MISO、MOSI、SCLK 对应相接，甲机的 P1.6 与乙机的 $\overline{SS}$ 引脚相接，乙机的 P1.6 与甲机的 $\overline{SS}$ 相接。

单片机时钟频率与计算机 RS-232 串口采用的波特率与例 12.1 相同，因此，T1 波特率发生器的重装时间常数也是为 F6H。

C 语言参考源程序如下：

```
#include "stc15f2k60s2.h"
#define FOSC 18432000
#define BAUD 0xf6                       // (256-fosc/32/115200)
typedef unsigned char BYTE;
typedef unsigned int WORD;
typedef unsigned long DWORD;
/*-----------------定义 SPI 控制位----------------*/
#define SPIF   0x80                     //SPSTAT.7
#define WCOL   0x40                     //SPSTAT.6
#define SSIG   0x80                     //SPCTL.7
#define SPEN   0x40                     //SPCTL.6
#define DORD   0x20                     //SPCTL.5
#define MSTR   0x10                     //SPCTL.4
#define CPOL   0x08                     //SPCTL.3
#define CPHA   0x04                     //SPCTL.2
#define SPDHH  0x00                     //fSYS/4
#define SPDH   0x01                     //fSYS/16
#define SPDL   0x02                     //fSYS/64
#define SPDLL  0x03                     //fSYS/128
```

```
sbit SPISS = P1^6;                        //SPI 从机选择控制引脚
#define ESPI   0x02
void InitUart();                          //UART 初始化
void InitSPI();                           //SPI 初始化
void SendUart(BYTE dat);                  //串行口发送子函数
BYTE RecvUart();                          //串行口接收子函数
bit MSSEL                                 //SPI 主、从机标志位,"1"为主机,"0"为从机
void main()
{
    InitUart();
    InitSPI();
    IE2| = ESPI;
    EA = 1;
    while (1)
    {
        if(RI)                            //若是从串行口接收数据,即设为主机
        {
            SPCTL = SPEN|MSTR             //设为主机
            MSSEL = 1;                    //设主机标志
            ACC = RecvUart();             //接收串行数据
            SPISS = 0;                    //拉低从机的SS
            SPDAT = ACC;                  //触发 SPI 发送数据
        }
    }
}

void spi_isr( ) interrupt 9 using 1       //SPI 中断函数
{
    SPSTAT = SPIF | WCOL
    if(MSSEL)                             //若是主机,设置回从机模式,并将 SPI 数据发给 PC
    {
        SPCTL = SPEN;
        MSSEL = 0;
        SPISS = 1;
        SendUart(SPDAT);
    }
    else                                  //若为从机,返回 SPI 接收数据
    {
        SPDAT = SPDAT;
    }
}

void InitUart()                           //串口初始化,可从 STC-ISP 工具中自动获取
{
    SCON = 0x5a;
    TMOD = 0x20;
    AUXR = 0x40;
    TH1 = TL1 = BAUD;
    TR1 = 1;
}

void InitSPI()                            //SPI 接口初始化
{
```

```
    SPDAT = 0;
    SPSTAT = SPIF | WCOL;
    SPCTL = SPEN;                       //从机模式
}

void SendUart(BYTE dat)                 //串口发送
{
    while (!TI);
    TI = 0;
    SBUF = dat;
}

BYTE RecvUart()                         //串口接收
{
    while (!RI);
    RI = 0;
    return SBUF;
}
```

12.5 SPI 接口功能引脚的切换

通过对特殊功能寄存器 P_SW1 中的 SPI_S1、SPI_S0 位的控制，可实现 SPI 接口功能引脚在不同端口进行切换。P_SW1 的数据格式如下。

	地址	D7	D6	D5	D4	D3	D2	D1	D0	复位值
P_SW1 (AUXR1)	A2H	S1_S1	S1_S0	CCP_S1	CCP_S0	SPI_S1	SPI_S0	0	DPS	0000 0000

SPI 接口功能引脚的切换关系见表 12.2。

表 12.2　SPI 接口功能引脚的切换关系表

SPI_S1	SPI_S0	SPI 接口功能引脚			
		$\overline{SS}$	MOSI	MISO	SCLK
0	0	P1.2	P1.3	P1.4	P1.5
0	1	P2.4(SS_2)	P2.3(MOSI _2)	P2.2(MISO _2)	P2.1(SCLK _2)
1	0	P5.4(SS_3)	P4.0(MOSI _3)	P4.1(MISO _3)	P4.3(SCLK _3)
1	1	无效			

本章小结

STC15F2K60S2 单片机集成了串行外设接口(Serial Peripheral Interface,SPI)。SPI 接口既可以和其他微处理器通信，也可以与具有 SPI 兼容接口的器件(如存储器、A/D 转换器、D/A 转换器、LED 或 LCD 驱动器等)进行同步通信。SPI 接口有两种操作模式：主模式和从模式。在主模式支持高达 3Mb/s 的速率；从模式时速度无法太快. 速度在 $f_{OSC}/4$ 以内较好。此外，SPI 接口还具有传输完成标志和写冲突标志保护功能。

STC15F2K60S2 单片机 SPI 接口共有 3 种通信方式：单主单从、互为主从、单主多从。

习题与思考题

1. STC15F2K60S2 的 SPI 接口的数据通信有哪几种工作方式？各有什么特点？

2. 简述 STC15F2K60S2 的 SPI 接口的数据通信过程。

3. 设计一个 1 主机 4 从机的 SPI 接口系统。主机从 4 路模拟通道输入数据，实现定时巡回检测，并将 4 路检测数据分别送 4 个从机，要求从 P2 口输出，用 LED 灯显示检测数据。画出电路原理图，编写程序。

CHAPTER 13 第13章

单片机应用系统的设计

13.1 单片机应用系统的开发流程

不同的单片机应用系统由于应用目的不同，设计时自然要考虑其应用特点，如有些系统可能对用户的操作体验有苛刻的要求，有些系统可能对测量精度有很高的要求，有些系统可能对实时控制能力有较强的要求，也有些系统可能对数据处理能力有特别的要求，所以说，设计一个符合生产要求的单片机应用系统，就必须充分了解这个系统的应用目的和其特殊性。虽然各个单片机应用系统各有各的特点，但对于一般的单片机应用系统的设计和开发过程，又具有一定的共性。本节从单片机应用系统的设计原则、开发流程和工程报告的编制论述一般通用的单片机应用系统的设计和开发过程。

13.1.1 单片机应用系统的设计原则

1. 系统功能应满足生产要求

从系统功能需求作为出发点，根据实际生产要求设计各个功能模块，如显示、键盘、数据采集、检测、通信、控制、驱动、供电方式等。

2. 系统运行应安全可靠

在元器件选择和使用上，应选用可靠性高的元器件，防止元器件的损坏影响系统的可靠运行；在硬件电路设计上，应选用典型应用电路，排除电路的不稳定因素；在系统工艺设计上，应采取必要的抗干扰措施，如去耦、光耦隔离和屏蔽等，防止环境干扰等硬件抗干扰措施，同时程序应注意传输速率、节电方式和掉电保护等软件抗干扰措施。

3. 系统具有较高的性能价格比

简化外围硬件电路，在系统性能许可的范围内尽可能用软件程序取代硬件电路，从而降低系统的制造成本，以取得最好的性价比。

4. 系统易于操作和维护

操作方便，表现在操作简单、直观形象和便于操作。系统设计时，在系统性能不变的情况下，应尽可能地简化人机交互接口，可以有操作菜单，但常用参数及设置应明显，做到良好的用户体验。

5. 系统功能应灵活，便于扩展

提供灵活的功能扩展，就要充分考虑和利用现有的各种资源，在系统结构、数据接口方面能够灵活扩展，为将来可能的应用拓展提供空间。

6. 系统具有自诊断功能

采用必要的冗余设计或增加自诊断功能。这方面在成熟的、批量化生产的电子产品上体现很明显，如空调、洗衣机、电磁炉等产品，当出现故障时，通常会显示相应的代码，提示用户或专业人员是哪一个模块出现故障了，帮助快速锁定故障点进行维修。

7. 系统能与上位机通信或并用

上位机 PC 具有强大的数据处理能力以及友好的控制界面，系统的许多操作可通过上位机 PC 的软件界面上相应按钮单击鼠标来完成，从而实现远程控制等。单片机系统与上位机通信常通过串口传输数据来实现相关的操作。

在这些原则中，适用、可靠、经济最为重要。对于一个应用系统的设计要求，应根据具体任务和实际情况进行具体分析后提出。

13.1.2 单片机应用系统的开发流程

通常，开发一个单片机应用系统需要经过以下几个流程。

1. 系统需求调查分析

做好详细的系统需求调查是对研制新系统准确定位的关键。当你建造一个新的单片机应用系统时，首先要调查市场或用户的需求，了解用户对未来新系统的希望和要求，通过对各种需求信息进行分析综合，得出市场或用户是否需要新系统的结论。其次，应对国内外同类系统的状况进行调查。调查的主要内容包括：

(1) 原有系统的结构、功能以及存在的问题。

(2) 国内外同类系统的最新发展情况以及与新系统有关的各种技术资料。

(3) 同行业中哪些用户已经采用了新的系统，它们的结构、功能、使用情况以及所产生的经济效益。

经过需求调查，整理出需求报告，作为系统可行性分析的主要依据。显然，需求报告的准确性将左右可行性分析的结果。

2. 可行性分析

可行性分析用于明确整个设计任务在现有技术条件和个人能力上是可行的。首先，要保证设计要求可以利用现有的技术来实现，通过查找资料和寻找类似设计找到与该任务相关的设计方案，从而分析该项目是否可行以及如何实现；如果设计的是一个全新的项目，则需要了解该项目的功能需求、体积和功耗等，同时需要对当前的技术条件和器件性能非常熟悉，以确保合适的器件能够完成所有的功能。其次，需要了解整个项目开发所需要的知识是否都具备，如果不具备，则需要估计在现有的知识背景和时间限制下能否掌握并完成整个设计，必要的时候，可以选用成熟的开发板来加快学习和程序设计的速度。

可行性分析将对新系统开发研制的必要性及可实现性给出明确的结论，根据这一结论决定系统的开发研制工作是否进行下去。可行性分析通常从以下几个方面进行论证。

(1) 市场或用户需求。

(2) 经济效益和社会效益。

(3) 技术支持与开发环境。

(4) 现在的竞争力与未来的生命力。

3. 系统总体方案设计

系统总体方案设计是系统实现的基础，这项工作要十分仔细，考虑周全。方案设计的主要依据是市场或用户的需求、应用环境状况、关键技术支持、同类系统经验借鉴及开发人员设计经验等。主要内容包括系统结构设计、系统功能设计和系统实现方法。首先是单片机的选型和元器件的选择，要做到性能特点适合所要完成的任务，避免过多的功能闲置；性能价格比要高，以提高整个系统的性能价格比；结构原理要熟悉，以缩短开发周期；货源要稳定，有利于批量的增加和系统的维护。其次是硬件与软件的功能划分，在CPU时间不紧张的情况下，应尽量采用软件实现。如果系统回路多、实时性要求高，则要考虑用硬件完成。

4. 系统硬件电路原理设计、印制电路板设计和硬件焊接调试

(1) 硬件电路原理设计

硬件电路的设计主要有单片机电路设计、扩展电路设计、输入/输出通道应用功能模块设计和人机交互控制面板设计4个方面。单片机电路设计主要是单片机的选型，如STC单片机，时钟电路、复位电路、供电电路等电路的设计，一个合适的单片机将最大限度地降低其外围连接电路，从而简化整个系统的硬件；扩展电路设计主要是I/O接口电路，根据实际情况是否需要扩展程序存储器ROM、数据存储器RAM等电路的设计；输入/输出通道应用功能模块设计主要是采集、测量、控制、通信等涉及的传感器电路、放大电路、多路开关、A/D转换电路、D/A转换电路、开关量接口电路、驱动及执行机构等电路的设计；人机交互控制面板设计主要是用户操作接触到的按键、开关、显示屏、报警和遥控等电路的设计。

(2) 印制电路板设计

印制电路板(PCB)的设计采用专门的绘图软件来完成，如Altium Designer等，从电路原理图SCH转化成印制电路板PCB必须做到正确、可靠、合理和经济。印制电路板要结合产品外壳的内部尺寸确定PCB的形状和外形尺寸大小，还有电路板基材和厚度等；印制电路板要根据电路原理的复杂程度确定PCB是单块板结构还是多块板结构，PCB是单面板、双面板还是多层板等；印制电路板元器件布局通常按信号的流向保持一致，做到以每个功能电路的核心元件为中心，围绕它布局，元器件应均匀、整齐、紧凑地排列在印制电路板上，尽量减少和缩短各单元之间的引线和连线；印制电路板导线的最小宽度主要由导线与绝缘基板间的粘附强度和流过它们的电流值决定，只要密度允许，还是尽可能用宽线，尤其注意加宽电源线和地线，导线越短，间距越大，绝缘电阻越大。在PCB布线过

程中，尽量采用手工布线，同时需要一定的 PCB 设计经验，对电源、地线等进行周全考虑，避免引入不必要的干扰，提高产品的性能。

(3) 硬件焊接调试

硬件焊接之前需要准备所有的元器件，准确无误地焊接完成后就进入硬件的调试。硬件的调试分为静态调试和动态调试两种。静态调试是检查印制电路板、连接和元器件部分有无物理性故障，主要有目测、用万用表测试和通电检查等手段。

目测是检查印制电路板的印制线是否有断线、是否有毛刺、线与线和线与焊盘之间是否有粘连、焊盘是否脱落、过孔是否未金属化现象等。检查元器件是否焊接准确、焊点是否有毛刺、焊点是否有虚焊、焊锡是否使线与线或线与焊盘之间短路等。通过目测可以查出某些明确的器件、设计缺陷，并及时进行排除。有需要的情况下还可以使用放大镜进行辅助观察。

在目测过程中有些可疑的边线或接点，需要用万用表进行检测进一步排除可能存在的问题，然后检查所有电源的电源线和地线之间是否有短路现象。

经过以上的检查没有明显问题后就可以尝试通电进行检查了。接通电源后，首先检查电源各组电压是否正常，然后检查各个芯片插座的电源端电压是否在正常的范围内、某些固定引脚的电平是否准确。再次关断电源将芯片逐一准确安装到相应的插座中，再次接通电源时，不要急于用仪器观测波形和数据，而是要及时仔细观察各芯片或器件是否出现过热、变色、冒烟、异味、打火等现象，如果有异常应立即断电，再次详细查找原因并排除。

接通电源后，没有明显异常的情况下，就可以进行动态调试了。动态调试是在系统工作状态下，发现和排除硬件中存在的元器件内部故障、元器件间连接的逻辑错误等的一种硬件检查。硬件的动态调试必须在开发系统的支持下进行，故又称为联机仿真调试。具体方法是利用开发系统友好的交互界面，对目标系统的单片机外围扩展电路进行访问、控制，使系统在运行中暴露问题，从而发现故障予以排除。典型有效的访问、控制外围扩展电路的方法是对电路进行循环读或写操作。

5. 系统软件程序设计与调试

单片机应用系统的软件程序设计通常包括数据采集和处理程序、控制算法实现程序、人机对话程序和数据处理与管理程序。

在开始具体的程序设计之前需要有程序的总体设计。程序的总体设计指从系统高度考虑程序结构、数据格式和程序功能的实现方法和手段。程序的总体设计包括拟定总体设计方案，确定算法和绘制程序流程图等。对于一些简单的工程项目和经验丰富的设计人员，往往并不需要很详细的固定流程图，而对于初学者来说，绘制程序流程图是非常有必要的。

常用的程序设计方法有模块化程序设计和自顶向下逐步求精程序设计。

模块化程序设计的思想是将一个完整的、较长的程序分解成若干个功能相对独立的较小的程序模块，各个程序模块分别进行设计、编程和调试，最后把各个调试好的程序模块装配起来进行联调，最终成为一个有实用价值的程序。

自顶向下逐步求精程序设计要求从系统级的主干程序开始，从属的程序和子程序先用符号来代替，集中力量解决全局问题，然后再层层细化逐步求精，编制从属程序和子程序，最终完成一个复杂程序的设计。

软件调试是通过对目标程序的编译、链接、执行来发现程序中存在的语法错误与逻辑错误，并加以排除纠正的过程。软件调试的原则是先独立后联机，先分块后组合，先单步后连续。

6. 系统软硬件联合调试

系统软硬件联合调试指目标系统的软件在其硬件上实际运行，将软件和硬件联合起来进行调试，从中发现硬件故障或软、硬件设计错误。软硬件联合调试是检验所设计系统的正确与可靠，从中发现组装问题或设计错误。这里指的设计错误是设计过程中所出现的小错误或局部错误，绝不允许出现重大错误。

系统软硬件联合调试主要是解决软、硬件是否按设计的要求配合工作；系统运行时是否有潜在的设计时难以预料的错误；系统的精度、速度等动态性能指标是否满足设计要求等。

7. 系统方案局部修改、再调试

对于系统调试中发现的问题或错误以及出现的不可靠因素要提出有效的解决方法，然后对原方案做局部修改，再进行调试。

8. 生成正式系统或产品

作为正式系统或产品，不仅要提供一个能正确可靠运行的系统或产品，还应提供关于该系统或产品的全部文档。这些文档包括系统设计方案、硬件电路原理图、软件程序清单、软/硬件功能说明、软/硬件装配说明书、系统操作手册等。在开发产品时，还要考虑到产品的外观设计、包装、运输、促销、售后服务等商品化问题。

13.1.3　单片机应用系统工程报告的编制

单片机应用系统一般情况下需要编制一份工程报告，报告的内容主要包括封面、目录、摘要、正文、参考文献、附录等，至于具体的书写格式要求，如字体、字号、图表、公式等必须做到美观、大方和规范。

1. 报告内容

(1) 封面

封面上应包括设计系统名称、设计人与设计单位名称、完成时间等。名称应准确、鲜明、简洁，能概括整个设计系统中最主要和最重要的内容，应避免使用不常用缩略词、首字母缩写字、字符、代号和公式等。

(2) 目录

目录按章、节、条序号和标题编写，一般为二级或三级，包含摘要(中、英文)、正文各章节标题、结论、参考文献、附录等以及相对应的页码。目录的页码可使用 Word 软件自动生成功能完成。

(3) 摘要

摘要应包括目的、方法、结果和结论等，即对设计报告内容、方法和创新点的总结，一

般 300 字左右，应避免将摘要写成目录式的内容介绍，还有 3～5 个关键词，按词条的外延层次排列(外延大的排在前面)，有时可能需要相对应的英文版的摘要(Abstract)和关键词(Keywords)。

(4) 正文

正文是整个设计报告的核心，主要包括系统整体设计方案、硬件电路框图及原理图设计、软件程序流程图及程序设计、系统软硬件综合调试、关键数据测量及结论等。正文分章节撰写，每章应另起一页。章节标题要突出重点、简明扼要、层次清晰，字数一般在 15 字以内，不得使用标点符号。总的来说，正文要求结构合理，层次分明，推理严密，重点突出，图表、公式、源程序规范，内容集中简练，文笔通顺流畅。

(5) 参考文献

凡有直接引用他人成果(文字、数据、事实以及转述他人的观点)之处的均应加标注说明列于参考文献中，按文中出现的顺序列出直接引用的主要参考文献。引用参考文献标注方式应全文统一，标注的格式为[序号]，放在引文或转述观点的最后一个句号之前，所引文献序号以上角标形式置于方括号中。参考文献的格式如下：

① 学术期刊文献

[序号]作者. 文献题名[J]. 刊名，出版年份，卷号(期号)：起-止页码

② 学术著作

[序号]作者. 书名[M]. 版次(首次免注). 翻译者. 出版地：出版社，出版年：起-止页码

③ 有 ISBN 号的论文集

[序号]作者. 题名[C]. 论文集名. 会议名称. 会议地址：会议主办单位，年：起-止页码

④ 学位论文

[序号]作者. 题名[D]. 保存地：保存单位，年份

⑤ 电子文献

[序号]作者. 电子文献题名[文献类型(DB 数据库)/载体类型(OL 联机网络)]. 文献网址或出处，发表或更新日期/引用日期(任选)

(6) 附录

对于与设计系统相关但不适合书写于正文中的元器件清单、仪器仪表清单、电路图图纸、设计的源程序、系统(作品)操作使用说明等有特色的内容，可作为附录排写，序号采用"附录 1"、"附录 2"等。

2. 书写格式要求

(1) 字体和字号

一级标题是各章标题，小二号黑体，居中排列；二级标题是各节一级标题，小三号宋体，居左顶格排列；三级标题是各节二级标题，四号黑体，居左顶格排列；四级标题是各节三级标题，小四号粗楷体，居左顶格排列；四级标题下的分级标题为五号宋体，标题中的英文字体均采用 Times New Roman 字体，字号同标题字号；正文一般为五号宋体。不同场合字体和字号不尽相同，仅作参考。

(2) 名词术语

科技名词术语及设备、元件的名称,应采用国家标准或部颁标准中规定的术语或名称。标准中未规定的术语要采用行业通用术语或名称。全文名词术语必须统一。一些特殊名词或新名词应在适当位置加以说明或注解。采用英语缩写词时,除本行业广泛应用的通用缩写词外,文中第一次出现的缩写词应该用括号注明英文全文。

(3) 物理量

物理量的名称和符号应统一。物理量计量单位及符号除用人名命名的单位第一个字母用大写之外,一律用小写字母。物理量符号、物理常量、变量符号用斜体,计量单位等符号均用正体。

(4) 公式

公式原则上居中书写。公式序号按章编排,如第一章第一个公式序号为"(1-1)",附录2中的第一个公式为"(2-1)"等。文中引用公式时,一般用"见式(1-1)"或"由公式(1-1)"。公式中用斜线表示"除"的关系时应采用括号,以免含糊不清,如 a/(bcosx)。

(5) 插图

插图包括曲线图、结构图、示意图、图解、框图、流程图、记录图、布置图、地图、照片、图版等。每个图均应有图题(由图号和图名组成)。图号按章编排,如第一章第一图的图号为"图 1-1"等。图题置于图下,有图注或其他说明时应置于图题之上。图名在图号之后空一格排写。插图与其图题为一个整体,不得拆开排写于两页。插图处的该页空白不够排写该图整体时,可将其后文字部分提前排写,将图移至次页最前面。插图应符合国家标准及专业标准,对无规定符号的图形应采用该行业的常用画法。插图应与文字紧密配合,文图相符,技术内容正确。

(6) 表格

表格不加左、右边线,表头设计应简单明了,尽量不用斜线。每个表均应有表号与表名,表号与表名之间应空一格,置于表上。表号一般按章编排,如第一章第一个插表的序号为"表 1-1"等。表名中不允许使用标点符号,表名后不加标点,整表如用同一单位,将单位符号移至表头右上角,加圆括号。如某个表需要跨页接排,在随后的各页上应重复表的编排。编号后跟表题(可省略)和"(续)"。表中数据应正确无误,书写清楚,数字空缺的格内加"—"字线(占2个数字),不允许用"2"、"同上"之类的写法。

13.2 人机对话接口应用设计

13.2.1 LED 数码显示与应用编程

1. LED 数码管显示原理

LED 数码管是显示数字和字母等数据的重要显示器件之一,其显示原理是通过点亮内部的发光二极管 LED,点亮相应的字段组合从而实现相应数字和字母的显示。常用的数码管有一位数码管、两位数码管、三位数码管和四位数码管,数码管的右下角有些带小数点有些不带小数点,有些可能带有冒号":"用于时钟的显示,还有"米"字数码管等,其实物图如图 13.1 所示。LED 数码管的显示颜色红色居多，也有绿色、蓝色等产品，可以根据需要选用。

图 13.1 各种常用 LED 数码管实物图

一位 LED 数码管里面共有 8 个独立的 LED，每个 LED 称为一字段，其中显示一个 8 字需要 a、b、c、d、e、f、g 共 7 段，显示小数点 dp 需要 1 段，还有一个公共端 com，同时连接第 3 和第 8 引脚，所以一位数码管封装一共是 10 个引脚。其引脚分布如图 13.2(a)所示。根据 LED 的公共端是阳极或阴极公共连在一起又分为共阳极数码管和共阴极数码管，共阴极数码管内部原理图如图 13.2(b)所示，共阳极数码管内部原理图如图 13.2(c)所示。

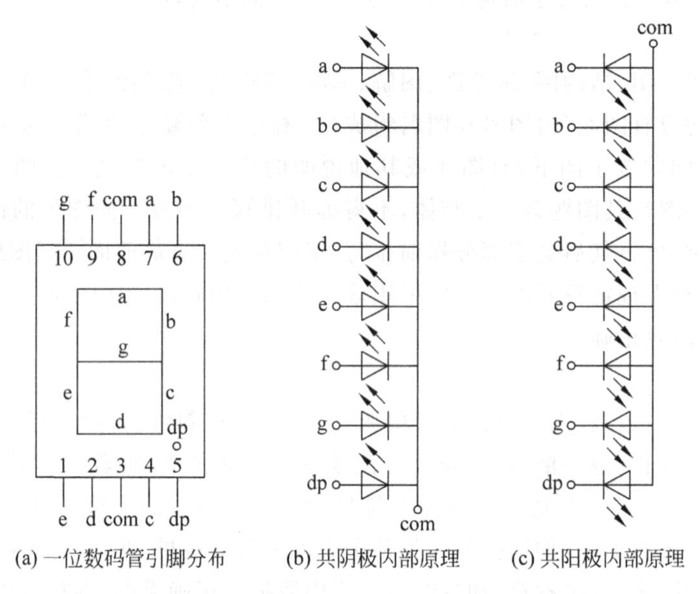

(a) 一位数码管引脚分布　(b) 共阴极内部原理　(c) 共阳极内部原理

图 13.2 一位数码管引脚分布及内部原理

共阳极数码管内部 8 个发光二极管的阳极全部连接在一起作为公共端 com，硬件电路设计时接高电平，阴极接低电平则相应的发光二极管点亮。类似地，共阴极数码管内部 8 个发光二极管的阴极全部连接在一起作为公共端 com，硬件电路设计时接低电平，阳极接高电平则相应的发光二极管点亮。如果要显示数字，则需要同时点亮相应的字段，即要给 0～9 这十个数字编码，具体的编码根据共阳极和共阳极数码管的不同，点亮 LED 高低电平是相反的，跟硬件的连接也是息息相关的，一般情况是按顺序从高位到低位或者从低位到高位进行编码，有时也会根据硬件连接的需要按任意顺序进行编码。

共阴极数码管按顺序从高位到低位进行编码显示代码如表 13.1 所示。

表 13.1 共阴极数码管从高位到低位编码

数据位	D7	D6	D5	D4	D3	D2	D1	D0	共阴极编码
字段	dp	g	f	e	d	c	b	a	不带小数点/带小数点
0	0/1	0	1	1	1	1	1	1	0x3F/0xBF
1	0/1	0	0	0	0	1	1	0	0x06/0x86
2	0/1	1	0	1	1	0	1	1	0x5B/0xDB
3	0/1	1	0	0	1	1	1	1	0x4F/0xCF
4	0/1	1	1	0	0	1	1	0	0x66/0xE6
5	0/1	1	1	0	1	1	0	1	0x6D/0xED
6	0/1	1	1	1	1	1	0	1	0x7D/0xFD
7	0/1	0	0	0	0	1	1	1	0x07/0x87
8	0/1	1	1	1	1	1	1	1	0x7F/0xFF
9	0/1	1	1	0	1	1	1	1	0x6F/0xEF

共阳极数码管按顺序从高位到低位进行编码显示代码如表 13.2 所示。

表 13.2 共阳极数码管从高位到低位编码

数据位	D7	D6	D5	D4	D3	D2	D1	D0	共阳极编码
字段	dp	g	f	e	d	c	b	a	不带小数点/带小数点
0	1/0	1	0	0	0	0	0	0	0xC0/0x40
1	1/0	1	1	1	1	0	0	1	0xF9/0x79
2	1/0	0	1	0	0	1	0	0	0xA4/0x24
3	1/0	0	1	1	0	0	0	0	0xB0/0x30
4	1/0	0	0	1	1	0	0	1	0x99/0x19
5	1/0	0	0	1	0	0	1	0	0x92/0x12
6	1/0	0	0	0	0	0	1	0	0x82/0x02
7	1/0	1	1	1	1	0	0	0	0xF8/0x78
8	1/0	0	0	0	0	0	0	0	0x80/0x00
9	1/0	0	0	1	0	0	0	0	0x90/0x10

共阴极数码管根据硬件连接的需要按任意顺序进行编码显示代码如表 13.3 所示。特别注意，数据位和字段的连接关系是由硬件决定的。

表 13.3 任意顺序编码

数据位	D7	D6	D5	D4	D3	D2	D1	D0	共阴极编码
字段	g	f	dp	c	b	a	e	d	不带小数点/带小数点
0	0	1	0/1	1	1	1	1	1	0x5F/0x7F
1	0	0	0/1	1	1	0	0	0	0x18/0x38
2	1	0	0/1	0	1	1	1	1	0x8F/0xAF
⋮	⋮	⋮	⋮	⋮	⋮	⋮	⋮	⋮	⋮

从不同的硬件连接对应不同的显示代码可以看出，根据硬件电路设计的需要，有多种不同的编码，但原理是一样的，一般在常规应用中按从高位到低位编码更具通用性和移植性。

除了一位数码管，两位一体、三位一体和四位一体的数码管有可能是实际应用中用得更多的显示器件。多位一体数码管，其内部每一位独立对应一个公共端 com，从而控制相应的数码管是否显示，通常把公共端称为“位选线”；而 a、b、c、d、e、f、g、dp 对应的段线则每位全部连接在一起，从而控制点亮数码管显示什么数字，通常把这个连接在一起的段线称为“段选线”。单片机及外围电路通过控制位选和段选就可以控制任意的数码管显示任意的数字。三位一体共阳数码管内部原理图如图 13.3 所示。

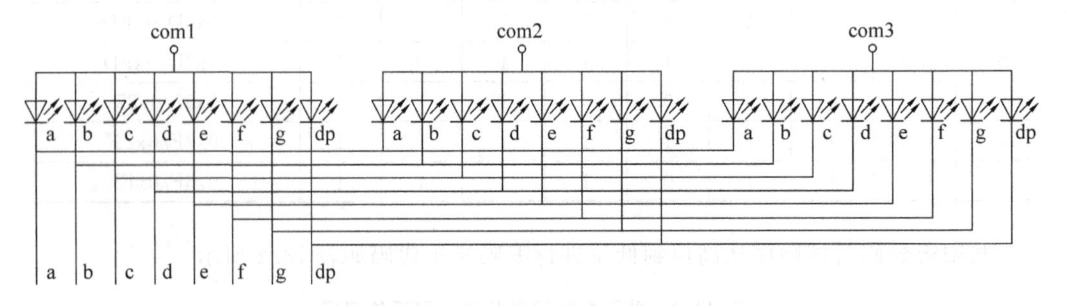

图 13.3 三位一体共阳数码管内部原理图

单片机控制 LED 数码管的显示主要有以硬件资源为主的静态显示和以软件为主的动态扫描显示两种方式；此时传输数据用的是并行数据传输，有时候为了节省单片机 I/O 端口线，需要将串行数据转换成并行数据；同时还有一些专门用于 LED 数码管显示和按键的芯片，下面将分别介绍。

2. 数码管静态显示

静态显示指数码管显示某一字符时，相应的发光二极管恒定导通或截止。工作时每位数码管相互独立，共阴极数码管所有公共端恒定接地，共阳极数码管所有公共端恒定接正电源；每个数码管的 8 个字段分别与一个 8 位 I/O 端口地址相连，I/O 端口只要有段码输出，相应的字符即显示出来，并保持不变，直到 I/O 端口输出新的段码。如图 13.4 所示是三位共阳数码管的静态显示原理图，特别注意，静态显示的每位数码管必须由独立的一位数码管来充当，而不能使用多位一体的数码管来实现显示。采用静态显示方式，较小的电流即可获得较高的亮度，所以同等显示环境下限流电阻要比动态扫描显示的取值大；各位数码管同时显示不需要扫描，所以占用 CPU 时间少，编程简单，显示便于监测和控制，但这些优点是以牺牲硬件资源来实现的，所以占用单片机 I/O 端口线多，硬件电路复杂，成本高，只适合显示位数较少的场合，一般情况下不超过三位数码管，实际应用中不常用。

3. 数码管动态显示

动态扫描显示是指轮流向各位数码管送出显示字形码和相应的位选，利用发光管的余晖和人眼视觉暂留作用，只要每位显示的间隔足够短，就会让人感觉每位数码管在同时显示的效果，而实际上每位数码管是一位一位轮流显示的，只是轮流的速度非常快，人眼已经无法分辨出来。如图 13.5 所示是四位一体共阳数码管的动态扫描显示原理图。

为了更好地理解，对 LED 数码管动态扫描显示原理进行慢动作分解。

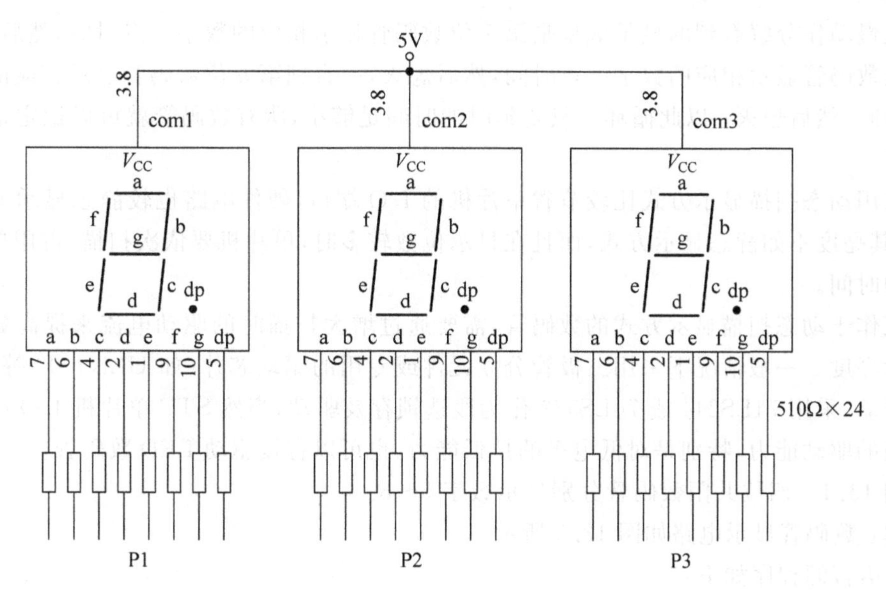

图 13.4 三位共阳数码管静态显示原理图

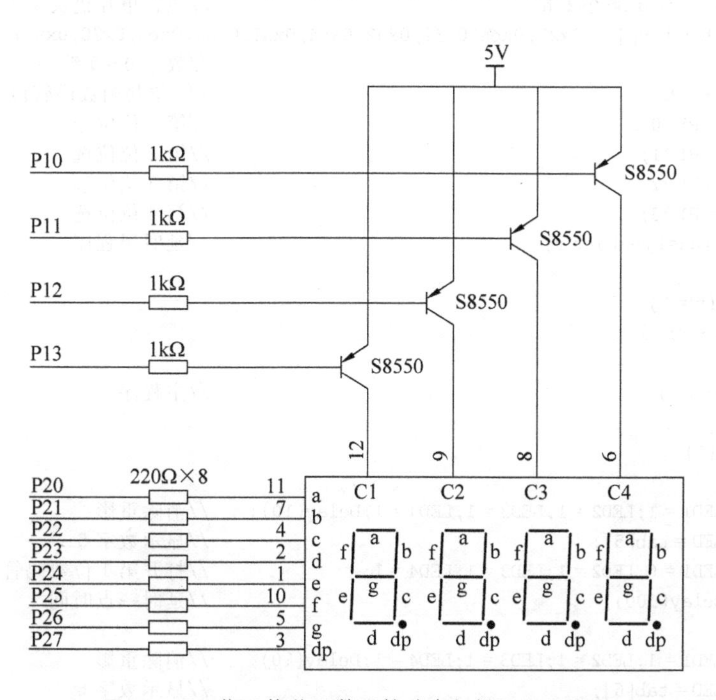

图 13.5 四位一体共阳数码管动态扫描显示原理图

打开第 1 位数码管,关闭其他位数码管,指定第 1 位数码管的显示数据;延时一点时间;

打开第 2 位数码管,关闭其他位数码管,指定第 2 位数码管的显示数据;延时一点时间;

⋮

打开第 n 位数码管,关闭其他位数码管,指定第 n 位数码管的显示数据;延时一点时间;

以此循环。

从慢动作分解看到的显示效果是第1位数码管显示相应的数字一点时间，然后熄灭，第2位数码管显示相应的数字一点时间，然后熄灭，一直到第 n 位数码管显示相应的数字一点时间，然后熄灭；以此循环。只要延时的时间足够小，所有数码管就可以稳定地同时显示了。

采用动态扫描显示方式比较节省单片机的I/O端口，硬件电路也较静态显示方式简单，但其亮度不如静态显示方式，而且在显示位数较多时，单片机要依次扫描，占用单片机较多的时间。

工作于动态扫描显示方式的数码管，需要通过增大扫描时的驱动电流来提高数码管的显示亮度。一般情况下采用三极管分立元件或专用的驱动芯片（如ULN2003等）作为位选驱动，采用74LS244或74LS573作为段选锁存及驱动，当然STC单片机I/O端口具有较强的驱动能力，特别是对低电平的拉低能力，也可以直接驱动LED数码管。

例 13.1 四位共阳数码管分别显示数字5～8。

解：数码管显示电路如图13.5所示。

C语言源程序如下：

```
#include "stc15f2k60s2.h"                              //包含单片机头文件
unsigned char tab[ ] = {0x28,0xee,0x32,0xa2,0xe4,0xa1,0x21,0xea,0x20,0xa0};
                                                       //数字0～9编码
#define LED P2                                         //4位共阳数码管段选
sbit LED1 = P1 ^0;                                     //第1位位选
sbit LED2 = P1 ^1;                                     //第2位位选
sbit LED3 = P1 ^2;                                     //第3位位选
sbit LED4 = P1 ^3;                                     //第4位位选
void Delay(unsigned int v)                             //延时子程序
{
    while(v!= 0)
        v--;
}
void main(void)                                        //主程序
{
    while(1)
    {
        LED1 = 1;LED2 = 1;LED3 = 1;LED4 = 1;Delay(10);  //消除重影
        LED = tab[5];                                  //显示数字5
        LED1 = 0;LED2 = 1;LED3 = 1;LED4 = 1;           //打开第1位数码管
        Delay(100);                                    //延时一点时间

        LED1 = 1;LED2 = 1;LED3 = 1;LED4 = 1;Delay(10);  //消除重影
        LED = tab[6];                                  //显示数字6
        LED1 = 1;LED2 = 0;LED3 = 1;LED4 = 1;           //打开第2位数码管
        Delay(100);                                    //延时一点时间

        LED1 = 1;LED2 = 1;LED3 = 1;LED4 = 1;Delay(10);  //消除重影
        LED = tab[7];                                  //显示数字7
        LED1 = 1;LED2 = 1;LED3 = 0;LED4 = 1;           //打开第3位数码管
        Delay(100);                                    //延时一点时间

        LED1 = 1;LED2 = 1;LED3 = 1;LED4 = 1;Delay(10);  //消除重影
```

```
            LED = tab[8];                                          //显示数字 8
            LED1 = 1;LED2 = 1;LED3 = 1;LED4 = 0;                   //打开第 4 位数码管
            Delay(100);                                            //延时一点时间
        }
    }
```

4. 串行数据转并行数据

从图 13.4 数码管静态显示电路可以看出，占用单片机硬件资源的 24 个 I/O 端口用于显示数据；从图 13.5 四位数码管动态显示电路可以看出，占用单片机硬件资源的 8 个 I/O 端口用于输出段码，4 个 I/O 端口用于输出位控制码，共 12 个 I/O 端口用于数码管显示数据。对于一些稍微复杂的单片机系统中 I/O 端口资源可能不够用，这时候需要使用串行数据转并行数据芯片，从而大大降低占用单片机 I/O 端口。常用串行数据转并行数据芯片有 74HC595、74LS164、CD4094 等，其中 74LS164 更多应用于单级 LED 数码管的驱动显示，特别是在电磁炉等之类的小家电产品中广泛应用；而 74HC595 则更多应用于多级 LED 点阵显示屏的驱动显示，特别是在 P10、P16 之类的 LED 点阵显示模块中广泛应用。

如图 13.6 所示是 74HC595 串行数据转并行数据三位数码管静态显示电路的典型应用原理图，只需占用单片机 I/O 端口 3 个，就可以实现三位数码管的静态显示。

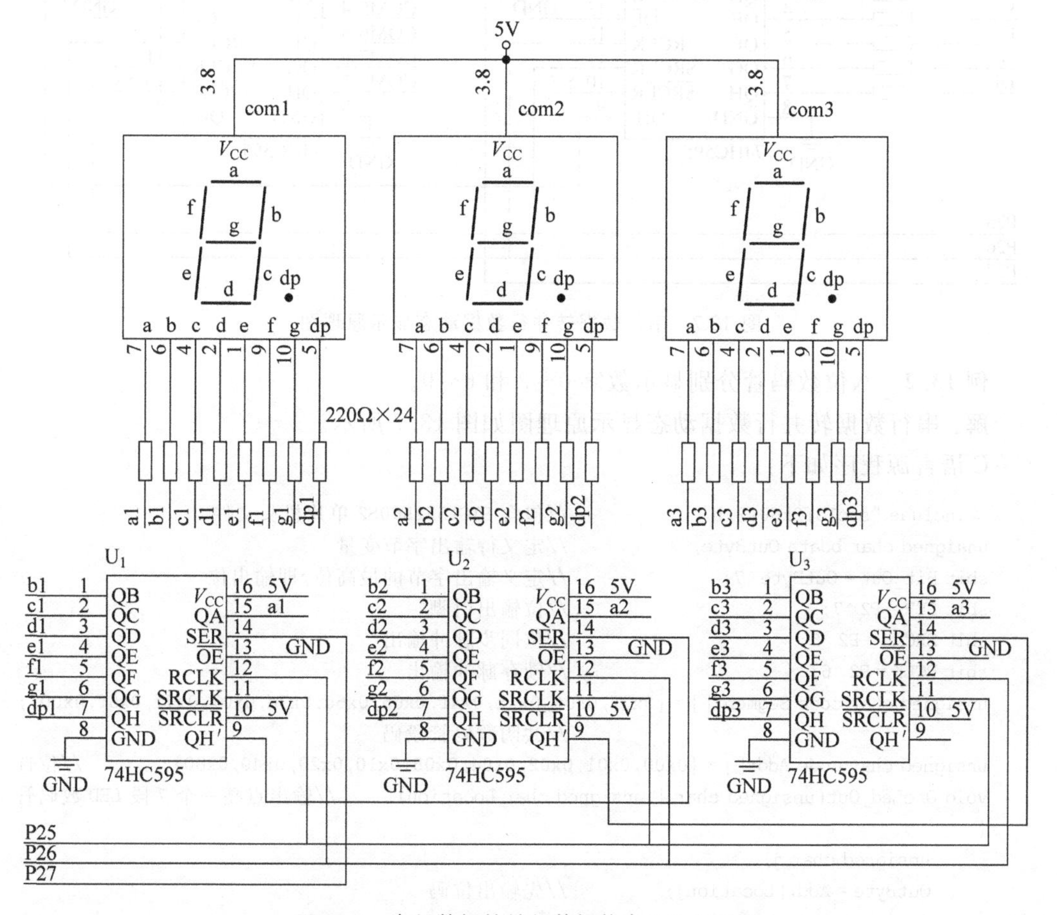

图 13.6　串行数据转并行数据静态显示原理图

如图 13.7 所示是 74HC595 串行数据转并行数据八位数码管动态显示电路的典型应用原理图，段选和位选都可以加入串行数据转并行数据芯片，这样就大大减少了占用的单片机 I/O 端口。

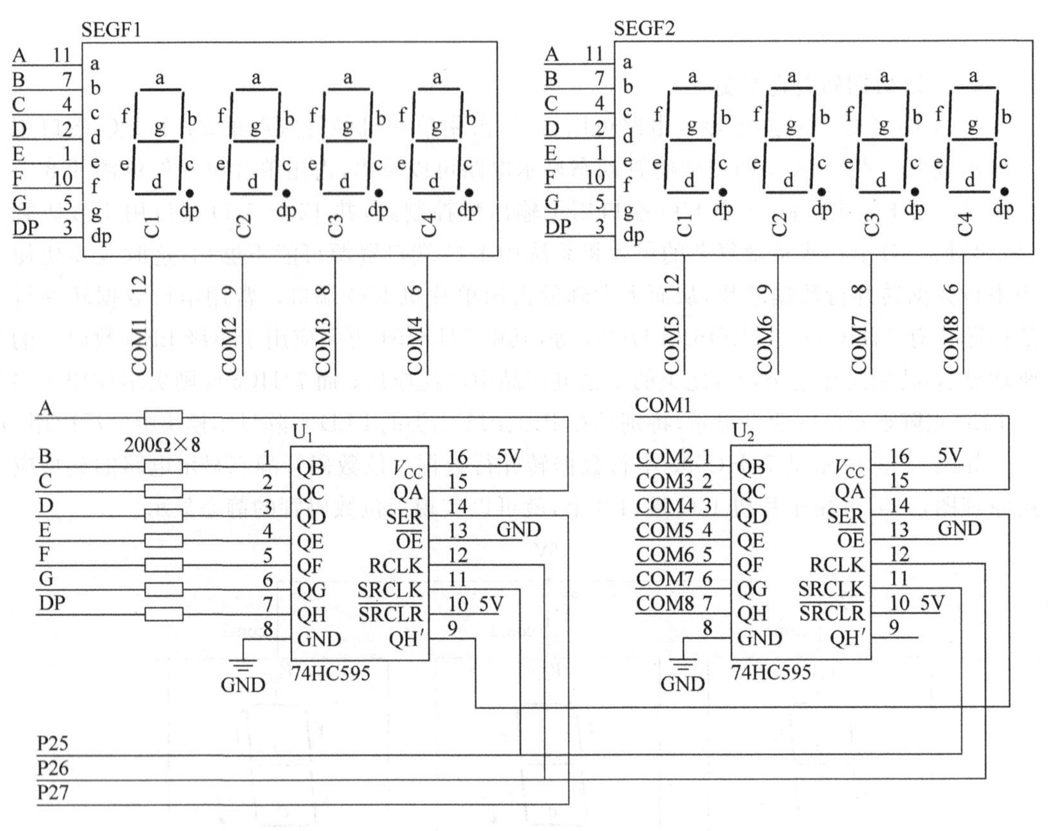

图 13.7 串行数据转并行数据动态显示原理图

例 13.2 八位数码管分别显示数字 0～3 和 6～9。

解：串行数据转并行数据动态显示原理图如图 13.7 所示。

C 语言源程序如下：

```
#include "stc15f2k60s2.h"                //包含 STC15F2K60S2 单片机头文件
unsigned char bdata OutByte;             //定义待输出字节变量
sbit Bit_Out = OutByte^7;                //定义输出字节的最高位，即输出位
sbit SER = P2^7;                         //位输出引脚
sbit SRCLK = P2^5;                       //位同步脉冲输出
sbit RCLK = P2^6;                        //锁存脉冲输出
unsigned char code Segment[] = {0x3f,0x06,0x5b,0x4f,0x66,0x6d,0x7d,0x07,0x7f,0x6f,0x00};
                                         //共阴数码管段码
unsigned char code Addr[] = {0x00,0x01,0x02,0x04,0x08,0x10,0x20,0x40,0x80};        //位选
void OneLed_Out(unsigned char i,unsigned char Location)        //输出点亮一个 7 段 LED 数码管
{
    unsigned char j;
    OutByte = Addr[Location];            //先输出位码
    for(j = 1;j <= 8;j++)
```

```
        {
            SER = Bit_Out;
            SRCLK = 0;SRCLK = 1;SRCLK = 0;  //位同步脉冲输出
            OutByte = OutByte << 1;
        }

        OutByte = ~Segment[i];              //再输出段码
        for(j = 1;j <= 8;j++)
        {
            SER = Bit_Out;
            SRCLK = 0;SRCLK = 1;SRCLK = 0;  //位同步脉冲输出
            OutByte = OutByte << 1;
        }
        RCLK = 0;RCLK = 1;RCLK = 0;         //一个锁存脉冲输出
}
void main(void)                             //主程序
{
    while(1)
    {
        OneLed_Out(0,1);                    //第 1 个参数指定要显示的数字 0~9; 第 2 个参数指
                                            //定 1~8 哪一个数码管
        OneLed_Out(1,2);
        OneLed_Out(2,3);
        OneLed_Out(3,4);
        OneLed_Out(6,5);
        OneLed_Out(7,6);
        OneLed_Out(8,7);
        OneLed_Out(9,8);
    }
}
```

静态显示和动态扫描显示、串行数据和并行数据相互组合应用，就衍生出 4 种不同的显示电路，分别是并行数据静态显示、并行数据动态扫描显示、串行数据静态显示、串行数据动态扫描显示。其中，静态显示电路在工程中实际应用比较少，而动态扫描显示是否需要串行数据转并行数据可以根据实际需求选用。

5. 数码管显示专用芯片

在实际单片机应用系统开发过程中，为了节省宝贵的单片机 I/O 端口资源，提高 CPU 的处理效率，在 LED 数码管的显示接口设计方面，特别是同时伴随有按键电路的情况下，常常使用专用的数码管显示驱动和键盘扫描专用芯片。常用的芯片有 MAX7219、TM1628、TM1638 等，下面只做简单的介绍，可以根据需要查阅相关的芯片手册，进行相关的设计应用。

MAX7219 是一种集成化的串行输入/输出共阴极显示驱动器，它可以驱动 8 位 LED 数码管显示，也可以连接条线图显示器或者 64 个独立的 LED 发光二极管。MAX7219 采用方便的四线串行接口可以连接所有通用的微处理器，其上包括一个片上的 B 型 BCD 编码器、多路扫描回路，段字驱动器，而且还有一个 8×8 的静态 RAM 用来存储每一个数

据，每个数据可以单独寻址，在更新时不需要改写所有的显示，另外还可以设置LED数码管显示的亮度。

TM1628、TM1638是一种带键盘扫描接口的LED驱动控制专用集成电路芯片，可以驱动8位LED数码管，其内部集成有CPU数字接口、数据锁存器、LED高压驱动、键盘扫描等电路，广泛应用于LED显示屏驱动，采用SOP28封装形式。

13.2.2 LCD显示接口与应用编程

1. 液晶LCD显示模块概述

液晶显示模块（LCD Module）是一种将液晶显示器件、连接件、集成电路、PCB线路板、背光源、结构件装配在一起的组件。根据显示方式和内容的不同，液晶显示模块可以分为数显笔段型液晶显示模块、点阵字符型液晶显示模块和点阵图形型液晶显示模块3种。

（1）数显笔段型液晶显示模块是一种段型液晶显示器件，通常由7段笔画在形状上组成数字“8”的结构，主要用于显示数字和一些标识符号，广泛应用于计算器、电子手表、数字万用表以及仪器仪表中。

（2）点阵字符型液晶显示模块由点阵字符液晶显示器件和专用的行列驱动器、控制器及必要的连接件、结构件装配而成，能够显示ASCII码字符，如数字、大小写字母、各种符号等，但不能显示图形，每一个字符单元显示区域由5×7点阵组成，典型产品有LCD1602和LCD2004等。

（3）点阵图形型液晶显示模块的点阵像素连续排列，行和列在排布中均没有空隔，不仅可以显示字符，而且可以显示连续、完整的图形，甚至是集成了字库，可以直接显示汉字，典型产品有LCD12864和LCD19264等。

从液晶显示模块的命名数字可以看出，通常是按照显示字符的行数或液晶点阵的行、列数来命名的，如1602是指每行可以显示16个字符，一共可以显示2行；12864是指液晶显示点阵区域是由128列、64行组成，可以控制任意一个点显示或不显示。

常用的液晶显示模块均自带背光，不开背光的时候需要自然采光才可以看清楚，开启背光则是通过背光源采光，在黑暗的环境也可以正常使用，可以根据实际需要选择使用。

内置控制器的液晶显示模块和单片机I/O端口可以直接连接，硬件电路简单，使用方便，显示信息量大，不需要占用CPU扫描时间，在实际产品中得到广泛的应用。

本节主要介绍LCD1602和LCD12864两种典型的液晶显示模块，详细分析并行数据操作方式和串行数据操作方式。目前常用的1602和12864都可以工作于并行或串行数据方式，但实际应用中1602液晶显示模块以并行数据操作方式居多，而12864则两种方式都得到广泛应用。

2. 常用点阵字符型液晶显示模块LCD1602操作实例

点阵字符型液晶显示模块LCD1602是由32个5×7点阵块组成的字符块集，每一个字符块是一个字符位，每一位显示一个字符，字符位之间空有一个点距的间隔，起到字符间距和行距的作用，其内部集成了日立公司的控制器HD44780U或与其兼容的替代品。

(1) LCD1602 特性概述

① 采用＋5V 供电，对比度可调整，背光灯可控制。

② 内藏振荡电路，系统内含重置电路。

③ 提供各种控制指令，如复位显示器、字符闪烁、光标闪烁、显示移位多种功能。

④ 显示用数据 RAM 共有 80 个字节。

⑤ 字符产生器 ROM 共有 160 个 5×7 点矩阵字形。

⑥ 字符产生器 RAM 可由用户自行定义 8 个 5×7 点矩阵字形。

(2) LCD1602 引脚说明及应用电路

图 13.8 所示为 LCD1602 的实物图。1602 硬件接口采用标准的 16 引脚单列直插封装 SIP16。图 13.9 所示为 LCD1602 的引脚图及应用电路。

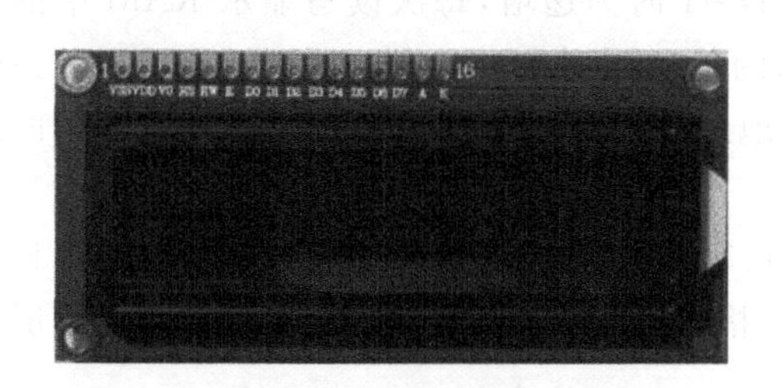

图 13.8　LCD1602 实物图

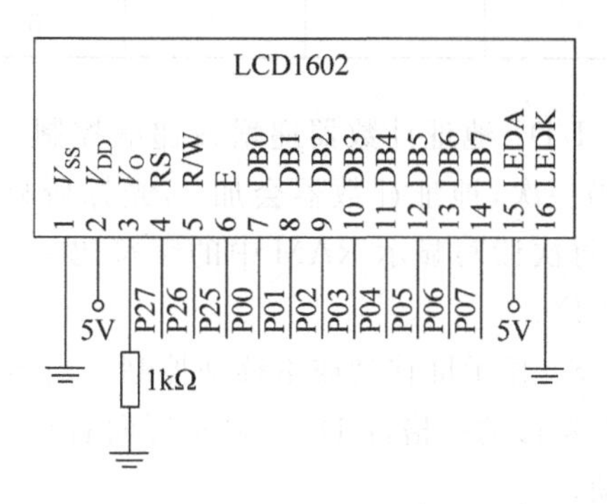

图 13.9　LCD1602 引脚及应用电路图

① 第 1 引脚 V_{SS}：电源负极。

② 第 2 引脚 V_{DD}：电源正极。

③ 第 3 引脚 V_O：液晶显示对比度调节端，一般接 10kΩ 的电位器调整对比度，或接一合适固定电阻固定对比度。

④ 第 4 引脚 RS：数据/命令选择端，RS＝0，读/写命令；RS＝1，读/写数据。RS 可接单片机 I/O 任意端口。

⑤ 第 5 引脚 R/W：读/写选择端，R/W＝0，写入操作；R/W＝1，读取操作。R/W 可接单片机 I/O 任意端口。

⑥ 第 6 引脚 E：使能信号控制端 Enable，高电平有效。E 可接单片机 I/O 任意端口。

⑦ 第 7～14 引脚 DB0～DB7：数据输入/输出引脚。一般接单片机 P0 端口，也可以接 P1、P2、P3 端口，由于 1602 模块内部自带上拉电阻，实际硬件电路设计时可以不加上拉电阻。

⑧ 第 15 引脚 LEDA：背光灯电源正极。

⑨ 第 16 引脚 LEDK：背光灯电源负极。

(3) LCD1602 控制方式及指令

以 CPU 来控制 LCD 器件，其内部可以看成两组寄存器，一个为指令寄存器，另一个为数据寄存器，由 RS 引脚来控制。所有对命令寄存器或数据寄存器的存取均需要检查 LCD 内部的忙碌标志(Busy Flag)。此标志用来告知 LCD 内部正在工作，并不允许接受任何控制指令。对于这一位的检查,可以令 RS=0 时,读取位 7 来判断。当此位为 0 时,才可以写入命令或数据。1602 液晶模块内部的控制器共有 11 条控制指令。

① 复位显示器。指令码为 0x01,将 LCD 的 DDRAM 数据全部填入空白码 20H。执行此指令,将清除显示器的内容,同时光标移到左上角。

② 光标归位设置。指令码为 0x02,地址计数器被清 0,DDRAM 数据不变,光标移到左上角。

③ 设置字符进入模式。指令格式如表 13.4 所示。

表 13.4 设置字符进入模式指令格式

DB7	DB6	DB5	DB4	DB3	DB2	DB1	DB0
0	0	0	0	0	0	I/D	S

I/D: 地址计数器递增或递减控制。I/D=1 时为递增,每次读写显示 RAM 中的字符码一次,地址计数器会加 1,光标所显示的位置同时右移 1 位; 同理,I/D=0 时为递减,每次读写显示 RAM 中的字符码一次,地址计数器会减 1,光标所显示的位置同时左移 1 位。

S: 显示屏移动或不移动控制。当 S=1,写入一个字符到 DDRAM 时,I/D=1 显示屏向左移动一格,I/D=0 显示屏向右移动一格,而光标位置不变; 当 S=0 时,显示屏不移动。

④ 显示器开关。指令格式如表 13.5 所示。

表 13.5 显示指令格式

DB7	DB6	DB5	DB4	DB3	DB2	DB1	DB0
0	0	0	0	1	D	C	B

D: 显示屏打开或开关控制位。D=1 时,显示屏打开; D=0 时,显示屏关闭。

C: 光标出现控制位。C=1,光标出现在地址计数器所指的位置; C=0,光标不出现。

B: 光标闪烁控制位。B=1,光标出现后会闪烁; B=0,光标不闪烁。

⑤ 显示光标移位。指令格式如表 13.6 所示。

表 13.6 显示光标移位指令格式

DB7	DB6	DB5	DB4	DB3	DB2	DB1	DB0
0	0	0	1	S/C	R/L	*	*

表 13.6 中“*”表示“0”或者“1”都可以(下同),具体操作如表 13.7 所示。

⑥ 功能置位。指令格式如表 13.8 所示。

DL: 数据长度选择位。DL=1,8 位数据传输; DL=0,4 位数据传输,使用 D7~D4 各位,分 2 次送入一个完整的字符数据。

表 13.7 显示光标移位操作控制

S/C	R/L	操　作
0	0	光标向左移,即 10H
0	1	光标向右移,即 14H
1	0	字符和光标向左移,即 18H
1	1	字符和光标向右移,即 8CH

表 13.8 功能置位指令格式

DB7	DB6	DB5	DB4	DB3	DB2	DB1	DB0
0	0	1	DL	N	F	*	*

N：显示屏为单行或双行选择。N=1,双行显示；N=0,单行显示。

F：大小字符显示选择。F=1,为 5×10 点矩阵,字会大些；F=0,为 5×7 点矩阵字形。

一般情况下常用设置为 8 位数据接口,16×2 双行显示,5×7 点阵,则初始化数据为 0011 1000B,即 38H。

⑦ CGRAM 地址设置。指令格式如表 13.9 所示。设置 CGRAM 为 6 位的地址值,便可对 CGRAM 读/写数据。

表 13.9 CGRAM 地址设置指令格式

DB7	DB6	DB5	DB4	DB3	DB2	DB1	DB0
0	1	A5	A4	A3	A2	A1	A0

⑧ DDRAM 地址设置。指令格式如表 13.10 所示。设置 DDRAM 为 7 位的地址值,便可对 DDRAM 读/写数据。

表 13.10 DDRAM 地址设置指令格式

DB7	DB6	DB5	DB4	DB3	DB2	DB1	DB0
1	A6	A5	A4	A3	A2	A1	A0

⑨ 忙碌标志读取。指令格式如表 13.11 所示。

表 13.11 忙碌标志读取指令格式

DB7	DB6	DB5	DB4	DB3	DB2	DB1	DB0
BF	A6	A5	A4	A3	A2	A1	A0

LCD 的忙碌标志 BF 用于指示 LCD 目前的工作情况。当 BF=1 时,表示正在做内部数据处理,不接受外界送来的指令或数据；当 BF=0 时,表示已准备接受命令或数据。

当程序读取一次数据的内容时,位 7 表示忙碌标志,另外 7 位的地址表示 CGRAM 或 DDRAM 中的地址,至于指向哪一个地址,以最后写入的地址设置指令而定。

⑩ 数据到 CGRAM 或 DDRAM 中时，先设置 CGRAM 或 DDRAM 地址，再写数据。

⑪ 从 CGRAM 或 DDRAM 中读取数据时，先设置 CGRAM 或 DDRAM 地址，再读取数据。

(4) LCD1602 的 RAM 地址映射

液晶显示模块的操作需要一定的时间，所以在执行每条指令之前，一定要确认模块的忙标志为低电平，表示不忙，否则此指令无效。要显示字符时，需要先指定要显示字符的地址，即告诉模块显示字符的位置，然后再指定具体的显示字符内容，如图 13.10 所示是 LCD1602 的内部显示地址。

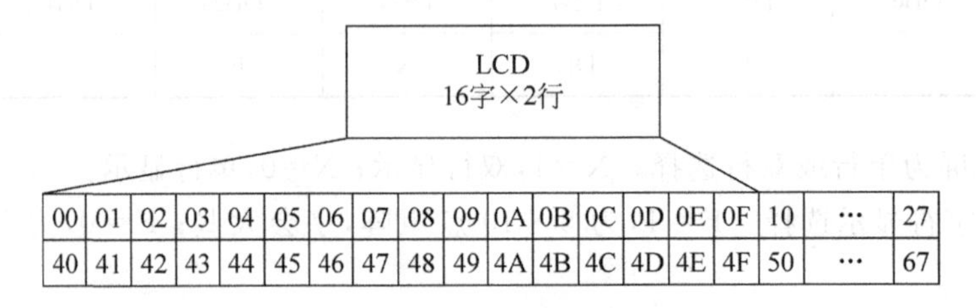

图 13.10 LCD1602 内部显示地址

由于写入显示地址时，要求最高位 D7 恒定为高电平"1"，所以实际写入的显示地址数据如表 13.12 所示。

表 13.12 **LCD1602 实际显示地址**

80	81	82	83	84	85	86	87	88	89	8A	8B	8C	8D	8E	8F
C0	C1	C2	C3	C4	C5	C6	C7	C8	C9	CA	CB	CC	CD	CE	CF

在对液晶显示模块的初始化中，要先设置显示模式。在液晶模块显示字符时，光标是自动右移的，无须人工干预。每次输入指令前，都要判断液晶模块是否处于忙的状态。

(5) LCD1602 的读/写时序图

LCD 的读/写时序是有严格要求的，实际应用中，由单片机控制液晶的读/写时序，对其进行相应的显示操作。LCD1602 的写操作时序图如图 13.11 所示。

由 LCD1602 的写操作时序图可知 1602 的写操作流程如下：

① 通过 RS 确定是写数据还是写命令。写命令包括使液晶的光标显示/不显示、光标闪烁/不闪烁、需要/不需要移屏、指定显示位置等；写数据是指定显示内容。

② 读/写控制端设置为低电平，写模式。

③ 将数据或命令送到数据线上。

④ 给 E 一个高脉冲将数据送入液晶控制器，完成写操作。

LCD1602 的读操作时序图如图 13.12 所示。

由 LCD1602 的读操作时序图可知 1602 的读操作流程如下：

① 通过 RS 确定是读取忙碌标志及地址计数器内容，还是读取数据寄存器。

② 读/写控制端设置为高电平，读模式。

③ 忙碌标志或数据送到数据线上。

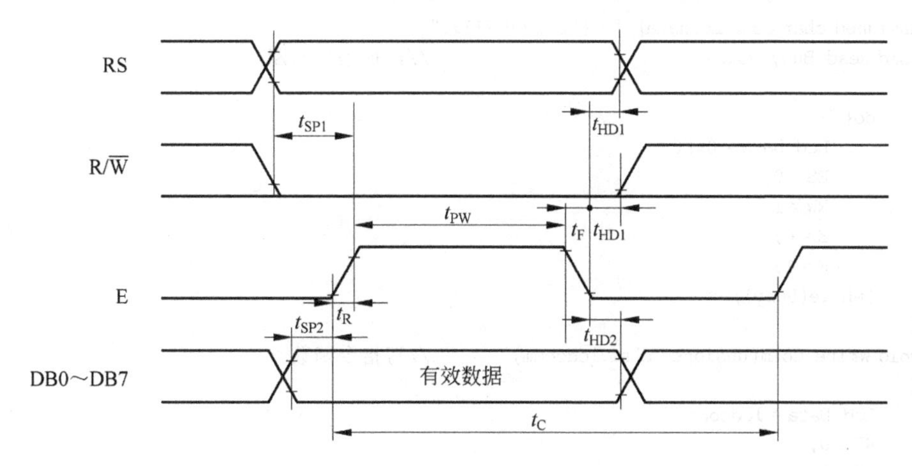

图 13.11 LCD1602 写操作时序图

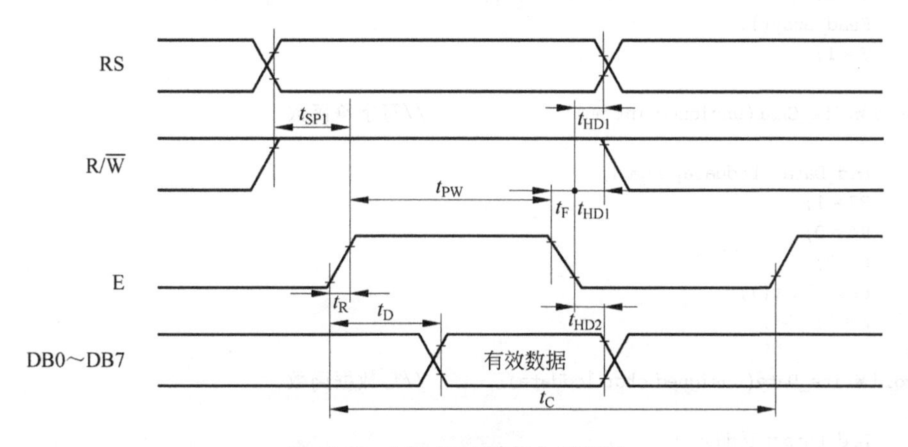

图 13.12 LCD1602 读操作时序图

④ 给 E 一个高脉冲将数据送入单片机，完成读操作。

(6) LCD1602 的软件程序设计应用

例 13.3 LCD1602 硬件电路连接如图 13.9 所示，在指定位置显示数据，该数据需要进行运算得到个位、十位、百位分别显示；在指定位置显示 ASCII 字符；在指定位置显示数字。

解：指定显示位置使用 Write_Comm()语句，位置数据如表 13.12 所示；显示运算得到的数据使用 Write_Char()语句；显示 ASCII 字符使用 Write_Data(' ')语句；显示数字使用 Write_Char()和 Write_Data(' ')语句都可以。

C 语言源程序如下：

```
#include "stc15f2k60s2.h"              //包含 STC15F2K60S2 单片机头文件
sbit RS = P2^7;                        //定义 1602 的 RS
sbit RW = P2^6;                        //定义 1602 的 RW
sbit E = P2^5;                         //定义 1602 的 E
#define Lcd_Data P0                    //定义 1602 数据端口
sbit Busy = Lcd_Data^7;                //定义忙标志
```

```
unsigned char code Lcddata[ ] = {"0123456789:"};
void Read_Busy(void)                          //读忙信号判断
{
    do{
        Lcd_Data = 0xff;
        RS = 0;
        RW = 1;
        E = 0;
        E = 1;
    }while(Busy);
}
void Write_Comm(unsigned char lcdcomm)        //写指令函数
{
    Lcd_Data = lcdcomm;
    RS = 0;
    RW = 0;
    E = 0;
    Read_Busy();
    E = 1;
}
void Write_Char(unsigned int num)             //写字符函数
{
    Lcd_Data = Lcddata[ num ];
    RS = 1;
    RW = 0;
    E = 0;
    Read_Busy();
    E = 1;
}
void Write_Data(unsigned char lcddata)        //写数据函数
{
    Lcd_Data = lcddata;
    RS = 1;
    RW = 0;
    E = 0;
    Read_Busy();
    E = 1;
}
void Init_LCD(void)                           //初始化 LCD
{
    Write_Comm(0x01);                         //清除显示
    Write_Comm(0x38);                         //8 位 2 行 5 * 7
    Write_Comm(0x06);                         //文字不动,光标右移
    Write_Comm(0x0c);                         //显示开/关,光标开闪烁开
}
void main(void)                               //主函数
{
    unsigned int i = 315;                     //定义变量 i 初始值 315
    Init_LCD();                               //初始化 1602
    while(1)
    {
        Write_Comm(0x80);                     //指定显示位置
        Write_Char(i/100);                    //显示 i 百位
```

```
        Write_Char(i % 100/10);            //显示 i 十位
        Write_Char(i % 100 % 10);          //显示 i 个位
        Write_Comm(0xC0);                  //指定显示位置
        Write_Data('S');                   //指定显示数据 STC15F2K60S2
        Write_Data('T');
        Write_Data('C');
        Write_Comm(0xC4);                  //指定显示位置
        Write_Data('1');
        Write_Data('5');
        Write_Data('F');
        Write_Data('2');
        Write_Data('K');
        Write_Char(6);
        Write_Char(0);
        Write_Data('S');
        Write_Char(2);
    }
}
```

3. 常用点阵图形型液晶显示模块 LCD12864 操作实例

点阵图形型液晶显示模块一般简称为图形 LCD 或点阵 LCD，分为含中文字库与不包含中文字库两种；在数据接口上又分为并行接口(8 位或 4 位)和串行接口两种。本节以含中文字库 LCD12864 为例，介绍图形 LCD 的应用。虽然不同厂家生产的 12864 并不一定完全一样，但具体应用都大同小异，以厂家配套的技术文档为依据。

(1) LCD12864 特性概述

内部包含 GB2312 中文字库的点阵图形显示模块 12864，控制器芯片型号是 ST7920，具有 128×64 点阵，能够显示 4 行，每行 8 个汉字，每个汉字是 16×16 点阵。为了便于简单显示汉字，该模块具有 2MB 的中文字形 CGROM，其中含有 8192 个 16×16 点阵中文字库；为了便于显示汉字拼音、英文和其他常用字符，具有 16KB 的 16×8 点阵的 ASCII 字符库；为了便于构造用户图形，提供了一个 64×256 点阵的 GDRAM 绘图区域；为了便于用户自定义字形，提供了 4 组 16×16 点阵的造字空间。所以 12864 能够实现汉字、ASCII 码、点阵图形、自定义字形的同屏显示。

LCD12864 的工作电压为 5V 或 3.3V，具有睡眠、正常及低功耗工作模式，可满足系统各种工作电压及电池供电的便携仪器低功耗的要求。LCD12864 具有 LED 背光灯显示功能，外观尺寸为 93mm×70mm，具有硬件接口电路简单、操作指令丰富和软件编程应用简便等优点，可构成全中文人机交互图形操作界面，在实际应用中广泛使用。

(2) LCD12864 引脚说明及应用电路

图 13.13 所示为 LCD12864 的实物图。LCD12864 硬件接口采用标准的 20 引脚单列直插封装 SIP20。图 13.14 所示为 LCD12864 的引脚图及并行数据应用电路原理图。

图 13.13 LCD12864 的实物图

LCD12864 的引脚定义及硬件电路接口应用说

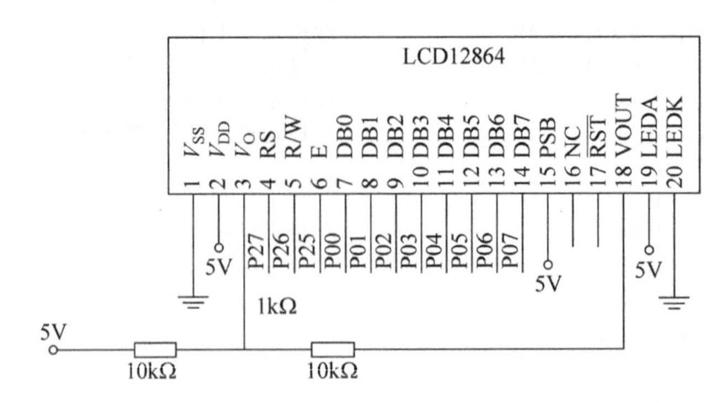

图 13.14　LCD12864 引脚图及并行数据应用电路图

明如下：

① 第 1 引脚 V_{SS}：电源负极。

② 第 2 引脚 V_{DD}：电源正极。

③ 第 3 引脚 V_O：空脚或对比度调节电压输入端，一般悬空，或接 10kΩ 的电位器调整对比度，或接合适固定电阻固定对比度。

④ 第 4 引脚 RS(CS)：数据/命令选择端，RS=0，读/写命令；RS=1，读/写数据。串行数据时为 CS，模块的片选端，高电平有效。RS 可接单片机 I/O 任意端口，或者串行数据时 CS 直接接高电平。

⑤ 第 5 引脚 R/W(STD)：读/写选择端，R/W=0，写入操作；R/W=1，读取操作。串行数据时为 STD，串行传输的数据端。R/W(STD)可接单片机 I/O 任意端口。

⑥ 第 6 引脚 E(SCLK)：使能信号控制端 Enable，高电平有效。串行数据时为 SCLK，串行传输的时钟输入端。E(SCLK)可接单片机 I/O 任意端口。

⑦ 第 7～14 引脚 DB0～DB7：三态数据输入/输出引脚。一般接单片机 P0 端口，也可以接 P1、P2、P3 端口，由于 12864 模块内部自带上拉电阻，实际硬件电路设计时可以不加上拉电阻。串行数据时留空即可。

⑧ 第 15 引脚 PSB：PSB=1 并行数据模式；PSB=0 串行数据模式。

⑨ 第 16 引脚 NC：空脚。

⑩ 第 17 引脚 $\overline{RST}$：复位端，低电平有效。模块内部接有上电复位电路，在不需要经常复位的一般电路设计中，直接悬空即可。

⑪ 第 18 引脚 VOUT：空引脚或驱动电源电压输出端。

⑫ 第 19 引脚 LEDA：背光灯电源正极。

⑬ 第 20 引脚 LEDK：背光灯电源负极。

(3) LCD12864 编程控制指令

模块控制芯片提供两套编程控制命令。当 RE=0 时，基本编程指令如表 13.13 所示；当 RE=1 时，扩展编程指令如表 13.14 所示。

当 LCD12864 在接收指令前，单片机必须先确认模块内部处于非忙碌状态，即读取 BF 标志时，BF 为 0，方可接收新的指令或数据；如果在送出一个指令前不检查 BF 标志，在前一个指令和当前指令中间必须延时一段较长的时间，等待前一个指令确实执行完成。

表 13.13 基本编程指令表(RE=0)

指令名称	引脚控制		指令码								功能说明
	RS	RW	D7	D6	D5	D4	D3	D2	D1	D0	
清除显示	0	0	0	0	0	0	0	0	0	1	将DDRAM填满20H,并且设定DDRAM的地址计数器(AC)为00H
地址归位	0	0	0	0	0	0	0	0	1	X	设定DDRAM的地址计数器(AC)为00H,并且将游标移到开头原点位置;这个指令不改变DDRAM的内容
显示状态开/关	0	0	0	0	0	0	1	D	C	B	D=1,整体显示ON C=1,游标ON B=1,游标位置反白允许
进入模式设定	0	0	0	0	0	0	0	1	I/D	S	指定在数据的读取与写入时,设定游标的移动方向及指定显示的移位
游标或显示移位控制	0	0	0	0	0	1	S/C	R/L	X	X	设定游标的移动与显示的移位控制位;这个指令不改变DDRAM的内容
功能设置	0	0	0	0	1	DL	X	RE	X	X	DL=0/1:4/8位数据 RE=1:扩充指令操作 RE=0:基本指令操作
设置CGRAM地址	0	0	0	1	AC5	AC4	AC3	AC2	AC1	AC0	设定CGRAM地址
设置DDRAM地址	0	0	1	0	AC5	AC4	AC3	AC2	AC1	AC0	设定DDRAM地址(显示位置)
读取忙标志和地址	0	1	BF	AC6	AC5	AC4	AC3	AC2	AC1	AC0	读取忙标志(BF)可以确认内部动作是否完成,同时读出地址计数器(AC)的值
写数据到RAM	1	0	D7	D6	D5	D4	D3	D2	D1	D0	将数据D7~D0写入内部的RAM(DDRAM/CGRAM/IRAM/GRAM)
读出RAM的值	1	1	D7	D6	D5	D4	D3	D2	D1	D0	从内部RAM读取数据D7~D0(DDRAM/CGRAM/IRAM/GRAM)

表 13.14 扩展编程指令表(RE=1)

指令名称	引脚控制		指令码								功能说明
	RS	RW	D7	D6	D5	D4	D3	D2	D1	D0	
待命模式	0	0	0	0	0	0	0	0	0	1	进入待命模式,执行其他指令都将终止待命模式
卷动地址或IRAM地址选择	0	0	0	0	0	0	0	0	1	SR	SR=1:允许输入垂直卷动地址 SR=0:允许输入IRAM地址

续表

指令名称	引脚控制		指令码								功能说明
	RS	RW	D7	D6	D5	D4	D3	D2	D1	D0	
反白选择	0	0	0	0	0	0	0	1	R1	R0	选择4行中的任一行作反白显示,可循环设置反白与否
睡眠模式	0	0	0	0	0	0	1	SL	X	X	SL=0:进入睡眠模式 SL=1:脱离睡眠模式
扩充功能设定	0	0	0	0	1	CL	X	RE	G	0	CL=0/1:4/8位数据 RE=1:扩充指令操作 RE=0:基本指令操作 G=1:绘图显示 ON G=0:绘图显示 OFF
设定 IRAM 地址或卷动地址	0	0	0	1	AC5	AC4	AC3	AC2	AC1	AC0	SR=1:AC5~AC0 为垂直卷动地址 SR=0:AC3~AC0 为 ICON IRAM 地址
设定绘图 RAM 地址	0	0	1	AC6	AC5	AC4	AC3	AC2	AC1	AC0	设定 CGRAM 地址到地址计数器(AC)

(4) LCD12864 字符显示

带中文字库的 LCD12864 每屏可显示 4 行 8 列共 32 个 16×16 点阵的汉字,每个显示 RAM 可显示 1 个中文字符或 2 个 16×8 点阵全高 ASCII 码字符,即每屏最多可同时实现 32 个中文字符或 64 个 ASCII 码字符的显示。带中文字库的 LCD12864 内部提供 128×2 字节的字符显示 RAM 缓冲区(DDRAM)。字符显示是通过将字符显示编码写入该字符显示 RAM 实现的。

根据写入编码的不同,可分别在液晶屏上显示 CGROM(中文字库)、HCGROM(ASCII 码字库)及 CGRAM(自定义字形)的内容。

① 显示半宽字形(ASCII 码字符)。将 8 位字元数据写入 DDRAM,字符编码范围为 02H~7FH。

② 显示 CGRAM 字形。将 16 位字元数据写入 DDRAM,字符编码范围为 0000~0006H(实际上只有 0000H、0002H、0004H、0006H,共 4 个)。

③ 显示中文字形。将 16 位字元数据写入 DDRAM,字符编码范围为 A1A0H~F7FFH(GB2313 中文字库字形编码)。

字符显示 RAM(DDRAM),在液晶模块中的地址为 80H~9FH。字符显示 RAM 的地址与 32 个字符显示区域有着一一对应的关系,如表 13.15 所示。

表 13.15 字符显示 RAM 的地址与 32 个字符显示区域的对应关系表

<table>
<tr><td colspan="2">80H</td><td colspan="2">81H</td><td colspan="2">82H</td><td colspan="2">83H</td><td colspan="2">84H</td><td colspan="2">85H</td><td colspan="2">86H</td><td colspan="2">87H</td></tr>
<tr><td colspan="2">90H</td><td colspan="2">91H</td><td colspan="2">92H</td><td colspan="2">93H</td><td colspan="2">94H</td><td colspan="2">95H</td><td colspan="2">96H</td><td colspan="2">97H</td></tr>
<tr><td colspan="2">88H</td><td colspan="2">89H</td><td colspan="2">8AH</td><td colspan="2">8BH</td><td colspan="2">8CH</td><td colspan="2">8DH</td><td colspan="2">8EH</td><td colspan="2">8FH</td></tr>
<tr><td colspan="2">98H</td><td colspan="2">99H</td><td colspan="2">9AH</td><td colspan="2">9BH</td><td colspan="2">9CH</td><td colspan="2">9DH</td><td colspan="2">9EH</td><td colspan="2">9FH</td></tr>
<tr><td>H</td><td>L</td><td>H</td><td>L</td><td>H</td><td>L</td><td>H</td><td>L</td><td>H</td><td>L</td><td>H</td><td>L</td><td>H</td><td>L</td><td>H</td><td>L</td></tr>
</table>

在实际应用 LCD12864 时，需要特别注意，每个显示地址包括两个单元，当字符编码为 2 个字节时，应先写入高位字节，再写入低位字节，中文字符编码的第一个字节只能出现在高位字节(H)位置，否则会出现乱码。显示中文字符时，应先设定显示字符的位置，即先设定显示地址，再写入中文字符编码。而显示 ASCII 字符的过程与显示中文字符的过程相同，不过在显示连续字符时，只需设定一次显示地址，由模块自动对地址加 1 并指向下一个字符位置，否则，显示的字符中将会有一个空 ASCII 字符位置。

(5) LCD12864 图形显示

先连续写入垂直(AC6～AC0)与水平(AC3～AC0)地址坐标值，再写入两个 8 位元的资料到绘图 RAM，此时水平坐标地址计数器(AC)会自动加 1。GDRAM 的坐标地址与资料排列顺序如图 13.15 所示。

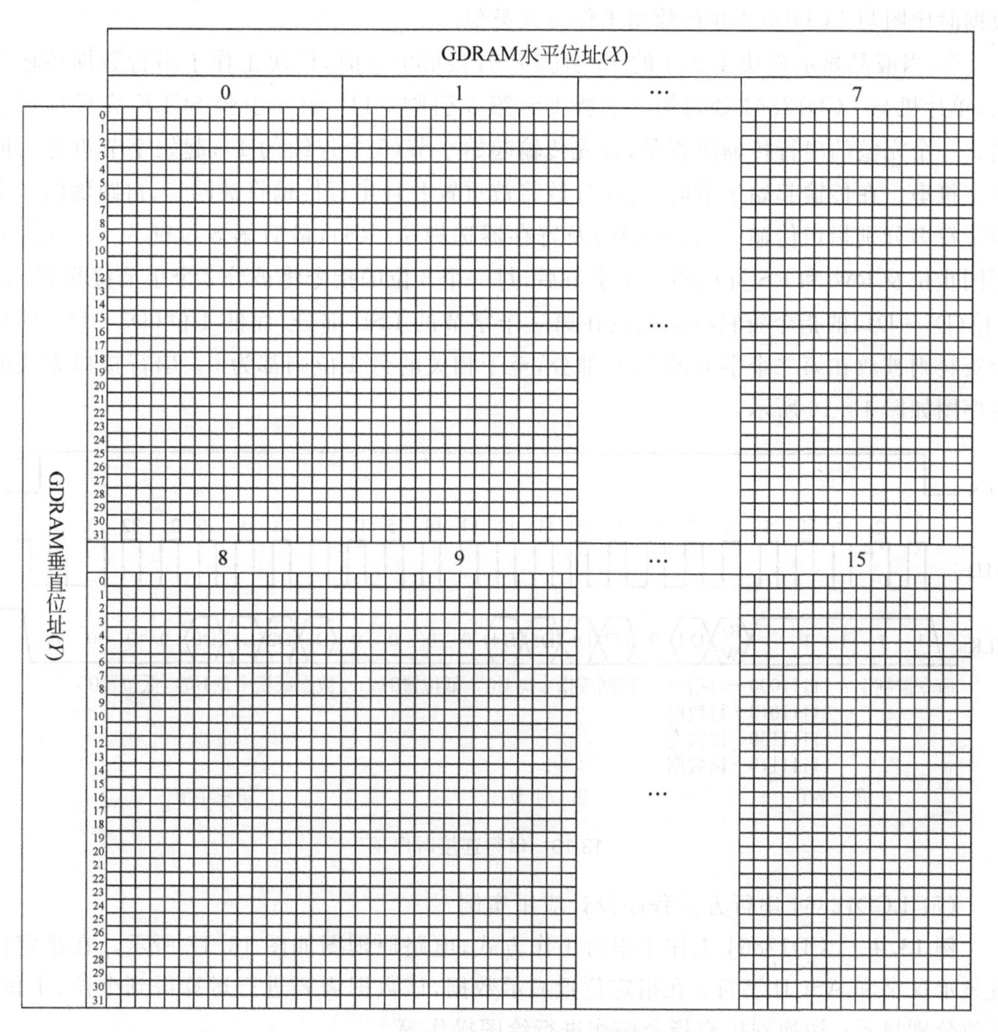

图 13.15　GDRAM 的坐标地址与资料排列顺序

图形显示整个写入绘图 RAM 的操作步骤如下：

① 写入绘图 RAM 之前，先进入扩充指令操作。

② 垂直坐标(Y)写入绘图 RAM 地址。

③ 水平坐标(X)写入绘图 RAM 地址。

④ 返回基本指令操作。

⑤ 位元数据的 DB15～DB8 写入绘图 RAM 中。

⑥ 位元数据的 DB7～DB0 写入绘图 RAM 中。

(6) LCD12864 接口时序图

① 当液晶显示模块 12864 的 15 引脚 PSB 接高电平时，模块工作于并行数据传输模式，单片机与 LCD12864 通过第 4 引脚 RS、第 5 引脚 RW、第 6 引脚 E、第 7～14 引脚 DB0～DB7 完成数据传输。并行工作方式时，单片机写数据到模块和单片机从模块读取数据时序图与 LCD1602 并行数据工作方式类似。

② 当液晶显示模块 12864 的 15 引脚 PSB 接低电平时，模块工作于串行数据传输模式，单片机与 LCD12864 通过第 4 引脚 CS、第 5 引脚 STD、第 6 引脚 SCLK 完成信息传输。一个完整的串行传输流程是，首先传输起始字节(5 个连续的 1)，起始字节也称为同步字符串。在传输起始字节时，传输计数将被重置并且串行传输将被同步，再跟随的 2 个位字符串分别指定传输方向位(RW)及寄存器选择位(RS)，最后第 8 位则为 0。在接收到同步位及 RW 和 RS 资料的起始字节后，每一个 8 位的指令将被分 2 个字节接收到：高 4 位(D7～D4)的指令资料将会被放在第一个字节的 LSB 部分，而低 4 位(D3～D0)的指令资料则被放在第二个字节的 LSB 部分，至于相关的另 4 位则都为 0。串行接口方式的时序图如图 13.16 所示。

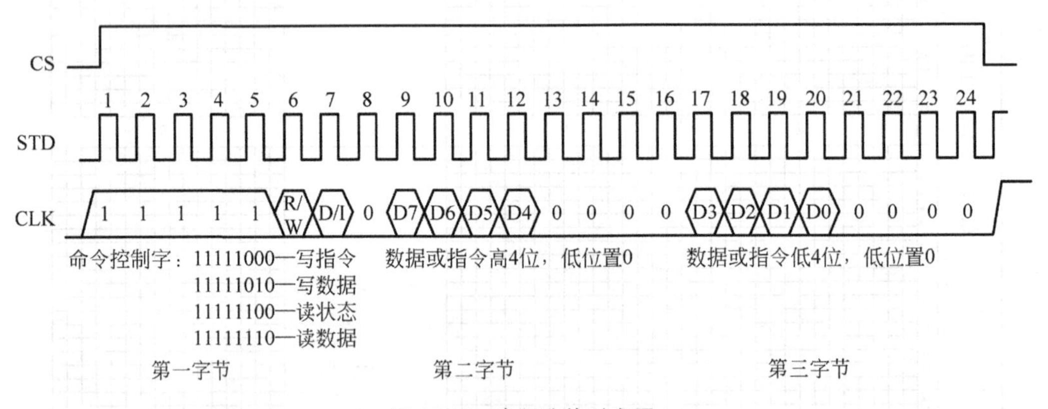

图 13.16 串行连接时序图

(7) LCD12864 串行方式程序设计应用实例

例 13.4 LCD12864 工作于串行工作方式，电路原理图如图 13.17 所示。在指定位置显示汉字和 ASCII 字符；在指定位置显示数据，该数据需要进行运算得到个位、十位、百位分别显示；切换到扩充指令操作进行绘图操作等。

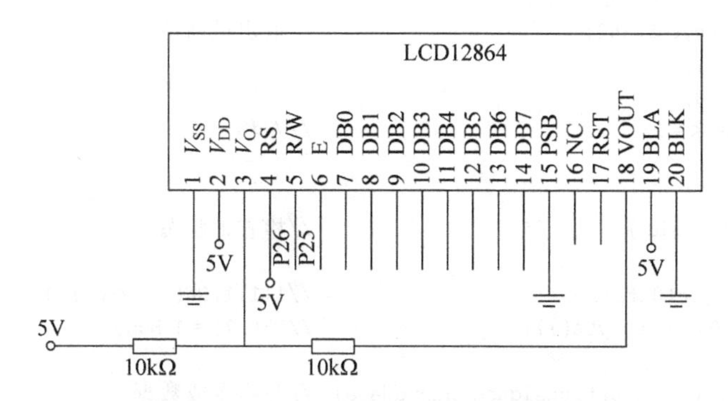

图 13.17 LCD12864 串行方式电路原理图

解：C 语言源程序如下。

```
#include "stc15f2k60s2.h"                    //包含 STC15F2K60S2 单片机头文件
sbit STD  = P2^6;                            //数据引脚定义
sbit SCLK = P2^5;                            //时钟引脚定义
delayms(unsigned int t)                      //延时
{
    unsigned int i,j;
    for(i = 0;i < t;i++)
    for(j = 0;j < 120;j++);
}
unsigned char lcm_r_byte(void)               //接收一个字节
{
    unsigned char i,temp1,temp2;
        temp1 = 0;
        temp2 = 0;
        for(i = 0;i < 8;i++)
        {
            temp1 = temp1 << 1;
            SCLK = 0;
            SCLK = 1;
            SCLK = 0;
            if(STD) temp1++;
        }
        for(i = 0;i < 8;i++)
        {
            temp2 = temp2 << 1;
            SCLK = 0;
            SCLK = 1;
            SCLK = 0;
            if(STD) temp2++;
        }
        return ((0xf0&temp1) + (0x0f&temp2));
}
void lcm_w_byte(unsigned char bbyte)         //发送一个字节
{
    unsigned char i;
    for(i = 0;i < 8;i++)
    {
```

```
            STD = bbyte&0x80;                          //取出最高位
            SCLK = 1;
            SCLK = 0;
            bbyte <<= 1;                               //左移
        }
}
void CheckBusy( void )                                 //检查忙状态
{
    do lcm_w_byte(0xfc);                               //11111,RW(1),RS(0),0
    while(0x80&lcm_r_byte());                          //BF(.7) = 1 Busy
}
void lcm_w_test(bit start,unsigned char ddata)         //写指令或数据
{
    unsigned char start_data,Hdata,Ldata;
    if(start == 0)start_data = 0xf8;                   //0 写指令
    else start_data = 0xfa;                            //1 写数据

    Hdata = ddata&0xf0;                                //取高四位
    Ldata = (ddata << 4)&0xf0;                         //取低四位
    lcm_w_byte(start_data);                            //发送起始信号
    lcm_w_byte(Hdata);                                 //发送高四位
    lcm_w_byte(Ldata);                                 //发送低四位
    CheckBusy( );                                      //检查忙标志
}
void lcm_w_char(unsigned char num)                     //向 12864 发送一个数字
{
    lcm_w_test(1,num + 0x30);
}
void lcm_w_word(unsigned char * str)                   //向 12864 发送一个字符串,长度 64 字符之内
{
    while( * str != '\0')
    {
        lcm_w_test(1, * str++);
    }
    * str = 0;
}
void lat_disp (unsigned char data1,unsigned char data2)
{
     unsigned char i,j,k,x,y;
     x = 0x80;y = 0x80;                                //上半屏显示
     for(k = 0;k < 2;k++)
     {
       for(j = 0;j < 16;j++)
       {
         for(i = 0;i < 8;i++)
         {
              lcm_w_test(0,0x36);                      //扩充指令操作
              lcm_w_test(0,y + j * 2);                 //垂直坐标(Y)写入绘图 RAM 地址
              lcm_w_test(0,x + i);                     //水平坐标(X)写入绘图 RAM 地址
              lcm_w_test(0,0x30);                      //基本指令操作
              lcm_w_test(1,data1);                     //位元数据的 DB15~DB8 写入绘图 RAM
              lcm_w_test(1,data1);                     //位元数据的 DB7~DB0 写入绘图 RAM
         }
```

```
            for(i = 0;i < 8;i++)
            {
                lcm_w_test(0,0x36);                  //扩充指令操作
                lcm_w_test(0,y + j * 2 + 1);         //垂直坐标(Y)写入绘图 RAM 地址
                lcm_w_test(0,x + i);                 //水平坐标(X)写入绘图 RAM 地址
                lcm_w_test(0,0x30);                  //基本指令操作
                lcm_w_test(1,data2);                 //位元数据的 DB15～DB8 写入绘图 RAM
                lcm_w_test(1,data2);                 //位元数据的 DB7～DB0 写入绘图 RAM
            }
          }
          x = 0x88;                                  //下半屏显示
        }
}
void lcm_init(void)                                  //初始化 12864
{
    delayms(100);                                    //延时
    lcm_w_test(0,0x30);                              //8 位介面,基本指令集
    lcm_w_test(0,0x0c);                              //显示打开,光标关,反白关
    lcm_w_test(0,0x01);                              //清屏,将 DDRAM 的地址计数器归零
    delayms(100);                                    //延时
}
void lcm_clr(void)                                   //清屏函数
{
    lcm_w_test(0,0x01);
    delayms(40);
}
main()                                               //主程序
{
    unsigned char i = 1;
    lcm_init();                                      //初始化液晶显示器
    lcm_clr();                                       //清屏
    while(1)
    {
        lcm_clr();                                   //清屏
        lcm_w_test(0,0x80);lcm_w_word(" ┌──────────┐ ");      //先指定显示位置
        lcm_w_test(0,0x90);lcm_w_word(" │STC15F2K60S2│ ");    //再显示内容
        lcm_w_test(0,0x88);lcm_w_word(" │LCD12864 应用│ ");
        lcm_w_test(0,0x98);lcm_w_word(" └──────────┘ ");
        delayms(30000);                              //延时,观察显示内容

        lcm_clr();                                   //清屏
        lat_disp (0xaa,0x55);                        //10101010 和 01010101 交错显示
        delayms(10000);                              //延时,观察显示内容

        lcm_clr();                                   //清屏
        lcm_w_test(0,0x90);lcm_w_word("运行计数: ");
        lcm_w_test(0,0x95);                          //先指定显示位置
        lcm_w_char(i/100);                           //计算百位并显示
        lcm_w_char(i%100/10);                        //计算十位并显示
        lcm_w_char(i%100%10);                        //计算个位并显示
        lcm_w_test(0,0x88);lcm_w_word("================");
        i++;
```

```
            delayms(30000);                         //延时,观察显示内容

            lcm_clr();                              //清屏
            lat_disp (0x55,0xaa);                   //01010101 和 10101010 交错显示
            delayms(10000);                         //延时,观察显示内容
        }
    }
```

13.2.3 键盘接口与应用编程

键盘分为编码键盘和非编码键盘。编码键盘指键盘上闭合键的识别由专用的硬件编码器实现,并产生键编码号或键值的键盘,如计算机键盘;而非编码键盘指靠软件编程来识别的键盘,在单片机应用系统中,更常用的是非编码键盘。非编码键盘又分为独立键盘和行列矩阵式键盘两种。

1. 按键工作原理

(1) 按键外形及符号

图 13.18 是常用的一些单片机系统机械按键实物图。在单片机应用系统中经常用到的按键都是机械弹性开关,当用力按下按键时,按键闭合,即两个引脚之间导通;松开手后按键自动恢复常态,即两个引脚之间断开。图 13.19 是按键符号图。

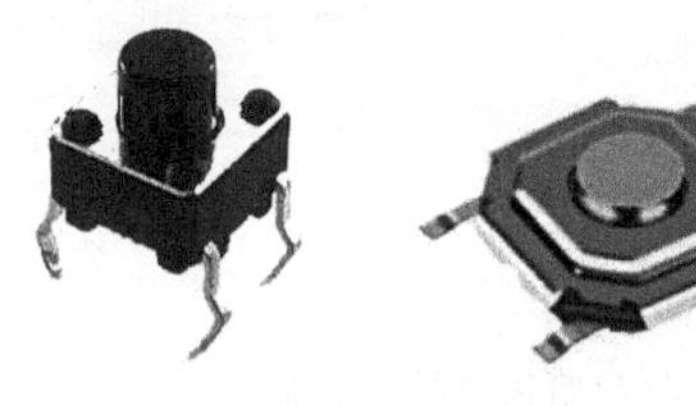

图 13.18 常用按键实物图

图 13.19 按键符号

(2) 按键触点的机械抖动及处理

机械式按键在按下或松开时,由于机械弹性作用的影响,通常伴随一定时间的触点机械抖动,然后其触点才稳定下来。其抖动过程如图 13.20 所示。

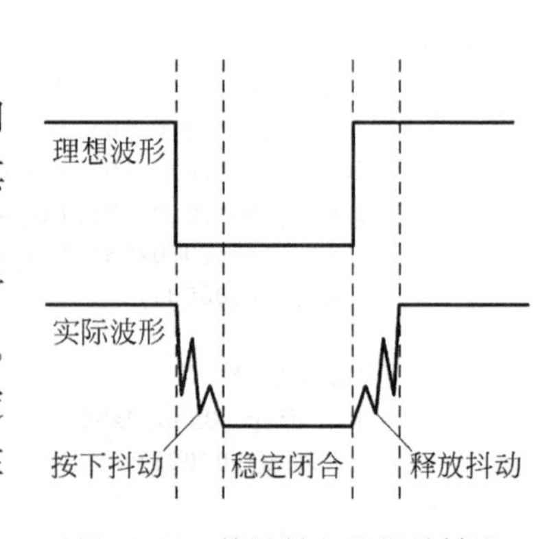

图 13.20 按键触点的机械抖动

按键在按下或松开瞬间明显有抖动现象,抖动时间的长短和按键的机械特性有关,一般为 5～10ms。按键按下而又未松开期间,一般称为按键闭合的稳定期,这个时间由用户操作按键的动作决定,一般都在几十毫秒以上至几百毫秒,甚至更长时间。

因此,单片机应用系统中检测按键是否按下时都要加上去抖动处理,通常有硬件电路去抖动和软件延时去抖动两种方法。硬件电路去抖动主要有 RS 触发器去抖动电路、RC 积分去抖动电路和专用去抖动芯片电路等。而软件延时去抖动的方法也可以很好地解决按键抖动问题,并且不需要添加额外的硬件电路,从而节约了硬件成本,在实际单片机应用系统中得到了

更多的应用。

2. 独立键盘的原理及应用

在单片机应用系统中,如果不需要输入数字0~9,而只需要几个功能键,则可采用独立式按键结构。

(1) 独立按键的结构与原理

独立按键是直接用单片机I/O端口线构成的单个按键电路,其特点是每个按键单独占用一根I/O端口线,每个按键的工作不会影响其他I/O端口线的状态。独立按键应用原理图如图13.21所示。按键没按,常态时,按键输入端由于单片机硬件复位后端口默认是高电平,所以按键输入采用低电平有效,也即按键按下时出现低电平。由于单片机P1、P2和P3端口I/O内部已有上拉电阻,按键外电路可以不接上拉电阻;而单片机P0端口内部没有上拉电阻,所以如果独立按键接在P0等没有上拉电阻的I/O端口,则一定要上拉电阻。

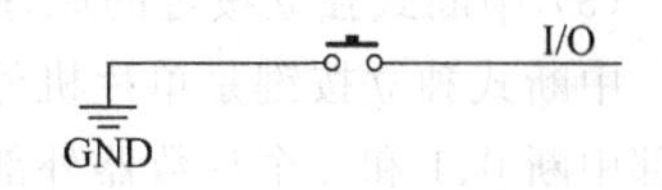

图13.21 独立按键应用原理图

(2) 查询式独立按键的原理及应用

查询式独立按键是单片机应用系统中常用的结构。先逐位查询每根I/O端口线的输入状态,如果某一根I/O端口线输入为低电平,则进一步确认该I/O端口线所对应的按键是否确实已按下,如果确实是低电平,则转向该键的功能处理程序。软件处理的流程:①循环检测是否有按键按下出现低电平;②调用延时10ms子程序进行软件去抖;③再次检测是否确实按键按下出现低电平;④进行按键功能处理;⑤等待按键松开。

例13.5 查询式1个独立按键控制1个LED亮灭。

解:C语言源程序如下。

```
#include "stc15f2k60s2.h"                  //包含STC15F2K60S2单片机头文件
sbit key = P3^0;                           //定义按键接口
sbit led = P0^0;                           //定义LED接口
void Delay(unsigned int v)                 //延时子程序
{
    while(v!= 0)
        v--;
}

void main ( )                              //主程序
{
    while(1)
    {
      if(key == 0)                         //检测按键是否按下出现低电平
        {
          Delay(1000);                     //调用延时子程序进行软件去抖
          if(key == 0)                     //再次检测按键是否确实按下出现低电平
            {
              led = ~led;                  //进行按键功能处理
              while(key == 0);             //等待按键松开
            }
        }
    }
}
```

程序中等待按键松开语句 while(key== 0),是严格检测按键是否松开,只有按键松开了,才完成当次按键操作。这样处理的好处是每按一次按键,都只进行一次操作,避免出现按键连按的情况。但有些按键需要连续操作功能的时候,比如按键加 1 或减 1,如果按下按键不松开,能够一直连续加 1 或减 1 操作,则可以把语句 while(key==0)换为一句延时语句,这个延时时间需要根据实际按键效果调整,最终的用户操作体验可能会更好,程序设计时可以根据需要选用。

(3) 中断式独立按键的原理及应用

中断式独立按键是单片机外部中断的典型应用。如图 13.22 所示是利用单片机 2 个外部中断 0、1 和 2 个计数器外部输入中断 0、1 组成的 4 个中断式独立按键。很明显一个按键占用一个外部中断,严重浪费单片机的资源。

改进后的中断式独立按键如图 13.23 所示,同样是 4 个(可以继续扩展更多)独立按键,却只占用一个外部中断。

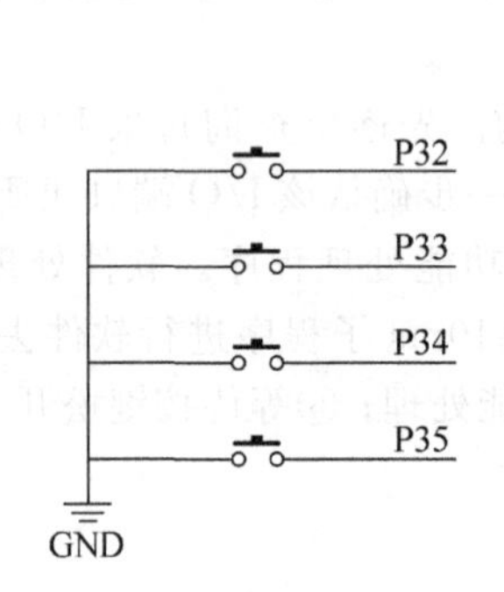

图 13.22 中断式独立按键原理图

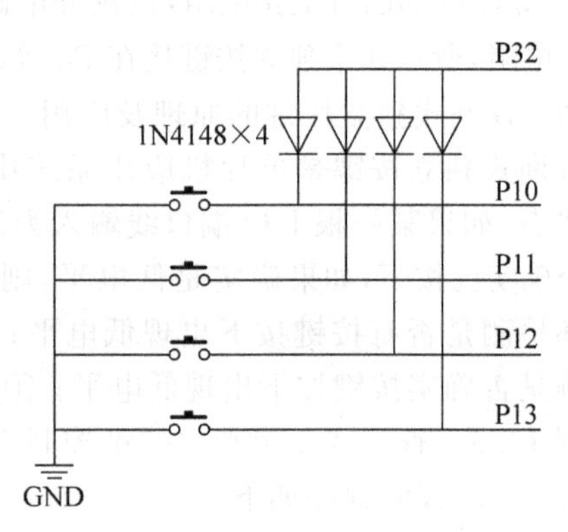

图 13.23 改进中断式独立按键原理图

例 13.6 4 个独立按键分别控制 4 个 LED 亮灭,工作于中断方式。

解:C 语言源程序如下。

```
#include "stc15f2k60s2.h"                  //包含 STC15F2K60S2 单片机头文件
sbit key0 = P3 ^0;sbit key1 = P3 ^1;       //定义按键接口
sbit key2 = P2 ^6;sbit key3 = P2 ^7;
sbit led0 = P0 ^0;sbit led1 = P0 ^1;       //定义 LED 接口
sbit led2 = P0 ^2;sbit led3 = P0 ^3;
void Delay(unsigned int v)                 //延时子程序
{
    while(v!= 0)
    v -- ;
}
main ( )
{
    IT0 = 1;                               //外部中断 INT0 边沿触发
    EX0 = 1;                               //外部中断 INT0 允许
    EA = 1;                                //打开 CPU 总中断请求
    PX0 = 1;                               //外部中断 INT0 高优先级 PX0 = 1,低优先级 PX0 = 0
    while(1)
```

```
        {
        }
    }
    void INT0_intrupt() interrupt 0 using 1    //外部中断 0 处理按键程序
    {
        EA = 0;                                //禁止总中断
        Delay(1000);                           //调用延时子程序进行软件去抖
        if(key0 == 0)                          //检测按键 0 是否按下出现低电平
        {
            led0 = ~ led0;                     //进行按键功能处理
            while(key0 == 0);                  //等待按键 0 松开
        }
        if(key1 == 0)                          //检测按键 1 是否按下出现低电平
        {
            led1 = ~ led1;                     //进行按键功能处理
            while(key1 == 0);                  //等待按键 1 松开
        }
        if(key2 == 0)                          //检测按键 2 是否按下出现低电平
        {
            led2 = ~ led2;                     //进行按键功能处理
            while(key2 == 0);                  //等待按键 2 松开
        }
        if(key3 == 0)                          //检测按键 3 是否按下出现低电平
        {
            led3 = ~ led3;                     //进行按键功能处理
            while(key3 == 0);                  //等待按键 3 松开
        }
        EA = 1;                                //打开总中断
    }
```

3. 行列矩阵键盘的原理及应用

在单片机应用系统中，如果需要输入数字 0～9 等按键比较多的情况下，采用独立式按键结构就会占用过多的单片机 I/O 端口资源，这种情况下通常选用行列矩阵键盘。

(1) 行列矩阵按键的结构与原理

矩阵键盘由行线和列线组成，按键位于行线和列线的交叉点上，其电路原理图如图 13.24 所示，只要 8 个 I/O 端口就可以构成 4×4 共 16 个按键，比独立按键多出一倍。

行列矩阵按键中，行线和列线分别连接到按键开关的两端，列线通过上拉电阻(单片机端口内部有上拉电阻则不需要外接上拉电阻)接正电源，并将行线所接的单片机的 I/O 端口作为输出端，而列线所接的 I/O 端口则作为输入端，当按键没有按下时，所有的输入端都是高电平，代表无键按下，行线输出是低电平，且拉低能力较强，一旦有按键按下，则输入线就会被拉低，所以通过读取输入线的状态就可得知是否有键按下。至于具体是哪一个按键按下，则需要将行线、列线信号配合起来作适当处理，才能确定按下按键的位置。

(2) 矩阵键盘的识别与编码

在能够判断是否有按键按下的前提下，进一步需要识别矩阵键盘中是哪一个按键被按下，最常见的是扫描法和翻转法；确定哪一个按键按下后，再进一步需要定义按下按键

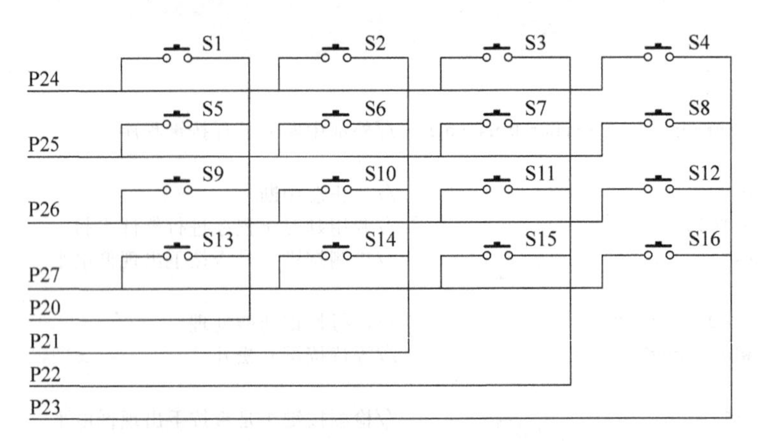

图 13.24 行列矩阵键盘电路原理图

的键值,最常用的是查表法和计算法。

① 判断键盘中有无键按下。将全部行线置低电平,然后检测列线的状态。只要列线不全是高电平,也即只要有一列的电平为低,则表示键盘中有键被按下,而且闭合的键位于低电平线与4根行线相交叉的4个按键之中。若所有列线均为高电平,则键盘中无键按下。

② 判断闭合键所在的位置。在确认有键按下后,即可进入确定具体闭合键的过程。最常见的是扫描法和翻转法。

a. 扫描法

依次将行线置为低电平,即在置某根行线为低电平时,其他线为高电平。在确定某根行线位置为低电平后,再逐行检测各列线的电平状态。若某列为低,则该列线与置为低电平的行线交叉处的按键就是闭合的按键,根据闭合键的行值和列值得到按键的键码。

b. 反转法

行全扫描,读取列码;列全扫描,读取行码;将行、列码组合在一起,得到按键的键码。

③ 根据闭合键的键码,采用查表法将闭合键的行值和列值转换成所定义的键值,查表法得到的键值一般用0～15或1～16来表示16个按键。

例 13.7 矩阵键盘电路图如图13.24所示。

解:反转法C语言源程序如下。

```
unsigned char keyscan(void)
{
    unsigned char temH,temL,key;
    KeyBus = 0x0f;                              //高4位输出0
    if(KeyBus!= 0x0f)
    {
        temL = KeyBus;                          //读入,低4位含有按键信息
        KeyBus = 0xf0;                          //低4位输出0
        _nop_();_nop_();_nop_();_nop_();        //延时
        temH = KeyBus;                          //读入,高4位含有按键信息
```

```
        switch(temL)
        {
            case 0x0e: key = 1; break;
            case 0x0d: key = 2; break;
            case 0x0b: key = 3; break;
            case 0x07: key = 4; break;
            default: return 0;                  //没有按键输出 0
        }
        switch(temH)
        {
            case 0xe0: return key;break;
            case 0xd0: return key + 4;break;
            case 0xb0: return key + 8;break;
            case 0x70: return key + 12;break;
            default: return 0;                  //没有按键输出 0
        }
    }
}
```

不管是扫描法,反转法,或者是其他方法,无非就是把按键按下时所在的位置找出来,并加以编码,从而把每一个按键对应一个数值,实现对相关功能的控制。

(3) 矩阵键盘的应用

矩阵键盘的应用主要由键盘的工作方式来决定的,键盘的工作方式应根据实际应用系统中程序结构和功能实现的复杂程度等因素来选取,键盘的工作方式主要有查询扫描、定时扫描和中断扫描 3 种方式。

假设单片机 P0 口接有 8 个 LED 发光二极管,P2 口接有 4×4 矩阵键盘。编写程序把矩阵键盘的键值 1~16 用 LED 发光二极管二进制显示。注意观察不同的工作方式中,矩阵键盘扫描程序 keyscan()所在的位置。

① 查询扫描。查询扫描工作方式是把键盘扫描子程序和其他子程序并列排在一起,单片机循环分时运行各个子程序,当按键按下并且单片机查询到时,立即响应键盘输入操作,根据键值执行相应的功能操作。

例 13.8 矩阵键盘电路图如图 13.24 所示,单片机 P0 口接有 8 个 LED 发光二极管,查询扫描工作方式。

解: C 语言源程序如下。

```
#include "stc15f2k60s2.h"                   //包含单片机头文件
#include <intrins.h>
#define LED P0                              //LED 接口
#define KeyBus P2                           //矩阵键盘接口
unsigned char keyscan ( );                  //矩阵键盘程序声明,如例 13.7 所示
main()
{
    unsigned char i;                        //定义局部变量存放键值
    while(1)
    {
        i = keyscan();                      //按键值赋予变量 i
```

```
            if(i)                             //无按键 i=0 无显示
            {
                LED = ~i;                     //显示键值
            }
        }
}
```

② 定时扫描。定时扫描工作方式利用单片机内部定时器产生一定时间的定时，定时扫描键盘是否有操作。一旦检测到有按键按下立即响应，根据键值执行相应的功能操作。

例 13.9 矩阵键盘电路图如图 13.24 所示，单片机 P0 口接有 8 个 LED 发光二极管，单片机工作频率 12MHz，工作于 12T($f_{OSC}/12$)时钟，定时扫描工作方式。

解：C 语言源程序如下。

```
#include "stc15f2k60s2.h"                   //包含单片机头文件
#include <intrins.h>
#define LED P0                              //LED 接口
#define KeyBus P2                           //矩阵键盘接口
unsigned char i;                            //定义全局变量存放键值
unsigned char keyscan();                    //矩阵键盘程序声明,如例 13.7 所示
void main()
{
    TMOD = 0x01;                            //设定定时器 0 工作方式 1
    EA = 1;                                 //开总中断
    TH0 = 0xD8;                             //高 8 位装初值 TH0 = (65536 - 10000)/256;
    TL0 = 0xF0;                             //低 8 位装初值 TL0 = (65536 - 10000) % 256;
    ET0 = 1;                                //开定时器 0
    TR0 = 1;                                //启动定时器 0
    while(1)
    {
        if(i)                               //无按键 i = 0 无显示
        {
            LED = ~i;
        }
    }
}
void timer0() interrupt 1                   //定时器 0 中断程序
{
    TH0 = 0xD8;                             //再装一次初值
    TL0 = 0xF0;
    i = keyscan();                          //按键值赋予变量 i
}
```

③ 中断扫描。中断扫描工作方式能够提高单片机工作效率，当没有按键按下的一般情况下，单片机并不理会键盘程序，一旦有按键按下时，通过硬件产生中断，单片机立即扫描键盘并根据键值执行相应的功能操作。

例 13.10 矩阵键盘电路图如图 13.25 所示，单片机 P0 口接有 8 个 LED 发光二极管，分别用 1～16 表示 16 个按键，按下按键把键值通过 LED 二进制显示。

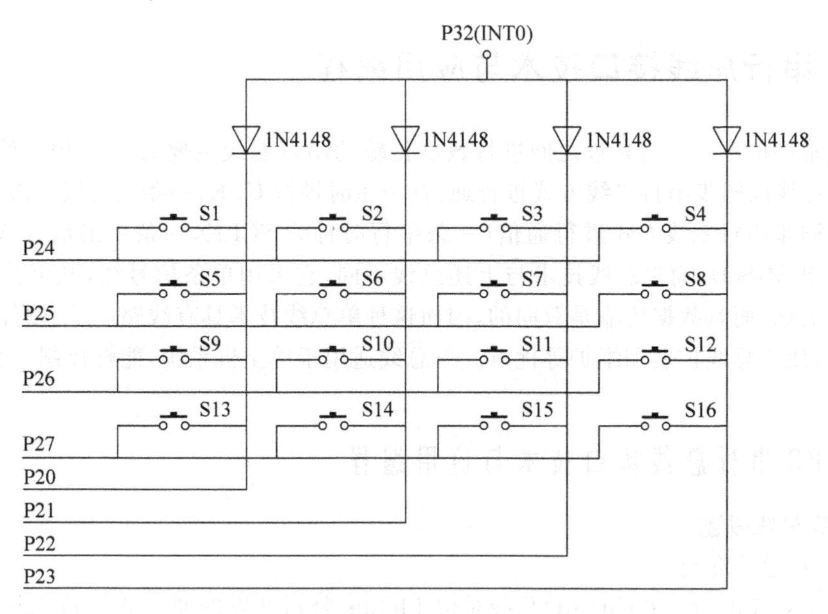

图 13.25 中断扫描矩阵键盘电路图

解：中断扫描工作方式C语言源程序如下。

```
#include "stc15f2k60s2.h"                    //包含单片机头文件
#include <intrins.h>
#define LED P0                               //LED 接口
#define KeyBus P2                            //矩阵键盘接口
unsigned char i;                             //定义全局变量存放键值
unsigned char keyscan();                     //矩阵键盘程序声明,如例 13.7 所示
void main()
{
    IT0 = 1;                                 //外部中断 INT0 边沿触发
    EX0 = 1;                                 //外部中断 INT0 允许
    EA = 1;                                  //打开 CPU 总中断请求

    while(1)
    {
        KeyBus = 0x0f;                       //高四位输出 0,有按键按下产生外部中断
        if(i)                                //无按键 i = 0 无显示
        {
            LED = ~i;
        }
    }
}
void int0( ) interrupt 0                     //外部中断 INT0
{
    i = keyscan();                           //按键值赋予变量 i
}
```

13.3 串行总线接口技术与应用编程

目前常用的单片机与外设之间进行数据传输的串行总线主要有 I²C、单总线和 SPI。其中 I²C 总线以同步串行二线方式进行通信(一条时钟线 CLK,一条数据线 DATA),SPI 总线则以同步串行三线方式进行通信(一条串行时钟线 SCLK,一条主出从入 MOSI,一条主入从出 MISO),而单总线技术与上述总线不同,它采用单条信号线,既可传输时钟,又可传输数据,而且数据传输是双向的,因而这种单总线技术具有线路简单,硬件开销少,成本低廉,便于总线扩展和维护等优点。单总线适用于单主机系统,能够控制一个或多个从机设备。

13.3.1 I²C 串行总线接口技术与应用编程

1. I²C 总线概述

(1) I²C 总线介绍

I²C(Inter-Integrated Circuit)总线是由 Philips 公司开发的两线式串行总线,用于连接微控制器及其外围设备,具有接口线少、通信速率较高等优点。I²C 总线只有两根线分别是串行数据 SDA(Serial Data)和串行时钟 SCL(Serial Clock),I²C 总线有 3 种模式分别是标准模式(100Kb/s),快速模式(400Kb/s)和高速模式(3.4Mb/s),寻址方式有 7 位和 10 位方式。

在主从通信中,可以有多个 I²C 总线器件同时接到 I²C 总线上,所有与 I²C 兼容的器件都具有标准的接口,通过地址来识别通信对象,使它们可以经由 I²C 总线互相直接通信。CPU 发出的控制信号分为地址码和数据码两部分:地址码用来选址,即接通需要控制的电路;数据码是通信的内容,这样各 IC 控制电路虽然挂在同一条总线上,却彼此独立。

(2) I²C 总线硬件结构图

I²C 总线只有两根双向信号线,一根是串行数据线 SDA;另一根是串行时钟线 SCL。所有连接到 I²C 总线上的器件的数据线都接到 SDA 线上,各器件的时钟线都接到 SCL 线上。图 13.26 为 I²C 总线系统的硬件结构图,总线上各器件都采用漏极开路结构与总线相连,因此 SDA 和 SCL 均需上拉电阻,总线在空闲状态下均保持高电平,连到总线上

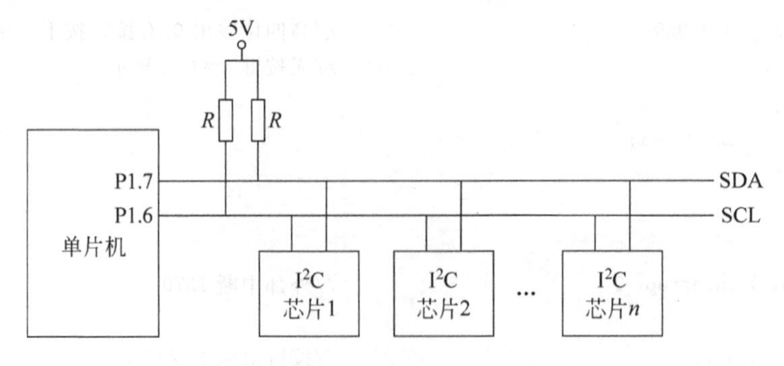

图 13.26 I²C 总线系统的硬件结构图

的任一器件输出的低电平，都将使总线的信号变低，即各器件的 SDA 及 SCL 都是线"与"关系。

I^2C 总线支持多主和主从两种工作方式，通常为主从工作方式。在主从工作方式中，系统中只有一个主机，一般由单片机或其他微处理器充当，其他器件都是具有 I^2C 总线的外围从器件，主机启动数据的发送（发出启动信号），产生时钟信号，发出停止信号。

（3）数据位的有效性规定

在 I^2C 总线上，每一位数据位的传送都与时钟脉冲相对应，逻辑"0"和逻辑"1"的信号电平取决于相应电源 V_{CC} 的电压（如 5V 或 3.3V 等）。

I^2C 总线进行数据传送时，时钟信号为高电平期间，数据线上的数据必须保持稳定，只有在时钟线上的信号为低电平期间，数据线上的高电平或低电平状态才允许变化，如图 13.27 所示。

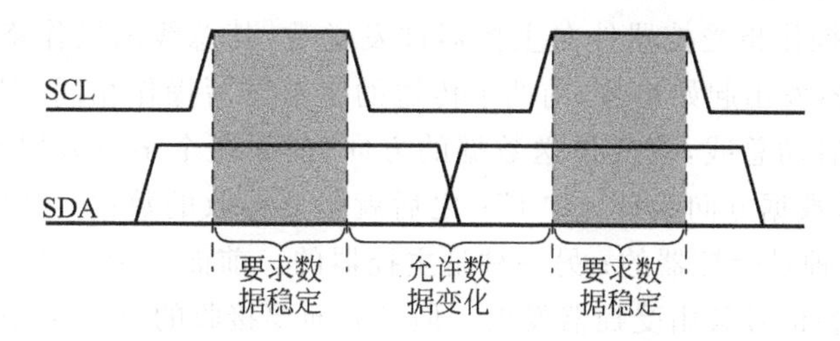

图 13.27　I^2C 总线数据位的有效性规定

（4）I^2C 总线通信格式

图 13.28 为 I^2C 总线上进行一次数据传输的通信格式，即 I^2C 总线的完整时序。当主控器接收数据时，在最后一个数据字节，必须发送一个非应答信号，使受控器释放数据线，以便主控器产生一个停止信号来终止总线的数据传送。

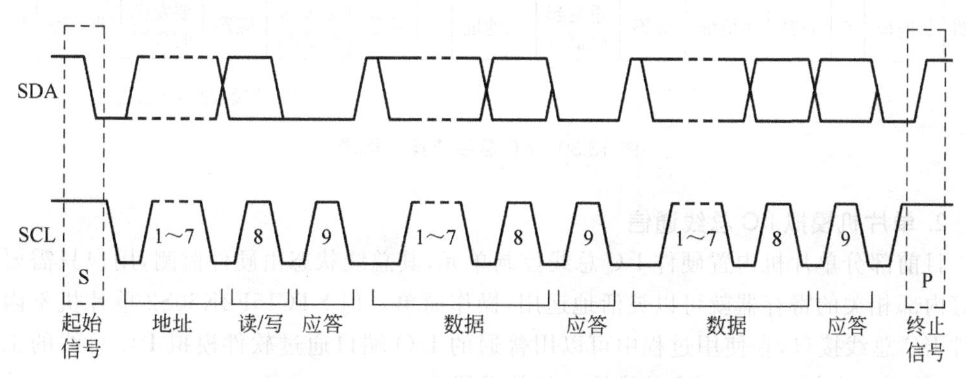

图 13.28　I^2C 总线上进行一次数据传输的通信格式

（5）I^2C 总线的写操作

I^2C 总线的写操作就是主控器件向受控器件发送数据，如图 13.29 所示。首先，主控器会对总线发送起始信号，紧跟应该是第一个字节的 8 位数据，但是从地址只有 7 位，所谓从地址就是受控器的地址，而第 8 位是受控器约定的数据方向位，"0"为写，从图中可以清楚地看到，发送完一个 8 位数之后应该是一个受控器的应答信号。应答信号过后就是

第二个字节的8位数据，这个数多半是受控器件的寄存器地址，寄存器地址过后就是要发送的数据，当数据发送完后就是一个应答信号，每启动一次总线，传输的字节数没有限制，一个字节地址或数据过后的第9个脉冲是受控器件应答信号，当数据传送完之后由主控器发出停止信号来停止总线。

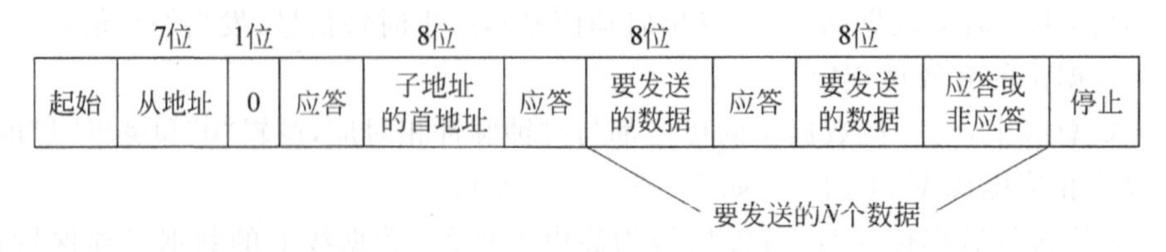

图 13.29　I^2C 总线写操作格式

(6) I^2C 总线的读操作

I^2C 总线的读操作指受控器件向主控器件发送数，其总线的操作格式如图13.30所示。首先，由主控器发出起始信号，前两个传送的字节与写操作相同，但是到了第二个字节之后，就要重新启动总线，改变传送数据的方向，前面两个字节数据方向为写，即"0"；第二次启动总线后数据方向为读，即"1"；之后就是要接收的数据。从图中可以看到，有两种应答信号：一种是受控器的；另一种是主控器的。前面三个字节的数据方向均指向受控器件，所以应答信号就由受控器发出。但是后面要接收的N个数据则是指向主控器件，所以应答信号应由主控器件发出，当N个数据接收完成之后，主控器件应发出一个非应答信号，告知受控器件数据接收完成，不用再发送。最后的停止信号同样也是由主控器发出。

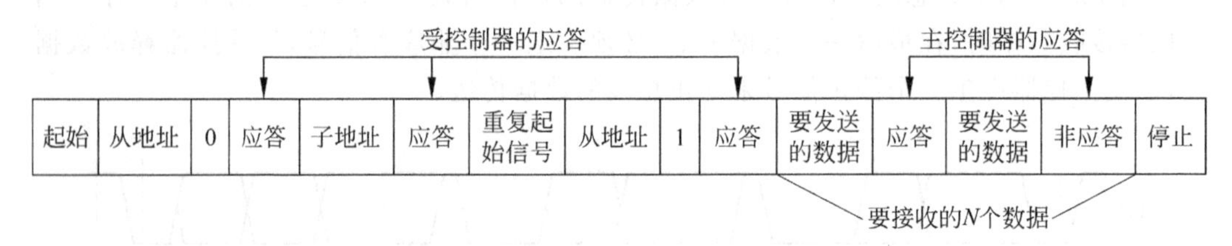

图 13.30　I^2C 总线读操作格式

2. 单片机模拟 I^2C 总线通信

目前部分单片机内置硬件 I^2C 总线控制单元，其总线状态由硬件监测，用户只需要设置好内部相关的寄存器就可以灵活地运用，操作简单。但 STC15F2K60S2 单片机不内置硬件 I^2C 总线接口，在使用过程中可以用普通的 I/O 端口通过软件模拟 I^2C 总线的工作时序，就可以方便地扩展 I^2C 总线接口的外设器件。

(1) 启动信号

在利用 I^2C 总线进行一次数据传输时，首先由主机发出启动信号，启动 I^2C 总线。在SCL为高电平期间，SDA出现下降沿则为启动信号。此时，具有 I^2C 总线接口的从器件会检测到该信号，启动时序图如图13.31所示。SCL在高电平期间，SDA一个下降沿启动信号。模拟启动时序图如图13.32所示。

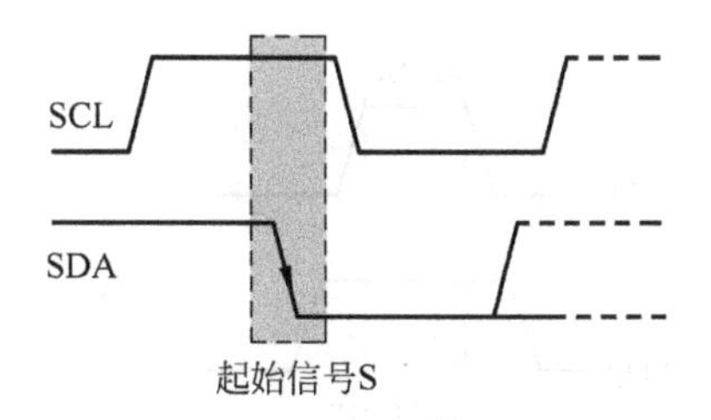

图 13.31　I^2C 总线启动时序图

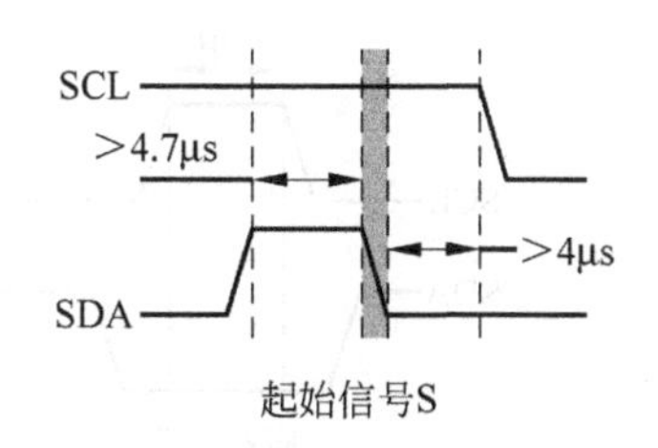

图 13.32　I^2C 总线模拟启动时序图

C 语言源程序如下：

```
void start()                              //启动
{
      sda = 1;
      delay_();
      scl = 1;                            //SCL 高电平期间
      delay_();
      sda = 0;                            //SDA 由 1 变 0 的下降沿,表示启动信号
      delay_();
      scl = 0;
      delay_();
}
```

(2) 应答信号

I^2C 总线协议规定，每传送一个字节数据(含地址及命令字)后，都要有一个应答信号，以确定数据传送是否被对方收到。应答信号由接收设备产生，在 SCL 信号为高电平期间，接收设备将 SDA 拉为低电平，表示数据传输正确，产生应答；若 SDA 仍然保持高电平，则表示非应答，时序图如图 13.33 所示。

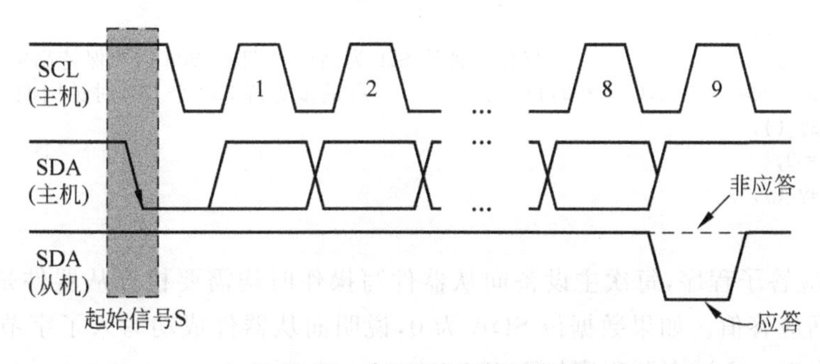

图 13.33　I^2C 总线应答时序图

模拟应答/非应答时序图如图 13.34 所示。SCL 在高电平期间，SDA 被从设备拉为低电平表示应答，SDA 没有被从设备拉为低电平，即 SDA 仍然保持高电平表示非应答。

① 主机应答子程序，当主设备(如单片机)、从设备(如 PCF8563)读取字节后，如果要继续读取，就要给从设备一个 ack(即所谓的“应答”，数据位 SDA 为 0)。C 语言源程序如下：

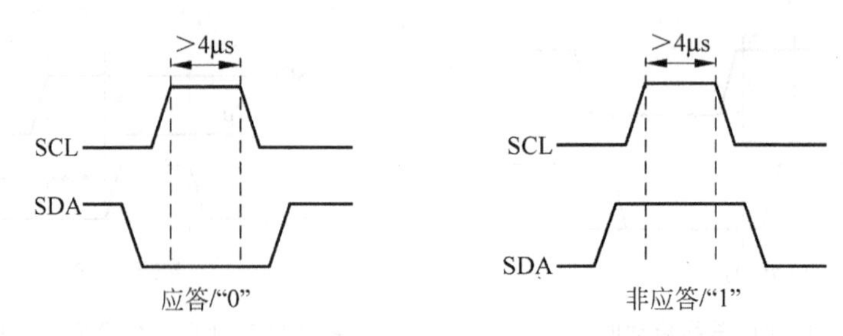

图 13.34 I^2C 总线模拟应答/非应答时序图

```
void ack()                                         //主机应答
{
    unsigned char i;
    sda = 0;
    delay_();
    scl = 1;                      //在时钟线 SCL 为高电平期间,SDA 被从设备拉为低电平表示应答
    delay_();
    while((sda == 1)&&(i < 250))i++;               //最多等待 250 个 CPU 时钟周期
    scl = 0;
    delay_();
}
```

② 主机无应答子程序,主设备(如单片机)、从从设备(如 PCF8563)读取字节后,如果不再进行读取,就要给从设备一个 nack(即所谓的“无应答”,数据位 SDA 为 1)。C 语言源程序如下:

```
void nack()                                        //主机无应答
{
    unsigned char i;
    sda = 1;
    delay_();
    scl = 1;                        //在时钟线 SCL 为高电平期间,SDA 仍然保持高电平表示无应答
    while((sda == 0)&&(i < 250))i++;               //最多等待 250 个 CPU 时钟周期
    delay_();
    scl = 0;
    delay_();
}
```

③ 检查应答子程序,每次主设备向从器件写操作时均需要检查从器件是否有应答,从器件应返回应答值。如果数据位 SDA 为 0,说明向从器件成功写入了字节,反之 SDA 为 1 则写入失败。C 语言源程序如下:

```
unsigned char getack()                          //从机应答
{
    unsigned char error;
    sda = 1;                                    //为了后面能对数据线上的状态进行读取
    delay_();                                   //51 中要将 I/O 端口当做输入时,必须置为高电平
    scl = 1;                                    //时钟为高电平时,从机发出应答信号
    delay_();
    error = sda;                                //对数据线上的状态进行读取并赋值给 error
    delay_();
```

```
    scl = 0;
    delay_();
    return error;
}
```

(3) 停止信号

在全部数据传送完毕后，主机发送停止信号，即在 SCL 为高电平期间，SDA 上产生一上升沿信号，停止时序图如图 13.35 所示。

SCL 在高电平期间，SDA 一个上升沿停止信号。I^2C 总线模拟停止时序图如图 13.36 所示。C 语言源程序如下：

```
void stop()                          //停止
{
    sda = 0;
    delay_();
    scl = 1;                         //SCL 高电平期间
    delay_();
    sda = 1;                         //SDA 由 0 变 1 的上升沿，表示停止信号
    delay_();
    scl = 0;
    delay_();
}
```

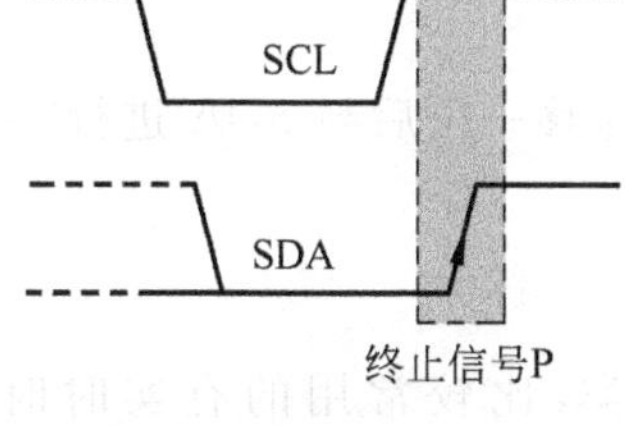

图 13.35 I^2C 总线停止时序图

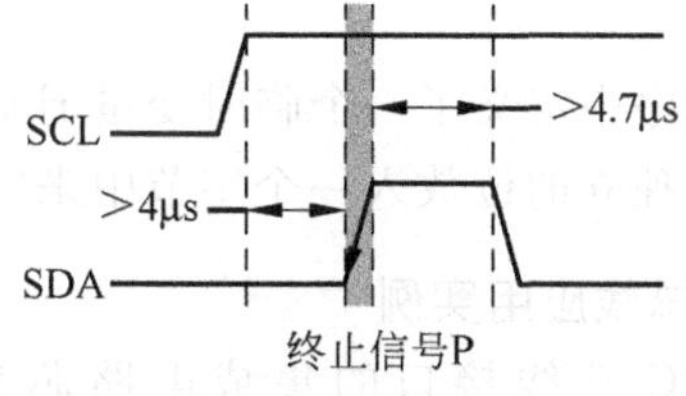

图 13.36 I^2C 总线模拟停止时序图

(4) 写一个字节

I^2C 总线串行发送一个字节时，需要把这个字节中的 8 位一位一位地发出去，C 语言源程序如下：

```
unsigned char writebyte(unsigned char dat)    //写一个字节
{
    unsigned char i;
    for(i = 0;i < 8;i++)
    {
        sda = ((dat << i)&0x80);              //先写字节的高位，赋值给数据线
        scl = 1;                 //SCL 高电平期间，数据线上的数据 SDA 稳定有效，被写入从机中
        delay_();
        scl = 0;
        delay_();
    }
    return getack();                          //返回从机应答
}
```

(5) 读一个字节

I^2C 总线串行接收一个字节时需将 8 位一位一位地接收，然后再组合成一个字节，读一个字节，返回数据，C 语言源程序如下：

```
unsigned char readbyte()                      //读一个字节
{
    unsigned char i,rbyte = 0;
    scl = 0;
    delay_();
    sda = 1;                                  //为了后面能对数据线上的状态进行读取
    delay_();                                 //51 中要将 IO 当做输入时,必须置为高电平
    for(i = 0;i<8;i++)
    {
        scl = 1;
              //SCL 上升沿时,从机将数据放在 SDA 上,并在 SCL 高电平期间数据稳定,可以接收
        delay_();
        rbyte = (rbyte<<1)|sda;
        scl = 0;                              //拉低 SCL,使发送端可以把数据放在 SDA 上
        delay_();
    }
    return rbyte;                             //读到的字节
}
```

上面程序中定义了一个临时变量 rbyte，将 rbyte 左移一位后与 SDA 进行“或”运算，依次把 8 个独立的位放入一个字节中来完成接收。

3. I^2C 总线应用实例

具有 I^2C 总线接口的集成电路芯片有很多种类，比较常用的有实时时钟芯片 PCF8563、E^2PROM 存储器芯片 AT24C 系列等。本节以 PCF8563 为例介绍 I^2C 总线应用。

(1) 时钟芯片 PCF8563 概述

PCF8563 是 Philips 公司推出的一款工业级内含 I^2C 总线接口功能的、具有极低功耗的、多功能时钟/日历芯片。PCF8563 具有多种报警功能、定时器功能、时钟输出功能以及中断输出功能，能完成各种复杂的定时服务。芯片最大总线速度为 400Kb/s，每次读/写数据后，其内嵌的字地址寄存器会自动产生增量。PCF8563 可广泛应用于电表、水表、气表、电话、传真机、便携式仪器以及电池供电的仪器仪表等产品领域。其主要特性如下所述。

① 宽电压范围 1.0～5.5V，复位电压标准值 $V_{low}=0.9V$。

② 超低功耗：典型值为 $0.25\mu A(V_{DD}=3.0V, T_{amb}=25℃)$。

③ 可编程时钟输出方波频率为 32.768kHz、1024Hz、32Hz、1Hz。

由 CLKOUT 频率寄存器(地址 0DH)决定方波的频率，是开漏输出引脚，通电时有效，无效时为高阻抗。

④ 4种报警功能和定时器功能。

一个或多个报警寄存器MSB(AE为Alarm Enable,报警使能位)清“0”时,相应的报警条件有效。这样,一个报警将在每分钟至每星期范围内产生一次。设置报警标志位AF(控制/状态寄存器2的位3)用于产生中断。AF只可以用软件清除。

8位的倒计数器(地址0FH)由定时器控制寄存器(地址0EH)控制。定时器控制寄存器用于设定定时器的频率(4096Hz、64Hz、1Hz或1/60Hz)以及设定定时器有效或无效。定时器从软件设置的8位二进制数倒计数,每次倒计数结束,定时器设置标志位TF(参见表13.21),定时器标志位TF只可以用软件清除,TF用于产生一个中断($\overline{INT}$),每个倒计数周期产生一个脉冲作为中断信号。TI/TP(参见表13.20)控制中断产生的条件。当读定时器时,返回当前倒计数的数值。

⑤ 内含复位电路。当振荡器停止工作时,复位电路开始工作。在复位状态下,I^2C总线初始化,寄存器TF、VL、TD1、TD0、TESTC和AC被置逻辑“1”,其他寄存器和地址指针被清“0”。

⑥ 内含振荡器电容电路。对石英晶体频率的调整,有3种可行的方法。

方法1:定值OSCI电容。计算所需的电容平均值,用此值的定值电容,通电后在CLKOUT管脚上测出的频率应为32.768kHz,测出的频率值偏差取决于石英晶体本身、电容偏差和器件之间的偏差,平均为$\pm 5\times 10^{-6}$。平均偏差可达5分钟/年。

方法2:OSCI微调电容。可通过调整OSCI管脚的微调电容,使振荡器的频率来获得更高的精度,此时可测出通电时管脚CLKOUT上的信号频率为32.768kHz。

方法3:OSCI输出。直接测量管脚OSCI的输出。

⑦ 内含掉电检测电路。

当V_{DD}低于V_{low}时,位VL(Voltage Low,秒寄存器的位7)被置“1”,用于指明可能产生不准确的时钟/日历信息。VL标志位只可以用软件清除。当V_{DD}慢速降低(如电池供电)达到V_{low}时,标志位VL被设置,这时可能会产生中断。

⑧ 开漏中断引脚输出。

⑨ 400kHz的I^2C总线接口($V_{DD}=1.8\sim 5.5V$)。

⑩ I^2C总线从地址:读为0A3H;写为0A2H。

(2) 引脚排列及应用电路图

PCF8563的引脚排列图如图13.37所示,其中,第4、8引脚是电源负极GND和正极VDD;第1、2引脚是振荡器输入OSCI和输出OSCO;第5、6引脚是I^2C接口串行数据SDA和串行时钟SCL;第3引脚是开漏型中断输出$\overline{INT}$,低电平有效;第7引脚是开漏型时钟输出。

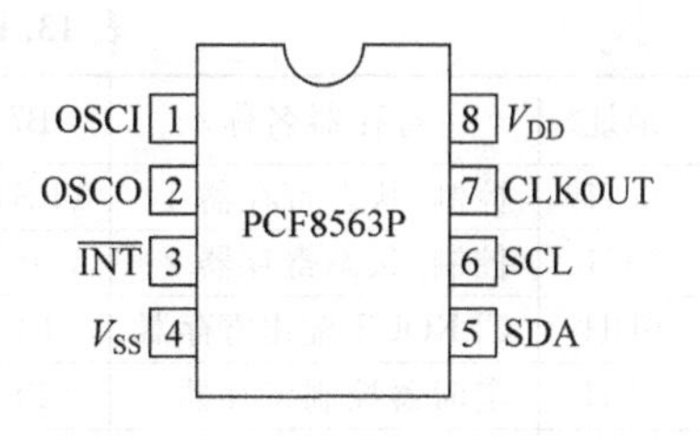

图13.37 PCF8563引脚排列图

单片机与PCF8563的接口应用电路原理图如图13.38所示。其中,第5引脚串行数据SDA和第6引脚串行时钟SCL和单片机I/O端口连接。后备电池用于保持当前数据,单片机可以读取当前实时时钟数据。

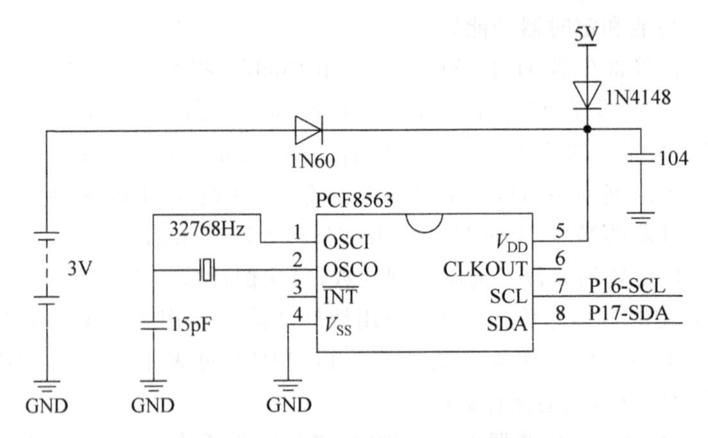

图 13.38 PCF8563 应用电路原理图

(3) 寄存器结构

PCF8563 有 16 个 8 位寄存器：一个可自动增量的地址寄存器、一个内置 32.768kHz 的振荡器(带有一个内部集成的电容)、一个分频器(用于给实时时钟 RTC 提供源时钟)，一个可编程时钟输出、一个定时器、一个报警器、一个掉电检测器和一个 400kHz 的 I^2C 总线接口。

所有 16 个寄存器设计成可寻址的 8 位并行寄存器，但不是所有位都有用。前两个寄存器(内存地址 00H、01H)用于控制寄存器和状态寄存器，内存地址 02H～08H 用于时钟计数器(秒～年计数器)，地址 09H～0CH 用于报警寄存器(定义报警条件)，地址 0DH 控制 CLKOUT 管脚的输出频率，地址 0EH 和 0FH 分别用于定时器控制寄存器和定时器寄存器。

秒、分钟、小时、日、月、年、分钟报警、小时报警、日报警寄存器，编码格式为 BCD 码，星期和星期报警寄存器不以 BCD 格式编码。当一个 RTC 寄存器被读时，所有计数器的内容被锁存。因此，在传送条件下，可以禁止对时钟/日历芯片的错读。

非 BCD 格式编码寄存器概况如表 13.16 所示，其中标明“—”的位无效，标明“0”的位应置逻辑“0”。

表 13.16 非 BCD 格式编码寄存器概况

地址	寄存器名称	B7	B6	B5	B4	B3	B2	B1	B0
00H	控制/状态寄存器 1	TEST1	0	STOP	0	TESTC	0	0	0
01H	控制/状态寄存器 2	0	0	0	TI/TP	AF	TF	AIE	TIE
0DH	CLKOUT 输出寄存器	FE	—	—	—	—	—	FD1	FD0
0EH	定时器控制寄存器	TE	—	—	—	—	—	TD1	TD0
0FH	定时器倒计数数值寄存器	定时器倒计数数值(二进制)							

BCD 格式编码寄存器概况如表 13.17 所示，其中标明“—”的位无效。

① 控制/状态寄存器 1。

控制/状态寄存器 1 的地址为 00H，其功能描述如表 13.18 所示。

表 13.17 BCD 格式编码寄存器概况

地址	寄存器名称	B7	B6	B5	B4	B3	B2	B1	B0
02H	秒	VL	00~59 BCD码格式数						
03H	分钟	—	00~59 BCD码格式数						
04H	小时	—	—	00~23 BCD码格式数					
05H	日	—	—	01~31 BCD码格式数					
06H	星期	—	—	—	—	—	0~6 BCD码格式数		
07H	月/世纪	C	—	—	01~12 BCD码格式数				
08H	年	00~99 BCD码格式数							
09H	分钟报警	AE	00~59 BCD码格式数						
0AH	小时报警	AE	—	00~23 BCD码格式数					
0BH	日报警	AE	—	01~31 BCD码格式数					
0CH	星期报警	AE	—	—	—	—	0~6 BCD码格式数		

表 13.18 控制/状态寄存器 1 位描述(地址 00H)

B7	B6	B5	B4	B3	B2	B1	B0
TEST1	0	STOP	0	TESTC	0	0	0

TEST1：普通/测试模式。TEST1=0,普通模式；TEST1=1,EXT_CLK 测试模式。

STOP：芯片时钟运行/停止。STOP=0,芯片时钟运行；STOP=1,所有芯片分频器异步置逻辑“0”。芯片时钟停止运行(CLKOUT 在 32.768kHz 时可用)。

TESTC：电源复位功能。TESTC=0,电源复位功能失效(普通模式时置逻辑“0”)；TESTC=1,电源复位功能有效。

其他位缺省值置逻辑“0”。

② 控制/状态寄存器 2。

控制/状态寄存器 2 的地址为 01H,其功能描述如表 13.19 所示。

表 13.19 控制/状态寄存器 2 位描述(地址 01H)

B7	B6	B5	B4	B3	B2	B1	B0
0	0	0	TI/TP	AF	TF	AIE	TIE

TI/TP：TI/TP=0,当 TF 有效时$\overline{\text{INT}}$有效(取决于 TIE 的状态)；TI/TP=1,$\overline{\text{INT}}$脉冲有效(取决于 TIE 的状态)。$\overline{\text{INT}}$周期与源时钟关系如表 13.20 所示。

表 13.20 $\overline{\text{INT}}$周期与源时钟关系(位 TI/TP=1)

源时钟/Hz	$\overline{\text{INT}}$周期	
	n=1	n>1
4096	1/8192	1/4096
64	1/128	1/64
1	1/64	1/64
1/60	1/64	1/64

注意：若 AF 和 AIE 都有效时，则 INT 一直有效。TF 和 INT 同时有效。n 为倒计数定时器的数值。当 n=0 时，定时器停止工作。

AF 和 TF：当报警发生时，AF 被置逻辑“1”；在定时器倒计数结束时，TF 被置逻辑“1”。它们在被软件重写前一直保持原有值。标志位 AF 和 TF 值描述如表 13.21 所示。

表 13.21 标志位 AF 和 TF 值描述

R/W	Bit：AF		Bit：TF	
	值	描　述	值	描　述
Read(读)	0	报警标志无效	0	定时器标志无效
	1	报警标志有效	1	定时器标志有效
Write(写)	0	报警标志被清除	0	定时器标志被清除
	1	报警标志保持不变	1	定时器标志保持不变

若定时器和报警中断都请求时，中断源由 AF 和 TF 决定，若要清除一个标志位而防止另一标志位被重写，应运用逻辑指令 AND。

AIE 和 TIE：标志位 AIE 和 TIE 决定一个中断的请求有效或无效。当 AF 或 TF 中一个为“1”时，是否值得取决于 AIE 和 TIE 的值。AIE=0，报警中断无效；AIE=1，报警中断有效。TIE=0，定时器中断无效；TIE=1，定时器中断有效。

③ 秒、分钟和小时寄存器。

秒、分钟和小时寄存器的地址分别为 02H、03H、04H，其功能描述如表 13.22 所示。

表 13.22 秒、分钟、小时寄存器位描述

寄存器	B7	B6	B5	B4	B3	B2	B1	B0
秒	VL	<秒> 00～59 BCD 码格式数						
分钟	—	<分钟> 00～59 BCD 码格式数						
小时	—	—	<小时> 00～23 BCD 码格式数					

VL：VL=0 时保证准确的时钟/日历数据；VL=1 时不保证准确的时钟/日历数据。

<秒>：代表 BCD 格式的当前秒数值，值为 00～59。

<分钟>：代表 BCD 格式的当前分钟数值，值为 00～59。

<小时>：代表 BCD 格式的当前小时数值，值为 00～23。

标明“—”的位无效。

④ 日、星期、月/世纪和年寄存器。

日、星期、月/世纪和年寄存器的地址分别为 05H、06H、07H、08H，其功能描述如表 13.23 所示。

表 13.23 日、星期、月/世纪和年寄存器位描述

寄存器	B7	B6	B5	B4	B3	B2	B1	B0
日	—	—	<日> 01～31 BCD 码格式数					
星期	—	—	—	—	—	<星期> 0～6		
月/世纪	C 世纪	—	—	<月>				
年	<年> 00～99 BCD 码格式数							

＜日＞：代表 BCD 格式的当前日数值，值为 01～31。当年计数器的值是闰年时，PCF8563 自动给二月增加一个值，使其成为 29 天。

＜星期＞：000 星期日；001 星期一；010 星期二；011 星期三；100 星期四；101 星期五；110 星期六。

C：世纪位。C=0 指定世纪数为 20××；C=1 指定世纪数为 19××，"××"为年寄存器中的值。当年寄存器中的值由 99 变为 00 时，世纪位会改变。

＜月＞：00001 一月；00010 二月；00011 三月；00100 四月；00101 五月；00110 六月；00111 七月；01000 八月；01001 九月；10000 十月；10001 十一月；10010 十二月。

＜年＞：代表 BCD 格式的当前年数值，值为 00～99。

标明"—"的位无效。

⑤ 报警寄存器。

当一个或多个报警寄存器写入合法的分钟、小时、日或星期数值，并且它们相应的 AE(Alarm Enable)位为逻辑"0"，这些数值与当前的分钟、小时、日或星期数值相等时，标志位 AF(Alarm Flag)被设置。AF 保存设置值，直到被软件清除为止。AF 被清除后，只有在时间增量与报警条件再次相匹配时，才可再被设置。报警寄存器在它们相应的位 AE 置为逻辑"1"时将被忽略。

分钟、小时、日或星期报警寄存器的地址分别为 09H、0AH、0BH、0CH，其功能描述如表 13.24 所示。

表 13.24　分钟、小时、日或星期报警寄存器位描述

寄存器名称	B7	B6	B5	B4	B3	B2	B1	B0
分钟报警	AE	＜分钟报警＞ 00～59 BCD 码格式数						
小时报警	AE	—	＜小时报警＞ 00～23 BCD 码格式数					
日报警	AE	—	＜日报警＞ 01～31 BCD 码格式数					
星期报警	AE	—	—	—	—	＜星期报警＞ 0～6		

分钟报警 AE：AE=0，分钟报警有效；AE=1，分钟报警无效。

＜分钟报警＞：代表 BCD 格式的分钟报警数值，值为 00～59。

小时报警 AE：AE=0，小时报警有效；AE=1，小时报警无效。

＜小时报警＞：代表 BCD 格式的小时报警数值，值为 00～23。

日报警 AE：AE=0，日报警有效；AE=1，日报警无效。

＜日报警＞：代表 BCD 格式的日报警数值，值为 00～31。

星期报警 AE：AE=0，星期报警有效；AE=1，星期报警无效。

＜星期报警＞：代表 BCD 格式的星期报警数值，值为 0～6。

标明"—"的位无效。

⑥ CLKOUT 频率寄存器。

CLKOUT 频率寄存器的地址为 0DH，其功能描述如表 13.25 所示。

表 13.25 CLKOUT 频率寄存器位描述

Bit7	B6	B5	B4	B3	B2	B1	B0
FE	—	—	—	—	—	FD1	FD0

FE：CLKOUT 输出使能。FE=0，CLKOUT 输出被禁止并设成高阻抗；FE=1，CLKOUT 输出有效。

FD1 和 FD0：用于控制 CLKOUT 的频率输出管脚(f_{CLKOUT})。00 设置输出 32.768kHz；01 设置输出 1024Hz；10 设置输出 32Hz；11 设置输出 1Hz。

标明“—”的位无效。

⑦ 倒计数定时器寄存器。

定时器寄存器是一个 8 位字节的倒计数定时器，它由定时器控制器中的位 TE 决定有效或无效，定时器的时钟也可以由定时器控制器选择，其他定时器功能，如中断产生，由控制/状态寄存器 2 控制。为了能精确读回倒计数的数值，I^2C 总线时钟 SCL 的频率应至少为所选定定时器时钟频率的 2 倍。

倒计数定时器控制寄存器和倒计数定时器寄存器的地址为 0EH 和 0FH，其功能描述如表 13.26 所示。

表 13.26 倒计数定时器控制寄存器和倒计数定时器寄存器位描述

B7	B6	B5	B4	B3	B2	B1	B0
TE	—	—	—	—	—	TD1	TD0
定时器倒计数数值(二进制)							

TE：定时器使能。TE=0，定时器无效；TE=1，定时器有效。

TD1 和 TD0：定时器时钟频率选择位，决定倒计数定时器的时钟频率。00 设置 4096Hz；01 设置 64Hz；10 设置 1Hz；11 设置 1/60Hz(不用时也设置为 11 以降低电源损耗)。

<定时器倒计数数值>：倒计数数值“n”，倒计数周期=n/时钟频率。

标明“—”的位无效。

(4) 应用实例

例 13.11 电路原理图如图 13.38 所示，读取 PCF8563 的实时年、月、日、小时、分钟、秒和星期信息，并分别计算十位和个位，通过串口波特率 9600b/s 发送到 PC 串口助手显示。

解：C 语言源程序如下。

```
#include "stc15f2k60s2.h"
#include <intrins.h>
sbit scl = P1^6;                    //定义 PCF8563 的 SCL
sbit sda = P1^7;                    //定义 PCF8563 的 SDA
void start();                       //IIC 启动
void stop();                        //IIC 结束
void ack();                         //主机应答
```

```
void nack();                                //主机无应答
unsigned char getack();                     //从机应答;
unsigned char writebyte(unsigned char dat); //写一个字节
unsigned char readbyte();                   //读一个字节

void delay_()                               //2μs
{
    unsigned char i;
    i = 3;
    while (--i);
}

struct Time                                 //时间结构体,包括了秒,分,时,日,周,月,年
{
    unsigned char second;
    unsigned char minute;
    unsigned char hour;
    unsigned char day;
    unsigned char week;
    unsigned char month;
    unsigned char year;
};
struct Time time;                           //用来装时间数据

unsigned char pcfwrite(unsigned char addr,unsigned char length,unsigned char * pbuf )
                                            //向 addr 寄存器写多个字节
{//addr: 寄存器地址 length: 要写入的字节数 pbuf: 指向数据缓冲区的指针
    unsigned char i = 0;
    start();
    if(writebyte(0xa2)) return 1;           //写 pcf8563 的 ID 与读控制位,通信有错误返回 1
    if(writebyte(addr)) return 1;           //写寄存器地址,失败返回 1
    for(i = 0;i < length;i++)               //写入 length 个字节
    {
        if(writebyte(pbuf[i])) return 1;    //写数据
    }
    stop();
    return 0;                               //操作结果,0 表示成功,1 表示失败
}

unsigned char pcfread(unsigned char addr,unsigned char length,unsigned char * pbuf)
                                            //从 addr 寄存器读多个字节
{//addr: 寄存器地址 length: 要读出的字节数 pbuf: 指向数据缓冲区的指针
    unsigned char i = 0;
    start();                                //通信开始
    if(writebyte(0xa2)) return 1;           //写 PCF8563 的 ID 与读(写)控制位,通信有错误返回 1
    if(writebyte(addr)) return 1;           //写寄存器地址,失败返回 1
    start();                                //通信开始
    if(writebyte(0xa3)) return 1;           //写 PCF8563 的 ID 与(读)写控制位,通信有错误返回 1
    for(i = 0;i < length-1;i++)             //写入前 length-1 个字节,并作出应答
    {
        pbuf[i] = readbyte();
        ack();                              //每读取一个字节,主机应答
    }
```

```
    pbuf[i] = readbyte();                       //写入最后一个字节且不应答
    nack();
    stop();
    return 0;                                   //操作结果,0 表示成功,1 表示失败
}

unsigned char bcdval(unsigned char x)           //将 BCD 码转换为十进制的数值
{
    return (x>>4) * 10 + (x&0x0f);              //高 4 位乘以 10 加上低 4 位
}

unsigned char valbcd(unsigned char x)           //将十进制的数值转换为 BCD 码
{
    return (x/10) * 16 + (x % 10);              //十位乘以 16 加上个位
}

unsigned char readtime()                        //读取时间
{
    unsigned char temp[7];                      //用于装载读回来的秒-年的 7 个字节的数据
    if(!pcfread(0x02,7,temp))                   //读取时间寄存器 02,读取 7 个字节放到 temp 中
    {//以下对读取到 temp 数组中的时间数据进行截取,并转换为十进制写入到 time 中去
        time.second = bcdval(temp[0]&0x7f);     //秒,通过与操作屏蔽多余的位
        time.minute = bcdval(temp[1]&0x7f);     //分,获取真正的时间
        time.hour  = bcdval(temp[2]&0x3f);      //时,bcdval 是将 BCD 编码转换成十进制数的
                                                //函数
        time.day  = bcdval(temp[3]&0x3f);       //日
        time.week  = bcdval(temp[4]&0x07);      //星期
        time.month  = bcdval(temp[5]&0x1f);     //月
        time.year  = bcdval(temp[6] );          //年
        return 0;                               //返回 0,运行成功
    }
    else return 1;                              //1 表示失败
}

unsigned char settime()                         //设置时间
{//操作结果,0 表示成功,1 表示失败
unsigned char i,temp[7];
    for(i = 0;i<7;i++)
    {
        temp[i] = valbcd(((unsigned char * )(&time))[i]);
                                                //将 time 中的十进制时间数据转换为 BCD
    }                                           //转换后装到 temp[7]临时数组中
    return pcfwrite(0x02,7,temp);               //将 temp 数组的数据写入时间寄存器中
}

void Delay(unsigned int x)//@11.0592MHz x ms
{
    unsigned char i,j;
    while(x--)
    {
        _nop_();_nop_();_nop_();
        i = 11;j = 190;
        do
```

```
        {
            while (--j);
        }
        while (--i);
    }
}

void SendASC(char ASC)                          //向串口发送一个字符
{
    TI = 0;
    SBUF = ASC;
    while(!TI);
}

void main()
{//初始化,11.059MHz,9600bps
    unsigned char a[ ] = "0123456789";
    SCON = 0x50;                                //8 位可变波特率
    AUXR1 =  AUXR1 & 0x3F;
    AUXR = 0x40;                                //定时器 1 为 1T 模式
    TMOD = 0x20;                                //定时器 1 为模式 2(8 位自动重载)
    TL1 = 0xDC;                                 //设置波特率重装值
    TH1 = 0xDC;
    TR1 = 1;                                    //定时器 1 开始工作
    EA = 1;
    time.year  = 14;                            //以下设置初值
    time.month  = 5;
    time.day  = 1;
    time.hour  = 12;
    time.minute = 0;
    time.second = 0;
    time.week  = 4;
    settime(); //设定时间,将初值设定好的 time 值(十进制)转换成 BCD 编码输入到时间寄存器
    while(1)
    {
     readtime();                                //读取时间
        SendASC(a[time.year/10]);               //发送年十位
        SendASC(a[time.year % 10]);             //发送年个位
        SendASC('-');                           //发送短横线
        SendASC(a[time.month/10]);              //发送月十位
        SendASC(a[time.month % 10]);            //发送月个位
        SendASC('-');                           //发送短横线
        SendASC(a[time.day/10]);                //发送日十位
        SendASC(a[time.day % 10]);              //发送日个位
        SendASC(0x0D);                          //回车
        SendASC(0x0A);                          //换行
        SendASC(a[time.hour/10]);               //发送小时十位
        SendASC(a[time.hour % 10]);             //发送小时个位
        SendASC(':');                           //发送冒号
        SendASC(a[time.minute/10]);             //发送分钟十位
        SendASC(a[time.minute % 10]);           //发送分钟个位
        SendASC(':');                           //发送冒号
```

```
            SendASC(a[time.second/10]);          //发送秒十位
            SendASC(a[time.second % 10]);        //发送秒个位
            SendASC(0x0D); //回车
            SendASC(0x0A); //换行
            SendASC(a[time.week/10]);            //发送星期十位
            SendASC(a[time.week % 10]);          //发送星期个位
            SendASC(0x0D); //回车
            SendASC(0x0A); //换行
            Delay(999);                          //延时
        }
    }
```

13.3.2 单总线接口技术与应用编程

1. 串行单总线概述

串行单总线采用单条信号线，既可传输时钟，又可传输数据，而且数据传输是双向的，具有线路简单，硬件开销少，成本低廉，便于总线扩展和维护等优点，适用于单主机系统，能够控制一个或多个从机设备。当只有一个从机设备时，系统可按单节点系统操作；当有多个从机设备时，系统则按多节点系统操作。主机或从机设备通过一个漏极开路或三态端口连至该数据线，以允许设备在不发送数据时能够释放总线，而让其他设备使用总线。单总线通常要求外接一个约为4.7kΩ的上拉电阻，当总线闲置时，其状态为高电平。主机和从机之间的通信可通过3个步骤完成，分别为初始化One-Wire器件、识别One-Wire器件和交换数据。

美国DALLAS半导体公司的数字化温度传感器DS18B20是世界上第一片支持One-Wire单总线接口的温度传感器，其内部使用了在板(ON-BOARD)专利技术，其全部传感元件及转换电路集成在一个芯片内。当DS18B20启动后，就自动测量环境温度，并以数字信号形式存储在DS18B20的寄存器中，单片机通过读取时序读取数据即可。

2. 单总线温度传感器DS18B20

(1) DS18B20的主要特性

① 适应电压范围宽，电压范围3～5.5V，在寄生电源方式下可由数据线供电。

② 独特的单线接口方式，它与微处理器连接时仅需要一条口线即可实现微处理器与DS18B20的双向通信。

③ 支持多点组网功能，多个DS18B20可以并联在唯一的三线上，实现组网多点测温。

④ 在使用中，不需要任何外围元件，全部传感元件及转换电路集成在形如一只三极管的集成电路内。

⑤ 测温范围－55～＋125℃，在－10～＋85℃时精度为±0.5℃。

⑥ 可编程分辨率为9～12位，对应的可分辨温度分别为0.5℃、0.25℃、0.125℃和0.0625℃，可实现高精度测温。

⑦ 在9位分辨率时，最多在93.75ms内把温度转换为数字；12位分辨率时，最多在750ms内把温度值转换为数字，速度更快。

⑧ 测量结果直接输出数字温度信号，以“一线总线”串行传送给CPU，同时可传送

CRC 校验码，具有极强的抗干扰纠错能力。

⑨ 负压特性，电源极性接反时，芯片不会因发热而烧毁，但不能正常工作。

(2) DS18B20 引脚排列图及应用电路原理图

DS18B20 有 2 种封装形式，三脚 TO-92 直插式封装和八脚 SOP8 表贴式封装，其中三脚 TO-92 直插式封装是最常用的封装，其外形及引脚排列图如图 13.39 所示。

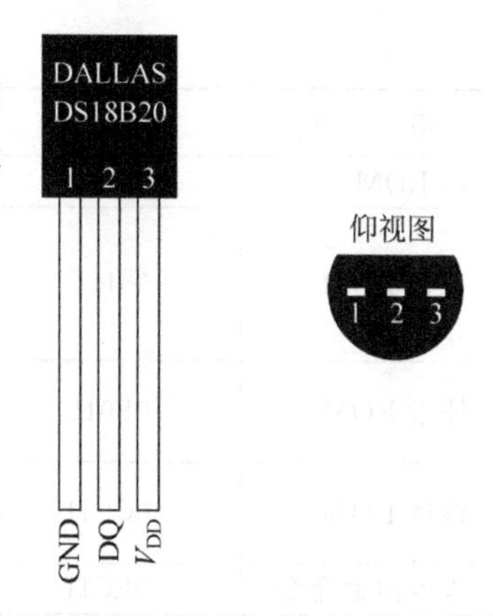

图 13.39 DS18B20 外形及引脚排列图

DS18B20 的引脚功能定义如下：

① GND 电源负极。

② DQ 单总线数字信号输入/输出。

③ V_{DD}电源正极。

根据 DS18B20 的供电方式分类有外部电源供电方式、寄生电源供电方式和寄生电源强上拉供电方式等。其中，寄生电源供电方式和寄生电源强上拉供电方式中，DS18B20 的 V_{DD}电源正极引脚必须接地 GND。而在外部电源供电方式下，DS18B20 工作电源由 V_{DD}电源正极接入，此时 I/O 线不需强上拉，不存在电源电流不足的问题，可以保证转换精度；同时，在总线上理论上可以挂接任意多个 DS18B20 传感器，组成多点测温系统。但在实际应用中，当单总线上同时挂接超过 8 个芯片时，仍然需要考虑 I/O 线驱动问题。外部电源供电方式测温应用电路原理图如图 13.40 所示。

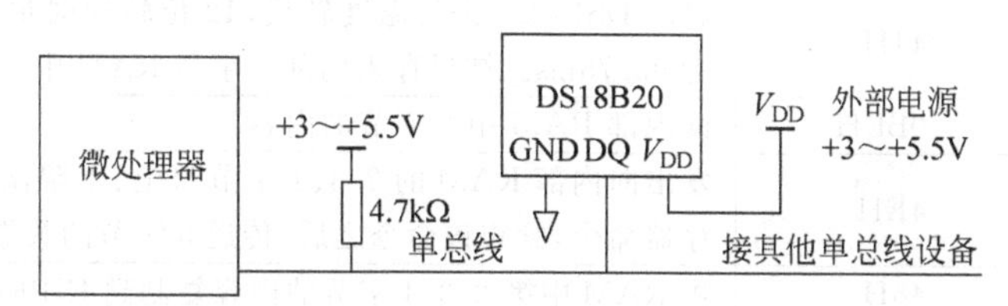

图 13.40 外部电源供电方式测温应用电路原理图

外部电源供电方式能够让 DS18B20 工作稳定可靠，抗干扰能力强，而且电路比较简单，可以设计出稳定可靠的单点或多点温度测量系统。如果是控制多个 DS18B20 进行温度采集，只要将所有 DS18B20 的 I/O 端口全部连接到一起即可，软件上是通过读取每个 DS18B20 芯片内部的序列号来识别的。

(3) 光刻 ROM 中的 64 位序列号

64 位光刻 ROM 中的序列号是出厂前被光刻好的，它可以看做该 DS18B20 芯片的地址序列码。其排列顺序：开始 8 位(28H)是产品类型标号，接着 48 位是该 DS18B20 芯片自身的序列号，最后 8 位是前面 56 位的 CRC 循环冗余校验码($CRC=X^8+X^5+X^4+1$)。光刻 ROM 的作用是使每一个 DS18B20 都各不相同，以实现一条总线上挂接多个 DS18B20 的目的。

(4) 指令表

当主机需要对多个在线 DS18B20 中的某一个进行操作时，首先应将主机逐个与 DS18B20 挂接，读出其序列号；然后再将所有的 DS18B20 挂接到总线上，单片机发出匹配 ROM 命令(55H),紧接着主机提供的 64 位序列号之后的操作就是针对该 DS18B20 的了。DS18B20 的 ROM 指令表如表 13.27 所示。

表 13.27 ROM 指令表

指　　令	约定代码	功　　能
读 ROM	33H	读 DS18B20 温度传感器 ROM 中的编码,即 64 位地址
符合 ROM	55H	发出此命令之后,接着发出 64 位 ROM 编码,访问单总线上与该编码相对应的 DS18B20,使之做出响应,为下一步对该 DS18B20 的读/写做准备
搜索 ROM	0F0H	用于确定挂接在同一总线上 DS18B20 的个数和识别 64 位 ROM 地址。为操作各器件做好准备
跳过 ROM	0CCH	忽略 64 位 ROM 地址,直接向 DS18B20 发送温度变换命令。适用于单片工作
告警搜索命令	0ECH	执行后,只有温度超过设定值上限或下限的片子才做出响应

如果主机只对一个 DS18B20 进行操作,就不需要读取 ROM 编码以及匹配 ROM 编码了,只要用跳过 ROM(CCH)命令,就可以进行如下温度转换和读取操作。RAM 指令表如表 13.28 所示。

表 13.28 RAM 指令表

指　　令	约定代码	功　　能
温度变换	44H	启动 DS18B20 进行温度转换,12 位转换时最长为 750ms,9 位为 93.75ms。结果存入内部 9 字节 RAM 中
读暂存器	0BEH	读内部 RAM 中 9 字节的内容
写暂存器	4EH	发出向内部 RAM 的 2、3、4 字节写上、下限温度数据和配置寄存器命令,紧跟该命令之后,传送 3 字节的数据
复制暂存器	48H	将 RAM 中第 2、3、4 字节的内容复制到 E^2PROM 中
重调 E^2PROM	0B8H	将 E^2PROM 中的内容恢复到 RAM 的第 2、3、4 字节
读供电方式	0B4H	读 DS18B20 的供电模式。寄生供电时,DS18B20 发送“0”; 外接电源供电时,DS18B20 发送“1”

(5) 高速暂存存储器 RAM 与可电擦除 E^2PROM

高速暂存存储器 RAM 由 9 个字节的存储器组成,其分配如表 13.29 所示。其中第 0～1 个字节是温度转换后的温度值的二字节补码形式。

表 13.29 DS18B20 高速暂存存储器 RAM

寄存器内容	字节地址	备份寄存器
温度值低位(LSB)	0	
温度值高位(MSB)	1	
高温限值(TH)	2	E^2PROM
低温限值(TL)	3	E^2PROM
配置寄存器	4	E^2PROM

续表

寄存器内容	字节地址	备份寄存器
保留	5	
保留	6	
保留	7	
CRC 校验值	8	

可电擦除 E^2PROM 存放高温度和低温度触发器 TH 和 TL 及配置寄存器。配置寄存器的格式如表 13.30 所示。

表 13.30 配置寄存器格式

TM	R1	R0	1	1	1	1	1

其中，低 5 位一直都是"1"；TM 是测试模式位，用于设置 DS18B20 是在工作模式还是在测试模式，出厂时默认设置为"0"工作模式，用户不要改动；R1 和 R0 是用来设置分辨率，出厂时默认设置为 12 位，用户可根据需要更改，如表 13.31 所示。

表 13.31 温度分辨率设置与转时间表

R1	R0	分辨率/位	温度最大转换时间/ms
0	0	9	93.75
0	1	10	187.5
1	0	11	375
1	1	12	750

(6) 温度值数据存储格式

DS18B20 分辨率出厂时默认设置为 12 位精度，存储在两个 8b 的 RAM 中，DS18B20 温度值数据存储格式如表 13.32 所示。单片机读取数据时，一次会读 2 字节共 16b，读完后将低 11 位的二进制数转化为十进制数后再乘以 0.0625 便为所测的实际温度值。

表 13.32 温度值数据存储格式

位号	B7	B6	B5	B4	B3	B2	B1	B0
LSB	2^3	2^2	2^1	2^0	2^{-1}	2^{-2}	2^{-3}	2^{-4}
位号	B15	B14	B13	B12	B11	B10	B9	B8
MSB	S	S	S	S	S	2^6	2^5	2^4

注意：最高位前 5 位为符号位，当测量的温度为负值时，前 5 位都为 1，测到的数值需要取反加 1 再乘以 0.0625 才可以得到实际温度值；当测量的温度为正值时，前 5 位都为 0，只要将测到的数值乘以 0.0625 即可得到实际温度值。

例如，+125℃的数字输出二进制为 00000111 11010000B，十六进制为 07D0H；+85℃的数字输出二进制为 00000101 01010000B，十六进制为 0550H；+25.0625℃的数字输出二进制为 00000001 10010001B，十六进制为 0191H；0℃的数字输出二进制为

00000000 00000000B，十六进制为 0000H；其中开机复位时，温度寄存器的值是＋85℃(0550H)。

(7) 单总线的时序

所有的单总线器件都要遵循严格的通信协议，以保证数据的完整性。One-Wire 协议定义了复位与应答脉冲、写“0”与写“1”时序、读“0”与读“1”时序等几种信号类型。所有的单总线命令序列(初始化、ROM 命令、功能命令)都是由这些基本信号类型组成的。在这些信号中，除了应答脉冲外，其他均由主机发出同步信号，并且发送的所有命令和数据都是字节的低位在前。下面以单总线器件 DS18B20 数字温度传感器为例介绍单总线时序。

① 初始化时序。

初始化时序如图 13.41 所示。初始化时序包括主机发出的复位脉冲和从机发出的应答脉冲。

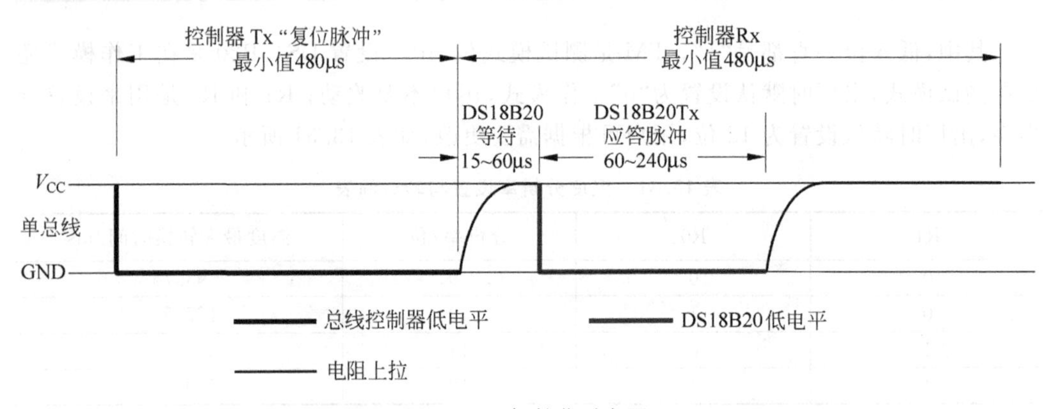

图 13.41 初始化时序图

a. 微控制器先将数据线置高电平 1。

b. 延时，该延时时间要求不严格，可尽量短一点。

c. 微控制器将数据线拉到低电平 0。

d. 延时 750μs，该延时时间在 480～960μs，一般取中间值。

e. 上拉电阻将数据线拉到高电平 1。

f. 延时等待。如果初始化成功，则在 15～60μs 内产生一个由 DS18B20 返回的低电平 0，以确定有芯片存在。

g. 若微控制器读到数据线上的低电平 0 后，还要进行延时一定时间。

初始化 DS18B20 的 C 语言源程序如下：

```
void Delay(unsigned int v)                    //延时子程序
{
    while(v!= 0)
    v--;
}
void Init_DS18B20(void)                       //18b20 初始化函数
{
    unsigned char x = 0;
    DQ = 1;                                   //DQ 复位
```

```
    Delay(80);                              //稍做延时
    DQ = 0;                                 //单片机将 DQ 拉低
    Delay(800);                             //精确延时 大于 480μs
    DQ = 1;                                 //拉高总线
    Delay(100);
    x = DQ;                                 //稍做延时后,如果 x = 0,则初始化成功; 如果
                                            //x = 1,则初始化失败
    Delay(50);
}
```

② 写时序。

在每一个时序中,总线只能传输 1 位数据。所有的读、写时序至少需要 60μs,并且每两个独立的时序之间至少需要 1μs 的恢复时间。读、写时序均始于主机拉低总线。DS18B20 写数据时序图如图 13.42 所示。

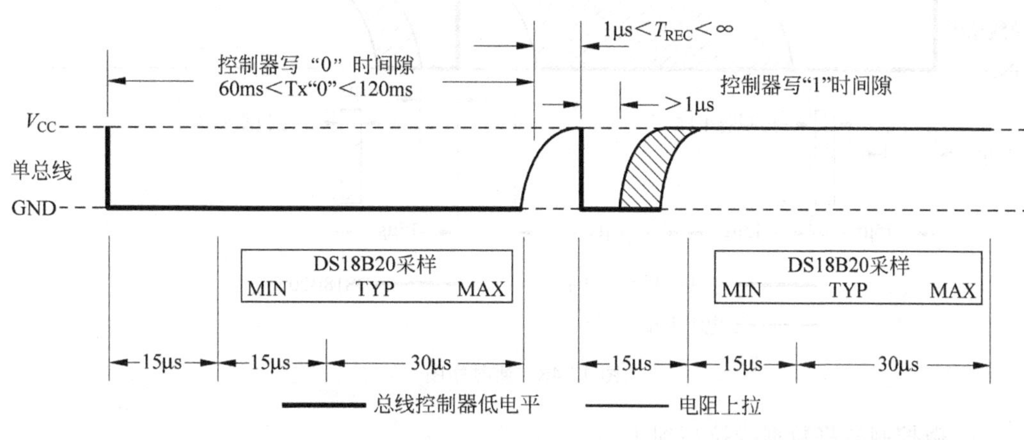

图 13.42　写数据时序图

a. 微控制器先将数据线置低电平 0。

b. 延时确定的时间为 15μs。

c. 按从低位到高位的顺序发送数据,一次只发送一位。

d. 延时时间为 45μs。

e. 上拉电阻将数据线拉到高电平 1。

f. 重复 a～e 步骤,直到发送完整个字节。

g. 最后上拉电阻将数据线拉高到 1。

向 DS18B20 写一个字节 C 语言源程序如下:

```
void WriteOneChar(unsigned char dat)            //写一个字节
{
    unsigned char i = 0;
    for (i = 8; i > 0; i--)
    {
        DQ = 0;
        DQ = dat&0x01;
        Delay(50);
        DQ = 1;
        dat >> = 1;
```

```
        }
        Delay(50);
    }
```

③ 读时序。

单总线器件仅在主机发出读时序时才向主机传输数据，所以，当主机向单总线器件发出读数据命令后，必须马上产生读时序，以便单总线器件能传输数据。在主机发出读时序之后，单总线器件才开始在总线上发送“0”或“1”。若单总线器件发送“1”，则总线保持高电平；若发送“0”，则拉低总线。读时序图如图 13.43 所示。

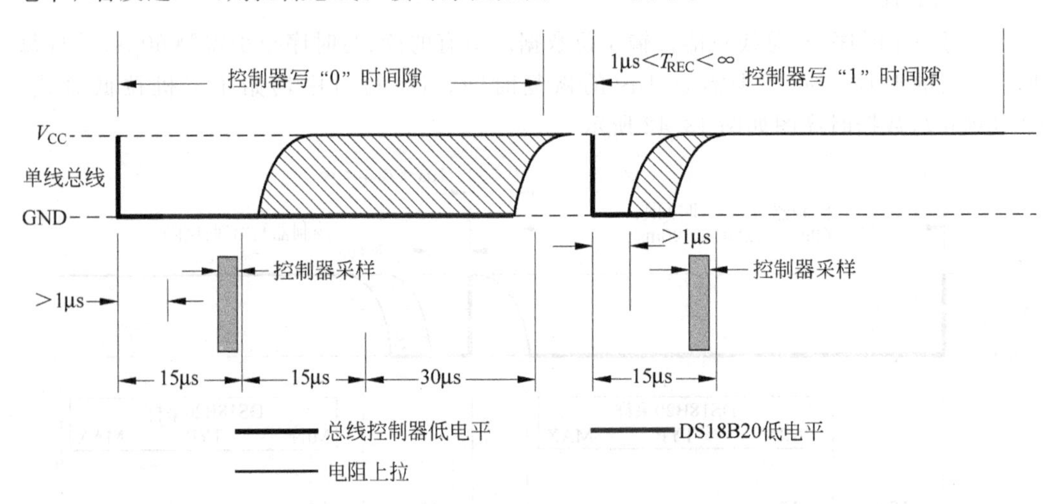

图 13.43　读时序图

a. 微控制器将数据线拉高到 1。

b. 延时 2μs。

c. 微控制器将数据线拉低到 0。

d. 延时 6μs。

e. 上拉电阻将数据线拉高到 1。

f. 延时 4μs。

g. 读数据线的状态得到一个状态位，并进行数据处理。

h. 延时 30μs。

i. 重复 a～h 步骤，直到读取完一个字节。

向 DS18B20 读一个字节 C 语言源程序如下：

```
unsigned char ReadOneChar(void)                    //读一个字节
{
    unsigned char i = 0;
    unsigned char dat = 0;
    for (i = 8;i > 0;i--)
    {
        DQ = 0;                                    //给脉冲信号
        dat >>= 1;
        DQ = 1;                                    //给脉冲信号
```

```
        if(DQ)
        dat| = 0x80;
        Delay(50);
    }
    return(dat);
}
```

3. 单总线应用实例

例 13.12 单片机控制一片 DS18B20 温度传感器芯片，外接电源，12 位精度，换算得到实际温度，温度值保存到无符号整型变量 temp 中。

解：C 语言源程序如下。

```
#include "stc15f2k60s2.h"
#include <intrins.H>
sbit DQ = P5^5;                                  //ds18b20 端口
void Delay(unsigned int v);
void Init_DS18B20(void);
unsigned char ReadOneChar(void);
void WriteOneChar(unsigned char dat);
unsigned int ReadTemperature(void)               //读取温度
{
    unsigned char a = 0;
    unsigned char b = 0;
    unsigned int t = 0;
    float tt = 0;
    Init_DS18B20();
    WriteOneChar(0xCC);                          //跳过读序号列号的操作
    WriteOneChar(0x44);                          //启动温度转换
    Init_DS18B20();                              //18b20 初始化
    WriteOneChar(0xCC);                          //跳过读序号列号的操作
    WriteOneChar(0xBE);            //读取温度寄存器等(共可读 9 个寄存器) 前两个就是温度
    a = ReadOneChar();
    b = ReadOneChar();
    t = b;
    t <<= 8;
    t = t|a;
    tt = t * 0.0625;
    t = tt * 10 + 0.5;                           //放大 10 倍输出并四舍五入
    return(t);
}

main()
{
   unsigned int temp;
   while(1)
   {
        temp = ReadTemperature();
        …                                        //显示等其他子程序
   }
}
```

13.4 STC15F2K60S2 单片机的低功耗设计与可靠性设计

13.4.1 STC15F2K60S2 单片机的低功耗设计

单片机应用电子系统的低功耗设计越来越重要，特别是在电池供电的手持设备电子产品中尤其突出。STC15F2K60S2 单片机可以工作于正常工作模式、慢速模式、空闲模式和掉电模式，一般把后 3 种模式称为省电模式，即低功耗设计的重要体现。

对于一般普通的单片机应用系统，使用正常工作模式即可；如果系统对于速度要求不高时，可对系统时钟进行分频，让单片机工作在慢速模式；电源电压为 5V 的 STC15F2K60S2 单片机的典型工作电流为 2.7～7mA。对于电池供电的手持设备电子产品，不管是工作在正常模式还是慢速模式，均可以根据需要进入空闲模式或掉电模式，从而大大降低单片机的工作电流。在空闲模式下，STC15F2K60S2 单片机的工作电流典型值为 1.8mA；在掉电模式下，STC15F2K60S2 单片机的工作电流小于 0.1μA。

1. STC15F2K60S2 单片机的慢速模式

STC15F2K60S2 单片机的慢速模式由时钟分频器 CLK_DIV（地址为 97H，复位值为 0000 x000B）控制，从而对系统时钟进行分频，使单片机在较低频率工作，减小单片机工作电流。时钟分频寄存器 CLK_DIV 各位的定义如表 13.33 所示。

表 13.33 时钟分频寄存器 CLK_DIV 各位定义

位号	B7	B6	B5	B4	B3	B2	B1	B0
位名称	MCKO_S1	MCKO_S0	ADRJ	TX-RX	—	CLKS2	CLKS1	CLKS0

系统时钟的分频情况如表 13.34 所示。

表 13.34 CPU 系统时钟与分频系数

CLKS2	CLKS1	CLKS0	CPU 的系统时钟
0	0	0	主时钟频率 f_{OSC}
0	0	1	主时钟频率 $f_{OSC}/2$
0	1	0	主时钟频率 $f_{OSC}/4$
0	1	1	主时钟频率 $f_{OSC}/8$
1	0	0	主时钟频率 $f_{OSC}/16$
1	0	1	主时钟频率 $f_{OSC}/32$
1	1	0	主时钟频率 $f_{OSC}/64$
1	1	1	主时钟频率 $f_{OSC}/128$

注意：主时钟可以是内部 R/C 时钟，也可以是外部输入的时钟或外部晶体振荡产生的时钟；既可以在正常工作模式分频，也可以在空闲模式分频工作。

2. STC15F2K60S2 单片机的空闲（待机）模式和掉电（停机）模式

STC15F2K60S2 单片机的空闲（待机）模式和掉电（停机）模式的应用主要是省电方

式的进入和省电方式的退出(唤醒)两个方面。

(1) 空闲模式和掉电模式的进入控制

省电方式的进入由电源控制寄存器 PCON(地址为 87H,复位值为 30H)的相应位控制。电源控制寄存器 PCON 各位的定义如表 13.35 所示。

表 13.35 电源控制寄存器 PCON 各位定义

位号	D7	D6	D5	D4	D3	D2	D1	D0
位名称	SMOD	SMOD0	LVDF	POF	GF1	GF0	PD	IDL

IDL:将 IDL 置 1,即 PCON |= 0x01,单片机将进入空闲模式(即 IDLE 模式)。在空闲模式下,仅 CPU 没有时钟不工作外,其余模块仍正常运行,如外部中断、内部低电压检测电路、定时器、A/D 转换等都正常工作。

看门狗在空闲模式下是否工作取决于看门狗定时器控制寄存器 WDT_CONTR 的 IDLE_WDT(WDT_CONTR.3)。当 IDLE_WDT 的位被设置为 1 时,看门狗定时器在"空闲模式"正常工作;当 IDLE_WDT 的位被设置为 0 时,看门狗定时器在"空闲模式"停止工作。

在空闲模式下,RAM、堆栈指针(SP)、程序计数器(PC)、程序状态字(PSW)、累加器(A)等寄存器都保持原有数据。I/O 端口保持空闲模式进入前那一刻的逻辑状态。单片机所有外围设备都能正常工作(除 CPU 无时钟不工作外)。

PD:将 PD 置 1,即 PCON |= 0x02,单片机将进入掉电模式(即停机模式)。在掉电模式下,时钟停振,CPU、定时器、看门狗、A/D 转换、串行口全部停止工作,只有外部中断继续工作。进入掉电模式后,所有的 I/O 端口、特殊功能寄存器维持进入掉电模式前那一刻的状态不变。

LVDF:低电压检测标志位,同时也是低电压检测中断请求标志位。在进入掉电模式前,如果低电压检测电路被允许产生中断,则低电压检测电路在进入掉电模式后也可继续工作;否则,在进入掉电模式前,如果低电压检测中断未被允许,低电压检测电路在进入掉电模式后将停止工作,以降低功耗。

POF:上电复位标志位,单片机停电后,上电复位标志位为 1,可由软件清 0。

GF1 和 GF0:通用用户标志 1 和 0,用户可以随意使用。

SMOD 和 SMOD0:串行口的相关设置位,与电源控制无关,在此不作介绍。

注意:当单片机进入空闲模式或者掉电模式后,由中断引起单片机再次被唤醒,CPU 将继续执行进入省电模式语句的下一条指令,当下一条指令执行后,是继续执行下一条指令或者进入中断还是有一定区别的,所以建议在设置单片机进入省电模式的语句后加几条_nop_语句(空语句)。

例 13.13 LED 以一定时间闪烁,按下按键,单片机进入空闲模式或者掉电模式,LED 停止闪烁并停留在当前亮或者灭状态。

解:C 语言程序如下。

```
#include "stc15f2k60s2.h"
```

```
#include "intrins.h"
sbit key = P3 ^0;                                   //定义按键接口
sbit led = P0 ^0;                                   //定义 LED 接口
delayms(unsigned int t)                             //延时
{
    unsigned int i,j;
    for(i = 0;i<t;i++)
    for(j = 0;j<120;j++);
}
void main( )
{
    while(1)
    {
        led = ~ led;                                //进行按键功能处理
        delayms(1000);
        if(key == 0)                                //检测按键是否按下出现低电平
        {
            delayms(1);                             //调用延时子程序进行软件去抖
            if(key == 0)                            //再次检测按键是否确实按下出现低电平
            {
                while(key == 0);                    //等待按键松开
                PCON| = 0x01;                       //将 IDL 置 1,单片机将进入空闲模式
                //PCON| = 0x02;                     //将 PD 置 1,单片机将进入掉电模式
                _nop_();_nop_();_nop_();_nop_();
            }
        }
    }
}
```

(2) 空闲模式的退出及应用

有两种方式可以退出空闲模式,如下所述。

① 外部复位 RST 引脚硬件复位,将复位引脚拉高,产生复位。这种拉高复位引脚来产生复位的信号源需要被保持 24 个时钟加上 20μs,才能产生复位,再将 RST 引脚拉低,结束复位,单片机从用户程序 0000H 处开始进入正常工作模式。

② 外部中断、定时器中断、低电压检测中断以及 A/D 转换中的任何一个中断的产生都会引起 IDL/PCON.0 被硬件清除,从而退出空闲模式。当任何一个中断产生时,它们都可以将单片机唤醒,单片机被唤醒后,CPU 将继续执行进入空闲模式语句的下一条指令,之后将进入相应的中断服务子程序。

(3) 掉电模式的退出及应用

有 5 种方式可以退出空闲模式,如下所述。

① 外部复位 RST 引脚硬件复位,可退出掉电模式。复位后,单片机从用户程序 0000H 处开始进入正常工作模式。

② 外部中断 INT0、INT1、$\overline{INT2}$、$\overline{INT3}$、$\overline{INT4}$和 CCP 中断 CCP0、CCP1、CCP2 可唤醒单片机。其中,INT0、INT1 上升沿下降沿中断均可,$\overline{INT2}$、$\overline{INT3}$、$\overline{INT4}$仅可下降沿中断。单片机被唤醒后,CPU 将继续执行进入掉电模式语句的下一条指令,然后执行相应的中断服务子程序。

③ 定时器 T0、T1、T2 中断可唤醒单片机。如果定时器 T0、T1、T2 中断在进入掉电模式前被设置允许，则进入掉电模式后，定时器 T0、T1、T2 的外部引脚如果发生由高到低的电平变化，可以将单片机从掉电模式唤醒。单片机唤醒后，如果主时钟使用的是内部时钟，单片机在等待 64 个时钟后，将时钟供给 CPU 工作；如果主时钟使用的是外部晶体时钟，单片机在等待 1024 个时钟后，将时钟供给 CPU 工作。CPU 获得时钟后，程序从设置单片机进入掉电模式语句的下一条语句开始往下执行，不进入相应定时器的中断服务子程序。

④ 串行口中断可唤醒单片机。如果串行口 1、串行口 2 中断在进入掉电模式前被设置允许，则进入掉电模式后，串行口 1、串行口 2 的数据接收端 RxD1、RxD2 如发生由高到低的电平变化，可以将单片机从掉电模式唤醒。单片机唤醒后，如果主时钟使用的是内部时钟，单片机在等待 64 个时钟后，将时钟供给 CPU 工作；如果主时钟使用的是外部晶体时钟，单片机在等待 1024 个时钟后，将时钟供给 CPU 工作。CPU 获得时钟后，程序从设置单片机进入掉电模式语句的下一条语句开始往下执行，不进入相应串行口的中断服务子程序。

⑤ 使用内部掉电唤醒专用定时器可唤醒单片机。STC15F2K60S2 单片机由特殊功能寄存器 WKTCH 和 WKTCL 管理和控制。

WKTCH 不可位寻址，地址为 ABH，复位值为 7FH，各位定义如表 13.36 所示。

表 13.36　掉电唤醒专用定时器 WKTCH 位定义

位号	B7	B6	B5	B4	B3	B2	B1	B0
位名称	WKTEN							

WKTCL 不可位寻址，地址为 AAH，复位值为 FFH，各位定义如表 13.37 所示。

表 13.37　掉电唤醒专用定时器 WKTCL 位定义

位号	B7	B6	B5	B4	B3	B2	B1	B0
位名称								

WKTEN：掉电唤醒专用定时器的使能控制位。当 WKTEN＝1 时，允许掉电唤醒专用定时器工作；当 WKTEN＝0 时，禁止掉电唤醒专用定时器工作。

掉电唤醒专用定时器是由 WKTCH 的低 7 位和 WKTCL 的 8 位构成的一个 15 位的定时器，定时时间从 0 开始计数，最大计数值是 32768。

STC15F2K60S2 单片机除增加了特殊功能寄存器 WKTCH 和 WKTCL 外，还设计了两个隐藏的特殊功能寄存器 WKTCH_CNT 和 WKTCL_CNT，用来控制内部停机唤醒专用定时器。WKTCL_CNT 和 WKTCL 共用一个地址 AAH，WKTCH_CNT 和 WKTCH 共用一个地址 ABH，WKTCH_CNT 和 WKTCL_CNT 是隐藏的，对用户是不可见的。WKTCH_CNT 和 WKTCL_CNT 实际上用作计数器，而 WKTCH 和 WKTCL 是用作比较器。当用户对 WKTCH 和 WKTCL 写入内容时，该内容只写入 WKTCH 和 WKTCL；当用户读 WKTCH 和 WKTCL 的内容时，读的是 WKTCH_CNT 和 WKTCL_CNT 的实际计数内容，而不是 WKTCH 和 WKTCL 的内容。

通过软件将 WKTCH 寄存器中的 WKTEN 位置 1，允许掉电唤醒专用定时器工作，单片机一旦进入掉电模式，内部掉电唤醒专用定时器 WKTCH_CNT 和 WKTCL_CNT 就从 7FFFH 开始计数，直到与 WKTCH 的低 7 位和 WKTCL 的 8 位共 15 位寄存器所设定的计数值相等，就让系统时钟开始振荡。如果主时钟使用的是内部时钟，单片机在等待 64 个时钟后，将时钟供给 CPU 等各个功能模块；如果主时钟使用的是外部晶振时钟，单片机在等待 1024 个时钟后，将时钟供给 CPU 等各个功能模块。CPU 获得时钟后，程序从设置单片机进入掉电模式的下一条语句开始往下执行，不进入相应中断服务子程序。掉电唤醒后，可通过读 WKTCH 和 WKTCL 的内容(实际上读的是 WKTCH_CNT 和 WKTCL_CNT 的实际计数内容)读出单片机在掉电模式所等待的时间。

内部掉电唤醒定时器计数一次的时间大约是 488.28μs，那么定时时间为 WKTCH 的低 7 位和 WKTCL 的 8 位共 15 位寄存器所设定的计数值加 1 再乘以 488.28μs。因此，掉电唤醒专用定时器最小计数时间约为 488.28μs，掉电唤醒专用定时器最长计数时间约为 488.28 * 32768=16(s)。

例 13.14 采用内部掉电唤醒定时器唤醒单片机的掉电状态，唤醒时间为 500ms。

解：唤醒时间为 500ms，则需要计数值 X=500ms/488μs≈400H，所以 WKTCH 和 WKTCL 的设定值为 400H 减 1，即 3FFH，即(WKTCH)=03H，(WKTCL)= FFH。

C 语言源程序如下：

```
sfr WKTCH = 0xAB;
sfr WKTCL = 0xAA;
void main(void)
{
    WKTCH = 0x03;
    WKTCL = 0xFF;
    …
}
```

13.4.2 STC15F2K60S2 单片机的可靠性设计

单片机应用系统在各行各业应用非常广泛，单片机系统的可靠性越来越显示出其重要性，特别是在工业控制、汽车电子、航空航天等需要高可靠性的单片机应用电子系统中。为了防止外部电磁干扰或者自身程序设计等异常情况，导致电子系统中单片机程序跑飞，引起系统长时间无法正常工作，一般情况下需要在系统中设计一个看门狗(Watch Dog)电路。看门狗电路的基本作用就是监视 CPU 的运行工作。如果 CPU 在规定的时间内没有按要求访问看门狗，就认为 CPU 处于异常状态，看门狗就会强迫 CPU 复位，使系统重新从头开始按规律执行用户程序。正常工作时，单片机可以通过一个 I/O 引脚定时向看门狗脉冲输入端输入脉冲(定时时间只要不超出硬件看门狗的溢出时间即可)。当系统一旦死机时，单片机就会停止向看门狗脉冲输入端输入脉冲，超过一定时间后，硬件看门狗电路就会发出复位信号，将系统复位，使系统恢复正常工作。

1. STC15F2K60S2 单片机看门狗定时器寄存器与计算

传统 8051 单片机一般需要外置一片看门狗专用集成电路来实现硬件看门狗电路，

STC15F2K60S2单片机内部集成了看门狗定时器(Watch Dog Timer,WDT),使单片机系统的可靠性设计变得更加方便、简洁。通过设置和控制WDT控制寄存器WDT_CONTR(地址为C1H,复位值为xx00 0000B)来使用看门狗功能。WDT_CONTR控制寄存器的各位定义如表13.38所示。

表13.38 看门狗控制寄存器WDT_CONTR各位定义

位号	D7	D6	D5	D4	D3	D2	D1	D0
位名称	WDT_FLAG	—	EN_WDT	CLR_WDT	IDLE_WDT	PS2	PS1	PS0

WDT_FLAG:看门狗溢出标志位,当溢出时,该位由硬件置1,可用软件将其清零。

EN_WDT:看门狗允许位。当设置为1时,看门狗启动;当设置为0时,看门狗不起作用。

CLR_WDT:看门狗清零位。当设置为1时,看门狗将重新计数。硬件将自动清零此位。

IDLE_WDT:看门狗"IDLE"模式(即空闲模式)位。当设置为1时,看门狗定时器在"空闲模式"计数;当设置为0时,看门狗定时器在"空闲模式"不计数。

PS2、PS1、PS0:看门狗定时器预分频系数控制位。

看门狗溢出时间计算方法:

看门狗溢出时间=(12×预分频系数×32768)/晶振时钟频率

例如,晶振时钟频率为12MHz,PS2=0,PS1=0,PS0=1时,看门狗溢出时间=(12×4×32768)/12000000=131.0(ms)。

常用预分频系数设置和看门狗定时器溢出时间如表13.39所示。

表13.39 常用预分频系数设置和看门狗定时器溢出时间

PS2	PS1	PS0	预分频系数	WDT溢出时间/ms (11.0592MHz)	WDT溢出时间/ms (12MHz)	WDT溢出时间/ms (20MHz)
0	0	0	2	71.1	65.5	39.3
0	0	1	4	142.2	131.0	78.6
0	1	0	8	284.4	262.1	157.3
0	1	1	16	568.8	524.2	314.6
1	0	0	32	1137.7	1048.5	629.1
1	0	1	64	2275.5	2097.1	1250
1	1	0	128	4551.1	4194.3	2500
1	1	1	256	9102.2	8388.6	5000

2. STC15F2K60S2单片机看门狗定时器的使用

当启用WDT看门狗定时器后,用户程序必须周期性地复位WDT,以表示程序还在正常运行,并且复位周期必须小于WDT的溢出时间。如果用户程序在一段时间之后(超出WDT的溢出时间)不能复位WDT,WDT就会溢出,将强制CPU自动复位,从而确保程序不会进入死循环，或者执行到无程序代码区。复位 WDT 的方法是重写 WDT 控制寄存器的内容。

例 13.15 WDT 的使用主要涉及 WDT 控制寄存器的设置以及 WDT 的定期复位。

解：使用 WDT 的 C 语言程序如下。

```
#include "stc15f2k60s2.h"
void main(void)
{
    …                               //其他初始化代码
    WDT_CONTR = 0x3c;               //WDT 初始化，即 00111100B
                                    //EN_WDT = 1，开启 WDT；CLR_WDT = 1，WDT 重新计数
                                    //IDLE_WDT = 1，设置 WDT 在空闲模式时也计数
                                    //PS2 = 1，PS1 = 0，PS0 = 0，设置预分频系数为 32
    while(1)
    {
        display( );                 //显示子程序
        keyboard( );                //键盘子程序
        …                           //其他程序代码
        WDT_CONTR = 0x3c;           //复位 WDT
    }
}
```

3. STC15F2K60S2 单片机看门狗定时器的应用实例

例 13.16 单片机接有一个按键 key 和一个 LED，LED 以时间间隔 tt0 一亮一灭闪烁，设置看门狗时间大于 tt0，程序正常运行。当按下按键 key，tt0 逐渐变大，LED 闪烁变慢，按下按键若干次后 tt0 大于看门狗时间，以此模拟程序“跑飞”，迫使系统自动复位，重新进入 LED 以时间间隔 tt0 一亮一灭闪烁。要求应用 WDT 看门狗定时器来实现。

解：假设单片机频率为 12MHz，当按键 key 按下被检测时，运行时间为一次按键工作时间加上 LED 闪烁间隔 tt0，根据表 13.39 所示，看门狗时间设置为 2.0971s，即(PS2)=1，(PS1)=0，(PS0)=1，(WDT_CONTR)=0x3D，C 语言源程序如下。

```
#include "stc15f2k60s2.h"
#include "intrins.h"
sbit key = P3^0;                    //定义按键接口
sbit led = P0^0;                    //定义 LED 接口
delayms(unsigned int t)             //延时
{
    unsigned int i,j;
    for(i = 0;i < t;i++)
    for(j = 0;j < 120;j++);
}
void main(void)
{
    unsigned int tt0 = 1000;
    WDT_CONTR = 0x3D;               //WDT 初始化
    while(1)
    {
        led = ~ led;
        delayms(tt0);
```

```
            if(key == 0)
            {
                delayms(1);
                if(key == 0)
                {
                    tt0 = tt0 + 5000;  //tt0 变大直至程序“跑飞”
                    while(key == 0); //等待按键松开
                }
            }
            WDT_CONTR = 0x3D;          //复位 WDT
        }
    }
```

本章小结

从单片机应用系统的设计原则、开发流程和工程报告的编制来进行论述一般通用的单片机应用系统的设计和开发过程。

LED 数码显示主要有 LED 发光二极管和 LED 数码管显示方式。LED 发光二极管可显示两种状态，可用于高低电平或者二进制的显示；LED 数码管主要用于数字和部分字符的显示。本章重点介绍了数码管并行数据静态显示、并行数据动态扫描显示、串行数据静态显示和串行数据动态扫描显示 4 种数码管显示原理和应用。

LCD 根据显示方式和内容的不同，液晶显示模块可以分为数显笔段型液晶显示模块、点阵字符型液晶显示模块和点阵图形型液晶显示模块 3 种。本章重点介绍了点阵字符型 LCD1602 和带中文字库的 LCD12864 显示模块的硬件接口、指令表及具体编程应用例子等。

单片机键盘电路主要有独立按键和矩阵按键。如果只有几个功能键，一般采用独立按键；如果需要输入数字 0～9 等按键比较多的情况下，通常采用行列矩阵按键。本章重点介绍了查询扫描方式、定时扫描方式和中断扫描方式 3 种工作方式的详细应用。

I^2C(Inter-Integrated Circuit)总线是由 Philips 公司开发的两线式串行总线，用于连接微控制器及其外围设备。本章通过具有 I^2C 接口的时钟芯片 PCF8563 的应用，讲解了 I^2C 的基本工作时序及相应的驱动程序，并详细介绍了时钟芯片 PCF8563 的硬件电路原理、寄存器结构及具体编程应用例子。

串行单总线采用单条信号线，既可传输时钟，又可传输数据，而且数据传输是双向的。美国 DALLAS 半导体公司的数字化温度传感器 DS18B20 是世界上第一片支持 One-Wire 单总线接口的温度传感器。本章详细介绍了 DS18B20 的指令表、基本工作时序和相应的驱动程序以及具体的读取温度的编程应用。

单片机应用系统中低功耗和可靠性都是非常重要的。STC15F2K60S2 单片机可以工作于正常工作模式、慢速模式、空闲模式和掉电模式，一般把后 3 种模式称为省电模式；STC15F2K60S2 单片机内部集成了看门狗定时器(Watch Dog Timer，WDT)，使单片机系统的可靠性设计变得更加方便，能够有效地防止程序“跑飞”。

习题与思考题

1. 请简述一般单片机应用系统的开发流程。

2. 熟悉并行数据动态扫描数码管显示原理,熟悉独立按键工作原理。设计由3个独立按键和两位数码管组成的按键显示电路,实现按下按键1显示的数字加1,按下按键2显示的数字减1,按下按键3显示的数字清零。当数字到达最大值99后再加1,则回到最小值0,当数字到达最小值0后再减1,则回到最大值99。

3. 熟悉串行数据动态扫描数码管显示原理,熟悉4×4行列矩阵按键工作原理。通过矩阵按键按下“设置功能”,然后连续输入4位数字,可以随意设置0~9999中的某一个数字,通过数码管显示设置的数字。

4. 熟悉PCF8563工作原理,利用PCF8563设计一个电子万年历,通过LCD12864实时显示年、月、日、时、分、秒和星期等信息。

5. 如何调整PCF8563实时时钟的计时精度?

6. 熟悉DS18B20工作原理,利用DS18B20设计一个数字温度计,并能通过按键设置最小值和最大值,当实时温度小于最小值或者大于最大值时蜂鸣器报警,通过LCD1602同时显示当前温度值、设置的最小值和最大值。

7. STC15F2K60S2单片机有哪几种省电模式?如何设置进入相应模式?请编写程序验证。

8. STC15F2K60S2单片机进入掉电模式后,如何唤醒?请编写程序验证每一种唤醒的方式。

9. STC15F2K60S2单片机进入空闲模式后,如何唤醒?请编写程序验证每一种唤醒的方式。

10. 熟悉STC15F2K60S2单片机看门狗控制寄存器WDT_CONTR的应用,提高程序运行可靠性。

CHAPTER 14 第14章

微型计算机总线扩展技术*

14.1 微型计算机的总线结构

1946 年 6 月，匈牙利籍数学家冯・诺依曼提出了"程序存储"和"二进制运算"的思想，构建了由运算器、控制器、存储器、输入设备和输出设备组成的这一经典的计算机结构，即冯・诺依曼计算机的经典结构框架；1971 年 1 月，Intel 公司的德・霍夫将运算器、控制以及一些寄存器器集成在一块芯片上，即称为微处理器或中央处理单元(简称 CPU)，形成了以微处理器为核心的总线结构框架。

微型计算机的核心就是应用了总线结构，以 CPU 为核心，可以将众多的存储器、I/O 接口以及设备并在公共的总线上，通过寻址的方式区分并在总线的装置，并保证在任何时刻只有一个装置与 CPU 进行数据交换。

地址总线(Address Bus,AB)：地址总线用于寻址，用于确定哪个装置在总线上处于有效状态，能够与 CPU 进行数据交换。

数据总线(Data Bus,DB)：数据交换通道，只有通过地址总线选中的装置的数据通道与 CPU 数据总线是相通的，其他所有装置的数据通道都处于高阻状态。

控制总线(Control Bus,CB)：用于选择数据交换的类型，一般为"读"和"写"两种。

单片机作为微型计算机的一个发展分支，首先通过内部总线将 CPU、一定数量的存储器以及 I/O 接口连接并集成在一块芯片上，构成一个片上微型计算机。MCS-51 系列单片机内部具备微型计算机的基本组成以外，同时具有较完善外部总线结构，具有较强外部存储器和外部 I/O 接口的扩展能力。虽然，MCS-51 系列单片机发展到今天，在片内可以集成足够的程序存储器、数据存储器，在应用中不推荐外部扩展程序存储器、数据存储器以及 I/O 接口，但作为用来学习微型计算机总线技术具有典型的代表意义。

14.2 MCS-51 单片机系统扩展

MCS-51 单片机的系统扩展包括外部程序存储器和外部数据存储器(含 I/O 接口)。MCS-51 单片机数据存储器和程序存储器的最大扩展空间都是 64KB，扩展后系统形成两个并行的 64KB 存储空间。

扩展外部存储器是以单片机为核心，通过系统总线进行的，通过总线把各扩展部件连接起来，并进行数据、地址和信号的传送，MCS-51 使用的是并行总线结构，总线包括地址总线、数据总线和控制总线，如图 14.1 所示。

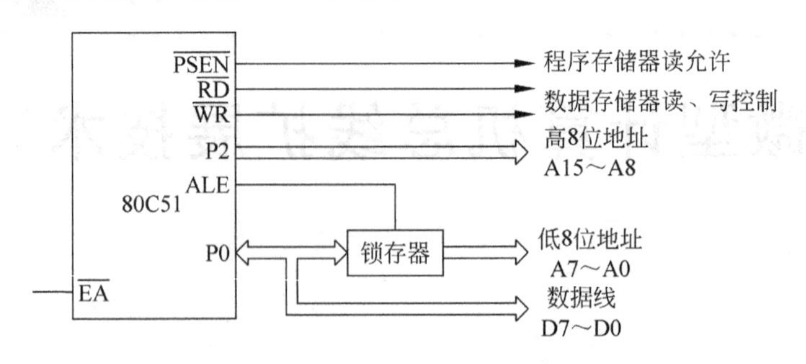

图 14.1　MCS-51 单片机系统总线结构

(1) 地址总线 AB

地址总线由 P2 口提供高 8 位地址线，P2 口具有输出锁存功能，能保留地址信息。由 P0 口提供低 8 位地址线。由于 P0 口分时作为地址线、数据线使用，所以为保存地址信息，需外加地址锁存器锁存低 8 位的地址信号。一般采用 ALE 信号的下降沿控制锁存时刻。地址总线是单向的，地址信号只能由单片机向外送出。

地址总线的数目决定着可直接访问的存储单元的数目，MCS-51 单片机的地址总线是 16 位的，因此，可以产生 2^{16}(64K)个连续地址编码，即可访问 2^{16}(64K)个存储单元。

(2) 数据总线 DB

数据总线由 P0 口提供，数据总线的位数（宽度）与单片机处理数据的字长一致，MCS-51 单片机的字长是 8 位，所以数据总线的位数也是 8 位。数据总线是双向的，可以进行两个方向的数据传送。

(3) 控制总线

MCS-51 单片机的控制总线有 3 根，其中，$\overline{\text{PSEN}}$是程序存储器的读允许信号，$\overline{\text{RD}}$(P3.7)、$\overline{\text{WR}}$(P3.6)为数据存储器的读、写控制信号。

14.2.1　编址技术

编址就是如何使用系统提供的地址线，通过适当连接，最终达到系统中的各存储单元（或 I/O 接口）有不同地址的要求。

一个存储芯片具有一定的地址空间，如地址空间 2KB 的芯片就有 11 根地址线（A10～A0），首先芯片的 11 根地址线（A10～A0）就与单片机（或者说 CPU）的低 11 位地址总线（A10～A0）一一对应相接，单片机（或者说 CPU）剩余的地址线就称为剩余高位地址线，即 A15～A11。这 2KB 地址空间在 MCS-51 单片机的内存空间中被分配在什么位置，由剩余高位地址线 A15～A11 产生的该芯片的片选信号来决定。当存储器芯片多于一片时，为了避免误操作，必须选用片选信号来分别确定各芯片的地址分配。

产生片选信号的方式不同，存储器的地址分配也就不同。片选方式有线选、局部译码和全译码 3 种。

1. 线选方式

线选方式即线选择法，指直接用地址总线的剩余高位地址线中的某一位或几位作为存储器芯片的片选信号，如图 14.2 所示，A11 接芯片Ⅰ的片选端，A12 接芯片Ⅱ的片选端，A13 接芯片Ⅲ的片选端。当 A11、A12、A13 中某一根地址线输出低电平，则相应的芯片被选中。为保证各芯片有不同的地址，各芯片不发生地址冲突，A11、A12、A13 在任何时候，只能其中的一根地址线输出低电平。

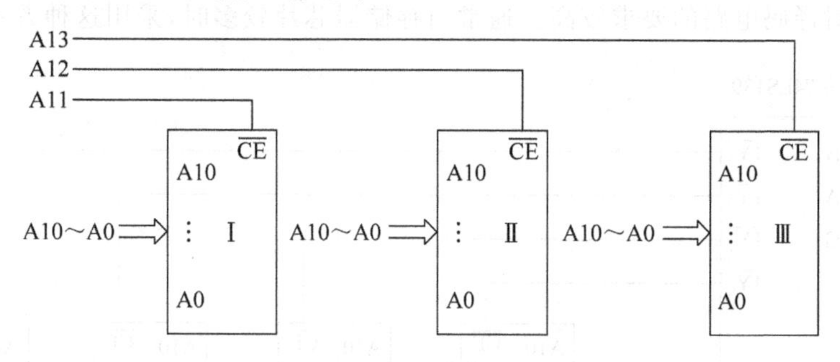

图 14.2 线选法实现片选

当电路连接完成后，必须确定、计算出芯片的存储单元地址，确定方法是判断电路在什么样的剩余高位地址线状态下会选中该芯片，那么该剩余高位地址线状态对应的 CPU 地址或地址范围即为该芯片的地址或地址范围，如表 14.1 所示。

表 14.1 图 14.2 各存储芯片的分析、计算表

芯片名称	剩余高位地址线					低位地址线	地址范围（任意值 X 设定为 0 时）
	A15	A14	A13	A12	A11	A10…A0	
芯片Ⅰ	X	X	1	1	0	0…0 ～ 1…1	3000H ～ 37FFH
芯片Ⅱ	X	X	1	0	1	0…0 ～ 1…1	2800H ～ 2FFFH
芯片Ⅲ	X	X	0	1	1	0…0 ～ 1…1	1800H ～ 1FFFH

线选方式的优点是电路简单，选择芯片不需外加逻辑电路。但线选方式不能充分利用系统的存储器地址空间，每个芯片所占的地址空间把整个地址空间分成相互隔离的区段，即地址空间不连续，这给编程带来一定困难，所以，线选方式只适用于容量较小的微机系统中。

2. 译码方式

译码方式指将系统地址总线中除片内地址以外的剩余高位地址线接到地址译码器的输入端参加译码，把译码器的输出信号作为各芯片的片选信号，将它们分别接到存储器芯片的片选端,以实现片选。

译码方式又分为全译码和部分译码两种方式:若剩余高位地址线,只有部分参与译码,存储单元地址也是连续的,但一个单元有多个地址,适用于扩展空间较少时使用,如图 14.3 所示;若剩余高位地址线全部参与译码,即为全译码,每个单元地址都是连续的,并对应一个唯一的地址,如图 14.4 所示。全译码方式不浪费可利用的存储空间,并且各芯片所占地址空间相互邻接,任一单元都有唯一确定的地址,这便于编程和内存扩充,但全译码方式对译码电路的要求较高。通常当存储器芯片较多时,采用这种方式。

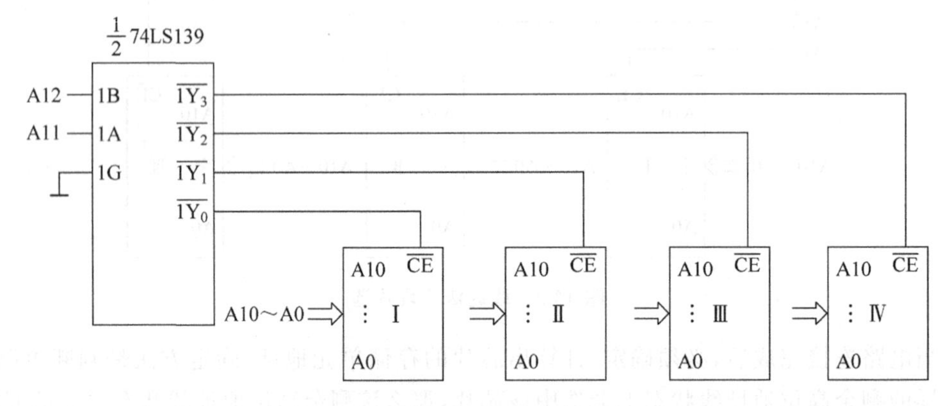

图 14.3 部分译码法实现片选

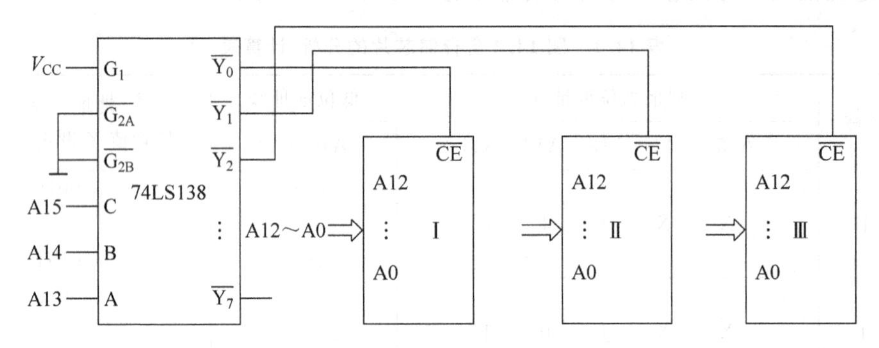

图 14.4 全译码法实现片选

译码法实现片选存储器芯片的地址的分析、计算如表 14.2 和表 14.3 所示。

表 14.2 图 14.3 各存储芯片地址的分析、计算表

芯片名称	剩余高位地址线	低位地址线	地址范围
	A15 A14 A13 A12 A11	A10…A0	(任意值 X 设定为 0 时)
芯片Ⅰ	X X X 0 0 ($\overline{1Y_0}=0$)	0…0 ~ 1…1	0000H ~ 07FFH
芯片Ⅱ	X X X 0 1 ($\overline{1Y_1}=0$)	0…0 ~ 1…1	0800H ~ 0FFFH

续表

芯片名称	剩余高位地址线 A15 A14 A13 A12 A11	低位地址线 A10…A0	地址范围（任意值X设定为0时）
芯片Ⅲ	X X X 1 0 ($\overline{1Y_2}=0$)	0…0 ~ 1…1	1000H ~ 17FFH
芯片Ⅳ	X X X 1 1 ($\overline{1Y_3}=0$)	0…0 ~ 1…1	1800H ~ 1FFFH

表 14.3 图 14.4 各存储芯片地址的分析、计算表

芯片名称	剩余高位地址线 A15 A14 A13	低位地址线 A12…A0	地址范围（任意值X设定为0时）
芯片Ⅰ	0 0 0 ($\overline{Y_0}=0$)	0…0 ~ 1…1	0000H ~ 1FFFH
芯片Ⅱ	0 0 1 ($\overline{Y_1}=0$)	0…0 ~ 1…1	2000H ~ 3FFFH
芯片Ⅲ	0 1 0 ($\overline{Y_2}=0$)	0…0 ~ 1…1	4000H ~ 5FFFH

14.2.2 程序存储器的扩展

程序存储器采用只读存储器芯片，在满足容量要求时应尽可能选择大容量芯片，以减少芯片组合数量；采用单片机的$\overline{PSEN}$控制线实现读允许控制，采用 MOVC 指令对程序存储器进行访问。下面以 2764EPROM 为例介绍程序存储器的扩展方法。

(1) 2764EPROM 的数据输出线 O0～O7 与单片机的数据总线 D0～D7(P0.0～P0.7)对应相接。

(2) 2764EPROM 的输出允许端$\overline{OE}$与单片机的程序存储器输出允许控制端($\overline{PSEN}$)相接。

(3) 2764EPROM 的地址线 A0～A12 与单片机的地址总线 A0～A12(P0.0～P0.7 的锁存输出、P2.0～P2.4)对应相接。

(4) 单片机剩余高位地址线可采用线选法或译码法对 2764EPROM 芯片实现片选。

如图 14.5 所示为线选法实现片选的程序存储器扩展连接图，2764(1)、2764(2)、2764(3)芯片的地址范围为 C000H～DFFFH、A000H～BFFFH、6000H～7FFFH。

如图 14.6 所示为译码法(部分译码)实现片选的程序存储器扩展连接图，2764(1)、2764(2)、2764(3)芯片的地址范围(当 A15 设为 0 时)为：0000H～1FFFH、2000H～3FFFH、4000H～5FFFH。

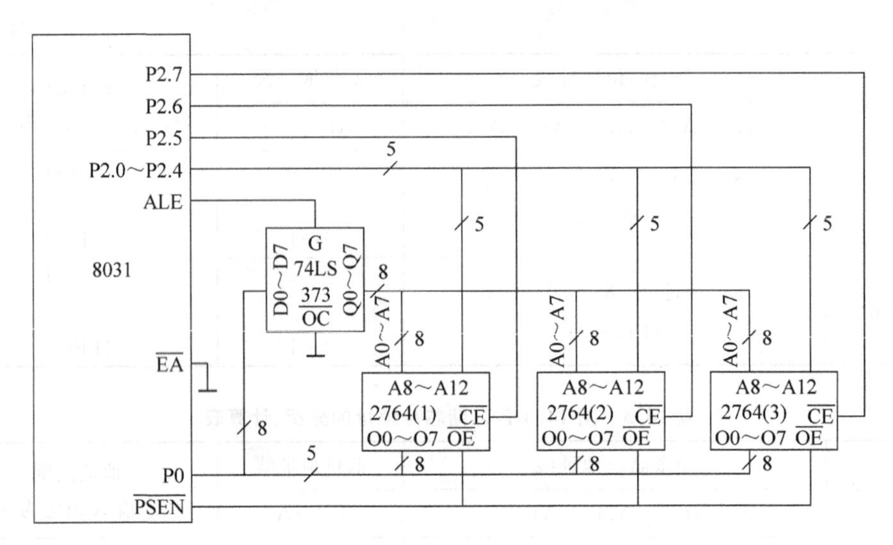

图 14.5　线选法扩展程序存储器连接图

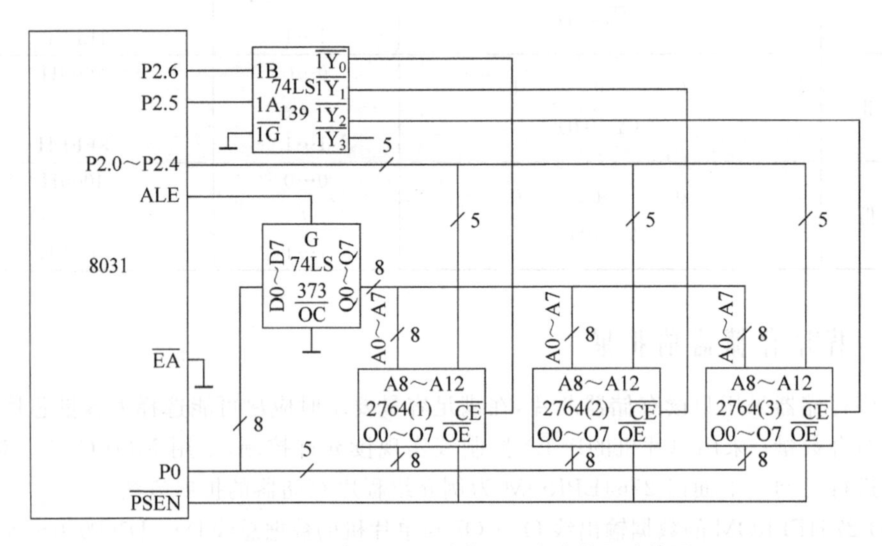

图 14.6　译码(部分译码)法扩展程序存储器连接图

14.2.3　数据存储器的扩展

数据存储器采用随机存取存储器芯片，在满足容量要求时应尽可能选择大容量芯片，以减少芯片组合数量；与程序存储器扩展不同的是：数据存储器芯片有读、写控制端，连接时与单片机的读(P3.7)、写(P3.6)控制端对应相接，地址总线、数据总线的连接方法与程序存储器的扩展是一致的。

如图 14.7 所示为采用线选法扩展 4KB 数据存储器的连接图，6116RAM(1)、6116RAM(2)的地址范围(当 A12～A15 设为 0 时)为 1000H～17FFH、0800H～0FFFH。

采用 MOVX 指令对片外数据存储器进行访问。

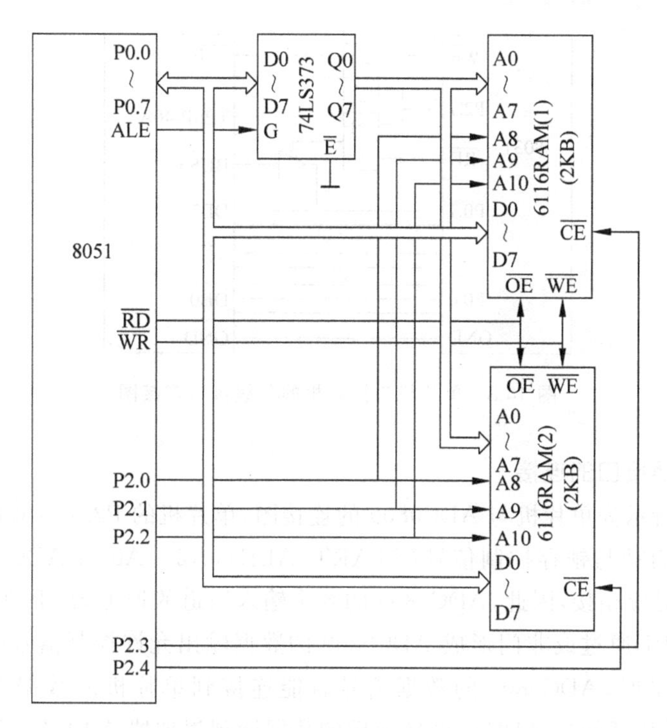

图 14.7　线选法扩展数据存储器连接图

14.2.4　I/O 接口的扩展

I/O 接口的地址空间是与数据存储器公用一个地址空间，其连接方法与数据存储器的扩展是基本一致的，但在扩展时要注意：数据存储器的地址与 I/O 接口的地址不能重叠。

一个 I/O 接口往往只有一个地址或几个地址，没有专门的地址线和读、写控制线，需要用单片机的地址线与读、写控制信号组合在一起形成 I/O 接口的控制信号。

1. 微型打印机接口的连接

如图 14.8 所示为单片机与微型打印机的连接图，单片机的 P2.7 与 $\overline{WR}$ 相或形成打印机的选通控制信号 $\overline{STB}$，当 P2.7、$\overline{WR}$ 都输出低电平时，$\overline{STB}$ 有效，单片机数据总线上数据写入打印机中；单片机的 P2.7 与 $\overline{RD}$ 相或形成打印机 BUSY 输出三态门的选通控制信号，当 P2.7、$\overline{RD}$ 都输出低电平时，BUSY 信号连接到 P0.7，BUSY 信号就能读到累加器 A 中。打印机的选通控制和 BUSY 输出的选通都是由 P2.7 控制，因此它们的地址是一样的，P2.7 为 0 时对应的地址都是它们的地址，如 7FFFH。

（1）向打印机输出数据

```
MOV   DPTR, #7FFFH
MOVX  @DPTR,A
```

（2）读忙信号

```
MOV   DPTR, #7FFFH
MOVX  A,@DPTR
```

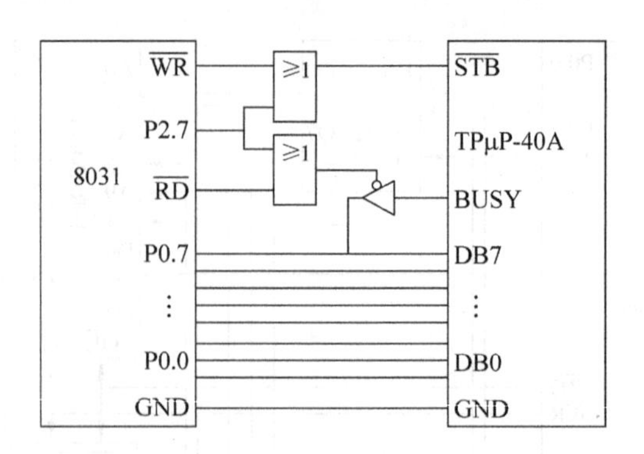

图 14.8 单片机与打印机的总线接口连接图

2. A/D 转换接口的连接

如图 14.9 所示为单片机与 ADC0809 的连接图，单片机的 P2.7 与 $\overline{WR}$ 通过或非门形成 ADC0809 的启动与锁存控制信号(START、ALE)，A2～A0 与 ADC0809 的 ADDC、ADDB、ADDA 对应相接，因此，ADC0809 的 8 个输入通道的地址为 7F00H～7F07H；单片机的 P2.7 与 $\overline{RD}$ 通过或非门形成 ADC0809 的数据输出允许控制信号(OE)，当 P2.7、$\overline{RD}$ 都输出低电平时，ADC0809 的数据信号就能连接到单片机的数据总线上(P0.0～P0.7)，通过读操作就能将 ADC0809 转换后的数据读到累加器 A 中，P2.7 为 0 时对应的地址都是它的地址，如 7FFFH。ADC0809 的 8 个输入通道的地址：7F00H～7F07H，也可以作为 ADC0809 数据输出通道的地址，表面上看起来出现了地址重叠，实际上是没有影响的，因为 ADC0809 的 8 个输入通道地址的操作是写操作，而 ADC0809 数据输出通道地址的操作是读操作。

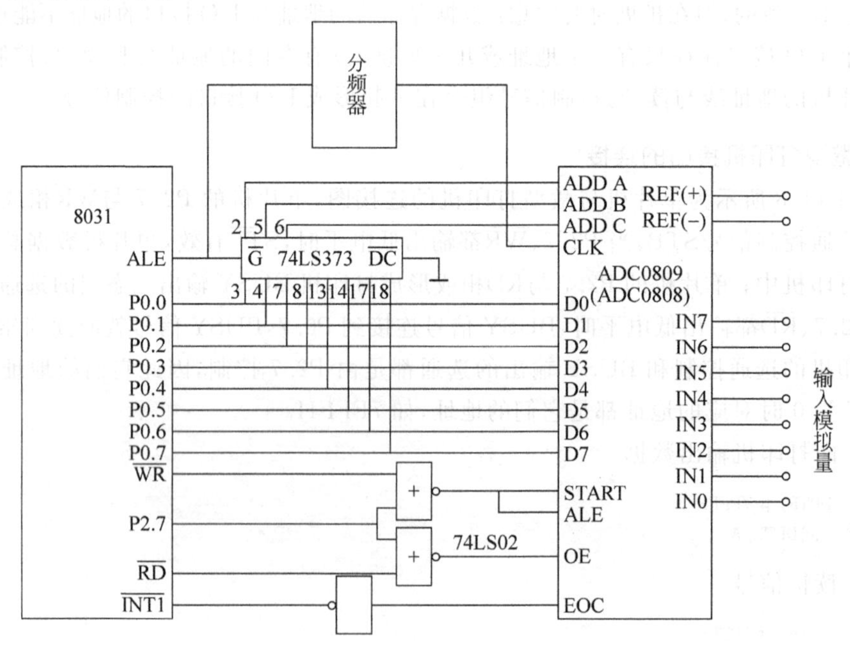

图 14.9 单片机与 ADC0809 的总线接口连接图

本章小结

微型计算机总线扩展技术的核心技术是编址技术，编址技术的核心又是片选技术。片选的方法分为线选法与译码法，译码法又分为部分译码和全译码两种。线选法的优点是线路简单，不需要额外的硬件开销，但扩展芯片的地址不连续；译码法的优点是扩展芯片的地址连续，但要额外增加译码电路。

以 MCS-51 单片机为例分析微型计算机程序存储器、数据存储器、I/O 接口的扩展方法以及扩展地址空间的分析、计算。

习题与思考题

1. 画出 MCS-51 单片机的片外总线结构，分析 P0 口分时复用低 8 位地址总线与数据总线的原理。

2. 什么是编址技术与片选技术？片选技术中有哪几种方法？各有什么优缺点？

3. 分析如图 14.10 所示的存储器系统，计算各芯片的地址范围以及程序存储器与数据存储器系统的地址范围。

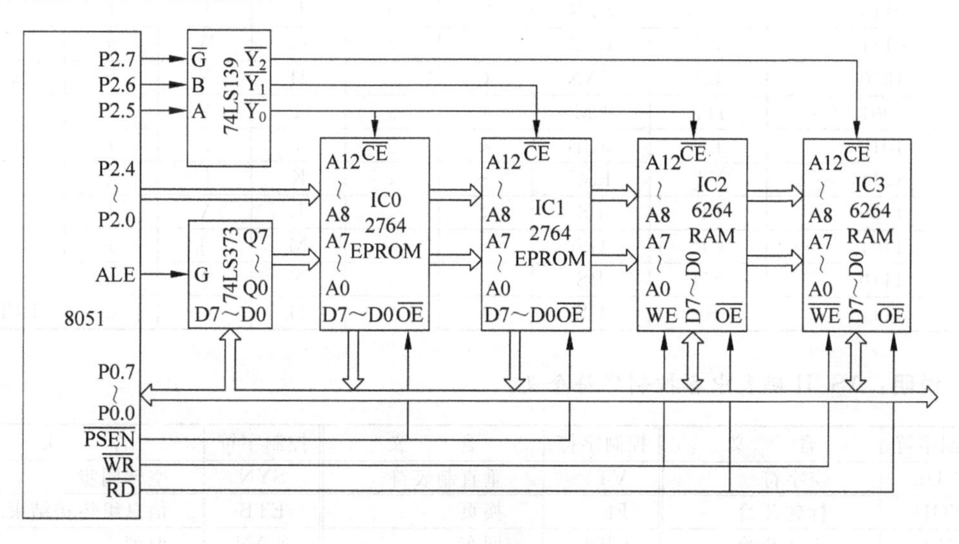

图 14.10 存储系统电路

4. 试用 2764、6232 芯片设计一个 32KB 程序存储器、8KB 数据存储器的存储器系统。

APPENDIX A

ASCII 码表

b6b5b4 / b3b2b1b0	000	001	010	011	100	101	110	111
0000	NUL	DLE	SP	0	@	P	、	p
0001	SOH	DC1	!	1	A	Q	a	q
0010	STX	DC2	”	2	B	R	b	r
0011	ETX	DC3	#	3	C	S	c	s
0100	EOT	DC4	$	4	D	T	d	t
0101	ENQ	NAK	%	5	E	U	e	u
0110	ACK	SYN	&	6	F	V	f	v
0111	BEL	ETB	,	7	G	W	g	w
1000	BS	CAN	(	8	H	X	h	x
1001	HT	EM	)	9	I	Y	i	y
1010	LF	SUB	*	:	J	Z	j	z
1011	VT	ESC	+	;	K	[	k	{
1100	FF	FS	,	<	L	\	l	|
1101	CR	GS	−	=	M	]	m	}
1110	SO	RS	.	>	N	↑	n	~
1111	SI	US	/	?	O	←	o	DEL

说明：ASCII 码表中各控制字符含义。

控制字符	含　义	控制字符	含　义	控制字符	含　义
NUL	空字符	VT	垂直制表符	SYN	空转同步
SOH	标题开始	FF	换页	ETB	信息组传送结束
STX	正文开始	CR	回车	CAN	取消
ETX	正文结束	SO	移位输出	EM	介质中断
EOT	传输结束	SI	移位输入	SUB	换置
ENQ	请求	DLE	数据链路转义	ESC	溢出
ACK	确认	DC1	设备控制 1	FS	文件分隔符
BEL	响铃	DC2	设备控制 2	GS	组分隔符
BS	退格	DC3	设备控制 3	RS	记录分隔符
HT	水平制表符	DC4	设备控制 4	US	单元分隔符
LF	换行	NAK	拒绝接收	DEL	删除
SP	空格				

APPENDIX B

附录 B

STC15F2K60S2 单片机指令系统表

指　　令	功能说明	机器码	字节数	指令执行时间(系统时钟数)
数据传送类指令				
MOV　A,Rn	寄存器送累加器	E8～EF	1	1
MOV　A,direct	直接字节送累加器	E5(direct)	2	2
MOV　A,@Ri	间接 RAM 送累加器	E6～E7	1	2
MOV　A,#data	立即数送累加器	74(data)	2	2
MOV　Rn,A	累加器送寄存器	F8～FF	1	1
MOV　Rn,direct	直接字节送寄存器	A8～AF(direct)	2	3
MOV　Rn,#data	立即数送寄存器	78～7F(data)	2	2
MOV　direct,A	累加器送直接字节	F5(direct)	2	2
MOV　direct,Rn	寄存器送直接字节	88～8F(direct)	2	2
MOV　direct1,direct2	直接字节送直接字节	85(direct1)(direct2)	3	3
MOV　direct,@Ri	间接 RAM 送直接字节	86～87(direct)	2	3
MOV　direct,#data	立即数送直接字节	75(direct)(data)	3	3
MOV　@Ri,A	累加器送间接 RAM	F6～F7	1	2
MOV　@Ri,direct	直接字节送间接 RAM	A6～A7(direct)	2	3
MOV　@Ri,#data	立即数送间接 RAM	76～77(data)	2	2
MOV　DPTR,#data16	16 位立即数送数据指针	90(data15～8)(data7～0)	3	3
MOVC　A,@A+DPTR	以 DPTR 为变址寻址的程序存储器读操作	93	1	5
MOVC　A,@A+PC	以 PC 为变址寻址的程序存储器读操作	83	1	4
MOVX　A,@Ri	外部扩展 RAM(8 位地址)读操作	E2～E3	1	2*
MOVX　A,@DPTR	外部扩展 RAM(16 位地址)读操作	E0	1	2*
MOVX　@Ri,A	外部扩展 RAM(8 位地址)写操作	F2～F3	1	4*

续表

指　令	功能说明	机器码	字节数	指令执行时间（系统时钟数）
数据传送类指令				
MOVX　@DPTR,A	外部扩展RAM(16位地址)写操作	F0	1	3*
PUSH　direct	直接字节进栈	C0(direct)	2	3
POP　direct	直接字节出栈	D0(direct)	2	2
XCH　A,Rn	累加器和寄存器交换	C8～CF	1	2
XCH　A,direct	累加器和直接字节交换	C5(direct)	2	3
XCH　A,@Ri	累加器和间接RAM交换	C6～C7	1	3
XCHD　A,@Ri	累加器和间接RAM的低4位交换	D6～D7	1	3
SWAP　A	半字节交换	C4	1	1
算术运算指令				
ADD　A,Rn	寄存器加到累加器	28～2F	1	1
ADD　A,direct	直接字节加到累加器	25(direct)	2	2
ADD　A,@Ri	间接RAM加到累加器	26～27	1	2
ADD　A,#data	立即数加到累加器	24(data)	2	2
ADDC　A,Rn	寄存器带进位加到累加器	38～3F	1	1
ADDC　A,direct	直接字节带进位加到累加器	35(direct)	2	2
ADDC　A,@Ri	间接RAM带进位加到累加器	36～37	1	2
ADDC　A,#data	立即数带进位加到累加器	34(data)	2	2
SUBB　A,Rn	累加器减寄存器内容与进位位	98～9F	1	1
SUBB　A,direct	累加器减去直接字节与进位位	95(direct)	2	2
SUBB　A,@Ri	累加器减去间接RAM与进位位	96～97	1	2
SUBB　A,#data	累加器减去立即数与进位位	94(data)	2	2
MUL　AB	A乘以B	A4	1	2
DIV　AB	A除以B	84	1	6
INC　A	累加器加1	04	1	1
INC　Rn	寄存器加1	08～0F	1	2
INC　direct	直接字节加1	05(direct)	2	3

续表

指　令	功能说明	机器码	字节数	指令执行时间（系统时钟数）
算术运算指令				
INC @Ri	间接 RAM 加 1	06～07	1	3
INC DPTR	数据指针加 1	A3	1	1
DEC A	累加器减 1	14	1	1
DEC Rn	寄存器减 1	18～1F	1	2
DEC direct	直接字节减 1	15(direct)	2	3
DEC @Ri	间接 RAM 减 1	16～17	1	3
DA A	十进制调整	D4	1	3
逻辑运算指令				
ANL A,Rn	寄存器与累加器相与	58～5F	1	1
ANL A,direct	直接字节与累加器相与	55(direct)	2	2
ANL A,@Ri	间接 RAM 与累加器相与	56～57	1	2
ANL A,#data	立即数与累加器相与	54(data)	2	2
ANL direct,A	累加器与直接字节	52(direct)	2	3
ANL direct,#data	立即数与直接字节相与	53(direct)(data)	3	3
ORL A,Rn	寄存器与累加器相或	48～4F	1	1
ORL A,direct	直接字节与累加器相或	45(direct)	2	2
ORL A,@Ri	间接 RAM 与累加器相或	46～47	1	2
ORL A,#data	立即数与累加器相或	44(data)	2	2
ORL direct,A	累加器与直接字节相或	42(direct)	2	3
ORL direct,#data	立即数与直接字节相或	43(direct)(data)	3	3
XRL A,Rn	寄存器与累加器相异或	68～6F	1	1
XRL A,direct	直接字节与累加器相异或	65(direct)	2	2
XRL A,@Ri	间接 RAM 与累加器相异或	66～67	1	2
XRL A,#data	立即数与累加器相异或	64(data)	2	2
XRL direct,A	累加器与直接字节相异或	62(direct)	2	3
XRL direct,#data	立即数与直接字节相异或	63(direct)(data)	3	3
CLR A	累加器清零	E4	1	1
CPL A	累加器取反	F4	1	1
移位操作指令				
RL A	循环左移	23	1	1
RLC A	带进位循环左移	33	1	1
RR A	循环右移	03	1	1
RRC A	带进位循环右移	13	1	1

续表

指　　令	功能说明	机　器　码	字节数	指令执行时间（系统时钟数）
位操作指令				
MOV　C,bit	直接位送进位位	A2(bit)	2	2
MOV　bit,C	进位位送直接位	92(bit)	2	3
CLR　C	进位位清零	C3	1	1
CLR　bit	直接位清零	C2(bit)	2	3
SETB　C	进位位置1	D3	1	1
SETB　bit	直接位置1	D2(bit)	2	3
CPL　C	进位位取反	B3	1	1
CPL　bit	直接位取反	B2(bit)	2	3
ANL　C,bit	直接位与进位位相与	82(bit)	2	2
ANL　C,/bit	直接位取反与进位位相与	B0(bit)	2	2
ORL　C,bit	直接位与进位位相或	72(bit)	2	2
ORL　C,/bit	直接位取反与进位位相或	A0(bit)	2	2
控制转移指令				
LJMP　addr16	长转移	02addr15～0	3	4
AJMP　addr11	绝对转移	addr10～800001 addr7～0	2	3
SJMP　rel	短转移	80(rel)	2	3
JMP　@A+DPTR	间接转移	73	1	5
JZ　rel	累加器为零转移	60(rel)	2	4
JNZ　rel	累加器不为零转移	70(rel)	2	4
CJNE　A,direct,rel	直接字节与累加器比较，不相等则转移	B5(direct)(rel)	3	5
CJNE　A,#data,rel	立即数与累加器比较，不相等则转移	B4(data)(rel)	3	4
CJNE　Rn,#data,rel	立即数与寄存器比较，不相等则转移	B8～BF(data)(rel)	3	4
CJNE　@Rn,#data,rel	立即数与间接RAM比较，不相等则转移	B6～B7(data)(rel)	3	5
DJNZ　Rn,rel	寄存器减1不为零转移	D8～DF(rel)	2	4
DJNZ　direct,rel	直接字节减1不为零转移	D5(direct)(rel)	3	5
JC　rel	进位位为1转移	40(rel)	2	3
JNC　rel	进位位为0转移	50(rel)	2	3
JB　bit,rel	直接位为1转移	20(bit)(rel)	3	4
JNB　bit,rel	直接位为0转移	30(bit)(rel)	3	4

续表

指　令	功能说明	机　器　码	字节数	指令执行时间（系统时钟数）
控制转移指令				
JBC　rel	直接位为1转移并清零该位	10(bit)(rel)	3	5
LCALL　addr16	长子程序调用	12addr15～0	3	4
ACALL　addr11	绝对子程序调用	addr10～810001 addr7～0	2	4
RET	子程序返回	22	1	4
RETI	中断返回	32	1	4
NOP	空操作	00	1	1

注：

① addr11　11位地址addr10～0。

② addr16　16位地址addr15～0。

③ bit　位地址。

④ rel　相对地址。

⑤ direct　直接地址单元。

⑥ ＃data　立即数。

⑦ Rn　工作寄存器R0～R7。

⑧ A　累加器。

⑨ Ri　i=0或1，数据指针。

⑩ DPTR　16位数据指针。

⑪ *　STC系列单片机利用传统扩展片外RAM的方法，将扩展RAM集成在片内，采用传统片外RAM的访问指令访问。表中所列数字为访问片内扩展RAM时的指令执行时间。STC系列单片机保留了片外扩展RAM或扩展I/O的功能，但片内扩展RAM与片外扩展RAM不能同时使用，虽然访问指令相同，但访问片外扩展RAM的时间比访问片内扩展RAM所需的时间长，访问片外扩展RAM的指令时间是：

MOVX A,@Ri　　5×ALE_BUS_SPEED+2

MOVX A,@DPTR　　5×ALE_BUS_SPEED+1

MOVX @Ri,A　　5×ALE_BUS_SPEED+3

MOVX @DPTR,A　　5×ALE_BUS_SPEED+2

其中，ALE_BUS_SPEED是由总线速度控制特殊功能寄存器BUS_SPEED选择确定的。

APPENDIX C

STC_ISP 下载编程软件实用程序简介

STC_ISP 下载编程软件的最新版本 stc-isp-15xx-v6.06 除包含了与下载有关的功能外，新增了波特率计算器、定时器计算器、软件延时计算器、头文件等工具，极大地方便了编程。

1. 波特率计算器

当串行口 1 工作在方式 1 或方式 3，或串行口 2 工作时，需要用定时器 1 或定时器 2 作为波特率发生器。此时，就需要根据需要的波特率与选择的定时器，设置串行口与定时器。STC_ISP 下载编程软件提供了专用于波特率计算与编程的计算工具，如图 C.1 所示。只需输入相关参数，单击生成“生成 C 代码”或“生成 ASM 代码”就能得到波特率发生器所需 C 或汇编的程序代码。

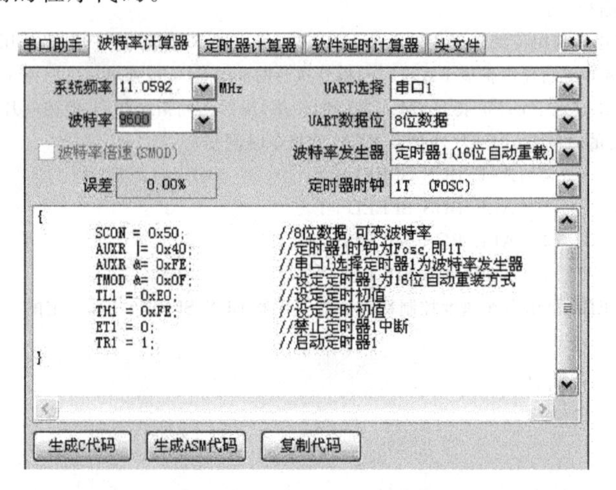

图 C.1 STC_ISP 下载编程软件的波特率计算器

2. 定时器计算器

在实时控制中，经常需要使用定时器来实现不同需求的定时或延时。STC_ISP 下载编程软件提供了专用于定时器计算与编程的计算工具，如图 C.2 所示。只需输入相关参数，单击生成“生成 C 代码”或“生成 ASM 代码”就能得到定时器定时所需的 C 或汇编的程序代码。

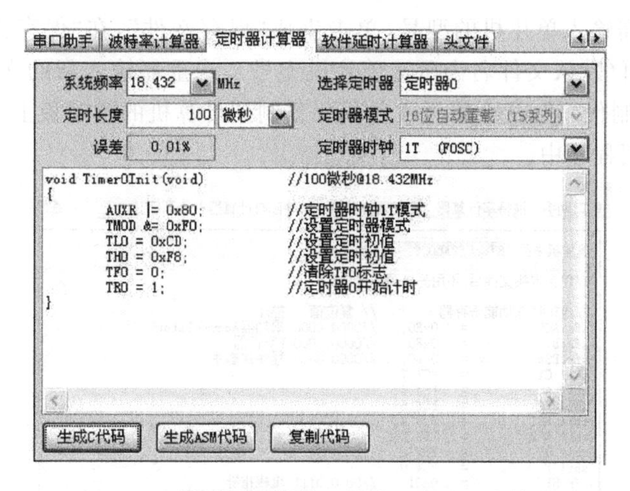

图 C.2　STC_ISP 下载编程软件的定时器计算器

3. 软件延时计算器

在键盘、显示以及时序控制等应用编程中，经常采用软件延时的方法来实现定时。在软件延时编程中，既要根据指令的执行系统周期数，还要根据系统周期的大小计算延时时间，觉得比较烦琐。STC_ISP 下载编程软件提供了专用于定时器计算与编程的计算工具，如图 C.3 所示。只需输入相关参数，单击生成"生成 C 代码"或"生成 ASM 代码"就能得到定时器定时所需的 C 或汇编的程序代码。

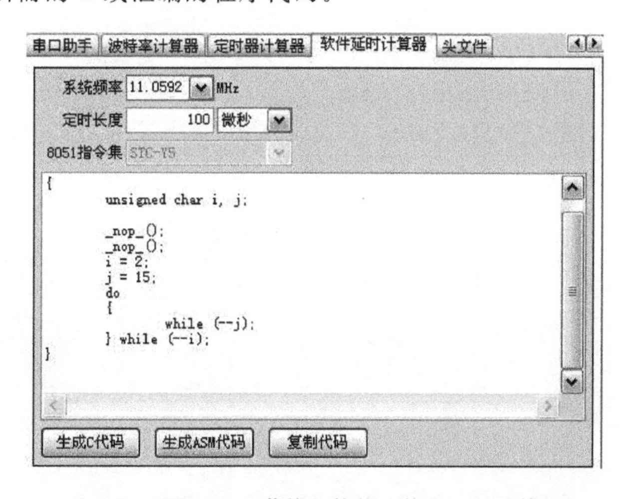

图 C.3　STC_ISP 下载编程软件的软件延时计算器

4. 头文件

随着增强型 8051 单片机功能的扩展，系统增加了用于功能接口部件的特殊功能寄存器，传统的编译器不具备新增特殊功能寄存器的地址说明。因此，在使用增强型 8051 单片机时，需要在程序中对新增特殊功能寄存器进行定义，不同的单片机，新增的特殊功能寄存器不一样，新增的数目不一样。当选择一款新型 8051 增强型单片机时，会觉得有些麻烦。STC_ISP 下载编程软件提供了专用于 STC 单片机头文件的自动生成工具，如图 C.4 所示。只需输入单片机的型号，单击生成“保存文件”，在“保存文件”对话框中单击“保存”按钮即可(默认文件名为所选单片机型号)，或重新输入新的文件单击“保存”按钮；单击生成“复制代码”，就会将头文件代码复制到计算机的粘贴板上，再利用粘贴工具粘贴到自己的应用程序中。

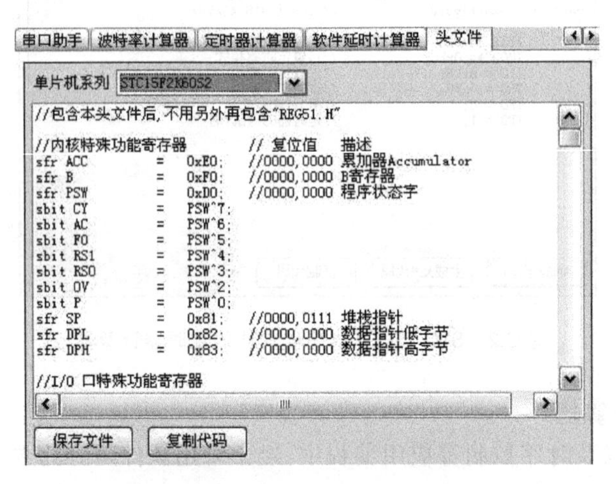

图 C.4 STC_ISP 下载编程软件的头文件

注：新版的 STC_ISP 下载编程软件中，在给 Keil C 添加 STC 系列单片机时，包含了添加 STC 各系列单片机头文件的功能。

APPENDIX D

附录 D

C51 常用头文件与库函数

表 D.1 stdio.h(输入/输出函数)

函数名	函数原型	功 能	返 回 值	说 明
clearerr	void clearerr(FILE * fp);	使 fp 所指文件的错误，标志和文件结束标志置 0	无返回值	
close	int close(int fp);	关闭文件	成功返回 0,不成功返回－1	非 ANSI 标准
creat	int creat(char * filename, int mode);	以 mode 所指顶的方向建立文件	成功返回正数,否则返回－1	非 ANSI 标准
eof	inteof(int fd);	检查文件是否结束	遇文件结束返回 1,否则返回 0	非 ANSI 标准
fclose	int fclose(FILE * fp);	关闭 fp 所指的文件,释放文件缓冲区	有错返回非 0,否则返回 0	
feof	int feof(FILE * fp);	检查文件是否结束	遇文件结束符返回非零值,否则返回 0	
fgetc	int fgetc(FILE * fp);	从 fp 所指定的文件中取得下一个字符	返回所得到的字符,若读入出错,返回 EOF	
fgets	char * fgets(char * buf,int n,FILE * fp);	从 fp 指向的文件读取一个长度为 n－1 的字符串,存入起始地址为 buf 的空间	返回地址 buf,若遇文件结束或出错,返回 NULL	
fopen	FILE * fopen(char * filename,char * mode);	以 mode 指定的方式打开名为 filename 的文件	成功返回一个文件指针(文件信息区的起始地址),否则返回 0	
fprintf	int fprintf(FILE * fp,char * format,args,...);	把 args 的值以 format 指定的格式输出到 fp 所指定的文件中	返回实际输出的字符数	
fputc	int fputc(char ch,FILE * fp);	将字符 ch 输出到 fp 指向的文件中	成功则返回该字符,否则返回非 0	
fputs	int fputs(char * str,FILE * fp);	将 str 指向的字符串输出到 fp 所指定的文件	返回 0,若出错返回非 0	

续表

函数名	函数原型	功能	返回值	说明
fread	int fread(char * pt,unsigned size, unsigned n, FILE * fp);	从fp所指定的文件中读取长度为size的n个数据项,存到pt所指向的内存区	返回所读的数据项个数,如遇到文件结束或者出错返回0	
fscanf	int fscanf(FILE * fp,char format,args,...);	从fp指定的文件中按format给定的格式将输入数据送到args所指向的内存单元(args是指针)	返回已输入的个数	
fseek	int fseek(FILE * fp,long offset,int base);	将fp所指向的文件的位置指针移到以base所指出的位置为基准、以offset为位移量的位置	返回当前位置,否则,返回-1	
ftell	long ftell(FILE * fp);	返回fp所指向的文件中的读写位置	成功则返回fp所指向的文件中的读写位置	
fwrite	int fwrite(char * ptr, unsigned size, unsigned n, FILE * fp);	把ptr所指向的n * size个字节输出到fp所指向的文件中	成功则返回写到fp文件中的数据项的个数	
getc	int getc(FILE * fp);	从fp所指向的文件中读入一个字符	成功则返回所读的字符,若文件结束或出错,返回EOF	
getchar	int getchar(void);	从标准输入设备读取下一个字符	成功则返回所读字符,若文件结束或出错,返回-1	
getw	int getw(FILE * fp);	从fp所指向的文件读取下一个字(整数)	成功则返回输入的整数,如文件结束或出错,返回-1	非ANSI标准函数
open	int open(char * filename, int mode);	以mode指出的方式打开已存在的名为filename的文件	成功则返回文件号(正数),如打开失败,返回-1	非ANSI标准函数
printf	int printf(char * format, args,...);	按format指向的格式字符串所规定的格式,将输出表列args的值输出到标准输出设备	成功则返回输出字符的个数,若出错,返回负数。format可以是一个字符串,或字符数组的起始地址	
putc	int putc(int ch, FILE * fp);	把一个字符ch输出到fp所指的文件中	成功则返回输出的字符ch,若出错,返回EOF	
putchar	int putchar(char ch);	把字符ch输出到标准输出设备	成功则返回输出的字符ch,若出错,返回EOF	

续表

函数名	函数原型	功　能	返回值	说　明
puts	int puts(char * str);	把str指向的字符串输出到标准输出设备	成功则返回换行符,若失败,返回EOF	
putw	int putw(int w,FILE * fp);	将一个整数w(即一个字)写到fp指向的文件中	返回输出的整数,若出错,返回EOF	非ANSI标准函数
read	int read(int fd,char * buf,unsigned count);	从文件号fd所指示的文件中读count个字节到由buf指示的缓冲区中	返回真正读入的字节个数,如遇文件结束返回0,出错返回-1	非ANSI标准函数
rename	int rename(char * oldname,char * newname);	把由oldname所指的文件改名为由newname所指的文件名	成功返回0,出错返回-1	
rewind	void rewind(FILE * fp);	将fp指示的文件中的位置指针置于文件开头位置,并清除文件结束标志和错误标志	无返回值	
scanf	int scanf(char * format,args,…);	从标准输入设备按format指向的格式字符串所规定的格式,输入数据给args所指向的单元,读入并赋给args的数据个数。args为指针	遇文件结束返回EOF,出错返回0	
write	int write(int fd,char * buf,unsigned count);	从buf指示的缓冲区输出count个字符到fd所标志的文件中	返回实际输出的字节数,如出错返回-1	非ANSI标准函数

表D.2 math.h(数学函数)

函数名	函数原型	功　能	返回值	说　明
abs	int abs(int x);	求整型x的绝对值	返回计算结果	
acos	double acos(double x);	计算COS-1(x)的值,x应在-1到1范围内	返回计算结果	
asin	double asin(double x);	计算SIN-1(x)的值,x应在-1到1范围内	返回计算结果	
atan	double atan(double x);	计算TAN-1(x)的值	返回计算结果	
atan2	double atan2(double x,double y);	计算TAN-1/(x/y)的值	返回计算结果	

续表

函数名	函数原型	功能	返回值	说明
cos	double cos(double x);	计算 COS(x)的值,x的单位为弧度	返回计算结果	
cosh	double cosh(double x);	计算 x 的双曲余弦 COSH(x)的值	返回计算结果	
exp	double exp(double x);	求 Ex 的值	返回计算结果	
fabs	double fabs(fouble x);	求 x 的绝对值	返回计算结果	
floor	double floor(double x);	求出不大于 x 的最大整数	返回该整数的双精度实数	
fmod	double fmod(double x, double y);	求整除 x/y 的余数	返回该余数的双精度	
frexp	double frexp(double x, double * eptr);	把双精度数 val 分解为数字部分(尾数)x 和以 2 为底的指数 n,即 val=x * 2n,n 存放在 eptr 指向的变量中,0.5≤x<1	返回数字部分 x	
log	double log(double x);	求 log e x,In x	返回计算结果	
log10	double log10(double x);	求 log10x	返回计算结果	
modf	double modf(double val, double * iptr);	把双精度数 val 分解为整数部分和小数部分,把整数部分存到 iptr 指向的单元	返回 val 的小数部分	
pow	double pow(double x, double * iprt);	计算 Xy 的值	返回计算结果	
rand	int rand(void);	产生－90～32767 的随机整数	返回随机整数	
sin	double sin(double x);	计算 SINx 的值,x 单位为弧度	返回计算结果	
sinh	double sinh(double x);	计算 x 的双曲正弦函数 SINH(x)的值	返回计算结果	
sqrt	double sqrt(double x);	计算根号 x,x 应大于等于 0	返回计算结果	
tan	double tan(double x);	计算 TAN(x)的值,x 单位为弧度	返回计算结果	
tanh	double tanh(double x);	计算 x 的双曲正切函数 tanh(x)的值	返回计算结果	

表 D.3 ctype.h(字符函数)

函数名	函数原型	功能	返回值	说明
isalnum	int isalnum(int c)	判断字符 c 是否为字母或数字	当 c 为数字 0～9 或字母 a～z 及 A～Z 时,返回非零值,否则返回零	
isalpha	int isalpha(int c)	判断字符 c 是否为英文字母	当 c 为英文字母 a～z 或 A～Z 时,返回非零值,否则返回零	
iscntrl	int iscntrl(int c)	判断字符 c 是否为控制字符	当 c 在 0x00～0x1F 或等于 0x7(DEL)时,返回非零值,否则返回零	
isxdigit	int isxdigit(int c)	判断字符 c 是否为十六进制数字	当 c 为 A～F,a～f 或 0～9 的十六进制数字时,返回非零值,否则返回零	
isgraph	int isgraph(int c)	判断字符 c 是否为除空格外的可打印字符	当 c 为可打印字符(0x21～0x7e)时,返回非零值,否则返回零	
islower	int islower(int c)	检查 c 是否为小写字母	是,返回 1;不是,返回 0	
isprint	int isprint(int c)	判断字符 c 是否为含空格的可打印字符		
ispunct	int ispunct(int c)	判断字符 c 是否为标点符号。标点符号指那些既不是字母数字,也不是空格的可打印字符	当 c 为标点符号时,返回非零值,否则返回零	
isspace	int isspace(int c);	判断字符 c 是否为空白符。空白符指空格、水平制表、垂直制表、换页、回车和换行符	当 c 为空白符时,返回非零值,否则返回零	
isupper	int isupper(int c)	判断字符 c 是否为大写英文字母	当 c 为大写英文字母(A～Z)时,返回非零值,否则返回零	
isxdigit	int isxdigit(int c)	判断字符 c 是否为十六进制数字	当 c 为 A～F,a～f 或 0～9 的十六进制数字时,返回非零值,否则返回零	
tolower	int tolower (int c)	将字符 c 转换为小写英文字母	如果 c 为大写英文字母,则返回对应的小写字母;否则返回原来的值	

续表

函数名	函数原型	功能	返回值	说明
toupper	int toupper(int c)	将字符 c 转换为大写英文字母	如果 c 为小写英文字母,则返回对应的大写字母;否则返回原来的值	
toascii	int toascii(int c)	将字符 c 转换为 ascii 码,toascii 函数将字符 c 的高位清零,仅保留低七位	返回转换后的数值	

表 D.4 string.h(字符串函数)

函数名	函数原型	功能	返回值	说明
memset	void * memset (void * dest,int c,size_t count)	将 dest 前面 count 个字符置为字符 c	返回 dest 的值	
memmove	void * memmove (void * dest, const void * src, size_t count)	从 src 复制 count 字节的字符到 dest. 如果 src 和 dest 出现重叠,函数会自动处理	返回 dest 的值	
memcpy	void * memcpy (void * dest, const void * src, size_t count)	从 src 复制 count 字节的字符到 dest. 与 memmove 功能一样,只是不能处理 src 和 dest 出现重叠	返回 dest 的值	
memchr	void * memchr(const void * buf,int c,size_t count)	在 buf 前面 count 字节中查找首次出现字符 c 的位置,找到了字符 c 或者已经搜寻了 count 个字节,查找即停止	操作成功则返回 buf 中首次出现 c 的位置指针,否则返回 NULL	
memccpy	void * _memccpy(void * dest, const void * src, int c, size_t count)	从 src 复制 0 个或多个字节的字符到 dest,当字符 c 被复制或者 count 个字符被复制时,复制停止	如果字符 c 被复制,函数返回这个字符后面紧挨一个字符位置的指针,否则返回 NULL	
memcmp	int memcmp (const void * buf1, const void * buf2, size_t count)	比较 buf1 和 buf2 前面 count 个字节大小	返回值< 0,表示 buf1 小于 buf2; 返回值为 0,表示 buf1 等于 buf2; 返回值> 0,表示 buf1 大于 buf2	

续表

函数名	函数原型	功能	返回值	说明
memicmp	int memicmp(const void * buf1,const void * buf2,size_t count)	比较 buf1 和 buf2 前面 count 个字节,与 memcmp 不同的是,它不区分大小写	返回值< 0,表示 buf1 小于 buf2; 返回值为 0,表示 buf1 等于 buf2; 返回值> 0,表示 buf1 大于 buf2	
strlen	size_t strlen(const char * string)	获取字符串长度,字符串结束符 NULL 不计算在内	没有返回值指示操作错误	
strrev	char * strrev(char * string)	将字符串 string 中的字符顺序颠倒过来,NULL 结束符位置不变	返回调整后的字符串的指针	
_strupr	char * _strupr(char * string)	将 string 中所有小写字母替换成相应的大写字母,其他字符保持不变	返回调整后的字符串的指针	
_strlwr	char * _strlwr(char * string)	将 string 中所有大写字母替换成相应的小写字母,其他字符保持不变	返回调整后的字符串的指针	
strchr	char * strchr(const char * string,int c)	查找字符 c 在字符串 string 中首次出现的位置,NULL 结束符也包含在查找中	返回一个指针,指向字符 c 在字符串 string 中首次出现的位置,如果没有找到,则返回 NULL	
strrchr	char * strrchr(const char * string,int c)	查找字符 c 在字符串 string 中最后一次出现的位置,也就是对 string 进行反序搜索,包含 NULL 结束符	返回一个指针,指向字符 c 在字符串 string 中最后一次出现的位置,如果没有找到,则返回 NULL	
strstr	char * strstr(const char * string, const char * strSearch)	在字符串 string 中查找 strSearch 子串	返回子串 strSearch 在 string 中首次出现位置的指针。如果没有找到子串 strSearch,则返回 NULL。如果子串 strSearch 为空串,函数返回 string	

续表

函数名	函数原型	功　能	返 回 值	说 明
strdup	char * strdup(const char * strSource)	函数运行中会自己调用 malloc 函数为复制 strSource 字符串分配存储空间，然后再将 strSource 复制到分配到的空间中，注意要及时释放这个分配的空间	返回一个指针，指向为复制字符串分配的空间；如果分配空间失败，则返回 NULL 值	
strcat	char * strcat (char * strDestination, const char * strSource)	将源串 strSource 添加到目标串 strDestination 后面，并在得到的新串后面加上 NULL 结束符，源串 strSource 的字符会覆盖目标串 strDestination 后面的结束符 NULL。在字符串的复制或添加过程中没有溢出检查，所以要保证目标串空间足够大，不能处理源串与目标串重叠的情况	返回 strDestination 值	
strncat	char * strncat (char * strDestination, const char * strSource, size _ t count)	将源串 strSource 开始的 count 个字符添加到目标串 strDest 后，源串 strSource 的字符会覆盖目标串 strDestination 后面的结束符 NULL。如果 count 大于源串长度，则会用源串的长度值替换 count 值，得到的新串后面会自动加上 NULL 结束符，与 strcat 函数一样，本函数不能处理源串与目标串重叠的情况	返回 strDestination 值	
strcpy	char * strcpy (char * strDestination, const char * strSource)	复制源串 strSource 到目标串 strDestination 所指定的位置，包含 NULL 结束符，不能处理源串与目标串重叠的情况	返回 strDestination 值	

续表

函数名	函数原型	功　　能	返　回　值	说　明
strncpy	char * strncpy (char * strDestination, const char * strSource, size _ t count)	将源串 strSource 开始的 count 个字符复制到目标串 strDestination 所指定的位置，如果 count 值小于或等于 strSource 串的长度，不会自动添加 NULL 结束符目标串中，而 count 大于 strSource 串的长度时，则将 strSource 用 NULL 结束符填充补齐 count 个字符，复制到目标串中，不能处理源串与目标串重叠的情况	返回 strDestination 值	
strset	char * strset (char * string, int c)	将 string 串的所有字符设置为字符 c，遇到 NULL 结束符停止	返回内容调整后的 string 指针	
strnset	char * strnset(char * string, int c, size_t count)	将 string 串开始 count 个字符设置为字符 c，如果 count 值大于 string 串的长度，将用 string 的长度替换 count 值	返回内容调整后的 string 指针	
size_t strspn	size_ t strspn (const char * string, const char * strCharSet)	查找任何一个不包含在 strCharSet 串中的字符（字符串结束符 NULL 除外）在 string 串中首次出现的位置序号	返回一个整数值，指定在 string 中全部由 characters 中的字符组成的子串的长度，如果 string 以一个不包含在 strCharSet 中的字符开头，函数将返回 0 值	
size_t strcspn	size_ t strcspn (const char * string, const char * strCharSet)	查找 strCharSet 串中任何一个字符在 string 串中首次出现的位置序号，包含字符串结束符 NULL	返回一个整数值，指定在 string 中全部由非 characters 中的字符组成的子串的长度，如果 string 以一个包含在 strCharSet 中的字符开头，函数将返回 0 值	

续表

函数名	函数原型	功能	返回值	说明
strspnp	char * strspnp(const char * string, const char * strCharSet)	查找任何一个不包含在 strCharSet 串中的字符（字符串结束符 NULL 除外）在 string 串中首次出现的位置指针	返回一个指针，指向非 strCharSet 中的字符在 string 中首次出现的位置	
strpbrk	char * strpbrk(const char * string, const char * strCharSet)	查找 strCharSet 串中任何一个字符在 string 串中首次出现的位置，不包含字符串结束符 NULL	返回一个指针，指向 strCharSet 中任一字符在 string 中首次出现的位置，如果两个字符串参数不含相同字符，则返回 NULL 值	
strcmp	int strcmp (const char * string1, const char * string2)	比较字符串 string1 和 string2 大小	返回值 < 0，表示 string1 小于 string2；返回值为 0，表示 string1 等于 string2；返回值 > 0，表示 string1 大于 string2	
stricmp	int stricmp (const char * string1, const char * string2)	比较字符串 string1 和 string2 大小，和 strcmp 不同，比较的是它们的小写字母版本	返回值 < 0，表示 string1 小于 string2；返回值为 0，表示 string1 等于 string2；返回值 > 0，表示 string1 大于 string2	
strcmpi	int strcmpi (const char * string1, const char * string2)	等价于 stricmp 函数		
strncmp	int strncmp (const char * string1, const char * string2, size_t count)	比较字符串 string1 和 string2 大小，只比较前面 count 个字符，比较过程中，任何一个字符串的长度小于 count，则 count 将被较短的字符串的长度取代，此时如果两串前面的字符都相等，则较短的串要小	返回值 < 0，表示 string1 的子串小于 string2 的子串；返回值为 0，表示 string1 的子串等于 string2 的子串；返回值 > 0，表示 string1 的子串大于 string2 的子串	

续表

函数名	函数原型	功　能	返回值	说明
strnicmp	int strnicmp (const char * string1, const char * string2, size_t count)	比较字符串 string1 和 string2 大小，只比较前面 count 个字符，与 strncmp 不同的是，比较的是它们的小写字母版本	返回值与 strncmp 相同	
strtok	char * strtok (char * strToken, const char * strDelimit)	在 strToken 串中查找下一个标记，strDelimit 字符集则指定了在当前查找调用中可能遇到的分界符	返回一个指针，指向在 strToken 中找到的下一个标记，如果找不到标记，就返回 NULL 值，每次调用都会修改 strToken 内容，用 NULL 字符替换遇到的每个分界符	

表 D.5　malloc. h（或 stdlib. h，或 alloc. h，动态存储分配函数）

函数名	函数原型	功　能	返回值	说明
calloc	void * calloc(unsigned int num, unsigned int size)；	按所给数据个数和每个数据所占字节数开辟存储空间	分配内存单元的起始地址，如不成功，返回 0	
free	void free(void * ptr)；	将以前开辟的某内存空间释放	无	
malloc	void * malloc(unsigned int size)；	开辟指定大小的存储空间	返回该存储区的起始地址，如内存不够返回 0	
realloc	void * realloc(void * ptr, unsigned int size)；	重新定义所开辟内存空间的大小	返回指向该内存区的指针	

表 D.6　reg51. h（C51 函数）

该头文件对标准 8051 单片机的所有特殊功能寄存器以及可寻址的特殊功能寄存器位进行地址定义。在 C51 编程中，必须包含该头文件，否则，8051 单片机的特殊功能寄存器符号以及可寻址位符号就不能直接使用了。

表 D.7　intrins. h（C51 函数）

函数名	函数原型	功　能	返回值	说明
crol	unsigned char _crol_(unsigned char val, unsigned char n)	将 char 字符循环左移 n 位	char 字符循环左移 n 位后的值	
cror	unsigned char _cror_(unsigned char val, unsigned char n)；	将 char 字符循环右移 n 位	char 字符循环右移 n 位后的值	

续表

函数名	函数原型	功能	返回值	说明
irol	unsigned int _irol_(unsigned int val,unsigned char n);	将 val 整数循环左移 n 位	val 整数循环左移 n 位后的值	
iror	unsigned int _iror_(unsigned int val,unsigned char n);	将 val 整数循环右移 n 位	val 整数循环右移 n 位后的值	
lrol	unsigned int _lrol_(unsigned int val,unsigned char n);	将 val 长整数循环左移 n 位	Val 长整数循环左移 n 位后的值	
crol	unsigned char _crol_(unsigned char val,unsined char n)	将 char 字符循环左移 n 位	char 字符循环左移 n 位后的值	
cror	unsigned char _crol_(unsigned char val,unsined char n);	将 char 字符循环右移 n 位	char 字符循环右移 n 位后的值	
lror	unsigned int _lror_(unsigned int val,unsigned char n);	将 val 长整数循环右移 n 位	Val 长整数循环右移 n 位后的值	
nop	void _nop_(void);	产生一个 NOP 指令	无	
testbit	bit _testbit_(bit x);	产生一个 JBC 指令，该函数测试一个位，如果该位置为 1，则将该位复位为 0。_testbit_只能用于可直接寻址的位；在表达式中使用是不允许的	当 x 为 1 时返回 1，否则返回 0	

APPENDIX E

附录 E

STC15 系列单片机功能特性

STC 单片机系列多、品种丰富，封装齐全，本附录中主要列出 STC15 系列典型型号的单片机的工作特性，详见表 E.1、表 E.2，更多产品及更多数据，请参见宏晶科技公司门户网站(www.stcmcu.com)的相关技术文档。

STC15 系列单片机命名规则如图 E.1 所示。

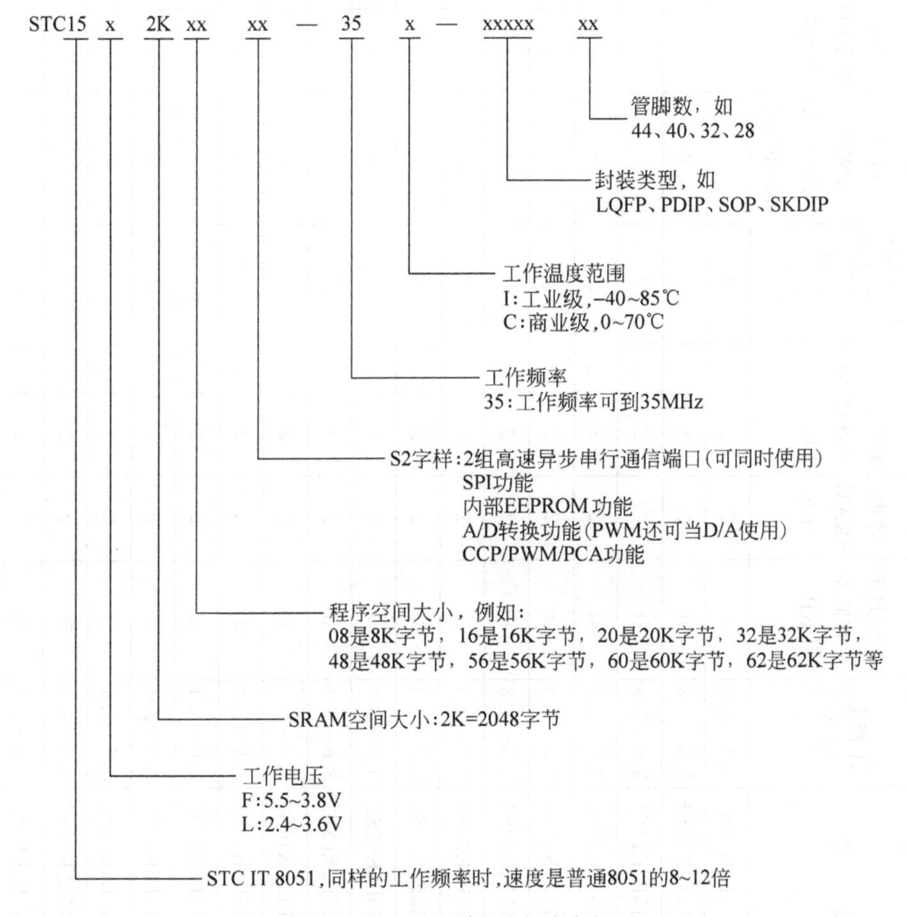

图 E.1 STC15 系列单片机命名规则

表 E.1　STC15F2K60S2 系列单片机功能特性表

型　号	工作电压/V	FLASH 程序存储器/KB	片内 SRAM /KB	串行口并可掉电唤醒	SPI	T0～T2，外部引脚可掉电唤醒	CCP PCA PWM (可做 D/A) 可掉电唤醒	掉电唤醒专用定时器	支持掉电唤醒的外部中断	8 通道 A/D 转换(10 位)	DPTR	EEPROM	内部低压检测中断并可掉电唤醒	内置复位并可选择复位门槛电压	看门狗
STC15F2K08S2	5.5～3.8	8	2	2	√	√	3	√	5	√	2	54KB	√	8 级	√
STC15F2K16S2	5.5～3.8	16	2	2	√	√	3	√	5	√	2	46KB	√	8 级	√
STC15F2K24S2	5.5～3.8	24	2	2	√	√	3	√	5	√	2	38KB	√	8 级	√
STC15F2K32S2	5.5～3.8	32	2	2	√	√	3	√	5	√	2	30KB	√	8 级	√
STC15F2K40S2	5.5～3.8	40	2	2	√	√	3	√	5	√	2	22KB	√	8 级	√
STC15F2K48S2	5.5～3.8	48	2	2	√	√	3	√	5	√	2	14KB	√	8 级	√
STC15F2K56S2	5.5～3.8	56	2	2	√	√	3	√	5	√	2	6KB	√	8 级	√
STC15F2K60S2	5.5～3.8	60	2	2	√	√	3	√	5	√	2	2KB	√	8 级	√
IAP15F2K62S2	5.5～3.8	62	2	2	√	√	3	√	5	√	2	IAP	√	8 级	√
STC15L2K08S2	3.6～2.4	8	2	2	√	√	3	√	5	√	2	54KB	√	8 级	√
STC15L2K16S2	3.6～2.4	16	2	2	√	√	3	√	5	√	2	46KB	√	8 级	√
STC15L2K24S2	3.6～2.4	24	2	2	√	√	3	√	5	√	2	38KB	√	8 级	√
STC15L2K32S2	3.6～2.4	32	2	2	√	√	3	√	5	√	2	30KB	√	8 级	√
STC15L2K40S2	3.6～2.4	40	2	2	√	√	3	√	5	√	2	22KB	√	8 级	√
STC15L2K48S2	3.6～2.4	48	2	2	√	√	3	√	5	√	2	14KB	√	8 级	√
STC15L2K56S2	3.6～2.4	56	2	2	√	√	3	√	5	√	2	6KB	√	8 级	√
STC15F2K60S2	3.6～2.4	60	2	2	√	√	3	√	5	√	2	2KB	√	8 级	√
IAP15L2K62S2	3.6～2.4	62	2	2	√	√	3	√	5	√	2	IAP	√	8 级	√

表 E.2　STC15F4K60S4 系列单片机功能特性表

型　　号	工作电压/V	FLASH 程序存储器/kB	片内 SRAM/kB	串行口并可掉电唤醒	SPI	T0～T4，外部引脚可掉电唤醒	CCP PCA PWM（可做 D/A）可掉电唤醒	掉电唤醒专用定时器	支持掉电唤醒的外部中断	8 通道 A/D 转换（10 位）	DPTR	EEPROM	内部低压检测中断并可掉电唤醒	内置复位并可选择复位门槛电压	看门狗
STC15F4K08S2	5.5～3.8	8	4	4	√	√	3	√	5	√	2	54KB	√	8 级	√
STC15F4K16S4	5.5～3.8	16	4	4	√	√	3	√	5	√	2	46KB	√	8 级	√
STC15F4K24S4	5.5～3.8	24	4	4	√	√	3	√	5	√	2	38KB	√	8 级	√
STC15F4K32S4	5.5～3.8	32	4	4	√	√	3	√	5	√	2	30KB	√	8 级	√
STC15F4K40S4	5.5～3.8	40	4	4	√	√	3	√	5	√	2	22KB	√	8 级	√
STC15F4K48S4	5.5～3.8	48	4	4	√	√	3	√	5	√	2	14KB	√	8 级	√
STC15F4K56S4	5.5～3.8	56	4	4	√	√	3	√	5	√	2	6KB	√	8 级	√
STC15F4K60S4	5.5～3.8	60	4	4	√	√	3	√	5	√	2	2KB	√	8 级	√
IAP15F4K62S4	5.5～3.8	62	2	4	√	√	3	√	5	√	2	IAP	√	8 级	√
STC15L4K08S4	3.6～2.4	8	4	4	√	√	3	√	5	√	2	54KB	√	8 级	√
STC15L4K16S4	3.6～2.4	16	4	4	√	√	3	√	5	√	2	46KB	√	8 级	√
STC15L4K24S4	3.6～2.4	24	4	4	√	√	3	√	5	√	2	38KB	√	8 级	√
STC15L4K32S4	3.6～2.4	32	4	4	√	√	3	√	5	√	2	30KB	√	8 级	√
STC15L4K40S4	3.6～2.4	40	4	4	√	√	3	√	5	√	2	22KB	√	8 级	√
STC15L4K48S4	3.6～2.4	48	4	4	√	√	3	√	5	√	2	14KB	√	8 级	√
STC15L4K56S4	3.6～2.4	56	4	4	√	√	3	√	5	√	2	6KB	√	8 级	√
STC15F4K60S4	3.6～2.4	60	4	4	√	√	3	√	5	√	2	2KB	√	8 级	√
IAP15L4K62S4	3.6～2.4	62	4	4	√	√	3	√	5	√	2	IAP	√	8 级	√

参 考 文 献

[1] 宏晶科技. STC15F2K60S2 单片机技术手册[Z]. 2011.
[2] 丁向荣. 单片微机原理与接口技术[M]. 北京：电子工业出版社，2012.
[3] 丁向荣. 增强型 8051 单片机原理与系统开发[M]. 北京：清华大学出版社，2013.
[4] 丁向荣. STC 系列增强型 8051 单片机原理与应用[M]. 北京：电子工业出版社，2010.
[5] 陈桂友. 增强型 8051 单片机实用开发技术[M]. 北京：北京航空航天大学出版社，2010.
[6] 丁向荣，贾萍. 单片机应用系统与开发技术[M]. 北京：清华大学出版社，2009.
[7] 李全利，迟荣强. 单片机原理及接口技术[M]. 北京：高等教育出版社，2006.
[8] 丁向荣，谢俊，王彩申. 单片机 C 语言编程与实践[M]. 北京：电子工业出版社，2009.
[9] 陈桂友，蔡远斌. 单片机应用技术[M]. 北京：机械工业出版社，2008.
[10] 杨振江，杜铁军，李群. 流行单片机实用子程序及应用实例[M]. 西安：西安电子科技大学出版社，2002.
[11] 高锋. 单片微型计算机原理与接口技术[M]. 北京：科学出版社，2005.
[12] 唐竟南，沈国琴. 51 单片机 C 语言开发与实例[M]. 北京：人民邮电出版社，2008.
[13] 周兴华. 手把手教你学单片机 C 程序设计[M]. 北京：北京航空航天大学出版社，2007.
[14] 范风强，兰婵丽. 单片机语言 C51 应用实战集锦[M]. 北京：电子工业出版社，2005.
[15] 中文字库液晶显示模块使用手册[Z]. 北京嘉甬富达电子技术有限公司.